国家出版基金项目
NATIONAL PUBLICATION FOUNDATION

生物智能识别

前沿研究

（中英文）

Frontiers in Biometric Intelligence Recognition

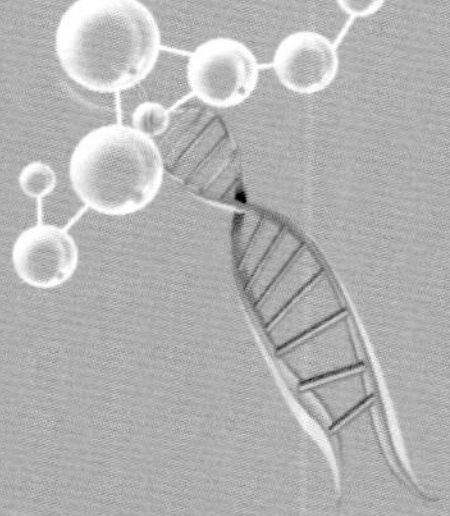

国家出版基金项目
NATIONAL PUBLICATION FOUNDATION

生物智能识别前沿研究

(中英文)

Frontiers in Biometric Intelligence Recognition

主　编
李生斌

副主编
成　诚　李　晶　赵文娟　李　骁　朱永生

主　审
于　军

西安交通大學出版社
XI'AN JIAOTONG UNIVERSITY PRESS

图书在版编目(CIP)数据

生物智能识别前沿研究 = Frontiers in Biometric Intelligence Recognition:汉文、英文 / 李生斌主编. — 西安 :西安交通大学出版社, 2024.6
ISBN 978-7-5693-3523-1

Ⅰ.①生… Ⅱ.①李… Ⅲ.①特征识别—生物化学—研究—汉、英 Ⅳ.①Q26

中国国家版本馆 CIP 数据核字(2023)第 216382 号

SHENGWU ZHINENG SHIBIE QIANYAN YANJIU
书　　名　生物智能识别前沿研究
主　　编　李生斌
责任编辑　赵文娟　李　晶
文字编辑　赵文娟　蔡乐芊　张家源
责任印制　张春荣　刘　攀
责任校对　郭泉泉

出版发行　西安交通大学出版社
　　　　　(西安市兴庆南路 1 号　邮政编码 710048)
网　　址　http://www.xjtupress.com
电　　话　(029)82668357　82667874(市场营销中心)
　　　　　(029)82668315(总编办)
传　　真　(029)82668280
印　　刷　中煤地西安地图制印有限公司

开　　本　787mm×1092mm　1/16　印张　27.25　字数　590 千字
版次印次　2024 年 6 月第 1 版　2024 年 6 月第 1 次印刷
书　　号　ISBN 978-7-5693-3523-1
定　　价　368.00 元

如发现印装质量问题,请与本社市场营销中心联系。
订购热线:(029)82665248　(029)82667874
投稿热线:(029)82668805

国家出版基金项目
NATIONAL PUBLICATION FOUNDATION

编委会

Editorial Board

序 言

生物智能识别是信息科技在生物识别领域的拓展与应用，是发生在两个可协同发展领域前沿的汇聚，这两个领域的融合和共同发展是生命科学进入智能时代的重要标志之一。

生命科学是一门以实验为主体的科学，是以生命科学理论为指导，以实验技术、方法和数据为基础的学问。生物识别则是在生命科学理论指导下的应用领域，总体目标是要“别同异，辩是非”（墨子语），是要识别生物个体、群体（物种内）、谱系（物种间）在各个层面的特征和差异。“别同异”的方法就是深度层次化，启发思考；“辩是非”就是要设计恰当的实验，获取充足的数据，运用逻辑分析，实现解疑和应用。层次化的过程和辨识实践思考既可以是纵向的，也可以是横向的。就生命科学而言，生物识别的纵向层次化是运用经典生物学和医学领域的科技集成，既包括遗传学、生理学、生物化学、病理学、生物计算等，又包括新生的生物医学系列，如基因组学、生物信息学、医学影像学、人工智能等多学科交叉产生的领域和前沿。生物识别的横向层次化和整合包括其紧密相关的领域，如法医学、生物安全、司法鉴定、一体化健康等领域，尤其是这些学科的研究热点和国际竞争前沿。

生物识别的智能化需要跨学科概念性思维和跨领域的技术拓展，尤其是与计算机科学、统计学、光电传感技术、纳米科技等相结合，提高识别技术本身的水平，夯实发展的基础。例如，就身份识别而言，它既是一种基于个体生物特征（生理特征和基因特征）的个体识别和身份验证，也是新型数字身份应用的基础，目前已广泛应用于金融、教育、医疗、司法、临床、国家生物安全等诸多方面。它是人工智能技术与信息安全技术在当今应用的最典型代表性成果之一。随着生物识别技术发展的不断深入，目前已经形成了遗传学、基因组学、生物信息学和人工智能等多学科交叉联合的智能生物识别技术。生物识别的范畴也从传统 DNA 身份识别扩展到复杂亲缘关系推断、祖先溯源、基因画像等，从人类生物识别发展到动植物、微生物等识别领域，极大提高了生物证据的利用效率，丰富了法医物证提供的各类信息，有效提高刑事科学和司法鉴定的广度和精度。

本书聚焦生物识别科学研究前沿热点，对国内外生物识别领域最新研究进行了梳理和总结，体现了我国学者在生物证据研究领域的重要贡献，突破性地探讨了全基因组测序技术、单细胞测序分型等法医基因组学研究最新技术及算法，从精准亲权鉴定、种族溯源、人类表型识别和纸基传感器等方面介绍了我国在生物智能证据领域的创新性前沿应用研究，对于提高生物证据识别效力、提升司法鉴定实践水平、维护社会公平正义、建设法治中国具有重要的理论意义和实践意义。

本书的出版将向世界展示我国学者在生物智能识别领域的突出贡献，扩大我国生物智能识别研究在国际上的影响力，促进智能生物识别新技术、新方法及新标准在国际范围的共享，为提升我国生物识别科学研究水平提供重要支撑。

2023 年 12 月

于军，中国科学院“百人计划”海外杰出人才，国家科技部重大科学计划转录组研究首席科学家，中国科学院北京基因组研究所（国家生物信息中心）主要创始人之一、原副所长。

Forword

Biometric intelligence recognition is a new field merged at the frontiers of life and information sciences, which is an extension of biometrics and application of artificial intelligence. The combination and development of the two fields should be marked as one of the many frontiers of the new era—the information era of life sciences.

Life sciences are experimental in nature, guided by theories, and rely heavily on experimental techniques, methodology and data. Therefore, biometrics is one of the applied fields of life sciences, aiming at developing tools and protocols enabling acquisition of data, information and knowledge for biology-based identification and documentation at species, population and lineage levels. There are two essential steps for biometric stratification; one is to distinguish differences and the other is to assign weight or determine right or wrong. Data and logics are of essence for biometrics and its application. To improve technology and to acquire more information, biometrics will have to root deeper in both life sciences, including their classic and newly-emerged branches, and other related fields, including information and engineering sciences, such as genomics, bioinformatics, medical imaging and nanotechnology. In addition, biometrics has its own specified and extent fields, such as forensics, biosafety, One Health.

Biometrics as a research field undoubtedly needs both interdisciplinary conceptual thinking and technology breakthrough, and both are to be nurtured by other relevant fields of explicit sciences and technologies, especially communication technology, artificial intelligence, biosensing, nano-fabrication and many others. The application of biometrics is also deepening into banking, commerce, education, healthcare, legislation and public security. The roadmaps of biometrics is also broadening, routing from biology-based identification into digital identification, from DNA into RNA and other combined biomarkers, from personal to family and ancestry, from human to animals and plants, and from classic evidence into digital portrait. We are moving into a new era, not only benchmarked by the increasing proficiency of science and technology but also challenged by best practices with high efficiency, high accuracy, and high confidence under unpredictable and diverse circumstances.

This book presents recent progresses and efforts made by Chinese scientists in biometrics and it paves a way for future development of new technology, methodology and standards at international levels and in international settings.

YU Jun

2023.12

Yu Jun: The "Hundred Talents Program" (Outstanding Overseas Scholar) of the Chinese Academy of Sciences; Principal Investigator, National Key Programs of Ministry of Science and Technology; Founding Associate Director, China National Center for Bioinformation / Beijing Institute of Genomics, Chinese Academy of Sciences.

前 言

随着生物识别领域研究的不断扩展，各种生物识别数据的使用也日益广泛。传统的生物识别技术主要有指纹、面部、虹膜和手静脉识别等。然而，随着研究的深入和多种生物识别方法在可靠性和准确性上的提升，该领域开始采用更为多样化的生物识别信息，如基因多态性数据、身体特征、行为特征、表型特征，以及服装、生活习惯等，使得生物识别多样性得到了极大的拓展。

生物识别技术作为近年来备受瞩目的研究领域，其核心在于利用个体独特的身体和行为特征进行身份识别。如今，生物计算和生物识别信息已被广泛应用于计算机视觉系统、入口系统、安全和身份识别、法医生物识别等多个领域，并逐渐形成了生物智能识别系统的架构。

生物识别的系统方法是法医学“系统中的系统”的一个二级子系统，它将法医学描述为更大的刑事司法、执法、军事、生物安全、健康、农业、环境系统中的一个子系统，并将整体系统思维应用于法医生物识别系统。这些方法可以映射到生物识别的系统方法中（图 1），包括基因技术（DNA 技术）、生物特征技术、行为技术、5G 电子技术、智能数字技术等。

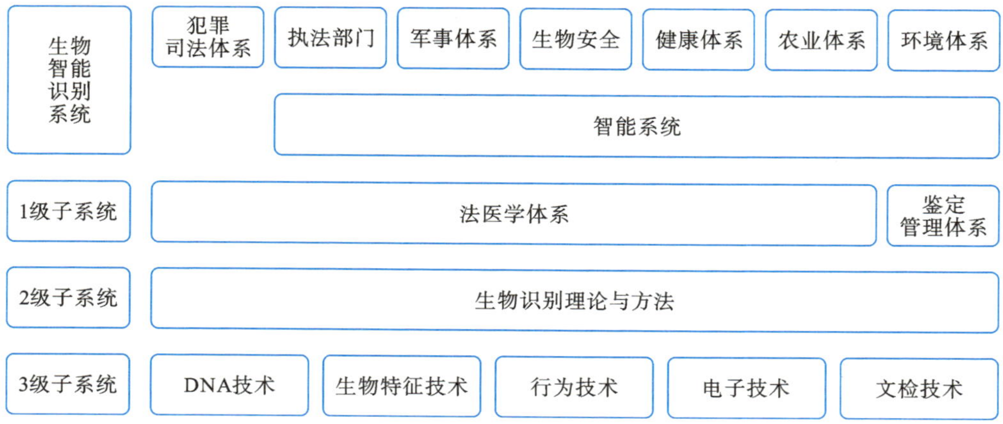

图1　生物智能识别的系统方法

生物识别系统依赖于收集、分析、存储、传输、搜索和共享生物识别数据的技术能力。本书旨在创建一个新型的多种生物特征分析和新型生物识别数据库系统。该系统包括以下内容。①分子特征:DNA、RNA、蛋白质、细胞表面抗原等;②生物身体特质:虹膜、指纹、手指静脉、手掌静脉、面部等,归类基于关节之间距离的轮廓、面部和骨骼数据的硬生物识别技术;③行为生物特征:用于行为和物理生物识别研究,如走路、动作、键盘和鼠标使用、语音、签名、饮食等;④表型生物特征:如着装、身高、关节之间的长度、性别、头发颜色和长度,以及个人物品。

在全球恐怖主义、大型灾害、难民危机和战争性质不断变化的背景下,生物识别技术的国际共享显得尤为重要。未来的技术进步将利用其他法医生物识别模式,如耳朵形态学、静脉模式分析、微生物组和气味。在特殊环境下,如指纹、指静脉指纹、手掌静脉扫描、面部扫描和虹膜识别等生物识别技术的应用受到限制,取而代之的是符合距离规则且非接触式的行为、物理和热生物识别类型,这些技术也已开始被使用。上述③和④将在未来的出版物中讨论。

生物识别和法医学在某些方面相关,但其他方面,如5G电子技术、智能数字技术、生物传感、微纳制造等,则属于不同的学科。生物识别技术通过测量身体和行为特征来建立和验证个人身份。法医学生物识别应用包括识别和验证相关人员的身份,以及对物体、人或事件进行生物识别;相反,用于身份管理的生物识别技术(如用于安全和访问控制的生物识别技术)可能不应用法医学原理,而是一种业务流程。

本书将考虑以下关键问题:与国家和国际生物识别系统的集成和互操作性、解决立法限制、制定组织政策,以及开发适合的数据基础技术。作为法医科学系统的组成成分,生物识别系统旨在满足刑事司法、执法和生物安全等系统的目标。本书提供了针对这些问题的解决方案，开发集成和可互操作的生物识别系统。

随着生物识别技术的飞速发展，生物识别系统需要质量管理系统、风险评估和成熟的标准体系，这些都是法医学系统的重要组成部分。譬如我们已经建立了《信息技术　生物特征识别数据交换格式　第 14 部分：DNA 数据》（GB/T 26237. 14—2019）、《安全防范　三维人脸识别设备技术规范》（T/CSPIA 011—2023）及掌纹掌静脉识别系统技术等领域的国家标准和行业标准。智能生物识别应用的标准、立法和组织政策的制定需要具有前瞻性，我们对相关工作进行整理、研究和出版，以期将最新的进展和成果呈现给读者，供学界共同探讨和进步。

李生斌

2023 年 12 月

李生斌，欧洲科学与艺术学院院士，国家卫生健康委员会法医学重点实验室主任，国家生物安全证据基地主任，西安交通大学生物证据研究院院长。

Preface

As research in the field of biometrics continues to expand, the use of various biometric data has become increasingly widespread. Traditional biometric technologies primarily include fingerprint, facial, iris and hand vein recognition. However, with research progresses and improvements in the reliability and accuracy of various biometric methods, the field has begun to adopt a more diverse range of biometric information, such as genetic polymorphism data, physical characteristics, behavioral traits, phenotypic features, as well as clothing and lifestyle habits, which has significantly expanded the diversity of biometrics.

As a prominent research area in recent years, biometric technology focuses on identifying individuals through their unique physical and behavioral characteristics. Nowadays, biocomputation and biometric information are widely applied in computer vision systems, entrance systems, security and recognition, forensic biometrics, and other fields, gradually forming the framework of intelligent biometric systems.

The systemic approach to biometrics serves as a secondary

subsystem within the "system of systems" in forensic science. It describes forensics as a subsystem within the broader contexts of criminal justice, law enforcement, military, biosecurity, health, agriculture and environmental systems, applying holistic systems thinking to forensic biometrics. These methods can be mapped to the systemic approach to biometrics (Figure 1), including genetic technology (DNA technology), biometric technology, behavioral technology, 5G electronic technology and intelligent digital technology.

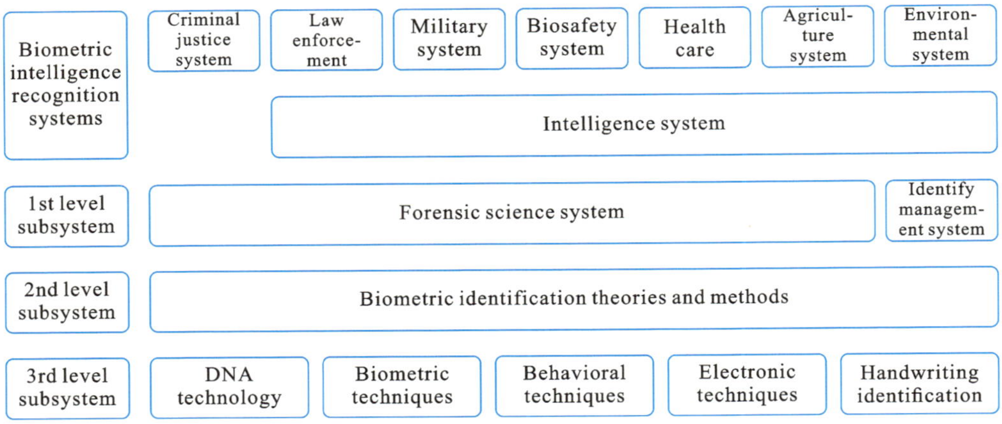

Figure 1 The systemic approach to biometric intelligent recognition

Biometric systems rely on the technological capabilities to collect, analyze, store, transmit, search and share biometric data. This book aims to establish a new system for multi-biometric analyses and a novel biometrics database system. The system includes the following components. ① Molecular features: DNA, RNA, proteins, cell surface antigens, etc.; ② Biophysical traits: iris, fingerprints, finger veins, palm veins, facial features, classified based on distances between joints, thermal facial and skeletal data using hard biometric technologies; ③ Behavioral biometrics: for the research in behavioral and physical biometrics, such as walking patterns, gestures, keyboard and mouse usage, voice, signature, dietary habits, etc.; ④ Phenotypic biometrics: such as attire, height, lengths between joints, gender, hair color and length and personal effects. In the context of global terrorism, large-scale disasters, refugee crises, along with the evolving nature of warfare, the international sharing of biometric technology is particularly important. Future technological advancements will utilize other forensic biometric patterns such as ear morphology, vein pattern analysis, microbiomes and scents. In specific settings where the application of biometrics technologies such as fingerprint, finger vein, palm vein scanning, facial scanning and iris recognition are restricted, alternative non-contact, distance-compliant behavioral, physical, and thermal biometric types are being implemented. The details on points ③ and ④ will be discussed in future publications.

Biometrics and forensics are related in some aspects, but in others, such as 5G electronic technology, intelligent digital technology, biosensing, and micro-nano manufacturing, they belong to different disciplines. Biometric technology establishes and verifies individual identities by measuring physical and behavioral characteristics. Forensic biometric applications include the identification and verification of relevant individuals' identities and the biometric analysis of objects, people or events; conversely, biometric technologies used for identity management (such as those used for security and access control) may not employ forensic principles but are instead a business process. This book addresses key issues such as the integration and interoperability with national and international biometric systems, addressing legislative restrictions, formulating organizational policies, and developing data foundation technologies suited for purpose. As a component of the forensic science system, biometric systems are designed to meet the objectives of systems like criminal justice, law enforcement, and biosecurity. This book provides solutions for these issues and develops integrated and interoperable biometric systems.

With the rapid development of biometric technologies, biometric systems require quality management systems, risk assessments and a mature set of standards, all of which are crucial components of the forensic science system. For instance, we have established national and industry standards in various fields, such as Information technology—Biometric data interchange Formats—Part 14: DNA data (GB/T 26237.14—2019), Technical Specification for Security and Protection Three-Dimensional Facial Recognition Devices (T/CSPIA 011—2023), and the Palmprint and Palm Vein Recognition System Technology. The standards, legislation, and organizational policies for intelligent biometric applications need to be forward-looking. We organize, research and publish related works, with the aim of presenting the latest advancements and achievements to readers, fostering discussion and progress within the academic community.

LI Shengbin

2023.12

LI Shengbin: Ordinary Member (Medicine) of European Academy of Sciences and Arts; Director of the Key Laboratory of Forensic Medicine, National Health Commission; Director of the National Biosafety Evidence Base; Dean of the Institute of Biological Evidence, Xi'an Jiaotong University.

目 录

CONTENTS

第 1 章
丝绸之路群体多态现象

1.1 研究区域地理分布

我国西北地区的地理环境非常复杂，既有高山、高原和盆地，也有戈壁、沙漠等特殊地貌。西北地区居住着 20 多个民族，还有许多群体。我国汉族人口超过 10 亿，回族和蒙古族的人口均在 500 万以上，是我国少数民族的典型代表。居住在新疆维吾尔自治区的人口，除汉族以外，大多是原住民。汉族人口自 20 世纪 50 年代迁移至此。据史书记载，自从公元前 3 世纪，维吾尔族人就与东西部人口往来频繁。随着蒙古帝国的扩张，部分中亚人迁入新疆，形成了现今的乌孜别克、哈萨克、柯尔克孜等少数民族。青海与甘肃的 5 个少数民族中，裕固族的历史较为悠久，土族、撒拉族、保安族及东乡族的形成可能与蒙古族、回族、汉族和藏族之间的融合、通婚有关。

丝绸之路的历史可以追溯到西汉时期，它以长安（今西安）为起点，经河西走廊和新疆维吾尔自治区，延伸到中亚、印度，最后到达地中海地区。以往的研究表明，丝绸之路地区存在广泛的基因混合。对线粒体高变区的研究表明，中亚地区的人群同时含有东欧和西欧亚人的基因库元素。此外,相关历史记录表明,宗教信仰、婚姻习俗、语言传统和迁徙历史等因素可能在形成该地区群体的母系遗传结构中发挥了重要作用[1]。然而,关于丝绸之路起点附近群体的遗传结构和群体分化的研究较少。解决人类遗传学领域的重大问题需要多种类型的遗传标记、各种分析方法及统计模型,并需要考虑地理、语言和社会等因素。近年来,一些中国学者研究了中国人口和一些中亚人口的群体分化和混合模式。J. Y. Chu 等人以 15 ~ 30 个短串联重复序列(short tandem repeat,STR)位点的等位基因频率数据为基础,构建了 32 个东亚群体的系统发育树,并提出了东亚人起源假说[2]。B. Su 和 L. Jin 利用 Y 染色体单倍型特征推断了中国汉族和东亚人的起源,并推测中国北方汉族是由中国南方汉族迁移而来[3]。最近,R. Zhou 等人分析了生活在甘肃的特定个体的 Y 染色体 STR 和单核苷酸多态性(single nucleotide polymorphism,SNP),并认为他们可能是古罗马士兵的后代[4]。此外,研究者利用线粒体序列多样性研究了中国群体的进化和起源。他们基于线粒体单倍群构建了中国汉族群体的系统发育树,该发育树后来被广泛应用于东亚群体的线粒体多态性调查[5]。以往的研究大多认为,中国群体存在高度的遗传分化,其基因流动和基因混合非常复杂。为了提高统计分析的稳健性,相关的研究需要更大范围和更大规模的样本,同时也需要更复杂的统计模型和分析。

Y 染色体上的遗传标记 Y - STR、Y - SNP 具有低重组率的特点,线粒体 DNA(mtDNA)上的遗传标记线粒体高变区Ⅰ、Ⅱ具有缺乏重组的特点,因此它们被广泛用于解决群体之间的遗传分化问题。但低有效样本量和确定偏差等混杂因素可能会影响遗传分化问题的解决。同时,Y 染色体上的遗传标记极易受遗传漂变和男性生殖功能的影响。此外,微卫星 DNA 已被应用于检测人类基因组变异、进行连锁分析以及 DNA 指纹之类的法医学应用中。同时,微卫星 DNA 已被证明在研究物种之间或具有相对密切的亲缘关系的种群之间的进化关系方面具有极大作用。这些研究表明常染色体遗传标记的模式与人类语言学相似。本章选取了我国西北地区 13 个具有代表性的群体(12 个民族),分析了 9 个 STR 位点等位基因频率的统计分布,并试图重构遗传结构,揭示各自的基因流动。并且,考虑到地理和语言因素,我们定量分析了遗传分化、地理隔离和语言差异导致的变异成分。

1.2 方法

1.2.1 样本和种群数据

我们获得了居住在陕西西安的汉族样本 84 例，居住在宁夏回族自治区的回族样本 82 例，居住在内蒙古的蒙古族样本 94 例，居住在新疆维吾尔自治区的维吾尔族样本 88 例、哈萨克族样本 100 例、柯尔克孜族样本 101 例、乌孜别克族样本 58 例，居住在甘肃的撒拉族样本 100 例、裕固族样本 120 例、保安族样本 120 例，以及居住在青海的东乡族样本 118 例和土族样本 102 例(表 1－1)。所有个体都是在知情同意的情况下由我们随机选取获得。经证实，每个基因型个体的四名祖父母均出生在同一地区，同时所采用的样本量足以使用微卫星遗传标记进行遗传群体分析。由于我们的实验室之前已经发表了关于哈萨克族、撒拉族、土族和保安族的等位基因频率，因此我们采用了原始数据，没有进行重复实验。此外，新疆维吾尔自治区汉族人的人口数据来自一项中文研究[6]。我们的研究已获得西安交通大学伦理委员会的批准，所有参与者都签署了书面知情同意书。我们之前发表的一项研究成果中使用了这些样本中的一部分。

表 1－1 研究人群名称、染色体数量、地理坐标、语言背景

民族	染色体数量	地理坐标		语系归属
		东经/°	北纬/°	
汉族(居住地西安)	168	108.57	34.16	汉藏
回族	164	106.28	38.02	汉藏
蒙古族	188	111.67	40.92	阿尔泰语、蒙古语
维吾尔族	176	76.50	37.60	阿尔泰语、突厥语
哈萨克族	200	82.50	43.50	阿尔泰语、突厥语
乌孜别克族	116	81.20	43.55	阿尔泰语、突厥语
柯尔克孜族	201	75.43	40.33	阿尔泰语、突厥语
赛拉尔族	200	102.28	35.50	阿尔泰语、突厥语

续表

民族	染色体数量	地理坐标		语系归属
		东经/°	北纬/°	
土族	204	101.57	36.50	阿尔泰语、蒙古语
东乡族	236	102.70	35.80	阿尔泰语、蒙古语
裕固族	240	100.50	37.20	阿尔泰语、蒙古语
保安族	240	100.16	33.10	阿尔泰语、蒙古语
汉族(居住地新疆)	300	87.38	43.92	汉藏

1.2.2 DNA 提取和基因分型

根据 P. S. Walsh 等人的描述，使用 Chelex-100 实验流程提取基因组 DNA，并用分光光度法进行定量[7]。在 25μL 的总反应体积中，包括 9.5μL 的 AmpFlSTR Identifiler PCR 反应混合物、0.5μL 的 AmpliTaq Gold DNA 聚合酶、5.0μL 的 AmpFlSTR Identifiler 引物组合。用该反应体系对 1～3ng 的基因组 DNA 在 9700 Perkin-Elmer DNA 热循环仪(Applied Biosystems)中进行多重 PCR 扩增。首先在 95℃ 下进行 11min 的初始变性，随后进行 28 次以下条件的循环：94℃ 1min，59℃ 1min，72℃ 1min(参照 AmpFlSTR Identifiler PCR 试剂盒说明书)。将 1μL PCR 产物与 12μL 甲酰胺以及 0.5μL 内标(GeneScan500 LIZ)相结合，使用 ABI Prism 3730 DNA 测序仪(Applied Biosystems)分离和检测扩增的 DNA 产物，并用 GeneScan 和 Genotype 软件程序进行数据分析和等位基因命名。

1.2.3 数据分析

用 Genepop 精确测试哈迪－温伯格平衡(Hardy-Weinberg equilibrium，HWE)后，通过基因计数来估计等位基因频率。基因多样性估计公式为：

$$n/(n-1)(1-\sum X_{i2}) \tag{1-1}$$

式中，X_i 为系统中第 i 个等位基因的估计频率。

每个群体的 9 个 STR 系统的父权排除概率(EPP，用 P_E 表示)和随机匹配概率(RMP，用 P_M 表示)的组合计算公式分别为：

$$1-(1-P_E)\times(1-P_E)\times\cdots\times(1-P_E) \quad (1-2)$$

$$P_M\times P_M\times\cdots\times P_M \quad (1-3)$$

其中 P_E 和 P_M 可通过 Powerstats 程序估算。

因为 Nei 氏 DA 遗传距离(Nei's DA genetic distance,简称 Nei's DA 或 DA 遗传距离)最能反映群体间的真实分化,所以选择 Nei's DA 作为遗传测度。Nei's DA 可通过 Dispan 程序计算得出。利用 Mega 4.1 通过邻接法构建了基于遗传距离(自举1000 次)的系统发生树。由于几个 STR 基因座的等位基因频率矩阵存在一些缺陷,我们用 PAST 将其转化为方差-协方差矩阵。接着,采用 SPSS 13.0 进行主成分分析(PCA),绘制散点图。采用 Harpending 和 Ward 的 R 矩阵模型进行回归分析,公式如下:

$$E(H_i) = H_t(1-r_{ii}) \quad (1-4)$$

式中,E 为回归系数,H_i为第 i 个居群的平均杂合度;H_t为整个居群的总体平均杂合度;r_{ii}为特定群体与基因频率质心的遗传距离,r_{ii}可由等位基因频率数据计算,公式为:

$$r_{ij} = (p_i-p)(p_j-p)/[p(1-p)] \quad (1-5)$$

以成对群体间的大圆距离为矩阵输入地理距离,并以群体地理坐标为基础进行评估。用 0 和 4 之间的简单不相似指数来估计语言距离:属于不同门类的语言被赋值为 4;属于不同分支的语言为 3;属于不同语系的语言为 2;语言不同为 1;同样的语言为 0。该过程中所采用的西北语言的语言分类取自民族志在线语言数据库(https://www.ethnologue.com)。

1.3 数据解释

1.3.1 基因多样性和法医参数

表 1-2 总结了所选 13 个群体的遗传多态性:9 个 STR 位点的基因多样性指数均在 0.7 以上(范围为 0.7435 ~ 0.7793),其中回族基因多样性指数最低,柯尔克孜族基因多样性指数最高。此外,各群体中检测到的等位基因总数均大于 60 个。其中,汉族(居住地西安)和回族最少,为 63 个;土族最多,为 80 个。所有位点的整体 G_{st}值为 0.0142。组合父权排除概率常被用来评估某一标记体系的应用价值,组合随机匹配概率常被认为是个体识别或辨认的重要指标。在我们所选的 13 个群体中,组合父权排除概率均在

0.9999 以上,组合随机匹配概率均在 10^{-8}以下,这两个数值均表明 9 个 STR 标记系统在 13 个群体中具有极高的应用价值。此外,使用包含上述 9 个 STR 基因座的 16-Powerplex 系统,已成功解决了 500 多例亲子鉴定及个人识别案件。

表 1-2　STR 系统 13 个居群的遗传多态性

民族	基因			累计随机匹配概率
	多样性	等位基因数目	累计父权排除概率	
汉族(居住地西安)	0.7500	63	0.99990	3.070×10^{-9}
汉族(居住地新疆)	0.7584	73	0.99980	1.050×10^{-9}
回族	0.7435	63	0.99975	1.520×10^{-8}
维吾尔族	0.7722	67	0.99987	1.250×10^{-9}
哈萨克族	0.7651	69	0.99998	0.308×10^{-9}
柯尔克孜族	0.7793	70	0.99999	0.128×10^{-9}
东乡族	0.7547	74	0.99994	1.085×10^{-9}
土族	0.7619	80	0.99996	0.720×10^{-9}
乌孜别克族	0.7732	65	1.00000	0.228×10^{-9}
赛拉尔族	0.7532	67	0.99994	0.866×10^{-9}
保安族	0.7621	67	0.99985	1.130×10^{-9}
裕固族	0.7615	66	0.99996	1.250×10^{-9}
蒙古族	0.7662	69	0.99994	2.060×10^{-9}

1.3.2　遗传距离和系统发育树

配对遗传距离见表 1-3。在我们所调查的中国西北地区的 13 个群体中,哈萨克族和汉族(居住地西安)样本之间的配对遗传距离值最大,为 0.06,这表明两者之间的关系相对较远。我们使用自举次数为 1000 次的配对 DA 构建了 13 个群体样本的邻接树(图 1-1、表 1-3)。所有群体可被分为两个主要分支(83% 的自举支持),一支为居住在新疆维吾尔自治区的 4 个群体,而其他 9 个群体被分在一起组成另一分支。土族和东乡族之间的关系最密切、配对 DA 最低，只有 0.0092（67% 的自举支持）。其余有 50% 以上自举支持的主要子集群包括维吾尔族和柯尔克孜族（73%）、撒拉族和宝安族（55%）。

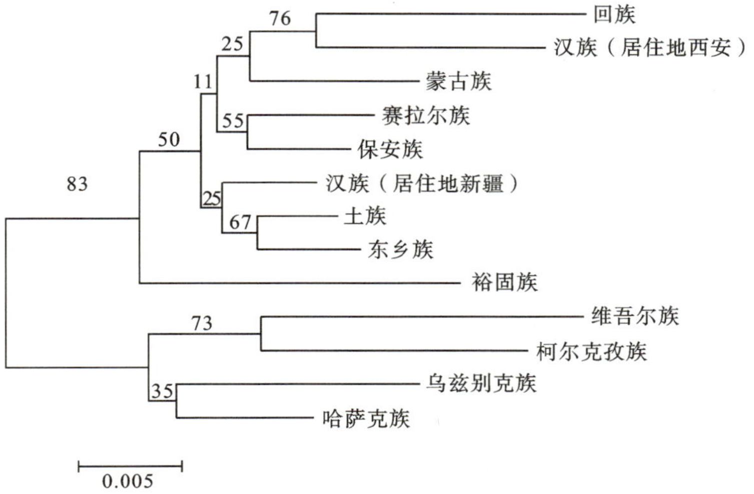

图 1－1　基于 Nei's DA 遗传距离的邻接系统发育树

表 1－3　13 个群体之间的配对 DA 遗传距离

民族	裕固族	乌孜别克族	柯尔克孜族	哈萨克族	赛拉尔族	土族	东乡族	裕固族	保安族	蒙古族	回族	汉族（居住地新疆）	汉族（居住地西安）
裕固族													
乌孜别克族	0.0398												
柯尔克孜族	0.0291	0.0271											
哈萨克族	0.0305	0.0188	0.0256										
赛拉尔族	0.0477	0.0426	0.0411	0.0331									
土族	0.0508	0.0324	0.0419	0.0315	0.0136								
东乡族	0.0483	0.0377	0.0480	0.0351	0.0172	0.0092							

续表

民族	裕固族	乌孜别克族	柯尔克孜族	哈萨克族	赛拉尔族	土族	东乡族	裕固族	保安族	蒙古族	回族	汉族(居住地新疆)	汉族(居住地西安)
裕固族	0.0496	0.0396	0.0509	0.0390	0.0293	0.0221	0.0244						
保安族	0.0380	0.0363	0.0403	0.0301	0.0114	0.0150	0.0164	0.0256					
蒙古族	0.0427	0.0385	0.0402	0.0314	0.0156	0.0179	0.0204	0.0328	0.0164				
回族	0.0510	0.0519	0.0548	0.0395	0.0265	0.0284	0.0254	0.0383	0.0257	0.0247			
汉族(居住地新疆)	0.0476	0.0357	0.0407	0.0327	0.0138	0.0102	0.0116	0.0240	0.0134	0.0180	0.0223		
汉族(居住地西安)	0.0554	0.0188	0.0500	0.0600	0.0446	0.0265	0.0243	0.0208	0.0361	0.0226	0.0230	0.0245	

1.3.3 主成分分析

基因频率矩阵是具有封闭效应的封闭数据，这给群体遗传结构的分析带来了困扰。因此，我们使用 F. Z. Xue 等人建立的模型[8]进行主成分分析，该模型使用由基因频率计算的平均协方差矩阵。结果中三个主成分的方差比分别为 31.88%、17.1% 和 15.01%，总方差比为 63.99%。

1.3.4 R 矩阵分析

利用 R 矩阵模型建立回归图，以此分析西北地区 13 个群体遗传交换水平和基因流动模式。如图 1-2 所示，柯尔克孜族、乌孜别克族和撒拉族从外界获得了高于正常水平的基因流动，因此其远高于预期的回归线。相比之下，较孤立的群体，如汉族（居住地西安）和回族，远低于这条回归线。其余 8 个群体聚为一组，虽然分散在回归线两边，但接近回归线，这说明其接受了整个区域的平均水平的基因流动。

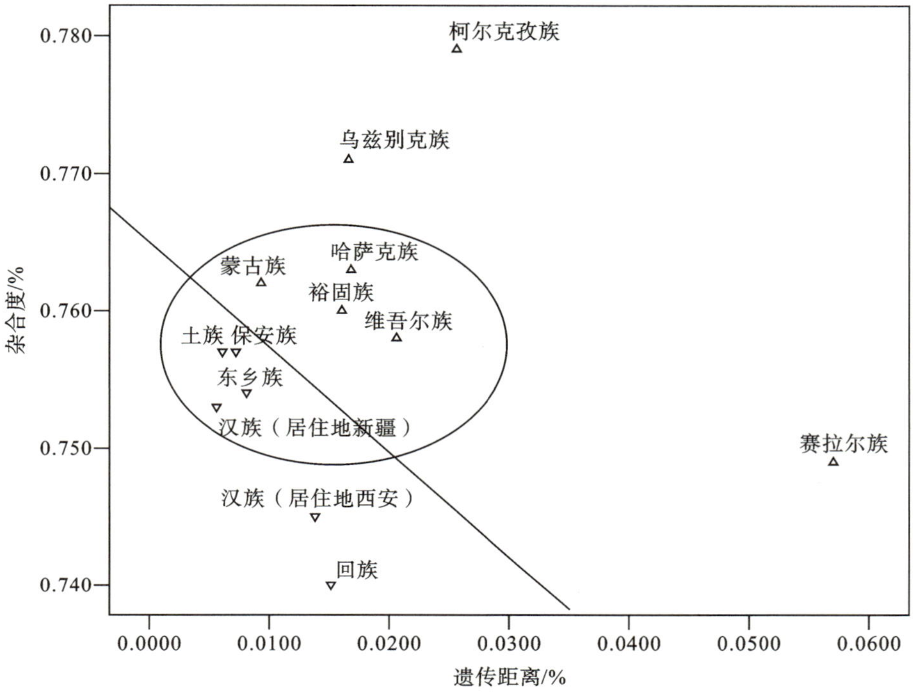

图 1-2　13 个群体回归图

1.3.5　曼特尔检验

曼特尔检验(Mantel test)在生态学上应用比较多,例如比较生物体之间的遗传距离和地理距离之间的相关性。曼特尔检验的结果如表 1-4 所示,表中包括三个距离矩阵的相关性和偏相关,我们对 13 个群体均进行了分析。遗传距离(D_{gen})与地理距离(D_{geo})之间具有显著相关性($P=0.002$),相关系数为 0.4769,方差为 21.58%。遗传距离和语言距离(D_{lan})之间无显著性差异,相关系数和方差均较低。在保持语言距离不变的情况下,遗传距离与地理距离之间的偏相关系数为 0.4516,具有较高的统计学意义($P=0.004$);相反,在保持地理距离不变的情况下,遗传距离和语言距离之间的相关性不显著($P=0.096$),相关系数为 0.1230。

表 1-4　三种不同距离类型的曼特尔检验

矩阵	曼特尔检验		
	相关系数	*P* 值	因素解释力
遗传距离与遗传距离	0.4769	0.002	0.2158
遗传距离和语言距离	0.2100	0.024	0.0233
遗传距离与地理距离之间的偏相关系数	0.4516	0.004	—
遗传距离和语言距离之间的偏相关系数	0.1230	0.096	—

1.4　遗传多样性的贡献

我国西北地区是古代丝绸之路的起点，它是连接我国东部与中亚、南亚甚至欧洲西部的枢纽。据史料记载，东西部之间的文化和商业交流在西北地区十分频繁。此外，不同群体间的通婚和基因交流在西北地区也很普遍。目前比较清楚的是，维吾尔族、乌孜别克族、哈萨克族和柯尔克孜族最初生活在中亚，他们大约于公元 5 世纪迁移至我国的新疆维吾尔自治区。我们使用 13 个我国西北地区群体和其他 4 个世界群体计算出的遗传距离支持了这一观点。显然，来自新疆维吾尔自治区的维吾尔族、乌孜别克族、哈萨克族和柯尔克孜族与土耳其人或白种人更接近，而与日本人的遗传距离较远。

关于生活在甘肃和青海的 5 个民族的起源目前仍没有确切的答案。历史记载支持两种关于土族起源的假说。第一种假说认为他们的祖先实际上来自我国东部的辽宁省，他们于 4 世纪初迁移至青海和甘肃，并与当地的蒙古族、藏族和汉族通婚，这一假说认可度更高。第二种假说认为土族是 13 世纪蒙古士兵与当地游牧部落妇女的后代。虽然关于土族的起源存在争议，但毫无疑问，在土族的历史上曾发生过广泛的基因混合。宝安族的祖先极大可能是蒙古人，他们 13 世纪后期随突厥斯坦士兵来到我国西北地区。这些人首先在青海同仁市附近开垦放牧，经过与当地回族、东乡族、撒拉族、藏族、汉族人口长期的融合和通婚，逐渐形成了新的民族。裕固族的起源可以追溯至公元 745 年建立回鹘王国的古代回鹘人，其活动范围覆盖贝加尔湖以南、阴山以北、兴安岭以西、阿尔泰山脉以东的草原。关于东乡族的起源也存在争议。一种假说认为，居住在东乡的古代回族人口与当地的蒙古族、汉族、藏族人口通婚，形成了现在的东乡族。另一假说认为东乡族起源于蒙古。撒拉族起源于西突厥国的奥古兹人,奥古兹人最初生活在中国,后迁移至中亚地区。13 世纪,奥古兹人经撒马尔罕地区迁移至青海省东部,并于此定居。他们逐渐适应了新的环境,并与当地的汉族、藏族、回族、蒙古族等民族通婚,最终形成了现在的撒拉族。

我们所选取的 9 个常染色体微卫星标记的多态性已在世界不同群体中报道。已有研究对其作为 CODIS 标记用于个体识别和人类识别的应用价值进行了评估,并证明使用这些具有高杂合度、含多个等位基因并被法医学公认的基因座进行关于群体分化和群体混合的研究是可行的。主成分分析通过降维法提取了多个主成分作为新变量,该方法可用于确定群体分化的特征和根本原因。此外,根据特定遗传距离构建的互补系统发育树是推断不同群体进化关系和起源的理想工具。我们将这两种主要的统计方法应用于数据集,并发现新疆维吾尔自治区的少数民族相较于其他群体更为分化。在对这 13 个群体的基因流动模式做出任何推论时,应考虑到以下两个主要因素:一个是群体的人口规模,另一个是遗传漂变和群体迁移的平衡。因此,根据 R 矩阵分析,居住在西安的汉族人和回族人没有获得平均水平的基因流动可能是因为这两个群体涉及的人口规模较大。

来自相近地理位置的不同大陆的群体在基因上比简单假设(他们起源于各自的大陆)所预测的更相似。近年来的研究分析了世界上主要的不同种群的起源和进化关系,并试图利用大规模的遗传标记通过地理和语言特征来解释遗传差异。已发表的相关论文大多认为地理因素是主要因素,语言因素发挥了次要作用,并且语言因素产生的影响也是可检测的。对于地理位置相近的群体,遗传距离和地理距离通常具有高度相关性。Q. Ayub 等人[9]认为,由 182 个微卫星遗传标记确定的世界上现存 19 个人类种群的亲缘关系主要取决于地理上的接近程度($r=0.484$,$P=0.05$)。由 377 个微卫星遗传标记确定的 52 个世界群体的遗传差异和地理差异之间关联性更强,尽管语言差异对 DNA 多样性也有可检测到的影响。我们的研究首次量化了地理和语言因素对生活在我国西北地区的群体的影响,从而避免了纯粹的主观结论。这 13 个独立群体的曼特尔检验偏相关系数分析结果表明,地理差异对遗传分化有显著影响(偏相关系数 $r=0.4516$,$P=0.0004$),语言距离是影响遗传分化的另一个因素(偏相关系数 $r=0.123$,$P=0.096$)。在目前的分析中,我们在计算地理距离时只考虑到了地理坐标,而没有考虑西北地区山地、沙漠和高原等复杂地形。今后,我们将建立一个更复杂和精确的数学模型来量化地理隔离。

综上所述，作为古代丝绸之路一部分的我国西北地区确实存在高度的基因混合。居住在我国北部新疆维吾尔自治区的维吾尔族、哈萨克族、乌孜别克族和柯尔克孜族的群体聚集紧密，但与青海、甘肃等地的其他群体，以及汉族、回族、蒙古族等亚群体距离较远。这些研究结果表明，地理隔离在群体分化中起着重要作用，而语言差异对群体分化的影响较小。

在我国西北地区的丝绸之路上存在几个原住民族，他们在文化和社会习俗上均表现出了显著的差异，这些差异可能是由于地理隔绝及不同的语言传统所致。过去的两千年间的广泛贸易和其他互动可能促进了这些群体之间不同基因库的混合。为进一步探究我国西北地区的 13 个民族群体的进化关系、揭示群体混合特征，我们选取了 9 个最常用的 CODIS 基因座（D3S1358、TH01、D5S818、D13S317、D7S820、CSF1PO、vWA、TPOX、FGA）进行基因分型和进一步分析。系统进化树和主成分分析表明，新疆维吾尔自治区的 4 个群体与丝绸之路上游的 9 个群体之间存在明显的群体分化。R 矩阵回归分析表明，西北地区少数民族群体之间存在较高的基因流动和群体混合。此外，曼特尔检验表明，相较于语言障碍，地理隔离在遗传差异的形成中发挥着更加重要的作用（21.58% 对 2.3%），这与地理因素的贡献与其在世界其他群体形成中的贡献一致。

（李　晶　张　喆　李生斌）

参考文献

[1] YAO Y G, KONG Q P, WANG C Y, et al. Different matrilineal contributions to genetic structure of ethnic groups in the Silk Road region in China [J]. Mol Biol Evol, 2004, 21 (12): 2265 – 2280.

[2] CHU J Y, HUANG W, KUANG S Q, et al. Genetic relationship of populations in China [J]. PNAS, 1998, 95(20): 11763 – 11768.

[3] JIN L, SU B. Natives or immigrants: modern human origin in east Asia[J]. Nat Rev Genet, 2000, 1(2): 126.

[4] ZHOU R, AN L, WANG X, et al. Testing the hypothesis of an ancient Roman soldier origin of the Liqian people in northwest China: a Y-chromosome perspective [J]. J Hum Genet, 2007, 52(7): 584 – 91.

[5] YAO Y G, KONG Q P, Bandelt H J, et al. Phylogeographic differentiation of mitochondrial DNA in Han Chinese[J]. Am J Hum Genet, 2002, 70(3): 635 – 651.

[6] 袁红，付艳芳，刘晓霞. 新疆地区汉族人群 9 个 STR 基因座的遗传多态性[J]. 2004, 19: 290.

[7] WALSH P S, METZGER D A, HIGUCHI R, et al. Chelex 100 as a medium for simple extraction of DNA for PCR-based typing from forensic material [J]. BioTechniques, 1991, 10(4): 506 – 513.

[8] XUE F Z, WANG J Z, GUO Y S, et al. The methodology of principle component analysis based on the averaged covariance matrix for the analysis of human populational genetic structures[J]. Acta Anthropologica Sinica, 2005, 24(3): 221 – 231.

[9] AYUB Q, MANSOOR A, ISMAIL M, et al. Reconstruction of human evolutionary tree using polymorphic autosomal microsatellites[J]. Am J Phys Anthropol, 2003, 122(3): 259 – 268.

第 2 章
藏彝走廊世居群体基因组多态现象

2.1 研究区域地理

沿青藏高原东部边缘，居住着多个属于不同民族、语言不同的群体。该地区有多条河流和多座山脉，随着海拔的下降，河流多自北向南流动。这种地形特征阻碍了人口迁移，导致这些多样化的群体如今生活在许多孤立的地区。同时这种地形特征导致的人口迁移障碍可能在塑造这些群体的遗传背景方面发挥了形成性作用。青藏高原东部边缘地区面积达 88 万平方千米，覆盖 3 个省份（甘肃、四川、云南），该地区拥有丰富的文化遗产，是我国具有世居群体多样性的代表性地区。在 56 个民族中，青藏高原东部边缘地区分布有 20 个，该地区总人口超过 1500 万人，有 300 多种独特的语言。在这一地区，最主要的民族是汉族、藏族及彝族，因此该地区被称为藏彝走廊。

藏彝走廊群体多为藏缅语族，其在语言系属分类上属于汉藏语系。目前有研究认为，汉藏语系起源于我国北方黄河沿岸的农民群体。藏缅语族起源于向西、向南迁移到青藏高原及东南亚西部的群体，可能与小米种植者的扩张有关。藏彝走廊地区被认为在藏缅语言的传播中发挥了重要作用。藏缅语言最初从北到南传播，该过程使整个藏彝走廊地区的藏缅语族得以建立。同时,该研究也特别指出了历史上关于来自西部(藏族)、北部(蒙古族)和东部(汉族)的多种不同人口流入藏彝走廊地区的历史记录,同时强调了藏彝走廊地区内的流动(即彝族向北扩张)。这些语言和历史研究表明,藏彝走廊群体的生物学根源相当复杂。

藏彝走廊位于青藏高原的山麓地带,在一定程度上促使群体聚焦。基因组研究极大地影响了我们对全球人口的理解,它们可以在阐明藏彝走廊群体的遗传结构方面发挥决定性作用。迄今为止,对藏彝走廊地区全基因组的研究主要集中在阐明藏汉祖先对该地区的贡献上。H. B. YAO 等人[1]对来自藏彝走廊北部地区的 10 名藏族和 10 名汉族人的全基因组单核苷酸多态性(SNP)数据进行分析,研究结果显示:藏彝走廊群体是居住在高原的藏族人和居住在周边的其他民族人的"混血"。藏彝走廊地区民族和语言群体具有多样性,因此需要对该地区多个民族进行全基因组抽样研究,以获取藏彝走廊世居群体文化多样性的遗传模式。

在这项工作中,我们收集了来自藏彝走廊地区(242 人)和我国北方地区(6 人)的 248 名参与者的全血,用于全基因组测序(图 2-1 和表 2-1)。来自我国北方地区的个体测序深度为 25×。在来自藏彝走廊区域的个体中,有 32 例的测序深度为 25×,其余 210 例个体测序深度为 5×。使用标准过程调用变量参见方法详细信息。我们将藏彝走廊地区参与者基因组数据与之前发表的大型项目的约 2000 个全基因组序列进行了比较,其中包括千人基因组计划、Simons 基因组多样性计划,以及其他的藏族和汉族基因组数据。经过分析他们的基因组,结合现有的全基因组数据,将有助于进一步深入了解藏彝走廊地区人群的基因结构。

2.2 方法

2.2.1 实验模型和主题细节

我们收集了来自藏彝走廊(TYC)的 16 个群体和甘肃、内蒙古的 3 个群体的 248 名受试者的全血(表 2-1)。抽取的藏彝走廊群体包括来自四川的藏族[藏族(SC)]、嘉绒人、尔苏人、北方的普米族[普米族(N)]、来自四川的木雅人、纳木依人和彝族人,以及来自云南的纳西族、普米族、白族、汉族、拉祜族、基诺族、景颇族和阿昌族(图 2-1)等。其中,藏族(SC)、嘉绒人、尔苏人、木雅人、普米族(N)、纳木依人被我国正式认定为藏族的亚族。

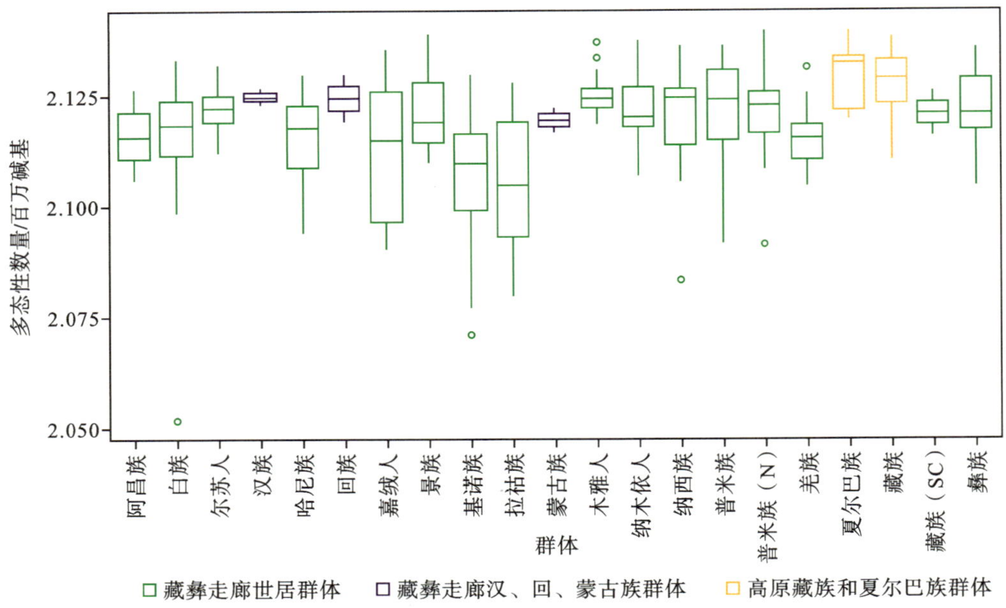

图 2－1　藏彝走廊地区群体分布及变异分析藏彝走廊地区不同群体变异分布箱线图

表 2－1　样本信息

人群		样本编号	测序深度	语言	海拔/m	北纬/°	东度/°
藏彝走廊人群	藏族(SC)	2	25×	汉藏	2137	31.11	101.88
	嘉绒人	2	25×	嘉绒	2066	31.12	101.89
		14	5×				
	尔苏人	2	25×	尔苏	1730	29.20	102.25
		14	5×				
	普米族	2	25×	北普米、羌	2631	29.62	101.61
		14	5×				
	木雅人	2	25×	羌、木雅	3210	29.62	101.61
		14	5×				
	纳木依人	2	25×	纳木依	2631	28.31	101.61
		14	5×				
	彝族	2	25×	彝	2114	27.74	102.27
		14	5×				
	羌族	2	25×	羌	1193	31.82	104.18
		14	5×				

续表

人群		样本编号	测序深度	语言	海拔/m	北纬/°	东度/°
藏彝走廊人群	纳西族	2	25×	纳西	2651	26.82	100.24
		14	5×				
	普米族	2	25×	羌、北普米	3065	26.45	99.42
		14	5×				
	白族	2	25×	白	1993	25.58	100.23
		14	5×				
	拉祜族	2	25×	拉祜	1363	22.57	99.93
		14	5×				
	基诺族	2	25×	基诺	945	22.04	101.01
		14	5×				
	景颇族	2	25×	景颇	1155	24.18	97.79
		14	5×				
	阿昌族	2	25×	缅语支	962	24.03	97.79
		14	5×				
	哈尼族	2	25×	哈尼	1145	23.43	101.69
		14	5×				
隔离人群	汉族	2	25×	汉族	392	34.34	108.94
	回族	2	25×	汉族	2132	35.60	103.24
	蒙古族	2	25×	阿尔泰、蒙古	181	43.62	122.26
总数		24					

我们采用以下标准招募受试者：①签署书面知情同意书；②随机的相关健康成人；③每个群体中性别比例为1∶1；④用含有EDTA的抗凝管收集5 mL全血，所有DNA在抽血后72小时内提取。所有研究和方案均经西安交通大学伦理委员会批准。基础数据已报中国人类遗传资源管理委员会备案（No. 2020BAT0782）。

2.2.2 DNA提取、文库构建、测序

使用5mL真空EDTA（乙二胺四乙酸）抗凝血管采集来自248名参与者的静脉全血样本，从每个样本中提取至少2.5μg DNA用于PCR文库制备和测序。通过琼脂糖凝胶电泳、NanoDrop2000分光光度计和Qubit 2.0荧光仪评估DNA完整性、纯度和浓度，并用合格的DNA样本进行文库建设。我们使用相同的标准Illumina DNA文库制备和测序流

程处理所有样品(所有文库制备和测序均在2013年12月6日至2015年5月7日之间进行,共20批),以最大限度地降低处理系统误差导致的样品之间人为误差的可能性。测序后,38个高覆盖度样本的覆盖范围为17.24~29.18倍(中位数23.3倍),210个低覆盖度样本的覆盖范围为4.16~12.14倍(中位数6.7倍)。所有样本的平均覆盖度均在96%以上,测序数据质量良好。

在华大基因的Illumina HiSeq 2000平台上对100bp的成对末端测序读段(paired-end reads)进行测序。我们对汉族、回族、蒙古族和居住在四川的藏族[藏族(SC)]各选取2个无亲缘关系的个体进行了25×深度的测序;对其他15个藏彝走廊群体分别进行了25×深度(2个个体)和5×深度的测序(14个个体)(表2-1)。

2.2.3 对齐和变量调用

应用SOAPnuke (v1.0.0)软件去除适配器污染和低质量读段(reads)(reads中未知核苷酸大于5%或reads中核苷酸大于20%且质量值≤10)。用BWA-MEM(v0.7.13)以paired-end模式将清洗后的reads比对到人类参考基因组上。用Picard (v2.1.0)检测并删除重复。用3.8版本GATK遵循最佳实践进行基础质量评分重新校准、插入/缺失重组、变异发现和基因型调用。用HaplotypeCaller来命名基因型和变异。此外,用ANGSD (v0.931)来计算一组高置信度位点的基因型似然率(GATK模型)。SNV用annovar对RefSeq进行注释。

2.2.4 藏彝走廊测序数据与以往发表数据相结合

本研究同时纳入了千人基因组计划(1KG)第三阶段的变异位点,以及Simons基因组多样性计划(SGDP)和高原藏族人计划(THP,包括33名高原藏族人,30名汉族人和5名夏尔巴人)的高深度测序数据。我们用STAR方法对这些数据集资源进行了总结。首先,对TYC和THP群体执行基因型调用过程,我们将样本分为两组:A组包含所有样本($n=316$,其中TYC 248个,THP高覆盖率样本68个),B组只包含高覆盖率样本($n=106$,其中TYC高覆盖率样本38个,THP 68个)。其次,我们使用PLINK 1.9和bcftools 1.9将A组与SGDP数据集和1KG数据集合并,B组与SGDP数据集合并。在一个文件中缺失而在另一个文件中出现的位点被认定为缺失。

2.2.5 位点质量筛选

我们考虑到了不同数据集之间可能产生的批次效应，并通过广泛采用质量控制措施获得了一组被认为可用于群体遗传分析的基因组位点。位点筛选要求如下：①仅包含 Illumina 碱基质量至少为 20 的碱基。②仅包含 BWA 映射质量至少为 13 的 reads。③reads小于两次的位点被设置为缺失值，筛选出 50 个以上样本中均存在缺失值的位点。④哈迪・温伯格平衡：根据被 GATK 称为基因型的等位基因频率计算每个可变位点的预期基因型频率，筛选出 bcftools 1.9 标注出的 ExcHet = 1 的基因座。⑤根据 UCSC 基因组浏览器中 10000 基因组项目严格的访问掩码和 100-mer 映射性跟踪，排除可能存在推断问题的区域。对于包含所有样本的集合，我们增加了一个过滤条件：去除 dbSNP 缺失的位点，以提高低覆盖率样本中位点的置信度。随后，我们提取 MAF≥0.05 的双等位基因 SNP，用 PLINK 1.9 对连锁不平衡位点进行裁剪，最终从所有样本中获得了 947099 个 SNP，从高覆盖率样本中获得了 514068 个 SNP 用于后续分析。

我们使用 R package genotypeeval 评估了不同数据集之间的批次效应。根据通过基因型调用计算出的汇总指标，我们观察到 TYC、THP、SGDP 和 1KG 之间没有表达批次效应。

2.2.6 量化和统计分析

1. 亲缘关系分析

我们应用了 KING（v2.0.1）来测定 TYC 个体之间的隐性亲缘性。3 个样本的亲缘系数均略大于 0.2。在确认这些个体在三代内没有亲缘关系后，我们保留了这些样本。

2. 基于单倍型的分析

在裁剪之前，我们从 GATK 中提取了 4807702 个高置信双等位基因 SNP，并使其通过所有过滤工具以进行定相和分配。首先，通过运行 BEAGLE（v4.0）获得初始基因型集。在初始基因型集的基础上通过 SHAPEIT2 将基因型逐步定相为单倍型。Beagle 所确认的后验概率大于 0.995 的基因型被认定为已知基因型。SHAPEIT2 运行了 10 次迭代、10 次裁剪迭代，随后进行了 50 次抽样迭代，以估计最终的单倍型集。

3. 主成分分析

为了分析居住在藏彝走廊的群体在全球人口背景和区域人口背景下的分层，我们使用 EIGENSOFT v4.2 的 smartPCA 程序进行了主成分分析(使用默认参数)。我们依次使用了所有样本的基因型数据和高覆盖率样本的基因型似然数据。基于基因型数据,我们进行了一系列 PCA 分析,在先前 PCA 的基础上选择亲缘关系较近的个体,以研究精细尺度的群体结构。此外,我们应用 fineSTRUCTURE 2.0 通过使用高覆盖率样本的单倍型进行关联 PCA。

4. 基于模型的聚类

我们使用 ADMIXTURE (v1.3.0)中实现的最大似然方法在全球群体(包括来自 TYC、THP 和 SGDP 的高覆盖率样本的连锁不平衡独立的 SNP Callset)和区域群体(包括来自 TYC 和 THP 的所有样本的连锁不平衡独立的 SNP Callset)的背景下进行基于模型的聚类。在给定的 *K* 分量下,收集随机种子重复 10 次的最高似然结果。在默认的 5 倍交叉验证设置下进行了一系列 ADMIXTURE 分析,全球群体数据集的 *K* 值从 2 到 13,区域群体数据集的 *K* 值从 2 到 8。我们使用 CLUMPAK (v1.1) 38 在不同 *K* 值的复制和对齐簇中识别最佳输出簇。此外,我们使用 Ohana 1.0 对 ADMIXTURE 结果中的祖先成分进行了群体树分析,还应用 fineSTRUCTURE 2.0 对高覆盖度样本的单倍型群体结构进行了研究。

5. 群体间遗传差异(Fst)

根据 Hudson 的方法,群体间的遗传差异是用 Fst 测量的。该指标对样本量比不敏感,并且不会高估 Fst。我们使用带有默认参数的 EIGENSOFT v4.2 计算来自 TYC、THP 和 1KG 群体的 Fst,并舍弃了样本量小于 5 的群体。

6. F3 统计和 D-统计分析

我们使用在 Admixtools 中得出的 admixture-F3 统计量 f3(X,Y;测试)来检验被测群体(TYC)是否是来自与 X 和 Y 相关的群体的混合。显著的负统计结果有力地说明了被测群体(TYC)的形成与不同群体之间的融合、通婚有关。我们使用 outgroup-F3 统计量 f3(X,Y;outgroup)来估计 X 和 Y 之间的共有遗传漂变(X 和 Y 表示各种非非洲群体,同时把姆布蒂人作为外群体)。通过 Admixtools 得出的 D(X,Y;Z,W)统计量被用来检验四个群体之间的树状关联,用封闭刀切法评估结果的统计学意义。

7. 纯合子的运行

为了研究 TYC 个体祖先的人口统计学历史,我们研究了全基因组纯合性(ROH)的运行。使用 PLINK 1.9 在所有不相关样本中以 5Mb 滑动窗口筛选纯合基因型,将 ROH

的最小长度定为 500kb，允许每个窗口进行一个异构调用。

8. SFS 估计

随机选取 38 个高覆盖率 TYC 个体，使用 ANGSD 中实现的最大似然方估计 SFS。在用 ANGSD 估计 SFS 时，采用 samtools 基因型似然模型。

9. 历史群体有效规模推断

使用多重序列马尔可夫结合（MSMC）来推断祖先群体的有效规模，并只使用高覆盖率个体的常染色体。按照建议进行 MSMC 研究，我们使用 $1.25e^{-8}$（每对碱基对每代的突变率）在 25 年的世代时间内衡量时间。

10. 迁移和因距离而隔离

我们使用 EEMS 1.0 对藏彝走廊和西藏高原地区的高覆盖率个体进行基于地理位置的分析，使用 bed2diffs 脚本计算遗传差异，使用 runeems_snps 进行 EEMS 分析。每次运行 100 万次迭代，随后进行额外的 200 万次迭代，每 1000 次迭代提取一次后验样本。用后验概率迹图来评估马尔可夫链蒙特卡洛方法的收敛性，用 PopGPlot R（v2.7.2）package 将数据可视化。此外，通过插值将祖先系数在地图上可视化。

2.3　数据解释

2.3.1　藏彝走廊群体在基因上与东亚人最接近

为了解 TYC 群体和其他群体之间的遗传关系，我们对一个全球数据集进行了主成分分析，该数据集包括 TYC 群体和之前发表的其他人类群体（图 2－2A）。基于连锁不平衡（LD），独立的 SNP 及单倍型的 PCA 均表明 TYC 群体与其他东亚群体具有聚集性。TYC 群体与其他东亚群体间的固定指数（Fst）值均小于 0.15，表明 TYC 群体与其他东亚群体间的遗传分化程度相对适中。基于单倍型的精细结构分析也显示 TYC 群体和东亚人之间具有聚集性。最后，根据 outgroup-F3 统计结果，我们进一步确认 TYC 群体与东亚人的亲缘关系最为密切。

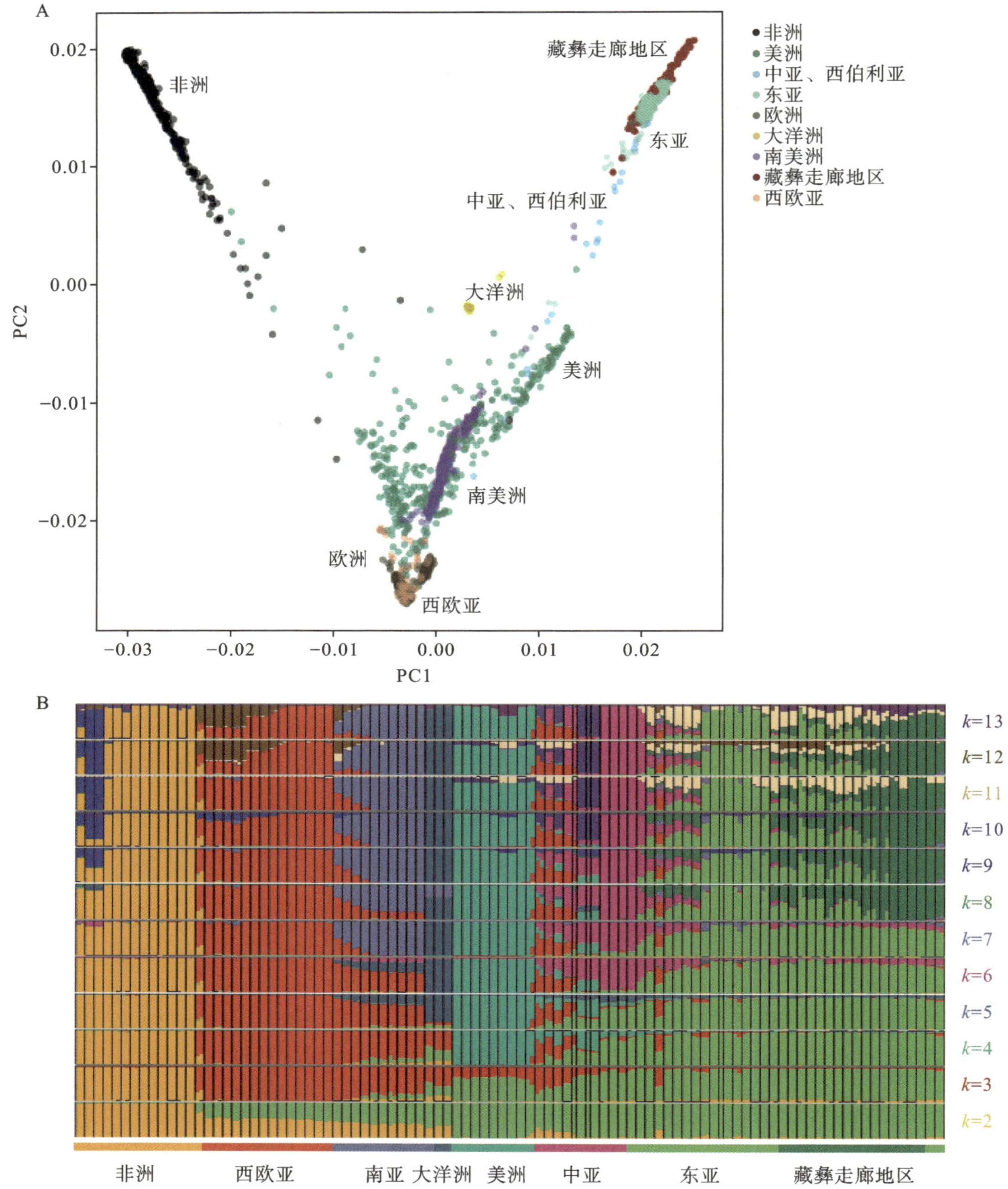

图 2-2 群体分层与遗传结构分析

A. 大范围群体(TYC、SGDP、1KG、THP)的 PCA。B. 高覆盖度个体的 ADMIXTURE 结果,$k=2\sim13$。

使用 ADMIXTURE 进行的祖先分析表明，当今 TYC 群体的大部分祖先构成与东亚群体相同，与中亚、美洲和欧亚大陆西部群体的祖先关系较小（图 2-2B）。藏族相关（图深绿色）、傣族相关（浅绿色）、中亚相关（玫瑰红）、西亚相关（棕色）和 TYC 相关（浅黄色）的不同比例表明，在 TYC 区域内，甚至在群体内部都具有较高的遗传多样性。这五个组件聚集在祖先组件树的同一个分支上。藏彝走廊北部的四个藏族亚群[木雅人、嘉绒人、纳木依人和藏族（SC）]主要包含与藏族相关的祖先成分。相比之下，居住在藏彝走廊最南端的三个群体（拉祜族、基诺族和哈尼族）包含超过 50% 的傣族血统成分。此外，居住在藏彝走廊东部边缘的羌族、白族、彝族与汉族具有相似的遗传祖先成分。接下来，我们将更详细地研究这些群体的遗传结构。

2.3.2 在官方划分的藏族亚群中描述与藏族有关的祖先

在区域尺度的 ADMIXTURE 分析（图 2-3A）中，几个 TYC 群体始终与高原藏族人（红色）共享一个成分，特别是藏族（SC）、木雅人、尔苏人、普米人（N）、纳木依人和嘉绒人。同时，我们观察到，在西藏自治区东部的一些高原居民中也发现了与北方 TYC 群体相关的 TYC 相关成分（深绿色）。这些藏族的亚群被藏族人称为 Khams（或 Khamba），他们的生活方式和语言与高原藏族不同，他们与青藏高原中部地区的融合有时很不稳定。在此，我们进一步探讨了不同的藏区 TYC 群体与高原藏区 TYC 群体遗传历史相同的程度。

区域尺度 PCA 分析显示，除阿昌族外，TYC 群体按地理位置（从南到北）沿 PC1 轴（从左到右）分布（图 2-3B）。居住在藏彝走廊南部的藏族（SC）、木雅人、嘉绒人、纳木依人和普米族（N）群体往往与高原藏族人聚集在一起。outgroup-F3 检验表明，这 5 个藏族亚群与高原藏族人的遗传关系最为密切。我们还利用 outgroup-F3 统计量和 D 统计量来确定每个 TYC 群体是否与藏族或东南亚傣族具有较高的遗传相似性。根据观察，木雅人、嘉绒人和藏族（SC）群体与藏族的遗传相似性远高于与傣族的遗传相似性，纳木依人、普米族（N）、普米族和尔苏人群体也表现出类似的模式，但没有木雅人、嘉绒人和藏族（SC）群体那么极端（图 2-3C）。然而，尔苏人和普米族（N）群体与汉族的亲缘关系比与其藏族的亲缘关系更密切（图 2-3C），这两个群体与南方 TYC 群体和藏族人的等位基因数量相似。我们利用 ChromoPainter 和 fineSTRUCTURE 构建了树状图，从而将 TYC 群体和附近地区的群体聚类。木雅人、嘉绒人、藏族（SC）、纳木依人、普米族和普米族（N）中各有一个聚居着藏族人,而尔苏人则没有(图2-3D)。这些结果表明,普米族(N)、普米族和尔苏人在遗传历史中与藏族无关,但他们与藏彝走廊地区的藏族亚群——木雅人、嘉绒人及藏族(SC)有密切的关系。这些结果表明,北方TYC群体与高原藏族有共同的祖先成分,但在北方TYC群体中也存在局部遗传漂变。

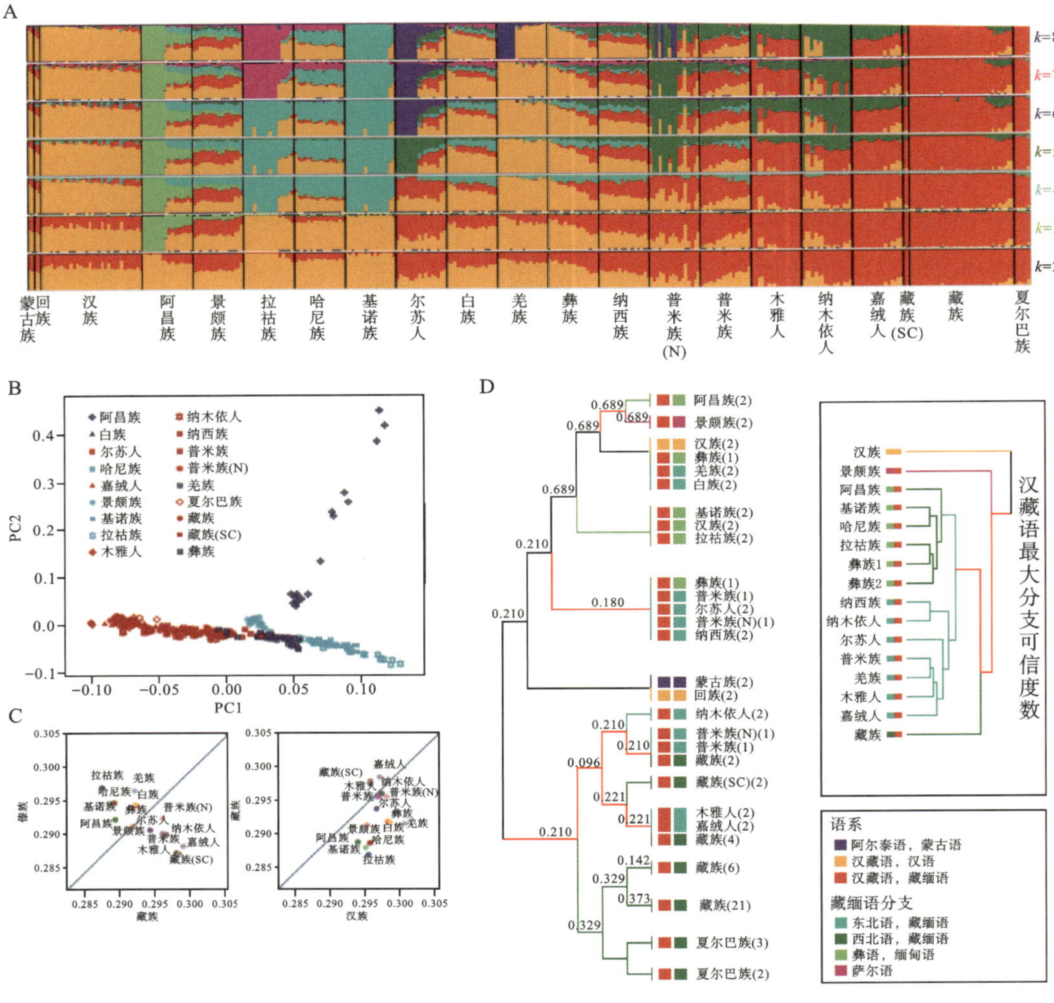

图2-3 TYC群体内的遗传差异

A. 所有个体的ADMIXTURE结果,$k=2\sim6$。B. TYC群体PCA。C. f3形式的outgroup-F3检验散点图。左:f3(X,傣族;姆布提)和f3(X,藏族;姆布提),其中X代表TYC上的一个群体。对角线上方的点表示该群体与傣族的关系比与藏族的关系更密切,对角线下方的点表示该群体与藏族的关系比与傣族的关系更密切,对角线上的点表示该群体与藏族和傣族关系相同。右:f3(X,藏族;姆布提)和f3(X,汉族;姆布提),其中X代表TYC上的一个群体。

对角线上方的点表示该群体与藏族的关系比与汉族的关系更密切,对角线下方的点表示该群体与汉族的关系比与藏族的关系更密切,在对角线上的点表示该群体与藏族和汉族的关系相同。D. 基于共享单倍型数量的共祖先矩阵聚类树。树状图显示了推断出的群体之间的关系。语言群用图例所示颜色表示。括号中的数字表示每个群体的人数。这些语言是根据 Ethnologue 数据库进行分类的。

2.3.3 东南亚血统的南方藏彝走廊人群

在我们的 ADMIXTURE 分析(图 2 -2B)中,南方 TYC 群体(如拉祜族、基诺族和哈尼族)和东南亚人(如傣族、泰国人、柬埔寨人和京族)之间的密切遗传关系反映出了一个与藏缅语族迁移无关但可能有古代东南亚血统有关的古代群体,这一群体在南方藏彝走廊地区的人口增长中发挥了重要作用。在 outgroup-F3 统计中,拉祜族、基诺族和哈尼族与东南亚人具有较高的遗传相似性(图 2 -3C)。柬埔寨人与这些南部 TYC 群体的祖先关系比所有其他 TYC 群体都要近。相关文献认为,南诏王国向南的扩张将藏缅语带入了东南亚。我们的研究充分表明,不同于藏彝走廊北部和青藏高原地区群体,藏彝走廊最南端、中国南部其他地区群体和东南亚群体可能有着共同的祖先。广泛存在的基因共性可能部分与南诏王国的扩张有关。

2.3.4 藏彝走廊东部群体的汉族血统组成

TYC 地区的主要民族之一是汉族,这在很大程度上是由于迁移到该地区的汉族人数增加。从明朝(约 14—17 世纪)开始,藏彝走廊地区开始成为青藏高原群体和其东部平原群体之间的桥梁。在清朝(约 17—20 世纪初),由于交流的增加和我国西部边境防御的加强,更多的汉族人迁移到这一地区。前面的混合分析表明,羌族、彝族、白族和汉族的祖先组成是相似的(图 2 -3A)。精细结构分析表明,羌族、彝族、白族和汉族群体聚在聚类树的同一分支上。PCA、outgroup-F3 统计和 D 统计结果也表明,这三个群体与汉族的亲缘关系最近(图 2 -3C)。

彝族是 TYC 地区人口最多的少数民族之一,在该地区有着丰富而古老的历史。在过去的两个世纪里,他们向北扩展,极大地增加了当今彝族人口的流动和扩大了位置分布范围。之前的遗传学研究已经证明了我们所观察到的:彝族既与藏族有联系,同时也与汉族有联系。白族在 TYC 地区也有丰富的历史,并且他们有与汉族文化同化的历史。我们发现白族的文化同化和彝族的北扩都与汉族人口的增加有关。早在商代,羌族就被描述为汉族以西的民族。5 世纪以后的资料将他们描述为河湟地区的居民(河湟地区横跨黄河上游和黄河流域)。线粒体单倍型分析表明羌族是汉藏群体中多样性最大的群体。历史和考古研究数据表明羌族可能是汉藏扩张的起源,而我们的研究结果并不排除这一假说。

2.3.5 阿昌族群体遗传漂变高

阿昌族被认为是云南的早期民族。在 ADMIXTURE 分析中,阿昌族始终保持着独特的祖先成分,景颇族也是如此(图 2－3A)。阿昌族群体沿 PC2 轴分布,与除景颇族群体之外的其他群体隔离(图 2－3B)。精细结构分析表明,阿昌族和景颇族群体聚集在一个单独的分支下(图 2－3D)。outgroup-F3 统计结果表明,除景颇族外,阿昌族与其他 TYC 群体的亲缘关系较远。在 D 统计对称性检验中,阿昌族群体与景颇族群体的亲和性一致。阿昌族和景颇族之间亲缘关系最密切可能是由于两者的地理位置相邻。同时,这些结果表明,阿昌族经历了较高的遗传漂变,与其他 TYC 群体有明显区别。

我们比较了 TYC 群体中纯合度(ROH)、连锁不平衡(LD)和杂合度,以进一步探讨 TYC 群体遗传漂变问题。阿昌族没有特别长的 ROH(图 2－4A),这表明他们不是高度近交产生的。然而,阿昌族的 LD 最显著(图 2－4B),杂合位点最少(图 2－4C),这些结果可能在一定程度上解释阿昌族高度分化的原因,并与 2010 年我国人口普查中阿昌族人口规模相对较小(40000 人)这一现象一致。结合多重序列马尔可夫聚结(MSMC)结果,我们认为阿昌族群体遗传漂变相对较小且长期处于相对隔离状态,导致其遗传漂变增加。

2.3.6 语言学和遗传学亲缘关系不一致

基于单倍型的 TYC 群体聚类树(图 2－3D),来自同一语言体系的群体往往聚集在一起。但是,我们发现了 8 个语言和遗传亲缘性不一致的离群点(即景颇族、阿昌族、彝族和 5 个藏族亚群)。藏族亚群[如木雅人、尔苏人、普米族(N)、纳木依人和嘉绒人]与高原藏族有共同的祖先成分,但使用不同的语言。景颇语属于汉藏语系藏缅语族萨尔语支,与阿昌语有着密切的关系。基诺族、哈尼族、拉祜族和彝族分布在不同的支系,但他们的语言同属东北藏缅语系。

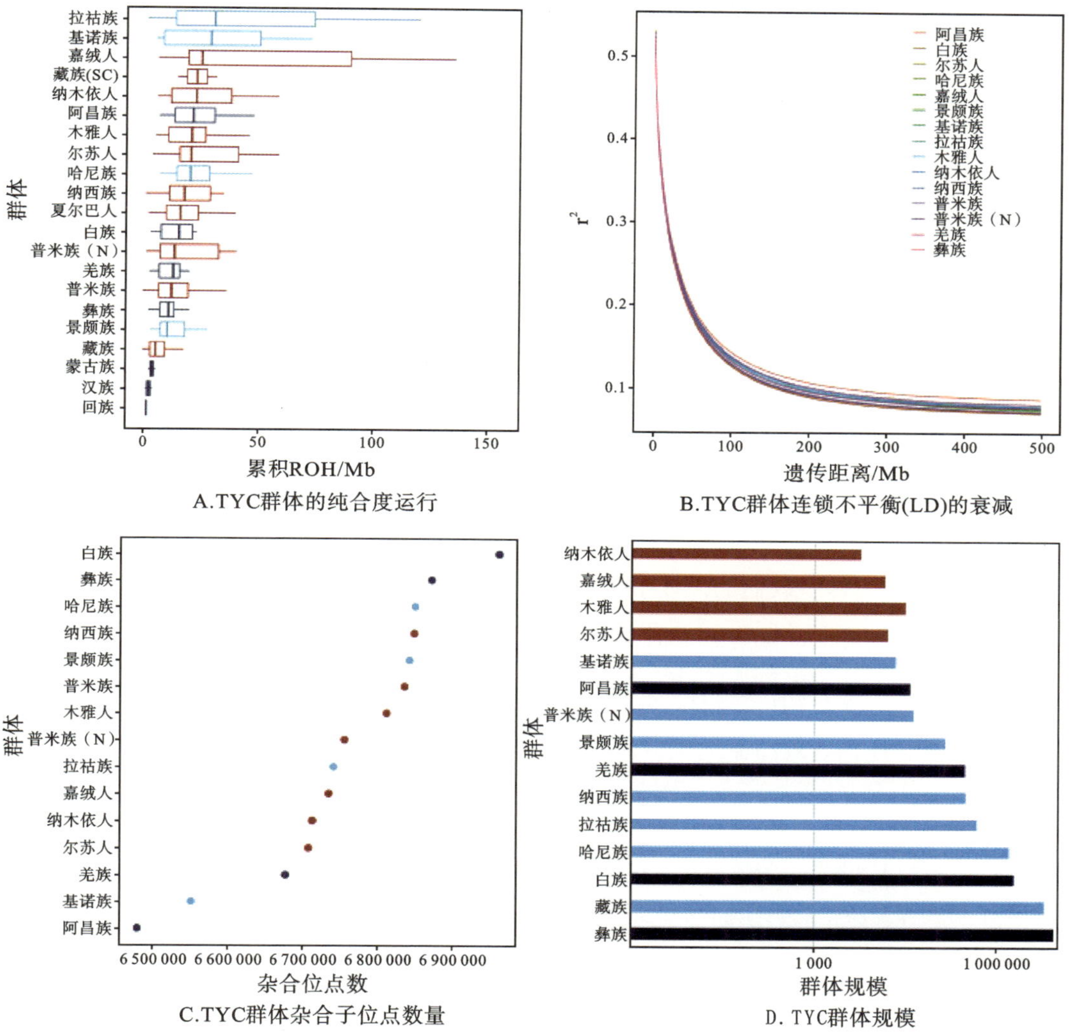

图 2-4 TYC 群体的遗传研究

2.3.7 基因流动的障碍

为进一步了解藏彝走廊地区基因流动的历史模式，我们构建了一张图，将地理背景下的祖先组成部分可视化。此外，我们还利用各向同性迁移模型通过估计有效迁移面（EEMS）和距离隔离来评估迁移障碍。所得结果均表明，青藏高原的斜坡可能是东亚群体和青藏高原群体之间基因流动的重要障碍。在 EEMS 分析中，将阈值设置为更为严格的 0.9 时，在云南东南部地区出现了另一个基因流动障碍。基因流动的迁移障碍和途径为由北向南方向。此外,admixture-F3 统计结果表明,生活在 TYC 南部的群体是由来自 TYC 北部的群体混合而来。历史、语言和考古研究表明,曾有来自黄河上游的群体从北向南迁移到藏彝走廊地区,他们可能就是藏缅语族的祖先。该群体在新石器时代缓慢向南迁移到云南西南部,随后进入东南亚地区。我们的研究结果并不排除这一假设,并丰富了关于古代群体从北向南迁移的研究。总之,这些结果强调了 TYC 地区的重要性,它不仅是青藏高原和东部群体之间的文化过渡带,而且是一个生物过渡带。

2.4 藏彝走廊地区遗传多样性

藏彝走廊(TYC)地区是许多东亚群体的交汇点,特别是那些与汉族、藏族和东南亚人有密切关系的群体,我们的研究结果突出了这些群体遗传历史的复杂性。这些群体的形成与多个不同群体的相互融合有关。尽管这些群体遗传历史复杂,但仍可以观察到一些清晰的模式。首先,有些群体[藏族(SC)人、嘉绒人、木雅人]始终与高原藏族有着密切的关系。居住在青藏高原边缘地区的普米族人、纳木依人、普米族(N)人、纳西族人和尔苏人与这些群体关系密切,并且有共同的遗传漂变,但与高原藏族的亲缘关系相对较弱。对上述群体的研究表明了北方 TYC 群体特有的祖先成分。其次,羌族、白族和彝族与汉族的联系较多,表明他们与汉族之间融合度较高,因而很难评估他们在与相关汉族群体融合之前的祖先起源。再次,与其他 TYC 群体相比,阿昌族表现出较高的遗传漂变,这可能由于他们的群体规模较小,他们与南亚人及邻近的景颇族有着共同的亲缘关系。最后,居住在 TYC 地区南部的哈尼族、拉祜族和基诺族是南东亚群体的主要祖先。

在文化上,藏彝走廊南部和北部区域有着共同的习俗。许多 TYC 群体有一种特殊的葬礼仪式。祭司通过列出祖先以前居住的地方,把“灵魂”送到故土上。虽然许多地名现今无法识别,但研究人员发现,所有的路线都通向北方,这可能提示这些群体起源于北方。有 7 个 TYC 群体有这种习俗(彝族、纳西族、哈尼族、拉祜族、基诺族、景颇族和普米族),在阿昌族和白族也有部分人群举行这种仪式。值得注意的是,这其中不包括具有高原藏族血统的群体,但包括了南方和北方 TYC 群体,说明南方和北方 TYC 群体之间有共同的习俗。我们观察到南方和北方 TYC 群体有不同的祖先群,南方 TYC 群体没有北方起源(景颇族可能除外)。尽管如此,我们还是发现了较高的混合水平,这表明 TYC 区域内存在相互融合。

藏彝走廊南部群体的明显分组表明,古代来自东南亚的群体可能也对藏彝走廊地区群体的形成起到一定的作用。藏彝走廊南部群体在此地及东南亚广泛存在可能与公元 8 世纪南诏王国的扩张有关。但最终,它是否起源于史前从黄河上游向南迁徙的群体,由于更多的历史事件的混合而变得难以辨别。我们同样观察到大多数北部和南部 TYC 群体沿地理线聚集(图 2－3D),但与文献相比,我们注意到语言和遗传关系之间的许多差异,突出说明了文化和遗传模式的不协调。羌族和彝族与汉族有密切的遗传关系,但在语言上,他们分别属于东北藏缅语族和彝缅语族。虽然藏族、嘉绒人和木雅人有密切的亲缘关系,但藏语是独立于南北 TYC 语的一个语系。不同寻常的是,景颇族与阿昌族有着相同的遗传关系,他们属于一个高度分化的语言外群体。这种语言上的异常值与其地理上的毗邻并存。早前在 HUGO 泛亚洲 SNP 联盟的研究中也发现了同样的现象。这些语言和遗传亲缘关系模式之间的不一致可能是由于群体之间大规模的融合、语言替换的历史或语言分类本身的不确定性。这些语言和遗传关系之间的关系表明,将来有必要对 TYC 群体的遗传和文化模式进行更深入的研究。

藏彝走廊地区是了解东亚和东南亚地区群体基本迁移模式和差异的关键。我们的遗传结果用一些清晰的模式证明了其群体历史的复杂性。在本研究中,我们发现了一个与目前的藏族祖先相关但又不同的新的遗传祖先。我们的研究表明,在这个地区存在一些目前研究尚不充分的非常独特的隔离群体,如阿昌族。我们的研究还表明,该地区遗传变异的一般模式反映了地理状况,喜马拉雅山脉的斜坡是基因流动的主要障碍。遗传分析显示遗传关系从北向南逐渐变化,但它并不总是与仅基于语言证据对该地区的群体进行的系统发育分析结果相一致。我们需要对这一地区进行更多的研究,以拯救藏彝走廊群体的语言、文化、遗产和生物学信息。

藏彝走廊地区数千年来一直是人类迁徙的十字路口。缺乏针对 TYC 群体的全基因组测序数据阻碍了对东亚和东南亚地区群体迁移和分化的基本模式的理解。在这里,我们提供了来自 16 个藏彝走廊群体和 3 个其他地区群体的 248 个个体的全基因组数据。我们发现,青藏高原是基因流动的重要阻碍;北方群体具有更多的藏族人血统,南方群体具有更多的东南亚人血统;与其他 TYC 群体相比,隔离群体阿昌族表现出较长的隔离时间和较高的遗传漂变。我们还注意到,以前的关于 TYC 群体的历史和结构的语言学推断与遗传学证据存在差异。

（李帅成　张　喆　李生斌）

参考文献

[1] YAO H B, TANG S, YAO X, et al. The genetic admixture in Tibetan-Yi corridor[J]. American journal of physical anthropology, 2017, 164(3): 522 – 532.

第 3 章
母血游离 DNA 分型

在司法实践中，如性侵犯案件，孕期亲子鉴定较为常见。一般通过采集绒毛膜绒毛或羊水，然后进行短串联重复序列（short tandem repeat，STR）标记检测。绒毛膜穿刺可以在孕期 8—12 周进行，通过子宫颈或腹部获得胎盘组织样本。羊水穿刺术可以在孕期 15—24 周进行，穿刺针经腹部进入子宫[1]获得羊水样本。该取样方法具有侵入性，且对被鉴定人及家属造成精神压力，对母亲[2]和胎儿亦存在风险[3-4]，如引起宫内感染，甚至造成流产[5]。

3.1 概述

孕期，母体血液循环中发现胎儿游离 DNA（cell-free fetal DNA，cffDNA）使得无创产前亲子鉴定成为可能[6]。cffDNA 来源于胎盘滋养细胞凋亡。DNA 片段大小范围为 100～200bp，片段一般小于 250bp[7]。早在怀孕 5 周，cffDNA 就已出现在母亲的血清中。分娩后，cffDNA 于 2 小时内被快速清除，于产后 2 天完全从血液循环中清除。cffDNA 是无创产前检测的“优质”检材[8-9]。然而，由于母体 DNA 含量相对较高，因此区分母亲 DNA

片段和 cffDNA 是具有挑战性的。为了消除母亲等位基因抑制问题，只有男性胎儿出生时，才使用 Y 染色体特异性 STR 来认定父亲[10-11]。最近，利用常染色体插入/缺失多态性相关 STR 标记特异性引物扩增 cffDNA，结果发现，假阴性率高达 6.9%[12]。此外，由于 cffDNA 高度碎片化，传统 STR 标记[13]较难检测到足够的胎儿等位基因位点来判定父权。

单核苷酸多态性（single nucleotide polymorphism, SNP）作为一种单碱基分辨率的序列变异标记，在高度降解 DNA 中可以提供比 STR 更多的信息。有研究评估了通过大规模并行测序（mass parallel sequencing, MPS）或微阵列技术检测母体外周血中少数胎儿 SNP 等位基因的可行性。利用 X 染色体外显子富集策略，精准检测了 12 名孕妇胎儿等位基因[14]。利用非母系等位基因成功在 30 个样本组中排除了 29 个不相关的男性可疑父亲[15]。利用 1497 个 SNP 测序，在 7 例病例中检测到胎儿基因型，未发现与生父等位基因不一致的结果[16]。使用 Human Cyto SNP-12 阵列对 20 个样本进行了亲子鉴定，只有 1 个样本因 cffDNA 浓度过低而未被检测到[17]。

大量研究证实了 SNP 基因分型在无创产前亲子鉴定（non-invasive prenatal paternity test, NIPPT）中的潜力，但检测方案尚需进一步完善。目前，SNP 遗传标记尚未纳入国家或行业的亲权鉴定技术规范。商用 HumanCytoSNP-12 阵列包含约 300000 个 SNP，大多与人类疾病相关[18-19]，尚存在隐私保护问题。致病性突变通常是罕见的，在正常人群中检测到的概率非常低。由于连锁不平衡，SNP 标记的应用会降低亲子鉴定的甄别力[16]。在实际操作中，在区分胎儿信号和测序噪声时，如何确定阈值也会影响到胎儿基因型的准确性。最后，几乎所有检测的样本都是在妊娠中期或之后获得的，cffDNA 含量相对较高。因此，微量 SNP 检测技术尚需要不断迭代，从而纳入更早期的 NIPPT 样本。

在本章中，我们基于 MPS 的 SNP 全覆盖检测策略，开发了一种无创亲子鉴定方法。通过全基因组测序筛选个体识别 SNP（individual-dentification SNP, IISNP），并在大样本中验证等位基因频率。通过比较阴性对照孕妇的序列，优化胎儿基因分型阈值。我们还以新生儿样本作为参考，直接评估胎儿基因分型的准确性。

3.2 方法

3.2.1 样品采集

在第一阶段，14 名单胎妊娠妇女被纳入研究。孕周为 6～24 周。此外，还招募了

4 名未怀孕的女性和 3 名男性作为阴性对照。在第二阶段,349 名怀孕 6~34 周的单胞胎志愿者和父亲被招募。此外,还招募了 9 名生育过至少一胎的非孕妇女。孕妇和非孕妇对照组采用游离 DNA 保存专用血液收集管收集 5mL 外周血样本。对于生父或假定的父亲,采集口腔拭子、指甲或血斑。胎儿样本的收集:于产前诊断时收集羊水,或出生后采集足底血。共收集了 1508 例汉族无血缘关系个体样本。在样本采集前,获得了每位参与者的知情同意。

3.2.2　DNA 提取和文库制备

通过两步离心分离法分离母体血浆和血细胞[20]。用 QIAamp DNA 血液 DNA 提取试剂盒提取羊水或血液中的 DNA。血浆游离 DNA 提取使用 QIAamp 血浆核酸纯化试剂盒(QIAGEN,Germany)。使用 TIANamp Micro DNA 试剂盒(TIANGEN,中国)提取指甲 DNA。我们用 gDNA 表示细胞基因组 DNA,用 cfDNA 表示血浆游离 DNA。100ng gDNA 被消化成 200bp 大小的片段,添加 polyA 尾,经聚合酶链反应构建测序文库。

3.2.3　目标区域捕获和测序

制备 RNA 探针和杂交试剂。Mix1 包括 1 个反应体系,4 个样本,每个样本含 137.5ngDNA。Mix2 为缓冲液。Mix3 为 RNA 探针(捕获 SNP)与 RNase(防止 RNA 降解)。

采用 GeneAmp® PCR 9700 扩增仪,Mix1 在 95℃变性 5min,Mix2 在 65℃反应 5min。Mix3 在 65℃反应 2min。之后,将 Mix 2 转移到 Mix 1,在 65℃得到主混合物,然后将主混合物转移到 Mix3,在 65℃孵育 16~24h 进行杂交。最后,将杂交混合物与 Dynabeads™-280 Streptavidin 磁性珠(Invitrogen, USA)在室温下孵育 30min,然后洗涤以去除未结合的文库 DNA。使用 13 个循环的 Phusion PCR 主混合物扩增结果文库,然后在 BGISEQ-500 平台上使用 PE50 策略测序(MGI)。

3.2.4　SNP 分析

过滤去除低质量 reads:①N 含量大于 1%;②接头序列重叠大于 10 个碱基;③质量值 Q30 以上的碱基比例低于 90%;④PCR 或测序产生的重复 reads。将过滤后的 reads 采用 BWA 软件比对至 hg19 参考基因组[21]。采用 GATK 软件对 gDNA 的目标 SNP 分型。

3.2.5 母体血浆中胎儿 DNA 检测

对于 cfDNA，选取"母亲纯合 - 胎儿杂合"的 SNP 位点进行胎儿 SNP 分型。分别计算胎儿特有等位基因的 reads 数及母胎共有等位基因的 reads 数。胎儿特有等位基因则来自父亲。我们使用公式计算血浆中胎儿 DNA 片段的占比：

$$2 \times d_{fetus-specific} / (d_{fetus-specific} + d_{shared})$$

其中，$d_{fetus-specific}$表示父源等位基因片段数，d_{shared}表示胎儿和母亲共有等位基因片段数。

3.2.6 STR 基因分型

PCR 扩增采用人类 DNA 分型试剂盒，模板为 gDNA 1ng。PCR 序列采用 ABI 3500 基因分析仪进行分析，基因分型结果采用 GeneMapper ID-X 软件进行分析。

3.3 数据解释

3.3.1 IISNP 筛选和验证

数据参考"千人基因组计划"中的东亚人群 SNP 数据[22]，IISNP 筛选原则包括以下几点。

(1)最小等位基因频率(minor allele frequencies，MAF) >0.4。

(2)杂合度 >0.4。

(3)与基因区距离 >100kb。

(4)符合哈迪·温伯格平衡(HWE)。

(5)SNP 间不连锁。

共选择 5457 个 SNP(CHP5457)。然后，在 1508 名中国汉族无血缘关系个体中验证了 CHP5457 多态性。排除不符合哈迪 - 温伯格平衡和杂合度较低的 SNP，4151 个 SNP 位点的最小等位基因频率大于 0.4，4735 个 SNP 位点的最小等位基因频率大于 0.3。

CHP5457 的匹配概率为 10^{-2200}，累计排除概率(CPE)为 $1-10^{-460}$。除去最小等位基因频率小于 0.3 的 SNP，从 CHP5457 中随机选择 50 个 SNP，在三人亲子鉴定案例中，匹

配概率为 10^{-21}，累计排除概率为 0.9999。

3.3.2 胎儿 SNP 的基因分型

对 14 名女性和 7 名对照组的 cfDNA 和 gDNA 进行了测序。对质量低的 reads 和 PCR 重复 reads 进行过滤，每个样本获得 540～7640 万对测序 reads。将 13.87%～59.64% 的 reads 特异比对到目标 SNP 位点。亲代 DNA 的序列深度为 52～464 倍，血浆 cfDNA 的序列深度为 106～468 倍。

为了消除母体 DNA 对胎儿等位基因的抑制问题，在接下来的分析中使用 buffy coat gDNA 为纯合的 SNP。在所有样本和对照组中，gDNA 中纯合 SNP 的数量在 934～2486。然后我们统计血浆中显示非 gDNA 等位基因测序 reads（NGASR）的 SNP 数目。在 14 名孕妇中，33.8%～59.8% 的 SNP 标记在血浆中表现出 NGASR。在 4 个未怀孕的对照组中，12.5%～21.1% 的 SNP 在血浆中有 NGASR。同样，在 3 个男性对照组中，14.0%～21.0% 的 SNP 在血浆中具有 NGASR（图 3－1）。

对于每个 SNP 的 NGASR 分数（NGASR 数/总 reads 数），我们观察到与阴性对照相比，孕妇血浆中非母源等位基因计数的比例显著增加。在阴性对照中，平均 NGASR 分数为 0.84%～1.28%。在所有具有 NGASR 的 SNP 中，96.3% 标记的 NGASR 分数值 <1%，99.2% 标记的 NGASR 分数值 <2%。非妊娠女性和男性血浆中 NGASR 的分布规律一致，我们推测阴性对照中 NGASR 可能是由测序错误或比对错误引起的。孕妇血浆中 NGASR 组分的模式非常不同。除了测序错误位点的“低比例”外，还有一个明显的峰值，代表来自父亲的胎儿特异性等位基因。孕妇血浆中 NGASR 的平均含量为 2.41%～8.33%。

母亲为纯合子而胎儿为杂合子的 SNP 被定义为有效 SNP。我们的目的是在确定胎儿杂合子位点时选择合适的阈值，因此我们根据胎儿参考样本将这些 NGASR SNP 分为杂合子和纯合子两类。正如预期的那样，在胎儿纯合位点中，孕妇血浆 cffDNA 中 NGASR 的比例与阴性对照表现出类似的模式，每个样本中只有 0～2 个 SNP 标记显示 NGASR 的比例 >2%。相比之下，在胎儿杂合子位点上，cffDNA 片段显著增加并服从泊松分布。

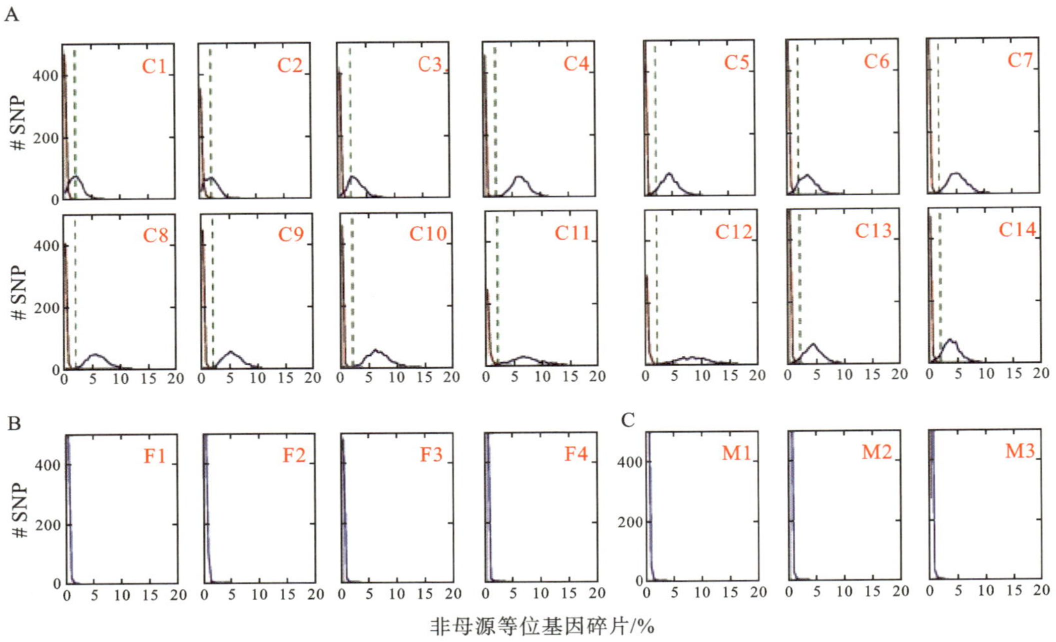

图 3－1　血浆中非母源或非基因组测序 reads 的占比

A. 孕妇。红线表示参考样品中的纯合子 SNP，蓝线表示杂合子 SNP。2% 的临界值用虚线表示。B. 未怀孕女性对照。F2 和 F4 之前生过一个或两个孩子，而 F1 和 F3 从未怀孕过。C. 男性对照。

为了减少胎儿杂合子 SNP 的错误发现率，当血浆中非母源等位基因超过 2% 时，认为该等位基因为父系来源，即设置 2% 作为阈值，以区分血浆中父源的等位基因与潜在的测序错误。共检测到 438～1048 个胎儿杂合子 SNP。母体血浆的基因分型结果显示与胎儿参考样本的一致性为 99.54%～100%。在 14 例共 11446 个基因座中，发现 17 个不一致的基因座，总体错误率为 0.1485%（0～0.46%）（表 3－1）。

表 3－1　无创产前亲子鉴定结果与胎儿参考样本验证

患者 No.	孕期	游离 DNA/%	有效 SNP	参考样本	一致分型	累积亲权概率（NIPPT）	累积亲权概率（STR）	结果
C1	6w+5d	4.81	507	指甲	0.00%	4.77E+70	9.00E+07	支持
C2	8w+1d	4.89	438	指甲	0.46%	1.39E+61	2.33E+08	支持
C3	9w+3d	6.15	712	指甲	0.00%	1.45E+116	1.54E+08	支持
C4	12w	12.72	966	羊水	0.00%	1.17E－571	3.40E－20	排除

续表

患者 No.	孕期	游离 DNA/%	有效 SNP	参考样本	一致分型	累积亲权概率 (NIPPT)	累积亲权概率 (STR)	结果
C5	17w + 6d	8. 99	1025	羊水	0. 20%	4. 72E + 145	4. 84E + 06	支持
C6	19w + 3d	7. 37	841	羊水	0. 12%	1. 64E + 122	4. 70E + 07	支持
C7	24w + 3d	10. 44	1048	羊水	0. 29%	4. 41E − 653	5. 74E − 24	排除
C8	二胎 三胎	11. 3	811	羊水	0. 12%	6. 77E − 547	1. 33E − 32	排除
C9	二胎 三胎	10. 72	879	羊水	0. 23%	5. 14E − 530	2. 51E − 35	排除
C10	二胎 三胎	13. 16	974	羊水	0. 00%	5. 41E − 646	3. 58E − 32	排除
C11	二胎 三胎	13. 91	611	羊水	0. 33%	1. 09E + 83	1. 63E + 08	支持
C12	二胎 三胎	16. 65	749	羊水	0. 27%	7. 14E + 104	1. 18E + 08	支持
C13	二胎 三胎	8. 71	938	羊水	0. 11%	1. 60E + 135	3. 53E + 04	支持
C14	二胎 三胎	7. 84	947	羊水	0. 21%	3. 37E − 560	6. 74E − 37	排除

注：指甲指新生儿的指甲。

3. 3. 3 用累计父权指数进行亲子鉴定

亲权指数(paternity index, PI)是指生父是生父的概率与随机男性是生父的概率之比。累计父权指数(combined paternity index, CPI)是由多个独立遗传标记的父权指数相乘所得。根据等位基因频率和估计错误率计算 CPI 值。根据亲权鉴定技术规范(SF_ZJD0105001—2016)，当 CPI 值大于 10000 时可以认定有亲子关系，当 CPI 值小于 0. 0001 时可排除亲子关系。我们还使用传统的 PCR − CE 方法对产后婴儿或羊水参考样本进行亲缘关系分析，14 例 NIPPT 的结论均与 PCR − CE 一致(表 3 − 1)。

3. 3. 4 效率和可靠性

为了评价 NIPPT 在不同胎龄的可靠性和有效性，我们收集了 349 名 6 ~ 34 孕周(GWS)孕妇的血液样本，同时收集了配对的生父样本。所有样本按照 NIPPT 方法进行测序和基因分型。

父亲样本 349 份，对所有男性与胎儿进行了亲子鉴定。所有案例的生父均正确识别。对于不相关的男性，CPI 值均小于 10^{-37}。此外，我们将父亲不能提供非母源胎儿等位基因的位点定义为不匹配位点。生父不匹配位点的平均比例为 0. 08% (0. 00% ~

0.93%),显著低于非亲缘男性的26.40%(15.12%~40.00%)。

为了确认生育史对检测无影响,我们还收集了9名在过去10个月至6年间已生育女性的血液样本,并进行了DNA测序。这些样本中血浆NGASR的分布与男性或未怀孕女性对照相似。在胎儿基因分型阈值相同的情况下,每个样本中只有0~3个SNP标记显示NGASR分数>2%,这与我们估计的错误率几乎一致。

3.3.5 灵敏度

一般来说,随着妊娠的进展,母体血浆中cffDNA的含量增加;因此,在孕周早期更难检测到胎儿DNA。基于349例案例,我们发现母体血浆中的cffDNA分数在整个妊娠过程中以不同的速度增加。在孕6周时,均数为4.37%(中位数4.47%,最小值3.43%,最大值5.30%),从孕6~12周时,每周增加0.76%。在妊娠中期,增加的比例为每周0.15%,随后在孕25周后,每周增加1.44%,直到分娩。在孕30周后,cffDNA分数增加到30%,但该值在个体之间有显著差异(图3-2A)。在8例病例中,我们还在间隔1周或数周的两个时间点对母体血浆中胎儿DNA的含量进行了检测。个体间的增长速度也不同,从每周0.35%到3.89%不等(图3-2B)。

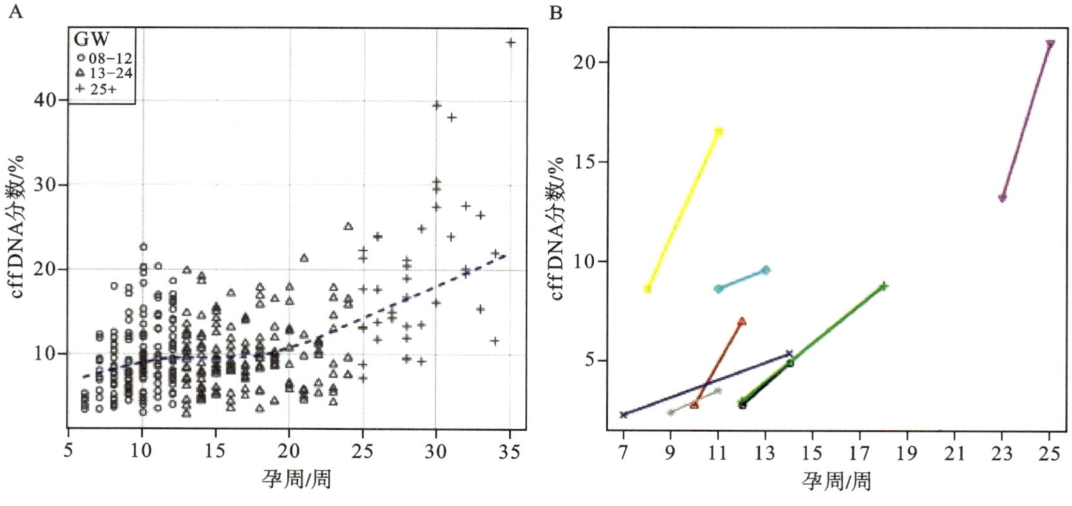

图3-2 观察孕妇血浆中cffDNA的含量

A:人群中的cffDNA分数($n=349$),每个圆圈表示怀孕早期的妇女;B.孕妇个体cffDNA含量随时间增长,每条线表示一个个体($n=8$)。

该大规模试验包含了155例早孕期病例,其中包括孕6周的5名女性。成功测定的最低 NGASR 为1.72%。为了进一步评估我们的方法的灵敏度,我们人工构建了一系列胎儿占比为0.5%、1%、2%、3%、5%、7%、10%、20%、30%和50%的混合 cfDNA 样本,以模拟真实条件。我们将覆盖深度固定为100倍,当 cffDNA 占比从0.5%增加到50%时,有效 SNP 数量从13增加到603。当 cffDNA 占比小于10%时,有效 SNP 数目与血浆中胎儿 DNA 占比呈正相关。一旦 cffDNA 占比达到10%,NIPPT 就可以获得所有胎儿的杂合 SNP。当胎儿 cffDNA 占比降低到1%时,仅检测到33个 SNP,CPI 值为73.2。当胎儿 cffDNA 占比低至2%时,有效 SNP 有98个,CPI 值为 2.89×10^{13},仍然可以成功判定父权。

3.4 基于目标测序策略的无创亲子鉴定方法

STR 是亲权鉴定和个体识别中最常用的标记。然而,由于检材高度降解,STR 基因型检测经常发生等位基因缺失或位点丢失的情况,使得 STR 分型比较复杂。对于混合 DNA,很难区分不同的个体。SNP 代表了一种新一代遗传标记。尽管大多数 SNP 是双等位基因,与 STR 相比,多态性较低,但在高度降解检材和混合斑中作用较大。SNP 的优势包括突变率低[23](SNP 为 10^{-8},而 STR 高达 10^{-7}~10^{-3})和短靶区(SNP 为单个碱基,STR 为数百个碱基)[24]。cffDNA 片段长度约为160bp[7]。最近的报道表明,通过使用 SNP 和 MPS 策略,从孕妇的外周血中检测胎儿特异性等位基因并确定生父是可行的[16,25]。然而,作为法医应用的基本方法,IISNP 还没有在全基因组的背景下进行筛选和验证。因此,在方法学开发之前,我们在东亚人群中选取多态性高的 SNP,并对人群局部等位基因频率进行调查,为其在法医遗传学中的应用提供基础。从 CHP5457 中随机选择50个 SNP,在完整的三联体亲子鉴定中产生了0.9999的 CPE。这一发现表明了这些 IISNP 在个体识别和亲子鉴定中的价值。与 cffDNA 类似,CHP5457 也可以应用于其他降解 DNA,如循环肿瘤 DNA 或法医案件中的死后组织和骨骼。

对于基于目标测序策略的无创亲子鉴定(NIPPT)来说,最关键的部分是从微量样本探测等位基因,并获得准确的胎儿基因型。在实际检测中,应做好效率和准确性之间的权衡。较高的阈值,排除更多的测序误差的同时,也会排除有效位点,因此对分型的准确性提出了更高的要求。SNP 位点数量偏少会降低亲子鉴定的成功率。适当的阈值可以排除测序误差,获得更多的胎儿位点。我们为去除测序错误指定临界值为 2%。该技术是保证检测精度、提高检测效率的有效手段。利用这个优化的临界值,通过对胎儿样本直接评估,我们获得了 99.85% 的胎儿基因分型准确性。

使用 HumanCytoSNP-12 阵列[17]不能正确排除 0.05% 的无血缘关系的男性。一方面,该商业基因分型阵列的平均探针覆盖率约为 30×。因此,低百分比的胎儿 SNP 往往会被遗漏。另一方面,人类疾病 SNP 突变通常是罕见的。因此,在人群中多态性较低,不适合进行个体识别和亲子鉴定。在亲子鉴定步骤中,我们进一步利用 MAF 计算并引入错误率校正 CPI 值,14 例均成功进行了亲子鉴定。在 349 个案例的大队列中,进行了超过 10 万次的亲子鉴定,结果与真实亲属关系一致。此外,有孕产史的非怀孕妇的数据证明,以前的怀孕不再影响妇女血浆中的 DNA 组成。这一结果也得到了之前一项研究的支持,该研究证明 cffDNA 可以在产后 2 天内从血液循环中迅速清除。这些结果表明,NIPPT 方法是高效和可靠的[25]。

如上所述,低胎儿 DNA 占比会导致较高的测试失败率。与其他非侵入性临床诊断类似,如测定胎儿 RHD 基因型[26]、父源性突变[27]和胎儿非整倍体筛查[28],胎儿 DNA 占比低甚至可能导致假阴性的结果[29]。因此,明确 cffDNA 片段范围和影响因素有助于优化这些产前检测方法,确定最佳检测周期。cffDNA 还有助于产前遗传疾病筛查[30]。与 PCR 检测女性妊娠中的 SRY 基因相比[31],NIPPT 中的 MPS 可以在基因组区域进行高效和无偏倚的胎儿等位基因检测。因此,MPS 是一种测量胎儿 DNA 比例的有力方法。对共 349 例孕 6~34 周者的研究显示 cffDNA 占比与胎龄呈正相关。有趣的是,cffDNA 分数从妊娠晚期至分娩前增长最快,但在妊娠中期增长缓慢。尽管在相同胎龄的情况下,增加速度在个体间也有显著差异。当胎儿 DNA 占比达到 7% 时,可以检测到所有的胎儿父系等位基因。

66% 的意外妊娠终止是在 8 周或更早的时候进行的,89% 发生在妊娠前 12 周,因为妊娠早期流产对女性的风险较小。在我们的案例中,NIPPT 在受孕第 6 周就能准确地确定亲子关系，这是孕妇外周血中发现胎儿cffDNA的最初阶段[31]。因此，NIPPT提供了一个更安全、更好的怀孕早期的亲子鉴定方法。

总之，我们开发的NIPPT方法，通过深度测序从母体血浆cfDNA中对胎儿SNP进行基因分型。在349个案例的大规模试验中，我们的结果表明，NIPPT可以从怀孕6周到出生期间100%确定父亲。本研究为NIPPT的临床应用奠定了基础。值得注意的是，除了胎龄，胎儿的cffDNA占比也受非整倍体和母亲身体状况的影响，表现出显著的个体差异。例如，母亲的高血压似乎会导致胎儿cffDNA占比下降。因个体变异，孕6周后cffDNA百分比仍可能小于2%。因此，即使在孕龄超过6周时，检测失败也可能发生。在这种情况下，使用更多IISNP或事先富集胎儿DNA可能会改善检测效果。

（常　辽　李生斌　赵文娟）

参考文献

[1] KIM M K, NAM T S, CHOI K H, et al. Usefulness of direct sequencing of pooled DNA for SNP identification and allele-frequency determination compatible with a common disease/common variant hypothesis[J]. Genet Mol Res, 2010, 9(2): 772 – 779.

[2] ELCHALAL U, SHACHAR I B, PELEG D, et al. Maternal mortality following diagnostic 2nd-trimester amniocentesis. Fetal Diagn Ther, 2004, 19(2): 195 – 198.

[3] BRAMBATI B, SIMONI G, TRAVI M, et al. Genetic diagnosis by chorionic villus sampling before 8 gestational weeks: efficiency, reliability, and risks on 317 completed pregnancies[J]. Prenat Diagn, 1992, 12(10): 789 – 799.

[4] FIRTH H V, BOYD P A, CHAMBERLAIN P F, et al. Analysis of limb reduction defects in babies exposed to chorionic villus sampling[J]. Lancet, 1994, 343(8905): 1069 – 1071.

[5] American College of Obstetricians and Gynecologists. ACOG Practice Bulletin No. 88, December 2007. Invasive prenatal testing for aneuploidy [J]. Obstet Gynecol, 2007, 110(6): 1459 – 1467.

[6] LO Y M, CORBETTA N, CHAMBERLAIN P F, et al. Presence of fetal DNA in maternal

plasma and serum[J]. Lancet, 1997, 350(9076): 485 -487.

[7] FAN H C, BLUMENFELD Y J, CHITKARA U, et al. Analysis of the size distributions of fetal and maternal cell-free DNA by paired-end sequencing[J]. Clin Chem, 2010, 56(8): 1279 -1286.

[8] HONDA H, MIHARU Y, SAMURA O, et al. Fetal gender determination in early pregnancy through qualitative and quantitative analysis of fetal DNA in maternal serum [J]. Hum Genet, 2002, 110(1): 75 -79.

[9] YU S C, LEE S W, JIANG P, et al. High-resolution profiling of fetal DNA clearance from maternal plasma by massively parallel sequencing[J]. Clin Chem, 2013, 59(8): 1228 -1237.

[10] WAGNER J, DZIJAN S, MARJANOVIĆ D, et al. Non-invasive prenatal paternity testing from maternal blood[J]. Int J Legal Med, 2009, 123(1): 75 -79.

[11] BARRA G B, SANTA RITA T H, CHIANCA L F, et al. Fetal male lineage determination by analysis of Y-chromosome STR haplotype in maternal plasma[J]. Forensic Sci Int Genet, 2015 , 15: 105 -110.

[12] MORIOT A, HALL A D. Analysis of fetal DNA in maternal plasma with markers designed for forensic DNA mixture resolution[J]. Genet Med, 2019, 21(3): 613 -621.

[13] SONG W, XIAO N, ZHOU S, et al. Non-invasive prenatal paternity testing by analysis of Y-chromosome mini-STR haplotype using next-generation sequencing[J]. PLoS One, 2022, 17(4): e0266332.

[14] LIAO G J, LUN F M, ZHENG Y W, et al. Targeted massively parallel sequencing of maternal plasma DNA permits efficient and unbiased detection of fetal alleles[J]. Clin Chem, 2011, 57(1): 92 -101.

[15] GUO X, BAYLISS P, DAMEWOOD M, et al. A noninvasive test to determine paternity in pregnancy[J]. N Engl J Med. 2012, 366(18): 1743 -1745.

[16] YANG D, LIANG H, GAO Y, et al. Noninvasive fetal genotyping of paternally inherited alleles using targeted massively parallel sequencing in parentage testing cases [J].

Transfusion, 2017, 57(6): 1505 – 1514.

[17] RYAN A, BANER J, DEMKO Z, et al. Informatics-based, highly accurate, noninvasive prenatal paternity testing[J]. Genet Med, 2013, 15(6): 473 – 477.

[18] BEJJANI B A, SHAFFER LG. Clinical utility of contemporary molecular cytogenetics [J]. Annu Rev Genomics Hum Genet, 2008, 9: 71 – 86.

[19] SREBNIAK M I, BOTER M, OUDESLUIJS G O, et al. Genomic SNP array as a gold standard for prenatal diagnosis of foetal ultrasound abnormalities[J]. Mol Cytogenet, 2012, 5(1): 14.

[20] CHIU R W, POON L L, LAU T K, et al. Effects of blood-processing protocols on fetal and total DNA quantification in maternal plasma[J]. Clin Chem, 2001, 47(9): 1607 – 1613.

[21] LI H, DURBIN H R. Fast and accurate short read alignment with Burrows-Wheeler transform[J]. Bioinformatics, 2009, 25(14): 1754 – 1760.

[22] AUTON A, BROOKS L D, DURBIN R M, et al. A global reference for human genetic variation[J]. Nature. 2015, 526(7571): 68 – 74.

[23] NACHMAN M W, CROWELL S L. Estimate of the mutation rate per nucleotide in humans[J]. Genetics, 2000, 156(1): 297 – 304.

[24] LEGENDRE M, POCHET N, PAK T, et al. Sequence-based estimation of minisatellite and microsatellite repeat variability[J]. Genome Res, 2007, 17(12): 1787 – 1796.

[25] MU H, JIANG H, XIE Y, et al. Non-invasive prenatal paternity testing (NIPAT) through maternal plasma DNA sequencing: a pilot study[J]. PLoS One, 2016, 11(9): e0159385.

[26] LO Y M, BOWELL P J, SELINGER M, et al. Prenatal determination of fetal rhesus D status by DNA amplification of peripheral blood of rhesus-negative mothers[J]. Ann N Y Acad Sci, 1994, 731: 229 – 236.

[27] BARRETT A N, MCDONNELL T C, CHAN K C, et al. Digital PCR analysis of maternal plasma for noninvasive detection of sickle cell anemia[J]. Clin Chem, 2012, 58(6): 1026 – 1032.

[28] FAN H C, BLUMENFELD Y J, CHITKARA U, et al. Noninvasive diagnosis of fetal aneuploidy by shotgun sequencing DNA from maternal blood[J]. Proc Natl Acad Sci USA, 2008, 105(42): 16266 – 16271.

[29] SIKORA A, ZIMMERMANN B G, RUSTERHOLZ C, et al. Detection of increased amounts of cell-free fetal DNA with short PCR amplicons[J]. Clin Chem, 2010, 56(1): 136 – 138.

[30] XU H, WANG S, MA L L, et al. Informative priors on fetal fraction increase power of the noninvasive prenatal screen[J]. Genet Med, 2018, 20(8): 817 – 824.

[31] BIRCH L, ENGLISH C A, O'DONOGHUE K, et al. Accurate and robust quantification of circulating fetal and total DNA in maternal plasma from 5 to 41 weeks of gestation[J]. Clin Chem, 2005, 51(2): 312 – 320.

第 4 章
高度多态性微卫星遗传标记

短串联重复序列(short tandem repeat,STR),也称微卫星标记,是由 2 ~ 6 个碱基对作为核心单位,串联重复形成的一类 DNA 序列。由于 STR 在人类基因组和个体间的高度多态性和广泛分布,它被广泛应用于 DNA 分型和人群研究,如个体识别、亲子鉴定和种族概率预测。自 1997 年以来[1],由美国联邦调查局(FBI)联合 DNA 索引系统(CODIS)项目公布的 13 个核心 STR 基因位点[1],作为遗传标记在个体身份识别和群体研究领域已占据了 20 余年的主导地位。

4.1 概述

目前,在世界范围内越来越多的地方建立起了基于 CODIS 核心 STR 的法医学数据库。截至 2012 年,中国法医数据库记录的条目有超过 2700 万项。随着数据库规模的急剧扩大,数据库中随机命中的潜在风险将会增加,这可能会导致当新犯罪发生时,法医数据库中的个人会被错误地指控为罪犯。此外,CODIS 的 13 个 STR 偏向于不同的亚种群,在我国,只有 9 种被广泛采用,因为其他 4 种对中国人口的分辨力较低。这些问题都需要提高基因位点的有效性，解决方案之一就是在法医分型分析中引入更有效的 STR 标记。

在本章中，我们提出了一种基于常见 STR 的约束条件，即杂合性、随机匹配概率、辨别能力和排除概率，以及两个平衡检验（即哈迪·温伯格平衡检验和连锁平衡检验）的新位点筛选算法。该筛选算法利用新一代测序技术的数据，以寻找一组全新的高效率 STR 用于身份检测和亲子鉴定[2]。目前，我们已经完全实现了该算法，它适用于不同的人群。在这项工作中，我们将其应用于 320 个来自千人基因组计划的中国人个体。结果表明，所选位点在身份识别中具有较高的综合识别力，在亲子鉴定中具有较高的综合排除概率。它们还提供了比 CODIS 的 13 个位点更小的平均 DNA 谱频率（通过 t 检验，选择 11 个位点，$P = 1.925 \times 10^{-12}$）。更重要的是，所选位点能够提供相当低地随机配置文件匹配的机会（低于 1.48×10^{-5}），因此在统计上，拥有 100 亿个条目的数据库中的 8000 万次搜索不会出现错误判断。选择的位点在进行家族搜索时也降低了随机等位基因匹配的风险，随机等位基因匹配概率更低。此外，在我们的模拟中，亲子鉴定所选的 STR 在统计上优于 CODIS 的 STR，具有较低的虚假包含和排除概率。

4.2 方法

4.2.1 数据集

对于实验数据集，我们从千人基因组计划网站的第三阶段研究成果中下载了 320 个使用二代测序（NGS）技术的中国人的全基因组测序（WGS）的 reads。其中 107 个是生活在北京的汉族人，111 个是生活在南方的汉族人，102 个是生活在西双版纳的傣族人。reads 的平均覆盖率从 1.17 到 4.51 不等，都是比较低的。使用这些原始数据，使用 lob STR 发现所有可能的 STR 位点。此外，我们从最初发表于期刊 *J Hum Genet* 和 *Forensic Sci Int Genet* 的数据库中获得了中国汉族人群中 CODIS 的 13 个核心 STR 位点的等位基因频率。这些频率被用来计算 4 个取证参数的阈值，这些参数将在下面的段落中描述。

4.2.2 问题陈述

给定一个 WGS 种群数据集,这里的动机是为法医应用程序找到有效 STR 位点的集合 L。将基因位点 ℓ 的辨别能力表示为 $d_\ell, \ell \in L$,这是一种衡量 STR 基因位点个体辨别能力的指标。然后,定义集合 L 的综合识别力(CPD),用 D_L 表示为:

$$D_L = 1 - \prod \ell \in L(1 - d_\ell) \quad (4-1)$$

因此,我们的目标是搜索具有较大 CPD 的 STR 标记。虽然更多的位点显然会导致更高的 CPD,但它也会导致更高的成本。因此,我们的目标是用尽可能少的位点来优化 CPD。同时,这些位点还应满足一系列的约束条件,这些约束条件将在后面的段落中介绍。

首先,每个基因位点满足 4 个鉴定参数的约束条件:①杂合度,这是基因位点多态性的指标;②随机匹配概率,即两个随机个体具有相同基因型的概率;③辨别能力;④排除概率,即排除一个随机男性成为生父的概率。将基因位点 ℓ 的杂合度、随机匹配概率和排除概率分别表示为 h_ℓ、r_ℓ 和 e_ℓ,令 δ_h、δ_r、δ_d 和 δ_e 分别表示杂合度、随机匹配概率、辨别能力和排除概率的阈值。那么,约束条件可以总结为:

$$h_\ell \geqslant r_\ell \leqslant d_\ell \geqslant e_\ell \geqslant \delta_h, \ell \in L\delta_r, \ell \in L\delta_d, \ell \in L\delta_e, \ell \in L \quad (4-2)$$

本研究中的阈值 δ_h、δ_r、δ_d 和 δ_e 是从中国汉族人群的 CODIS 13 个核心 STR 中获得的。我们可以使用上一节提到的等位基因频率计算 CODIS 的 13 个 STR 基因位点的杂合度、随机匹配概率、辨别能力和排除概率值。4 个参数分别取其均值,作为 4 个阈值。

其次,一个选定的位点应该在人群中的大多数个体中观察到。我们将基因位点 ℓ 的速率 η_ℓ 作为该基因位点在其基因组中被观察到的个体的百分比。然后就得到:

$$\eta_\ell \geqslant \delta_\eta \quad (4-3)$$

其中,δ_η 为预先指定的阈值。

再次,个体 DNA 谱(FDP)的频率(φ)的定义为该个体 DNA 谱中 STR 标记在群体内各自基因型频率的乘积。因此,FDP 可以用来测量一个特定的 DNA 图谱在群体中出现的频率,并从统计学上确定群体中个体的唯一性。对于集合 L, FDP 是所选基因位点的最大基因型频率乘积的上界,我们将这个最大值表示为 φ_L;然后,我们要求:

$$\varphi_L = \prod \ell \in L\rho_\ell \leqslant 1S \quad (4-4)$$

其中，ρ_ℓ 是 ℓ 位点的最大基因型频率，S 是我们希望应用所选标记的最大可能种群大小。对于 FDP_{hold} 的约束，可以保证大小为 S 的种群中每个个体的 DNA 谱在统计学上是唯一的。

最后，基因位点和不同基因位点等位基因之间的非随机关联将使 STR 标记的应用复杂化。因此，我们必须选择没有非随机关联的基因位点，即所有选择的基因位点应处于哈迪・温伯格平衡（HWE）（基因位点内随机关联）和连锁平衡（LE）（基因位点间随机关联）。对于 LE，由于无法获得单倍型数据，因此本研究采用两个位点之间的复合基因型连锁平衡（GLE）。在 HWE 条件下，基因型频率可用等位基因频率的乘积简单计算；在 GLE 条件下，FDP 可用基因型频率的乘积简单计算。

经过仔细研究，我们发现除了 GLE 之外的所有约束都可以单独应用到单个位点上，因此可以简单地排除不满足约束的低质量 STR 候选对象。对于给定数量的候选位点中的 GLE，如果我们将每个位点建模为节点，将每个基因型连锁建模为边，我们的问题是从图中寻找最大独立集，然后从独立集中确定集合 L。然而，寻找最大独立集被称为"NP 困难"问题。为此，我们设计了一种贪心算法进行轨迹选择，具体情况如下。

4.2.3 轨迹选择算法

首先，我们计算 lob STR 在数据库 C 中观察到的每个位点的等位基因频率，并在 HWE 假设下计算每个位点的杂合度、随机匹配概率、辨别能力和排除概率。与此同时，呼叫率（called rate）的阈值 δ_η 被赋为较高的值，例如 0.95。然后，根据已发表的等位基因频率计算出 δ_η 和 δ_h、δ_r、δ_d 和 δ_e，去除 C 中的低质量位点：即筛选出具有任何一个取证参数和调用率超过相应阈值的位点，以避免不必要的搜索，加快选择速度。

接下来，在约束条件④下，我们确定了 C 中每个位点 ℓ 的最大基因型频率 ρ_ℓ。将基因位点 ℓ 上的等位基因 ℓ_i 的等位基因频率记为 p_i。在 HWE 假设下，位点 ℓ 的最大基因型频率 ρ_ℓ 可计算为：

$$\rho_\ell = \max\{p_{2i}, 2p_ip_j: 1 \leqslant i < j \leqslant k_\ell\} \tag{4-5}$$

其中，k_ℓ 是位点 ℓ 上不同等位基因的数量。在计算了 C 中所有位点的最大基因型频率后，用非递增的辨别能力对基因位点进行排序，更新 C。在辨别能力值相同的情况下，对不同位点再次按最大基因型频率进行不递增排序。

在 GLE 的假设下，考虑优化 CPD 的目标，我们选择前 N 个位点来构建满足约束④的集合 L。通过从按辨别能力排序的 C 中选择前 N 个位点,在给定 N 个位点的每次选择中,CPD 都是最大的,因为在相同的位点数量下,总是选择辨别能力最高的位点,且辨别能力最大的位点获得最大的 CPD 值。

然后,只剩下 HWE 和 GLE 在 L 中进行位点检测。由于 HWE 和 GLE 是在计算基因型频率和 FDP 时假设的,需要通过假设检验进行验证。利用 Genepop 软件对 HWE 和 GLE 进行相应的假设检验,根据 Bonferroni 校正调整两项检验的显著性水平。也就是说,关于基因位点集合 L 的检验的总体显著性水平 α'为 0.05,但个别检验的显著性水平 α 被 L 的大小 N 修正。以下分别是 HWE 和 GLE 假设检验的个体显著性水平 α_H 和 α_L。

$$\alpha_H = \alpha_L = \alpha' N\alpha'(N^2) = 2\alpha' N(N-1) \tag{4-6}$$

由于 GLE 也是基于 HWE 的,因此首先对 HWE 进行假设检验。对于 L 中的基因位点,如果存在不符合 HWE ($P < \alpha_H$)的基因位点,我们将这些基因位点过滤掉,并从 C 开始按顺序添加其他基因位点,然后重新检查。否则,我们继续两两 GLE 检查 L 中的位点。当一对位点未能达到 GLE ($P < \alpha_L$)时,从 L 中剔除辨别能力较低的位点,并加入 C 中的其他位点。然后重新检查 HWE 和 GLE,直到 HWE 和 GLE 都达到。这样,集合 L 最终是 CPD 优化,满足所有约束条件以及 HWE 和 GLE 的理想位点集合,避免了寻找最大独立集的尝试。

由于 C 中基因位点数量不足,很可能没有找到理想的 L,这主要是过滤时的约束条件比较有限。在这种情况下,我们逐渐、轻微地降低 δ_η 值,以在选择之前包含更多 C 中的位点,直到找到所需的 L 或 δ_η 值过低。

4.3 数据解释

研究中,在 320 个中国人的 23 对染色体上共观察到 1603771 个 STR 位点。在排除了不被考虑的 X 和 Y 染色体以及现实中没有意义的单体基因位点后,我们主要关注重复基序长度为 2~6 的常见基因位点,最终在 22 个常染色体上有 768948 个潜在的 STR 基因位点可供选择。

表 4-1 给出了 CODIS 的 13 个核心 STR 基因位点在中国汉族人群中的 4 个鉴定参数杂合度、随机匹配概率、辨别能力和父权排除概率的取值和描述性统计。可以观察到,

在中国汉族人群中有 4 个辨别能力值较低(低于 0.9)的位点,即 CSF1PO、D3S1358、TH01 和 TPOX,可能准确性较低,不适合在中国人群中进行法医应用。因此,寻找针对特定人群的替代 STR 以提高法医鉴定的准确性和可靠性是很有必要的。为了进行筛选,选取 4 个参数的平均值作为阈值,并将呼叫率的阈值 δ_{η} 初始设为 1,并限制在初始筛选时必须在所有个体的基因组上观察每个位点。人口规模选择 S 为 100 亿,比目前的世界人口略多一点,以保证具有所选位点的中国人个体的 DNA 谱在统计学上在全世界是唯一的。通过算法计算,最终在大约 160s 内选择了 11 个位点,它们的遗传信息如表 4－2 所示。

表 4－1 CODIS 13 个核心 STR 的鉴定参数及其在中国汉族人群中的描述性统计

位点	法医学参数			
	杂合度	随机匹配概率	排除概率	父权排除概率
CSF1PO	0.7374	0.1151	0.8849*	0.4988
D13S317	0.7989	0.0702	0.9298	0.6024
D16S539	0.7856	0.0795	0.9205	0.5779
D18S51	0.8601	0.0351	0.9649	0.7199
D21S11	0.8202	0.0547	0.9453	0.6510
D3S1358	0.7247	0.1241	0.8759*	0.4817
D5S818	0.7735	0.0860	0.9140	0.5625
D7S820	0.7797	0.0809	0.9191	0.5749
D8S1179	0.8502	0.0411	0.9589	0.6955
FGA	0.8643	0.0328	0.9672	0.7292
TH01	0.6812	0.1472	0.8528*	0.4471
TPOX	0.6293	0.1981	0.8019*	0.3703
vWA	0.7991	0.0706	0.9294	0.6013
最小	0.6293	0.0328	0.8019	0.3703
最大	0.8643	0.1981	0.9672	0.7292
平均	0.7770	0.0873	0.9127	0.5779
CPD	0.9999999999999700			

注:* 表示辨别能力相对较低。

表 4-2 选定的基因座及其各种遗传信息

选择标准										
S			η			α_{H1}			α_{L1}		
1×10^{10}			0.97			0.0045			0.0009		
CHR	POS[2]	RUL[3]	Alleles[4]	杂合度	随机匹配概率	辨别能力	排除概率	ρ_ℓ	f[5]	ρ[6]	$\eta_{\ell 7}$
10	38260559	2	17	0.8638	0.0343	0.9657	0.7228	0.0651	−0.0617	0.2082	0.978125
14	39554894	2	21	0.8506	0.0389	0.9611	0.7046	0.1005	+0.0323	0.0157	0.971875
20	52611428	2	16	0.8425	0.0424	0.9576	0.6913	0.0936	−0.0196	0.7617	0.975000
3	30842299	2	17	0.8466	0.0425	0.9575	0.6911	0.0829	−0.0184	0.5738	0.975000
1	11140621	2	20	0.8425	0.0428	0.9572	0.6902	0.1019	−0.1383	0.0993	0.987500
7	139746600	2	19	0.8322	0.0441	0.9559	0.6832	0.1115	−0.1058	0.0561	0.978125
4	36130100	2	14	0.8410	0.0442	0.9558	0.6851	0.1172	+0.0261	0.0081	0.984375
15	45445693	2	21	0.8369	0.0467	0.9533	0.6772	0.1008	−0.1113	0.0740	0.981250
2	86701825	2	25	0.8255	0.0523	0.9477	0.6584	0.1156	−0.0351	0.0346	0.971875
11	134054706	2	18	0.8255	0.0523	0.9477	0.6584	0.1156	−0.0351	0.0346	0.987500
1	235543477	2	17	0.7957	0.0587	0.9413	0.6353	0.1590	−0.0345	0.9588	0.971875
最小				0.7957	0.0343	0.9413	0.6353				
最大				0.8638	0.0587	0.9657	0.7228				
平均				0.8361	0.0453	0.9546	0.6818				
FDP				$1.69487454915\times10^{-11}$							
CPD				0.99999999999999856							

注:1. α_H 和 α_L 的数值是参照 0.05 的总体显著水平下,经 Bonferroni 校正后单个假设的显著水平。

2. 在染色体上的物理位置。

3. 基序的长度。

4. 观察到的不同等位基因的数目。

5. 近亲繁殖系数。

6. HWE 测试的 P 值。

7. 特定位点的呼叫率。

结果表明,大多数位点具有高度多态性,等位基因数超过 15 个时杂合度高。各位点的辨别能力均较高(在 0.94 以上),平均(0.9657)显著高于 CODIS 的 13 个位点的 0.9127。因此,它们用于个体识别(或身份测试)时可能会更加可靠。最小的最大 FDP ($\varphi_L\approx1.69\times$

10^{-11})保证了即使在超过590亿人中,两个不相关的中国人拥有相同的DNA谱的情况也不可能会发生。所选的11个位点的CPD略高,证明所选的位点具有相似的区分不同个体的能力,其中两个CPD较低位点的效率也高于CODIS的13个位点。此外,在0.05的总体显著水平上,HWE和GLE均未出现显著偏离。并且,通过与基因特征库的比对,所选位点均位于非外显子区域,保证了所选位点与人类基因组上的功能基因无关。因此,这些位点可以更安全可靠地作为中国人群的标记。我们还可以观察到,所有所选位点的重复基序长度都为2。事实上,在我们的选择中,重复基序长度为3或以上的基因位点均被排除,直到选择的基因位点数量增加到16或以上。除了长度为2的重复基序比其他类型的重复基序更常见之外,这里考虑的另一个原因是低测序深度(在我们的数据集中只有1.17~4.51)。低测序深度可能导致一个基因位点在没有足够支持性信息的情况下被弱化为一个STR。另一个原因是样本量相对较小。如果没有足够大的样本集,一些位点的等位基因无法被观察到。因此,一些基因位点,特别是那些长重复基序的基因位点,可能缺乏多态性,因此被排除在高优先级之外。

为了在实际的身份测试中直观地了解我们算法所选择的基因位点与CODIS基因位点之间的差异,我们分别对每组所选择的基因位点和CODIS基因位点模拟了10000个个体,并进行了身份测试实验。结果表明,所选择的基因位点具有与CODIS基因位点相同甚至更高的对世界范围内华人个体的区分能力。通过学生t检验,所选的11个位点提供的平均FDP小于CODIS基因位点($P=1.925\times10^{-12}$)。DNA图谱中更多的位点无疑提供了更小的FDP和更高的CPD。如果我们在DNA图谱中包含20个位点,所选位点将提供相当小的最大FDP($\varphi_L=4.22\times10^{-20}$,约为$2\times10^{19}$中的1个)和高CPD(约为1),这表明在世界各地观察到具有相同DNA图谱的两个不相关个体的机会可以忽略不计。

在司法鉴定应用中,在司法鉴定数据库中搜索嫌疑人是一个非常重要的问题。当新的犯罪发生而罪犯未在数据库中记录时,数据库中一个无关的随机个体如果被发现具有与犯罪现场提取的DNA证据相同的DNA谱,就会有被错误地识别为嫌疑人的风险。为了衡量这种错误发生的可能性,我们在研究中考虑了数据库匹配概率(DMP)。其被定义为当新犯罪发生时,在数据库中搜索嫌疑人时观察到相同DNA谱的概率。将m个STR集合中第i个位点的数据库匹配概率和随机匹配概率分别表示为Φ和r_i。假设数据库包含M个条目,则DMP可计算为:

$$\Phi = 1-(1-\prod imr_i)M \qquad (4-7)$$

结果表明，在 100 亿个条目($M=10^{10}$)的数据库下，CODIS 的 13 个 STR (Φ_{CODIS})的 DMP 约为 2.95×10^{-5}。可以得出结论，如果发生 10 万起新的刑事案件，可能有 3 起左右的错误案件。相比之下，我们的算法选择的 11 个位点具有较低的 DMP，即在 1.48×10^{-5} 左右(约 100000 个案件中有 1 起错误)，如图 4－1 上方的左边箭头所示。通过增加 DNA 图谱中涉及的位点数量，可以观察到 DMP 随其负对数的线性增加而呈指数下降。所选的 13 个位点的 DMP 约为 4.93×10^{-8}，远低于 CODIS 的 13 个 STR，在 8000 万次搜索中提供 4 个虚假信息。当犯罪数据库搜索的 DNA 图谱中涉及的 STR 不少于 14 个时，当有 8000 万次搜索时，DMP 降至临界值以下(1.25×10^{-8}，8000 万次中有 1 个错误)。例如，14 个位点的 DMP 在 3.43×10^{-9} 左右(8000 万次中有 0.27 个错误)，这意味着即使有 8000 万起新的犯罪案件需要在数据库中搜索，也不会有错误发生。

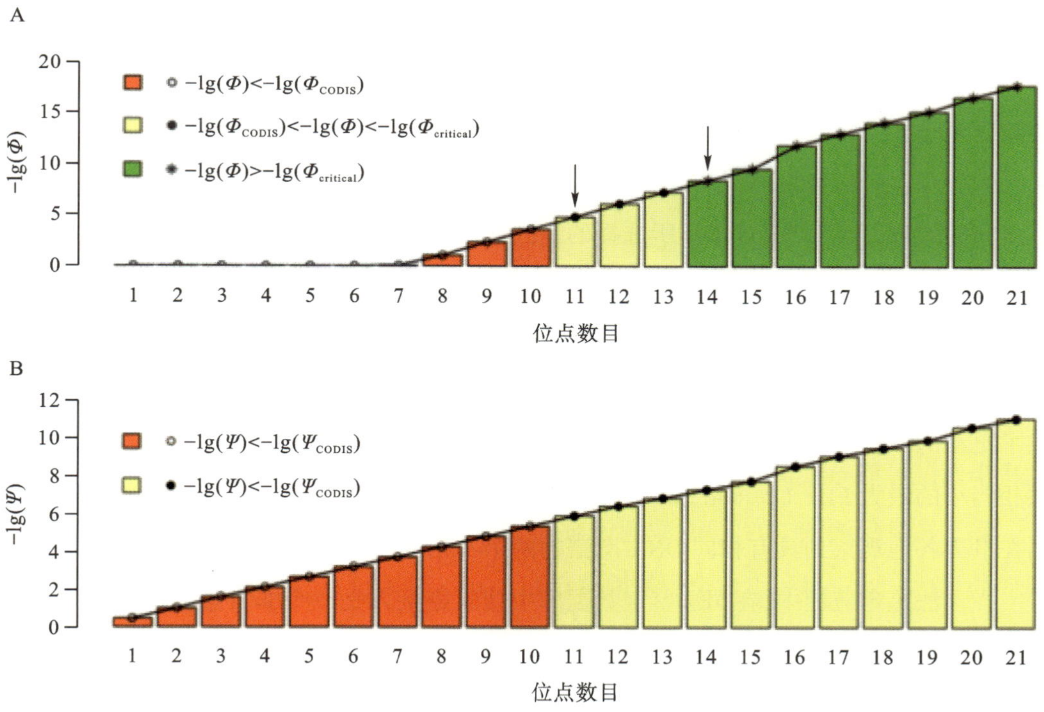

图 4－1　有 100 亿条目的数据库中 DMP(A)的负公共对数($-\lg$)和每组选定的 STR(最多 21 个位点)的 CRAMP(B)

A. $\Phi_{critical}=1/(8\times10^{7})=1.25\times10^{-8}$，$\Phi_{CODIS}=2.95\times10^{-5}$，选定的 11 个 STR(左边箭头)的 $\Phi=1.48\times10^{-5}$，选定的 13 个 STR 的 $\Phi=4.93\times10^{-8}$，选定的 14 个 STR(右边箭头)的 $\Phi=3.43\times10^{-9}$。B. $\Psi_{CODIS}=2.55\times10^{-6}$，所选的 11 个 STR(箭头所示)的 $\Psi=1.33\times10^{-6}$，所选的 13 个 STR 的 $\Psi=1.47\times10^{-7}$。

除了犯罪嫌疑人搜寻外,在存在亲子关系的家族个体搜寻中,法医数据库检索也可能是必要的。亲子检索可用于检索在每个位点上至少有一个等位基因与给定 DNA 谱匹配的个体。如果等位基因的匹配随机发生在每个位点上,我们称之为随机半匹配。我们应该避免随机半匹配,因为它们可能会导致父母或孩子的错误包含。我们将单个位点上至少有一个等位基因匹配的概率定义为随机等位基因匹配概率(RAMP)。假设在单个位点 A 上提供等位基因 A_i,其等位基因频率为 p_i,则随机个体共享 A_i 的概率为 $p_{2i}+2p_i(1-p_i)$,即纯合基因型与包含该等位基因 A_i 的杂合基因型的频率之和。然后,将 RAMP 表示为 ψ,则计算 RAMP 为:

$$\psi = \sum i = 1kp_i[p_{2i} + 2p_i(1-p_i)]\sum i = 1kp_{2i}(2-p_i) \tag{4-8}$$

其中,k 是 A 位点上的等位基因数。对于第 i 个位点的 RAMP ψ, m 个位点的组合随机等位基因匹配概率(CRAMP)记为 Ψ,是集合中所有位点的 ψ 的乘积。

$$\Psi = \prod i = m\psi_i \tag{4-9}$$

使用上述两个方程计算,CODIS 的 13 个 STR 的 CRAMP 约为 2.55×10^{-6},所选 11 个位点的 CRAMP 较小,约为 1.33×10^{-6}。由此可见,所选的 11 个基因位点在进行家族搜索时降低了随机半匹配的风险。此外,当涉及的基因位点数量增加到 13 个时,CRAMP 可降低到 CODIS 的 STR CRAMP 的 1/17 (1.47×10^{-7})。在某些情况下,更多的位点提供了更小的 CRAMP。因此,我们的算法所选择的 STR 能够提供更可靠的搜索基础,降低随机半匹配可能导致亲子关系错误判断的风险。

除了在身份测试中的应用,我们还通过检查所选 STR 与父权测试实验的对比来检查我们的算法。对于每一组选定的基因位点和 CODIS 基因位点,我们模拟了 10000 个父亲是生父的真三人家庭和 10000 个父亲是随机男性的假三人家庭。构建了组合父权指数(CPI)的归一化概率分布,如图 4-2 所示。我们观察到,使用所选基因位点的真三人家庭(图 4-2A)的 CPI 平均要大于使用 CODIS 的 STR,说明所选基因位点能够提供更高的父权置信度,因此在使用中更可靠。从归一化分布来看,CPI 低于 1(对数低于 0)的概率,即虚假排除的概率,对于 CODIS 的 13 个 STR 为 1.18×10^{-7},对于所选的 11 个 STR 为 1.80×10^{-7},对于所选的 12 个 STR 为 7.53×10^{-8}。越多的基因位点提供的错误排除概率就越小。虽然所选的 11 个位点无法提供同等的避免错误排除的能力,但所选的 12 个或更多的STR能够提供比CODIS的STR更低的错误排除概率。对于假三人家庭，所选位点的分布比CODIS的STR离0更远。选取的11个位点CPI大于1(对数大于0)的概率(0.0105)小于CODIS的STR的概率(0.0197)。因此，我们有理由得出结论，我们的算法所选的STR在亲子鉴定的应用上，在统计学上优于CODIS的13个STR，提供了更高的纳入和排除证据。

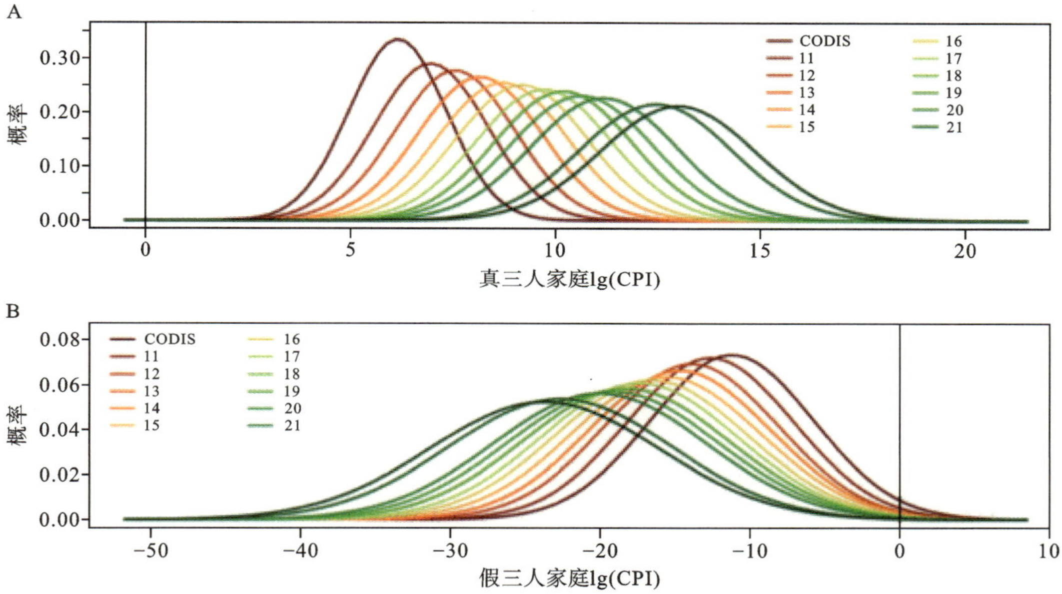

图4－2 真三人家庭(A)和假三人家庭(B)CPI公对数的归一化概率分布

错误排除的概率，即CPI低于1(对数低于0)。13个CODIS的STR的错误排除概率为1.18×10^{-7}，所选的11个STR的错误排除概率为1.80×10^{-7}，所选的13个STR的错误排除概率为4.07×10^{-8}。误纳入的概率，即CPI大于1(对数大于0)。13个CODIS的STR的误纳入率为0.0197，所选的11个STR的误纳入概率为0.0105，所选的13个STR的误纳入概率为0.0072。

4.4 高效的微卫星标记

在本研究中，我们提出了一种贪婪算法，以寻找二代测序数据中更高效的法医STR标记。该算法设计为选择一定数量的STR位点，并具有优化的组合识别力(CPD)。这些位点的法医参数应该具有可接受的值，并提供足够小的 DNA 谱（FDP）频率，以确保每个个体在全世界范围内都有统计上唯一的 DNA 谱，从而在统计意义上唯一识别一个个体。此外，每个选择的位点应符合哈迪 · 温伯格平衡和连锁平衡。

将该算法应用于千人基因组计划中的 320 个中国个体，有效筛选出十多个基因位点。按照所预期的那样，所有选择的位点都具有高度的多态性和较高的综合识别力，提供了足够的识别力，即使在世界人口为 100 亿的情况下，也能保证 DNA 谱的统计唯一性。从等位基因频率出发，我们还模拟了每组基因位点的 10000 个个体，以在我们选择的基因位点和 CODIS 基因位点之间进行实际身份测试的比较。结果表明，即使在比 CODIS 少两个位点的情况下，我们所选择的 STR 仍然能够提供更小的 DNA 图谱频率，这意味着所选择的位点更加可靠和强大。此外，所选基因位点的数据库匹配概率（DMP）低于 100 亿条目数据库下的 CODIS 基因位点。也就是说，即使发生了 8000 万起新犯罪，需要对数据库进行搜索，数据库中不相关的随机个体被错误地识别为嫌疑人的误判的可能性也会降低。事实证明，我们提出的算法适用于搜索 STR 位点，这些位点不太可能通过大量数据库搜索对嫌疑人给出假阳性判断。在亲子关系的家族搜索中，我们选择的 STR 基因位点也降低了由随机等位基因匹配引起的亲子关系误判的风险。为了进行亲子鉴定，我们还对选定的基因位点和 CODIS 基因位点分别进行了 10000 个真三人家庭和假三人家庭的模拟实验。结果表明，该算法所选位点在真三人家庭中平均提供更高的 CPI，在假三人家庭中平均提供更低的 CPI。此外，与 CODIS 的 STR 相比，所选基因位点的错误排除和包含概率更低，这意味着所选基因位点在确定父权方面具有更高的置信度。因此，统计数据证明，我们选择的算法能够有效地找到更好的 STR，用于身份识别和亲子鉴定等法医应用程序。

该算法是在假设数据集中的个体在生物学上不相关的情况下提出的，因此不考虑父母和兄弟姐妹应该被处理的情况。我们所选择的大多数基因位点是重复两个碱基对的基序。我们考虑的原因之一是测序的深度或样本的覆盖范围。由于 320 个样本的平均覆盖率仅为 1.17～4.51，每个碱基平均只能被 1～5 个 reads 覆盖。因此，一些 STR，特别是那些具有长重复基序的 STR，可能由于缺乏足够的支持信息而被弱化到并被确定为 STR 位点。另一个可能的原因是样本量小。小样本导致 STR 的一些等位基因无法被观察到，这些位点的多态性较少，具有较差的法医学参数，因此被选择的优先级较低。然而，在足够大的样本中，可能会发现更多的等位基因，并为群体中更多的潜在位点提供更多的证据，这将扩大选择池，有利于我们的算法，使结果更可靠。考虑到 320 个个体和测序深度是不够的，因此需要对更多个体和更深的测序数据进行更精确的分析，使新的 STR 标记更准确、更可靠地选择用于法医学应用。

FBI 于 1997 年公布的 13 个核心短串联重复序列（STR）基因位点被广泛应用于法医鉴定，如身份鉴定和亲子鉴定等领域。然而，这些位点可能是有偏好的，对特定人群的敏感性较低。此外，法医数据库中条目的快速增多增加了随机匹配的机会，这可能导致对犯罪嫌疑人的错误识别。解决这些问题的方法是引入更有效的 STR 标记。全基因组测序的可用性使我们能够通过计算为法医应用识别更可靠的 STR 标记。本章提出了一种从新一代测序数据中识别具有较高识别力的 STR 标记的算法。我们的算法可以用预先指定的判别阈值为给定的种群选择一组自定义的位点。我们将该方法应用于千人基因组计划我国的 320 个个体，得到了不同数量的基因位点，能够在统计上识别出世界范围内的个体，并且比现有的 CODIS 的 13 个基因位点具有更高的综合识别力和综合排除概率。在身份检测方面，经学生 t 检验，选择的 11 个 STR 的 DNA 谱（FDP）的平均频率小于 CODIS 的 13 个 STR 的平均频率。位点越多，得到的 FDP 越小。在一个有 100 亿个条目的数据库中，所选位点的数据库匹配概率也低于 CODIS 的 13 个 STR。此外，所选位点能够提供相当低的随机配置文件匹配的机会，因此在统计学上不会出现假阳性。选择的位点在进行家族搜索时也降低了随机等位基因匹配的风险，随机等位基因匹配概率更低。此外，在我们的模拟数据中，选择的 STR 在统计上优于 CODIS 的 STR，错误纳入和排除的概率更低。

（李帅成　赵梓丞　李生斌）

参考文献

[1] BUDOWLE B, VAN DAAL A. Forensically relevant SNP classes[J]. Biotechniques, 2008, 44(5): 603 - 608.

[2] LIU H, HU Y. Hardy-Weinberg equilibrium in genetic epidemiology[J]. Journal of Central South University(Medical Science), 2010, 35(1): 90 -93.

第 5 章
海啸遇难者 DNA 鉴定

5.1 概述

2004 年由印度洋地震引发的印度洋海啸(也称东南亚海啸),在泰国南部地区造成了近 5400 人死亡。受害者除泰国居民以外,还包括来自欧洲、亚洲和世界其他地区的大量外国游客。灾难发生后,我国向海啸灾区派出了两个国际救援队、四个医疗小组和一个 DNA 检测小组。作为国际援助的一部分,我们参与了一项人道主义科学项目,即根据目前已经过重要修改的法医学方法,完成海啸遇难者的 DNA 鉴定。

2004 年 12 月 31 日,我国科学家抵达泰国普吉岛,立即加入国际工作组,从遇难者遗体中采集样本。由于灾难的规模大、气候炎热潮湿和全面启动救援工作的过程比较漫长等多种因素 ,当开始大规模收集样本时,大多数海啸受害者的遗体已经严重腐烂,这不仅使样本收集过程变得非常困难,而且对 DNA 鉴定提出了挑战。经过深入的文献研究和与该领域专家的讨论,2005 年 1 月 1 日,我们提出了一个重要的提议,即法医学检测所收集的样本除了牙齿外,还必须包括骨头,尽管前者是法医和人类学研究中 DNA 鉴定的标准且首选样本。我们有三个基本论点。首先,在潮湿和高温的环境中,分解过程可能会显著加速,特别是当来自海洋沉积物的海啸浪潮搅动大量的海洋微生物时。其次,牙齿应该是最先暴露在富含微生物的海水中的身体部位之一,当漂浮的身体(通常是面朝下的)被浸泡数天时,情况应该更糟。再次,富含 DNA 的骨髓被皮肤、肌肉组织和钙化的致密骨骼覆盖,因此微生物需要更长的时间才能渗透进去。在专责小组接受我们的建议后,在 2005 年 1 月 15 日至 6 月 11 日期间,法医牙科学家和法医人类学家在现场分别采集了 507 个牙齿样本和 1062 个骨头(部分股骨)样本,并由北京的实验室接收。

在本章中,我们将介绍在 DNA 鉴定方面的经验,以及对两种不同标本(牙齿和骨骼的核 DNA 遗传标记和线粒体遗传标记)的数据进行初步分析。这些结果和分析对法医学家在处理来自特定环境条件下(不仅限于海啸)的遗骸样本非常有帮助。

5.2 方法

5.2.1 样品采集和处理

骨骼和牙齿标本由专业的物证科学家收集,然后用干冰运送到物证实验室。数据输入后,每个样本都按照标准的法医 DNA 提取方法进行净化和处理,使用商用试剂盒(DNA IQTM 系统,Promega 公司,麦迪逊, 美国; QIAamp DNA 微试剂盒,Qiagen 公司,哈根,德国)。

大约 2g 的骨标本被切成 5mm × 5mm × 5mm 的小块,用 Terg-A-Zyme(美国纽约 Alconox 公司生产的一种酶活性粉状洗涤剂)在 50mL 的 Falcon 管中清洗,这样刚好能覆盖样本。将混合物超声处理 30min,用蒸馏水彻底冲洗,并在 56℃的培养箱中干燥 2h 以上。干燥的骨块在 SPEX CertiPrep 6750 冷冻机(SPEX CertiPrep 公司,新泽西州, 美国)中研磨。从细骨粉中提取的 DNA 样本用 Microcon Y-100 浓缩器(Millipore 公司,比尔里卡,美国)进行浓缩[1]。

5.2.1 DNA 扩增和基因分型

STR 分析使用 AmpFLSTR® Identifiler® PCR 扩增试剂盒(Applied Biosystems 公司,福斯特, 美国)进行 PCR 扩增,并用 3730XL DNA 分析仪(Applied Biosystems 公司)和

Genemapper 软件对结果进行分析。对于线粒体 DNA 扩增,使用了两对在高可变区针对人类 mtDNA 的引物(HV1 引物:1F/ CTCACGGGAGCTCCATGC 和 1R/ GGCGGTATGCAXTTTTAACAG ;HV2 引物:2F/ CCACCATTAGCACCCAAAGC 和 2R/ TCCCTTGACCACCATCCTC)。线粒体数据用 DNAStar 软件包进行分析。

DNA 扩增总体积为 25μL,其中模板 DNA 4.5μL,引物(1 pmol/μL) 2.5μL, dNTP (2.5mmol/L) 2.5μL, Mg^{2+} (25mmol/L) 2μL, 10 × LA Buffer 2.5μL, Taq 聚合酶(5 U/μL) 1μL, ddH_2O 10μL。PCR 循环设置为:95℃变性 2min, 95℃、60℃、72℃分别扩增 30s,共 35 个循环,72℃扩增 10min。PCR 产物用 Millipore 96 孔纯化板进行纯化。线粒体样本经 Dye Terminator 试剂盒染色后用 3730XL DNA 分析仪进行测序(GE Healthcare 公司, 美国)。

5.3 数据解释

5.3.1 牙齿标本中 HV1 和 HV2 基因座的线粒体 DNA 分型研究

由于大多数牙齿样本的核 DNA 丰度低且降解严重,无法进行 STR 分型,因此我们将这些样本进行线粒体 DNA (mtDNA) 序列分析。我们成功地从 258 个牙齿样本(258/507,成功率 51%)中获得 HV1 和 HV2 序列的结果。其与 Anderson 序列和结果的比较见表 5-1、表 5-2。

表 5-1 258 例 HV1、HV2 牙齿样本统计情况

来自 HV1 的 258 个牙齿样本的统计							
位点*	多态性	序号	插入	序号	缺失	序号	频率
16004	C-T	10					1.13%
16019	C-T	16					1.81%
16021	C-T	4					0.45%
16026	C-T	23					2.60%
16030	C-T	2					0.23%
16032	T-A	3					0.34%

续表

来自 HV1 的 258 个牙齿样本的统计							
位点*	多态性	序号	插入	序号	缺失	序号	频率
16032	T - G	2					0.23%
16042	G - A	1					0.11%
16051	A - G	6					0.68%
16053	C - T	2			C	2	0.23%
16067	C - T	1					0.11%
16069	C - T	21					2.38%
16070	A - G	1					0.11%
16085	C - G	3					0.34%
16085	C - A	1					0.11%
16086	T - C	4					0.45%
16092	T - C	7					0.79%
16093	T - C	7					0.79%
16095	C - T	1					0.11%
16095	C - G	2					0.23%
16104	C - T	1					0.11%
15104	C - A	1					0.11%
16303	G - A	25					0.11%
16304	T - C	24					2.72%
16305	A - T	1					0.11%
16309	A - G	6					0.68%
16311	T - C	28					3.17%
16319	G - A	3					0.34%
16319	G - C	1					0.11%
16320	C - T	1					0.11%
16324	T - C	2					0.23%

续表

来自HV1的258个牙齿样本的统计							
位点*	多态性	序号	插入	序号	缺失	序号	频率
16325	T-C	4					0.45%
16326	A-C	1					0.11%
16327	C-T	4					0.45%
16335	A-G	3					0.34%
16342	T-C	1					0.11%
16343	A-G	1					0.11%
16344	G-C	1					0.11%
16351	A-G	1			A	1	0.11%
16353	A-C	2					0.11%
16354	C-T	2					0.23%
16355	C-T	1					0.11%
16356	T-C	8					0.91%
16360	C-T	1					0.11%
16361	G-C	2					0.23%
16362	T-C	29					3.28%
16373	G-A	5					0.57%
16381	T-C	2					0.23%
16384	G-A	3					0.34%
16390	G-A	6					0.68%
16391	G-A	4					0.45%
总数		871		9		3	100%(883)
来自HV2的258个牙齿样本的统计							
位点*	多态性	序号	插入	序号	缺失	序号	频率
73	A-G	118					
93	A-G	2					0.17%

续表

来自 HV2 的 258 个牙齿样本的统计							
位点*	多态性	序号	插入	序号	缺失	序号	频率
94	G-A	2					0.17%
120	C-T	1					0.33%
134	C-T	3			C	3	0.25%
140	C-T	1					0.25%
143	G-A	3					0.25%
146	T-C	20					1.67%
150	C-T	27					2.26%
151	C-T	2					0.17%
207	G-A	16					1.34%
210	A-G	1					0.08%
214	A-G	4					0.34%
215	A-G	7					0.58%
215	A-C	1					0.08%
217	T-C	4					0.34%
222	C-T	1					0.08%
225	G-A	5					0.42%
226	T-C	2					0.17%
227	A-G	2					0.17%
228	G-A	11					0.92%
234	A-G	2					0.17%
239	T-C	4					0.34%
242	C-T	2					0.17%
249	A-G	3			A	19	1.59%
250	T-C	3					0.25%
253	C-T	1					0.08%

续表

来自 HV2 的 258 个牙齿样本的统计							
位点*	多态性	序号	插入	序号	缺失	序号	频率
253	C－G	2					0.08%
257	A－G	1					0.08%
259	A－G	1					0.08%
262	C－T	1					0.08%
263	A－G	249					20.80%
264	C－T	1					8.00%
282	T－C	2					8.00%
285	C－T	2					0.17%
290	A－G	4			AA	2	0.17%
291	A－T	1					0.08%
295	C－T	22					0.08%
297	A－G	1					0.00%
209	A－C	4	C	101			8.40%
209	C－T	21	CC	24			2.00%
210	T－C	4					0.30%
310	C－G	1	C	21			1.75%
310	T－C	3	TC	6			0.50%
315	C－G	2	CCC	200			16.79%
315	C－A	1					0.08%
316	G－C	1					0.08%
317	C－T	2					0.08%
317	C－G	1					0.08%
319	T－C	6					0.50%
323	G－A	1					0.08%
345	C－T	1					0.08%

续表

来自 HV2 的 258 个牙齿样本的统计							
位点*	多态性	序号	插入	序号	缺失	序号	频率
356	C – G	1	C	2			0.17%
362	C – A	22					1.84%
366	G – A	11					0.92%
376	A – C	1					0.08%
379	A – C	2					0.17%
380	G – C	3					0.25%
385	A – G	1					0.08%
389	G – A	1					1.01%
402	A – T	1			A	1	0.17%
404	C – T	2					0.17%
408	T – G	3					0.25%
411	C – G	4					0.33%
463	G – C	3	C	1			0.08%
总数				356		25	100.00% (1197)

注：* 位点列出了人类线粒体 DNA 的碱基位置(D – loop 区域)。

表 5 – 2　15 个常染色体 STR 位点的等位基因及其频率

位点	等位基因	频率	等位基因	频率	等位基因	频率	等位基因	频率	等位基因	频率	等位基因	频率
CSF1PO	7	0.2635%	8	0.3953%	9	2.5692%	10	25.2964%	11	30.3689%	12	34.8485%
	13	5.4677%	14	0.7246%	15	0.0659%						
FGA	16	0.3157%	17	0.3157%	18	1.5152%	19	6.6919%	20	6.2500%	20.2	0.2525%
	21	14.8990%	21.2	1.8308%	22	20.5177%	22.2	1.1995%	23	16.4773%	23.2	1.0101%
	24	12.5000%	24.2	0.9470%	25	9.1540%	25.2	0.6313%	26	3.7247%	26.2	0.1894%
	27	1.1364%	28	0.4419%								

续表

位点	等位基因	频率	等位基因	频率	等位基因	频率	等位基因	频率	等位基因	频率	等位基因	频率
TH01	4	0. 1238%	6	12. 0050%	7	25. 8045%	8	8. 4777%	8. 3	0. 1238%	9	37. 0050%
	9. 3	10. 3342%	10	6. 0644%	11	0. 0619%						
TPOX	6	0. 1845%	8	56. 3961%	9	10. 6396%	10	3. 1365%	11	27. 9213%	12	1. 5990%
	13	0. 1230%										
vWA	13	0. 1230%	14	21. 4637%	15	4. 3665%	16	15. 1292%	17	27. 4293%	18	19. 8032%
	19	9. 4711%	20	2. 0295%	21	0. 1230%	22	0. 0615%				
D3S1358	12	0. 2466%	13	0. 3083%	14	5. 9186%	15	28. 7916%	16	33. 4772%	17	23. 2429%
	18	7. 3366%	19	0. 5549%	20	0. 1233%						
D5S818	7	1. 6049%	8	0. 0617%	9	5. 5556%	10	22. 5926%	11	26. 6667%	12	24. 5062%
	13	17. 6543%	14	1. 2346%	15	0. 1235%						
D7S820	7	1. 3871%	8	19. 5509%	9	8. 3884%	10	15. 9181%	11	34. 2140%	12	17. 3052%
	13	2. 9062%	14	0. 3303%								
D8S1179	8	0. 4305%	9	0. 1845%	10	13. 6531%	11	8. 0566%	12	11. 9311%	13	18. 5732%
	14	18. 6347%	15	19. 5572%	16	7. 5031%	17	1. 2915%	18	0. 1845%		
D13S317	6	0. 0634%	7	0. 1901%	8	28. 7072%	9	12. 4842%	10	9. 8859%	11	23. 0672%
D16S539	8	0. 9963%	9	18. 8045%	10	10. 3362%	11	31. 9427%	12	25. 1557%	13	11. 0834%
	14	1. 5567%	15	0. 0623%	16	0. 0623%						
D18S51	7	0. 0650%	9	0. 2601%	10	0. 4551%	11	1. 1704%	12	5. 9818%	13	14. 3043%
	13. 2	0. 2601%	14	18. 4655%	14. 2	0. 4551%	15	22. 9519%	16	15. 6047%	17	7. 9974%
	18	4. 4863%	19	2. 8609%	20	0. 9103%	21	1. 6905%	22	1. 3004%	23	0. 3901%
	24	0. 2601%	25	0. 1300%								
D21S11	27	0. 4969%	28	8. 0745%	28. 2	0. 1863%	29	24. 6584%	29. 2	0. 3106%	30	24. 9068%
	30. 2	3. 2298%	31	6. 7702%	31. 2	8. 0124%	32	2. 4224%	32. 2	14. 1615%	33	0. 1863%
	33. 2	5. 7764%	34. 2	0. 6832%	35. 2	0. 1242%						

续表

位点	等位基因	频率	等位基因	频率	等位基因	频率	等位基因	频率	等位基因	频率	等位基因	频率
D2S1338	16	1.4916%	17	12.9053%	18	10.0519%	19	18.6770%	20	11.2840%	21	3.9559%
	22	5.8366%	23	16.6667%	24	12.4514%	25	5.9014%	26	0.7782%		
D19S433	9	1.0481%	11	0.0617%	11.2	0.2466%	12	5.2404%	12.2	0.4932%	13	25.4624%
	13.2	4.5623%	14	26.2639%	14.2	8.7546%	15	8.8163%	15.2	14.3033%	16	1.7879%
	16.2	2.5277%	17	0.0617%	17.2	0.2466%	18.2	0.1233%				

在 HV1 区域，我们从碱基 16004 到 16391 的 147 个基因座中检测到了共 883 个变异位点，其中包括 871 个 SNP 和 12 个 Indel（插入/缺失）。频率超过 3% 的位点有 8 个（16126、16129、16183、16189、16223、16294、16311 和 16362）。在 HV2 区域，我们从碱基 46 到 463 中发现了 85 个基因座，共有 1197 个变异位点。其中，我们有 816 个 SNP 和 381 个 Indel。该区域有 4 个高频位点（73、263、309 和 315）。我们注意到，两个区域在基因座之间的变异、等位基因频率和变异类型（碱基替换和 Indel）的分布并不均匀。

5.3.2 骨标本中 STR 位点与核 DNA 的基因分型

在从牙齿标本中提取高质量且足量的 DNA 遇到困难后，我们尝试了 3 种不同的方法从骨标本中提取 DNA。Promega 公司的 IQTM 系统和 Qiagen 公司的 QIAamp 微试剂盒并没有产生一致的结果，但将有机学方法和超滤程序（依托 Microcon YM-100 浓缩器[1]来实现）相结合却可以展现出可靠的 STR 谱。在基因分型方面，我们使用了应用生物系统公司（Applied BioSystems）的商用试剂盒 Identifiler，其中有 16 个 STR 位点，其中包括 13 个 CODIS（FBI 实验室的联合 DNA 索引系统）位点、一个 AMEL 位点（在 X 和 Y 染色体上都发现的淀粉原蛋白基因[2]）及另外两个位点（D2S1338 和 D19S433）。我们成功地从 834 个样本（表 5-3、表 5-4）中获得合格的 STR 配置文件，其中 3 个示例如图 5-1 所示。在 TPOX 位点（图 5-1A 和图 5-1B），等位基因 8 的频率极高，8 和 8/11 基因型也是如此。TPOX 的鉴别能力（DP）最低，仅为 56.7%。D3S1358 位点（图 5-1C 和图 5-1D）的等位基因频率更为平衡，DP 值为 74.35%，但低于 FGA 位点（图 5-1E 和图 5-1F），后者的 DP 值为 84.97%。我们还将 13 个 CODIS 基因座的数据与 STRBase 的参考文献进行了比较(表5－5)。

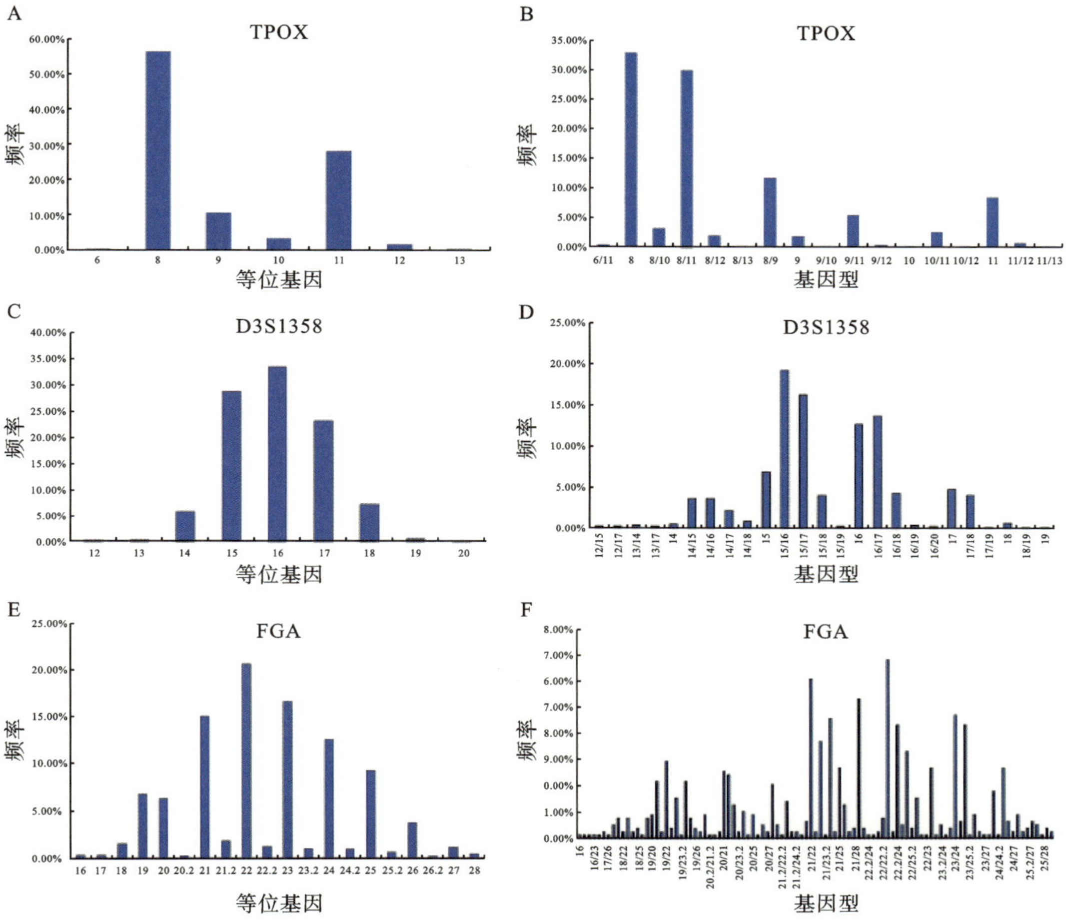

图5－1 3个代表性位点的等位基因和基因型频率

表5－3 15个常染色体STR基因座的基因型及其频率

位点	基因型	频率	基因型	频率	基因型	频率	基因型	频率	基因型	频率
CSF1PO	7/10	0. 1318%	7/12	0. 2635%	7/13	0. 1318%	8/11	0. 3953%	8/12	0. 2635%
	8/13	0. 1318%	9/10	1. 0540%	9/11	2. 2398%	9/12	1. 5810%	9/13	0. 2635%
	10	8. 8274%	10/11	13. 5705%	10/12	15. 8103%	10/13	2. 2398%	10/14	0. 1318%
	11	10. 6719%	11/12	20. 4216%	11/13	2. 6350%	11/14	0. 1318%	12	13. 3070%
	12/13	3. 8208%	12/14	0. 7905%	12/15	0. 1318%	13	0. 6588%	13/14	0. 3953%

续表

位点	基因型	频率	基因型	频率	基因型	频率	基因型	频率	基因型	频率
FGA	16	0.1263%	16/19	0.1263%	16/22	0.1263%	16/23	0.1263%	17	0.1263%
	17/21	0.2525%	17/26	0.1263%	18/20	0.5051%	18/21	0.7576%	18/22	0.2525%
	18/23	0.7576%	18/24	0.2525%	18/25	0.3788%	18/28	0.1263%	19	0.7576%
	19/20	0.8838%	19/21	2.1465%	19/21.2	0.2525%	19/22	2.9040%	19/22.2	0.3788%
	19/23	1.5152%	19/23.2	0.1263%	19/24	2.1465%	19/25	0.7576%	19/26	0.3788%
	19/27	0.2525%	20	0.8838%	20.2/21.2	0.1263%	20.2/22	0.1263%	20.2/23	0.2525%
	20/21	2.5253%	20/22	2.3990%	20/23	1.2626%	20/23.2	0.2525%	20/24	1.0101%
	20/24.2	0.1263%	20/25	0.8838%	20/25.2	0.1263%	20/26	0.5051%	20/27	0.2525%
	21	2.0202%	21.2/22	0.5051%	21.2/22.2	0.1263%	21.2/23	1.3889%	21.2/24	0.2525%
	21.2/24.2	0.2525%	21.2/25	0.1263%	21/21.2	0.6313%	21/22	6.0606%	21/22.2	0.2525%
	21/23	3.6616%	21/23.2	0.1263%	21/24	4.5455%	21/24.2	0.2525%	21/25	2.6515%
	21/26	1.2626%	21/27	0.2525%	21/28	0.3788%	22	5.3030%	22.2/23	0.3788%
	22.2/24	0.1263%	22.2/25	0.1263%	22.2/26	0.2525%	22/22.2	0.7576%	22/23	6.8182%
	22/23.2	0.2525%	22/24	4.2929%	22/24.2	0.5051%	22/25	3.2828%	22/25.2	0.3788%
	22/26	1.5152%	22/26.2	0.1263%	22/28	0.1263%	23	2.6515%	23.2	0.1263%
	23.2/24	0.5051%	23.2/25	0.1263%	23/23.2	0.3788%	23/24	4.6717%	23/24.2	0.6313%
	23/25	4.2929%	23/25.2	0.1263%	23/26	0.8838%	23/26.2	0.2525%	23/27	0.1263%

续表

位点	基因型	频率	基因型	频率	基因型	频率	基因型	频率	基因型	频率
FGA	23/28	0.1263%	24	1.7677%	24/24.2	0.1263%	24/25	2.6515%	24/26	0.6313%
	24/27	0.2525%	25	0.8838%	25.2/26	0.2525%	25.2/27	0.3788%	25/26	0.6313%
	25/27	0.5051%	25/28	0.1263%	26	0.3788%	26/27	0.2525%		
TH01	4/7	0.2475%	6	1.7327%	6/10	1.4851%	6/7	5.5693%	6/8	1.8564%
	6/9	9.0347%	6/9.3	2.5990%	7	6.5594%	7/10	3.3416%	7/8	4.4554%
	7/9	19.8020%	7/9.3	5.0743%	8	0.7426%	8.3/9	0.1238%	8.3/9.3	0.1238%
	8/10	1.2376%	8/9	5.8168%	8/9.3	2.1040%	9	13.8614%	9.3	1.8564%
	9.3/10	0.4950%	9/10	4.8267%	9/11	0.1238%	9/9.3	6.5594%	10	0.3713%
TPOX	6/11	0.3690%	8	32.9643%	8/10	3.1980%	8/11	29.8893%	8/12	1.9680%
	8/13	0.1230%	8/9	11.6851%	9	1.8450%	9/10	0.1230%	9/11	5.4121%
	9/12	0.3690%	10	0.1230%	10/11	2.5830%	10/12	0.1230%	11	8.3641%
	11/12	0.7380%	11/13	0.1230%						
vWA	13/19	0.2460%	14	4.1820%	14/15	1.9680%	14/16	6.5191%	14/17	12.4231%
	14/18	9.1021%	14/19	3.3210%	14/20	1.2300%	15	0.1230%	15/16	1.4760%
	15/17	2.9520%	15/18	0.7380%	15/19	1.2300%	15/20	0.1230%	16	1.8450%
	16/17	7.2571%	16/18	7.6261%	16/19	2.8290%	16/20	0.8610%	17	7.3801%
	17/18	9.7171%	17/19	6.5191%	17/20	0.8610%	17/21	0.2460%	17/22	0.1230%
	18	4.4280%	18/19	2.8290%	18/20	0.7380%	19	0.8610%	19/20	0.2460%
D3S1358	12/15	0.2466%	12/17	0.2466%	13/14	0.3699%	13/17	0.2466%	14	0.4932%
	14/15	3.6991%	14/16	3.6991%	14/17	2.2195%	14/18	0.8631%	15	6.9051%
	15/16	19.2355%	15/17	16.2762%	15/18	4.0691%	15/19	0.2466%	16	12.7004%
	16/17	13.6868%	16/18	4.3157%	16/19	0.3699%	16/20	0.2466%	17	4.8089%
	17/18	4.0691%	17/19	0.1233%	18	0.6165%	18/19	0.1233%	19	0.1233%
D5S818	7/10	0.9877%	7/11	1.1111%	7/12	0.8642%	7/13	0.2469%	8/10	0.1235%
	9	0.6173%	9/10	2.8395%	9/11	1.8519%	9/12	2.8395%	9/13	2.3457%
	10	5.6790%	10/11	9.6296%	10/12	10.8642%	10/13	8.6420%	10/14	0.7407%
	11	9.3827%	11/12	11.9753%	11/13	9.0123%	11/14	0.9877%	12	6.9136%

续表

位点	基因型	频率	基因型	频率	基因型	频率	基因型	频率	基因型	频率
D5S818	12/13	8.1481%	12/14	0.2469%	12/15	0.2469%	13	3.3333%	13/14	0.2469%
	14	0.1235%								
D7S820	7/10	0.7926%	7/11	1.0568%	7/12	0.3963%	7/8	0.2642%	7/9	0.2642%
	8	4.6235%	8/10	6.4729%	8/11	12.2853%	8/12	6.6050%	8/13	1.0568%
	8/14	0.1321%	8/9	3.0383%	9	1.0568%	9/10	3.6988%	9/11	4.8877%
	9/12	1.8494%	9/13	0.7926%	9/14	0.1321%	10	2.7741%	10/11	10.1717%
	10/12	4.2272%	10/13	0.6605%	10/14	0.2642%	11	12.6816%	11/12	12.8137%
	11/13	1.7173%	11/14	0.1321%	12	3.6988%	12/13	1.3210%	13	0.1321%
D8S1179	8/12	0.4920%	8/14	0.1230%	8/15	0.2460%	9/13	0.2460%	9/14	0.1230%
	10	1.1070%	10/11	2.2140%	10/12	3.1980%	10/13	5.1661%	10/14	4.9200%
	10/15	6.1501%	10/16	2.8290%	10/17	0.6150%	11	0.9840%	11/12	1.4760%
	11/13	2.2140%	11/14	3.3210%	11/15	3.4440%	11/16	1.4760%	12	1.4760%
	12/13	5.5351%	12/14	4.0590%	12/15	4.4280%	12/16	1.5990%	12/17	0.1230%
	13	5.4121%	13/14	5.5351%	13/15	5.1661%	13/16	2.0910%	13/17	0.3690%
	14	3.6900%	14/15	7.3801%	14/16	3.3210%	14/17	0.8610%	14/18	0.2460%
	15	4.9200%	15/16	1.9680%	15/17	0.3690%	15/18	0.1230%	16	0.7380%
	16/17	0.2460%								
D13S317	6/8	0.1267%	7/11	0.2535%	7/9	0.1267%	8	9.2522%	8/10	4.4360%
	8/11	14.3219%	8/12	9.7592%	8/13	2.4081%	8/14	1.0139%	8/9	6.8441%
	9	1.5209%	9/10	3.8023%	9/11	5.4499%	9/12	4.3093%	9/13	1.1407%
	9/14	0.2535%	10	1.5209%	10/11	3.8023%	10/12	3.1686%	10/13	1.1407%
	10/14	0.3802%	11	4.9430%	11/12	9.1255%	11/13	3.0418%	11/14	0.2535%
	12	3.6755%	12/13	2.2814%	12/14	0.6337%	13	0.5070%	13/14	0.3802%
	14	0.1267%								
D16S539	8/11	0.7472%	8/12	0.4981%	8/9	0.7472%	9	5.9776%	9/10	2.8643%
	9/11	12.3288%	9/12	6.7248%	9/13	2.8643%	9/14	0.1245%	10	1.1208%
	10/11	6.8493%	10/12	5.4795%	10/13	2.7397%	10/14	0.4981%	11	9.3400%
	11/12	15.6912%	11/13	8.4682%	11/14	1.1208%	12	7.4720%	12/13	5.6040%
	12/14	1.1208%	12/15	0.1245%	12/16	0.1245%	13	1.1208%	13/14	0.2491%
D18S51	7/16	0.1300%	9/10	0.2601%	9/12	0.1300%	9/13	0.1300%	10/11	0.1300%
	10/13	0.2601%	10/14	0.1300%	10/15	0.1300%	11	0.3901%	11/13	0.2601%

续表

位点	基因型	频率	基因型	频率	基因型	频率	基因型	频率	基因型	频率
D18S51	12/19	0.5202%	12/23	0.3901%	13	2.0806%	13.2	0.1300%	13.2/14	0.1300%
	13.2/15	0.1300%	13/14	4.6814%	13/15	6.5020%	13/16	4.2913%	13/17	2.7308%
	11/14	0.6502%	11/15	0.1300%	11/16	0.3901%	12	0.6502%	12/13	2.4707%
	12/14	1.6905%	12/15	2.6008%	12/16	1.5605%	12/17	0.7802%	12/18	0.5202%
	13/18	1.1704%	13/19	0.7802%	13/20	0.2601%	13/21	0.6502%	13/23	0.1300%
	13/25	0.1300%	14	3.6411%	14.2	0.1300%	14.2/15	0.2601%	14.2/16	0.1300%
	14.2/17	0.1300%	14/14.2	0.1300%	14/15	8.3225%	14/16	5.8518%	14/17	1.6905%
	14/18	1.8205%	14/19	1.6905%	14/20	0.7802%	14/21	0.7802%	14/22	0.9103%
	14/23	0.1300%	14/24	0.2601%	15	7.1521%	15/16	6.6320%	15/17	2.9909%
	15/18	2.0806%	15/19	0.7802%	15/20	0.2601%	15/21	0.6502%	15/22	0.1300%
	16	2.9909%	16/17	2.4707%	16/18	1.5605%	16/19	0.7802%	16/20	0.1300%
	16/21	0.3901%	16/22	0.6502%	16/24	0.2601%	17	1.4304%	17/18	0.7802%
	17/19	0.6502%	17/21	0.2601%	17/22	0.6502%	18	0.2601%	18/19	0.1300%
	18/21	0.1300%	18/23	0.1300%	18/25	0.1300%	19/21	0.3901%	20	0.1300%
	20/21	0.1300%	22	0.1300%						
D21S11	27/28	0.2484%	27/29	0.2484%	27/31.2	0.2484%	27/32.2	0.1242%	27/34.2	0.1242%
	28	0.9938%	28.2/30	0.1242%	28.2/31.2	0.2484%	28/29	4.5963%	28/30	2.7329%
	28/30.2	0.7453%	28/31	1.1180%	28/31.2	1.1180%	28/32	0.3727%	28/32.2	2.4845%
	28/33.2	0.7453%	29	7.2050%	29.2/30	0.4969%	29/29.2	0.1242%	29/30	12.1739%
	29/30.2	1.4907%	29/31	2.6087%	29/31.2	3.8509%	29/32	0.9938%	29/32.2	5.9627%
	29/33.2	2.2360%	29/34.2	0.3727%	29/35.2	0.2484%	30	6.8323%	30.2/31	0.4969%

续表

位点	基因型	频率	基因型	频率	基因型	频率	基因型	频率	基因型	频率
D21S11	30. 2/31. 2	0. 3727%	30. 2/32	0. 2484%	30. 2/32. 2	0. 4969%	30. 2/33. 2	0. 8696%	30/30. 2	1. 7391%
	30/31	3. 7267%	30/31. 2	2. 9814%	30/32	0. 9938%	30/32. 2	7. 5776%	30/33. 2	3. 2298%
	30/34. 2	0. 3727%	31	0. 6211%	31. 2	1. 1180%	31. 2/32	0. 4969%	31. 2/32. 2	2. 4845%
	31. 2/33. 2	0. 6211%	31. 2/34. 2	0. 1242%	31/31. 2	1. 2422%	31/32	0. 2484%	31/32. 2	1. 6149%
	31/33	0. 1242%	31/33. 2	1. 1180%	32. 2	2. 3602%	32. 2/33	0. 2484%	32. 2/33. 2	1. 4907%
	32. 2/34. 2	0. 3727%	32/32. 2	0. 7453%	32/33. 2	0. 7453%	33. 2	0. 2484%		
D2S1338	16	0. 1297%	16/17	0. 3891%	16/18	0. 1297%	16/19	0. 5188%	16/20	0. 2594%
	16/22	0. 2594%	16/23	0. 6485%	16/24	0. 2594%	16/25	0. 2594%	17	2. 4643%
	17/18	1. 5564%	17/19	5. 4475%	17/20	2. 3346%	17/21	0. 7782%	17/22	1. 2970%
	17/23	3. 7613%	17/24	3. 3722%	17/25	1. 5564%	17/26	0. 3891%	18	2. 4643%
	18/19	4. 2802%	18/20	2. 0752%	18/21	0. 2594%	18/22	1. 0376%	18/23	2. 8534%
	18/24	2. 3346%	18/25	0. 6485%	19	4. 1505%	19/20	4. 1505%	19/21	1. 2970%
	19/22	1. 6861%	19/23	6. 0960%	19/24	3. 6316%	19/25	1. 9455%	20	2. 3346%
	20/21	0. 6485%	20/22	1. 0376%	20/23	3. 1128%	20/24	2. 3346%	20/25	1. 5564%
	20/26	0. 3891%	21	0. 5188%	21/22	0. 3891%	21/23	1. 9455%	21/24	0. 9079%
	21/25	0. 6485%	22	1. 1673%	22/23	1. 6861%	22/24	1. 2970%	22/25	0. 5188%
	22/26	0. 1297%	23	3. 2425%	23/24	4. 2802%	23/25	2. 2049%	23/26	0. 2594%
	24	2. 2049%	24/25	1. 8158%	24/26	0. 2594%	25	0. 2594%	25/26	0. 1297%
D19S433	9/13	0. 2466%	9/14	0. 6165%	9/14. 2	0. 3699%	9/15. 2	0. 6165%	9/16	0. 2466%
	11. 2/14	0. 4932%	11/14. 2	0. 1233%	12	0. 3699%	12. 2/14	0. 3699%	12. 2/14. 2	0. 1233%
	12. 2/15	0. 2466%	12. 2/15. 2	0. 2466%	12/13	3. 0826%	12/13. 2	0. 2466%	12/14	2. 9593%
	12/14. 2	0. 8631%	12/15	0. 6165%	12/15. 2	1. 4797%	12/16	0. 2466%	12/16. 2	0. 2466%

续表

位点	基因型	频率	基因型	频率	基因型	频率	基因型	频率	基因型	频率
D19S433	13	5.6720%	13.2	0.2466%	13.2/14	2.5894%	13.2/14.2	0.4932%	13.2/15	0.4932%
	13.2/15.2	1.1097%	13.2/16	0.1233%	13.2/16.2	0.2466%	13/13.2	3.3292%	13/14	14.7965%
	13/14.2	5.1788%	13/15	4.0691%	13/15.2	6.4118%	13/16	0.9864%	13/16.2	0.9864%
	13/17.2	0.2466%	13/18.2	0.2466%	14	6.0419%	14.2	0.9864%	14.2/15	1.2330%
	14.2/15.2	2.3428%	14.2/16.2	0.9864%	14/14.2	3.8224%	14/15	4.0691%	14/15.2	8.3847%
	14/16	1.1097%	14/16.2	1.2330%	15	1.7263%	15.2	2.3428%	15.2/16.2	0.6165%
	15.2/17	0.1233%	15/15.2	2.5894%	15/16	0.2466%	15/16.2	0.3699%	15/17.2	0.2466%
	16	0.2466%	16.2	0.1233%	16/16.2	0.1233%				

表5-4　15个STR位点的法医遗传学参数

位点	等位基因数目	基因型数目	多态性信息含量	匹配概率	个体识别能力	父权排除概率
CSF1PO	9	25	66.53%	33.47%	66.53%	49.56%
FGA	20	99	84.97%	15.02%	84.97%	75.73%
TH01	9	25	74.88%	25.12%	74.88%	57.23%
TPOX	7	17	56.70%	8.39%	56.70%	36.15%
vWA	10	30	81.18%	18.82%	81.18%	63.42%
D3S1358	9	25	74.35%	25.65%	74.35%	53.31%
D5S818	9	26	73.95%	26.05%	73.95%	59.44%
D7S820	8	30	75.03%	24.97%	75.03%	60.00%
D8S1179	11	41	81.67%	18.33%	81.67%	70.60%
D13S317	9	31	78.45%	21.55%	78.45%	63.01%
D16S539	9	25	74.97%	25.03%	74.97%	58.79%

续表

位点	等位基因数目	基因型数目	多态性信息含量	匹配概率	个体识别能力	父权排除概率
D18S51	20	82	80.88%	19.12%	80.88%	72.37%
D21S11	15	59	80.62%	19.38%	80.62%	69.04%
D2S1338	11	60	81.06%	18.94%	81.06%	75.49%
D19S433	16	58	82.24%	17.76%	82.24%	67.33%

表 5－5　印度洋海啸遇难者与 STR 等位基因数比较

位点	检测到的等位基因数目	参考等位基因数目	比值
CSF1PO	9	12	75.0%
FGA	20	67	29.9%
TH01	9	20	45.0%
TPOX	7	10	70.0%
vWA	10	26	38.5%
D3S1358	9	20	45.0%
D5S818	9	10	90.0%
D7S820	8	22	36.4%
D8S1179	11	13	84.6%
D13S317	9	14	64.3%
D16S539	9	10	90.0%
D18S51	20	42	47.6%
D21S11	15	72	20.8%

5.4　分析说明

5.4.1　牙齿标本中的核 DNA 被降解，但其 mtDNA 可用

起初，由于牙齿样本数量不一（腐烂的尸体往往有不同程度的牙齿缺失），我们很难从牙齿样本中提取足够的 DNA 作为核标记。尽管有各种各样的控制变量、精心设计的实验计划和 DNA 富集程序，但从整个牙齿中纯化的 DNA 数量或从多个提取程序中富集的 DNA 数量不足以对所有核位点均产生令人满意的结果，甚至一些样本中没有显示出

任何残留 DNA 的迹象。即便一些标本的确给出了阳性结果，但质量往往很差而无法采用。在采集标本的地点工作过后，我们注意到储存在当地停尸房的受害者尸体并没有低温保存，大多数尸体在提取样本前已在严重污染的海水中冲洗数日。据大量研究人员报道，当暴露在高温下时，DNA 降解得相当快[3]，盐和细菌污染也是 DNA 制备和扩增的抑制因素[4-5]。此外，可回收 DNA 的数量也很关键，因为低 DNA 浓度经常导致假阳性结果。最后，收集牙齿的程序虽然由法医专业人员完成，但其与人类学家的程序不同，在人类学家的程序中，牙齿通常与头骨一起收集。当牙齿被拔掉后，龋齿就暴露在空气中，微生物也容易进入造成污染。结果，我们在回收足量 DNA 的过程中遇到了巨大的困难（通常低于 3pg 的总提取池），以至于无法继续开展后续实验以获得这些 DNA 样本的完整信息。

由于这些样本非常珍贵，对于遇难者家属识别在悲剧中失去的亲人非常重要，我们尝试提取 mtDNA，以备不时之需。我们选择了线粒体序列的非编码区，即长度约为 1100bp 的置换环（D－loop，有时称为对照区）中的基因型位点。mtDNA 的法医学价值依赖于个体间 D－loop 序列的可变性，而线粒体的母系遗传特性使其适合于匹配母系遗传的血亲。除了通常用于法医 DNA 鉴定的皮肤、血液、精液、唾液和尸体残骸等样本以外，我们还从牙齿中提取了 mtDNA[6-7]。由于海啸受害者的牙齿样本严重损坏，无法获得令人满意的核 STR 谱，我们决定对牙齿样本中提取出的 mtDNA 进行测序，以尽可能多地获得信息。来自多个高变量区域的完整序列通常使调查人员能够识别战争伤亡人员的遗骸和大规模灾难或刑事案件中的个体[8]。我们成功恢复了 51% 的 mtDNA 信息，以帮助在灾难中失去家人的亲属进行 DNA 信息比对。

5.4.2　遗骸标本的核 DNA 遗传标记保存较好，但需要标本浓缩

在从遗骸标本中提取 DNA 时可能会发生类似的情况，我们设计了一系列实验，为海啸遇难者制订出一套标准方案。我们首先考查了一些公司的商业试剂盒，这些公司的 DNA 纯化试剂盒被广泛用于法医鉴定。Promega 公司的 IQTM 系统和 Qiagen 公司的 QIAamp Micro 试剂盒就是 DNA 提取的两个例子，它们成功地应用于血渍、口腔拭子、毛囊、精子、牙齿和骨骼样本的 DNA 提取。我们还并行测试了几种经典方法。其中，从钙化组织中制备 DNA 的经典有机方法[4]，加上 Microconm YM-100 浓缩器（超滤装置）的样品浓缩步骤，得到了非常满意的结果。在这些复杂的原因中，决定性的因素是这种方法

所得到的 DNA 制剂的相对纯度和产量都比较高。在使用同等数量的原始骨样本时,该程序的产量通常比商业试剂盒高十倍。根据我们的经验,另一个重要的原因是,骨骼标本不受大小的限制,可以很容易磨成细粉用于 DNA 提取,产生更高浓度的 DNA,降解程度最低。相对纯净和高浓度的 DNA 样品为核 STR 分型提供了一致的结果。

5.4.3 根据 STR 资料,印度洋海啸遇难者是不同种族的群体

印度洋海啸遇难者是外国游客和当地居民的混合体,不仅包括泰国居民,还有其他亚洲人、欧洲人、美国人等。正如我们预期的那样,与任何基于参考人群的数据相比,结果显示受害者的类型化位点具有程度高的多样性。比较美国高加索人、美国非洲裔、西班牙人、查莫罗人或菲律宾人的观察杂合度(H_o)和期望杂合度(H_e),我们发现海啸灾民的 H_o 和 H_e 普遍低于美国高加索人和美国非洲裔(表 5 –6、表 5 –7)。

表 5 –6　印度洋海啸遇难者与其他参考人群 15 个 STR 位点等位基因频率的比较

位点	等位基因	印度洋海啸遇难者(N=834)等位基因频率	美国高加索人(N=302)等位基因频率	美国非洲裔(N=258)等位基因频率
CSF1PO	7	0.003	—	0.053
	8	0.004	0.005	0.060
	9	0.026	0.012	0.037
	9.3	—	—	0.257
	10	0.253	0.217	—
	11	0.304	0.301	0.249
	12	0.348	0.361	0.298
	13	0.055	0.096	0.037
	14	0.007	0.008	0.010
	15	0.001	—	—
	H_o	0.665	0.725	0.759
	H_e	0.667	0.724	0.776
FGA	16	0.003	—	—
	16.2	—	—	0.022
	17	0.003	—	—
	18	0.015	0.026	0.002
	18.2	—	—	0.012

续表

位点	等位基因	印度洋海啸遇难者（N =834）等位基因频率	美国高加索人（N = 302）等位基因频率	美国非洲裔（N = 258）等位基因频率
FGA	19	0. 067	0. 053	0. 062
	19. 2	—	—	0. 004
	20	0. 063	0. 127	0. 056
	20. 2	0. 003	—	—
	21	0. 149	0. 185	0. 116
	21. 2	0. 018	0. 005	—
	22	0. 205	0. 219	0. 196
	22. 2	0. 012	0. 012	0. 004
	22. 3	—	—	0. 002
	23	0. 165	0. 134	0. 171
	23. 2	0. 010	0. 003	0. 002
	24	0. 125	0. 136	0. 122
	24. 2	0. 009	0. 002	—
	25	0. 092	0. 071	0. 124
	25. 2	0. 006	—	—
	26	0. 037	0. 023	0. 081
	26. 2	0. 002	—	—
	27	0. 011	0. 003	0. 023
	28	0. 004	—	0. 012
	29	—	—	0. 004
	30	—	—	0. 002
	30. 2	—	—	0. 002
	31. 2	—	—	0. 002
	H_o	0. 850	0. 887	0. 884
	H_e	0. 861	0. 857	0. 876
TH01	4	0. 001	—	—
	5	—	0. 002	0. 004
	6	0. 120	0. 232	0. 124
	7	0. 258	0. 190	0. 421
	8	0. 085	0. 184	0. 194
	8. 3	0. 001	—	—

续表

位点	等位基因	印度洋海啸遇难者（N=834）等位基因频率	美国高加索人（N=302）等位基因频率	美国非洲裔（N=258）等位基因频率
TH01	9	0.370	0.114	0.151
	9.3	0.103	0.368	0.105
	10	0.061	0.008	0.006
	11	0.001	0.002	—
	H_o	0.749	0.719	0.760
	H_e	0.727	0.756	0.738
TPOX	5	—	0.002	—
	6	0.002	0.002	0.101
	7	—	—	0.017
	8	0.564	0.535	0.372
	9	0.106	0.119	0.178
	10	0.031	0.056	0.089
	11	0.279	0.243	0.219
	12	0.016	0.041	0.021
	13	0.001	0.002	0.002
	H_o	0.567	0.656	0.764
	H_e	0.532	0.637	0.764
vWA	12	—	—	0.002
	13	0.001	0.002	0.008
	14	0.215	0.094	0.078
	15	0.044	0.111	0.186
	16	0.151	0.200	0.248
	17	0.274	0.281	0.242
	18	0.198	0.200	0.155
	19	0.095	0.104	0.062
	20	0.020	0.005	0.016
	21	0.001	0.002	0.004
	22	0.001	—	—
	H_o	0.812	0.841	0.802
	H_e	0.777	0.810	0.813

续表

位点	等位基因	印度洋海啸遇难者（N=834）等位基因频率	美国高加索人（N=302）等位基因频率	美国非洲裔（N=258）等位基因频率
D3S1358	11	—	0.002	—
	12	0.002	—	—
	13	0.003	—	0.002
	14	0.059	0.103	0.089
	15	0.288	0.262	0.302
	15.2	—	—	0.002
	16	0.335	0.253	0.335
	17	0.232	0.215	0.205
	18	0.073	0.152	0.060
	19	0.006	0.012	0.004
	20	0.001	0.002	—
	H_o	0.744	0.765	0.764
	H_e	0.698	0.789	0.744
D5S818	7	0.016	0.002	—
	8	0.001	0.003	0.048
	9	0.056	0.050	0.039
	10	0.226	0.051	0.070
	11	0.267	0.361	0.233
	12	0.245	0.384	0.353
	13	0.177	0.141	0.238
	14	0.012	0.007	0.016
	15	0.001	0.002	0.004
	H_o	0.740	0.709	0.733
	H_e	0.740	0.698	0.757
D7S820	6	—	—	0.002
	7	0.014	0.018	0.016
	8	0.196	0.151	0.236
	8.1	—	0.002	—
	9	0.084	0.177	0.109
	9.3	—	—	0.002
	10	0.159	0.243	0.331

续表

位点	等位基因	印度洋海啸遇难者(N=834)等位基因频率	美国高加索人(N=302)等位基因频率	美国非洲裔(N=258)等位基因频率
D7S820	11	0. 342	0. 207	0. 203
	12	0. 173	0. 166	0. 087
	13	0. 029	0. 035	0. 014
	14	0. 003	0. 002	—
	H_o	0. 750	0. 818	0. 764
	H_e	0. 750	0. 816	0. 775
D8S1179	8	0. 004	0. 012	0. 002
	9	0. 002	0. 003	0. 006
	10	0. 137	0. 101	0. 029
	11	0. 081	0. 083	0. 045
	12	0. 119	0. 185	0. 141
	13	0. 186	0. 305	0. 217
	14	0. 186	0. 166	0. 300
	15	0. 196	0. 114	0. 184
	16	0. 075	0. 031	0. 070
	17	0. 013	—	0. 004
	18	0. 002	—	0. 002
	H_o	0. 817	0. 778	0. 764
	H_e	0. 829	0. 816	0. 803
D13S317	6	0. 001	—	—
	7	0. 002	—	—
	8	0. 287	0. 113	0. 033
	9	0. 125	0. 075	0. 033
	10	0. 099	0. 051	0. 023
	11	0. 231	0. 339	0. 306
	12	0. 183	0. 248	0. 424
	13	0. 057	0. 124	0. 145
	14	0. 016	0. 048	0. 035
	15	—	0. 002	—
	H_o	0. 785	0. 745	0. 690
	H_e	0. 774	0. 786	0. 702

续表

位点	等位基因	印度洋海啸遇难者（N=834）等位基因频率	美国高加索人（N=302）等位基因频率	美国非洲裔（N=258）等位基因频率
D16S539	8	0. 010	0. 018	0. 039
	9	0. 188	0. 113	0. 196
	10	0. 103	0. 056	0. 116
	11	0. 319	0. 321	0. 318
	12	0. 252	0. 326	0. 196
	13	0. 111	0. 146	0. 118
	14	0. 016	0. 020	0. 017
	15	0. 001	—	—
	16	0. 001	—	—
	H_o	0. 750	0. 735	0. 783
	H_e	0. 742	0. 754	0. 795
D18S51	7	0. 001	—	—
	9	0. 003	—	0. 004
	10	0. 005	0. 008	0. 006
	11	0. 012	0. 017	0. 002
	12	0. 060	0. 127	0. 078
	13	0. 143	0. 132	0. 053
	13. 2	0. 003	—	0. 006
	14	0. 185	0. 137	0. 072
	14. 2	0. 005	0. 002	—
	15	0. 230	0. 159	0. 161
	15. 2	—	—	0. 002
	16	0. 156	0. 139	0. 158
	17	0. 080	0. 126	0. 152
	18	0. 045	0. 076	0. 123
	19	0. 029	0. 038	0. 099
	20	0. 009	0. 022	0. 064
	21	0. 017	0. 008	0. 010
	21. 2	—	—	0. 002
	22	0. 013	0. 008	0. 006
	23	0. 004	—	0. 002

续表

位点	等位基因	印度洋海啸遇难者（N=834）等位基因频率	美国高加索人（N=302）等位基因频率	美国非洲裔（N=258）等位基因频率
D18S51	24	0. 003	—	0. 002
	25	0. 001	—	—
	H_o	0. 809	0. 881	0. 860
	H_e	0. 839	0. 880	0. 885
D21S11	25. 2	—	0. 002	—
	26	—	—	0. 002
	27	0. 005	0. 026	0. 078
	28	0. 081	0. 159	0. 258
	28. 2	0. 002	—	—
	29	0. 247	0. 195	0. 198
	29. 2	0. 003	0. 003	—
	30	0. 249	0. 278	0. 174
	30. 2	0. 032	0. 028	0. 010
	31	0. 068	0. 083	0. 081
	31. 2	0. 080	0. 099	0. 047
	32	0. 024	0. 007	0. 008
	32. 2	0. 142	0. 084	0. 058
	33	0. 002	0. 002	0. 006
	33. 1	—	—	0. 002
	33. 2	0. 058	0. 026	0. 035
	34	—	—	0. 006
	34. 2	0. 007	0. 005	—
	35	—	0. 002	0. 023
	35. 2	0. 001	—	—
	36	—	—	0. 010
	37	—	—	0. 002
	38	—	—	0. 002
	39	—	—	0. 002
	H_o	0. 806	0. 841	0. 830
	H_e	0. 815	0. 835	0. 845

续表

位点	等位基因	印度洋海啸遇难者(N=834)等位基因频率	美国高加索人(N=302)等位基因频率	美国非洲裔(N=258)等位基因频率
D2S1338	15	—	0.002	—
	16	0.015	0.033	0.058
	17	0.129	0.182	0.099
	18	0.101	0.079	0.039
	19	0.187	0.114	0.148
	20	0.113	0.146	0.103
	21	0.040	0.041	0.144
	22	0.058	0.038	0.130
	23	0.167	0.118	0.111
	24	0.125	0.123	0.080
	25	0.059	0.093	0.072
	26	0.008	0.030	0.012
	27	—	0.002	0.004
	H_o	0.811	0.871	0.903
	H_e	0.860	0.885	0.893
D19S433	9	0.010	—	—
	10	—	0.002	0.010
	11	0.001	0.005	0.062
	11.2	0.002	—	—
	12	0.052	0.081	0.114
	12.2	0.005	0.002	0.035
	13	0.255	0.253	0.246
	13.2	0.046	0.007	0.052
	14	0.263	0.369	0.223
	14.2	0.088	0.018	0.079
	15	0.088	0.152	0.078
	15.2	0.143	0.035	0.060
	16	0.018	0.050	0.004
	16.2	0.025	0.015	0.027
	17	0.001	0.008	—
	17.2	0.002	0.002	0.006

续表

位点	等位基因	印度洋海啸遇难者（N＝834）等位基因频率	美国高加索人（N＝302）等位基因频率	美国非洲裔（N＝258）等位基因频率
D19S433	18.2	0.001	0.002	0.004
	H_o	0.822	0.755	0.876
	H_e	0.803	0.767	0.854

表5－7　印度洋海啸遇难者与其他5个参考人群的2个STR位点等位基因频率比较

位点	等位基因	印度洋海啸遇难者（N＝834）等位基因频率	美国非洲裔（N＝167）等位基因频率	美国高加索人（N＝152）等位基因频率	西班牙人（N＝142）等位基因频率	查莫罗人（N＝72）等位基因频率	菲律宾人（N＝71）等位基因频率
D2S1338	16	0.0149	0.0449	0.0296	0.0176	0.0278	0.0282
	17	0.1291	0.1018	0.1941	0.2218	0.1042	0.0775
	18	0.1005	0.0659	0.0526	0.0423	0.0833	0.0563
	19	0.1868	0.1377	0.1447	0.2601	0.1875	0.2183
	20	0.1128	0.0630	0.1546	0.1409	0.1111	0.0775
	21	0.0396	0.1527	0.1974	0.0106	0.0139	0.0423
	22	0.0584	0.1377	0.0296	0.0704	0.0972	0.0634
	23	0.1667	0.9880	0.1349	0.1232	0.1736	0.1338
	24	0.1245	0.0928	0.1217	0.0669	0.1319	0.2606
	25	0.0590	0.0838	0.0954	0.0387	0.0556	0.0352
	26	0.0078	0.0210	0.0230	0.0070	0.0069	0.0070
	27	—	—	—	—	0.0069	—
D19S433	9	0.0105	—	—	0.0035	—	—
	10	—	0.0150	—	—	—	—
	11	0.0006	0.0689	—	0.0035	—	—
	11.2	0.0025	—	—	—	—	—
	12	0.0524	0.1138	0.1086	0.0563	0.0347	0.0282
	12.2	0.0049	0.0808	0.0066	0.0211	0.0139	—
	13	0.2546	0.2964	0.2828	0.1620	0.3542	0.2887
	13.2	0.0456	0.0509	0.0263	0.1092	0.0417	0.0423
	14	0.2626	0.1976	0.3355	0.3204	0.2292	0.1549

续表

位点	等位基因	印度洋海啸遇难者(N=834)等位基因频率	美国非洲裔(N=167)等位基因频率	美国高加索人(N=152)等位基因频率	西班牙人(N=142)等位基因频率	查莫罗人(N=72)等位基因频率	菲律宾人(N=71)等位基因频率
D19S433	14.2	0.0875	0.0539	0.0033	0.0458	0.0972	0.0493
	15	0.0881	0.0389	0.1349	0.1197	0.0903	0.1056
	15.2	0.1430	0.0389	0.0263	0.0810	0.0972	0.2465
	16	0.0179	0.0210	0.0428	0.0423	—	0.0141
	16.2	0.0253	0.0180	0.0263	0.0352	0.0139	0.0634
	17	0.0006	—	—	—	—	—
	17.2	0.0024	0.0030	0.0033	—	0.0278	0.0070
	18.2	0.0012	0.0030	0.0033	—	—	—

我们将所有数据移交给泰国海啸受害者识别中心(TTVI)后,该项目就已经完成,因为我们只负责死后DNA分析和受害者识别过程。后来我们了解到,已有200多名海啸受害者的家属找到了亲人的尸体,他们的身份的确是通过DNA方法确定的,其中包括泰国国民和来自几个国家的外国游客。

5.5 本章小结

2004年的东南亚海啸在泰国南部造成近5400人死亡,其中包括外国游客和当地居民。为了尽可能多地从严重腐烂的尸体中提取DNA证据,我们探索了从骨头和牙齿样本中提取线粒体标记和核标记的方法。尽管未能恢复足够多的DNA用于核标记分型,但我们成功地从258个牙齿样本中获得了完整的线粒体标记(HV1和HV2)结果,成功率为51%(258/507)。采用有机DNA提取与超滤相结合的方法,获得了834份样本的16个STR(包括13个CODIS基因座、1个性别区分基因座和2个扩展基因座)图谱,成功率为79%(834/ 1062)。此外,通过比较类型化样本与其他指标群体之间的等位基因频率,我们得出结论:泰国海啸受害者是几个群体的组合。我们的结果为未来的法医实践提供了有价值的证据和方法。最后,我们将所有数据移交给泰国海啸受害者识别中心。后来了解到,已有 200 多名海啸受害者的家属找到了亲人的尸体,他们的身份确实是通过 DNA 方法确定的,其中包括泰国居民和来自几个国家的外国游客。

(李　晶　邓亚军　李生斌)

参考文献

[1] BULTER J M. Forensic DNA typing: biology, technology, and genetics of STR markers [M]. 2nd ed. Amsterdam: Elsevier Academic Press, 2005.

[2] IWASE M, SATTA Y, HIRAI Y, et al. The amelogenin loci span an ancient pseudoautosomal boundary in diverse mammalian species[J]. Proc Natl Acad Sci, 2003, 100(9):5258 – 5263.

[3] IWAMURA, EDNA S M, et al. Human identification and analysis of DNA in bones[J]. Rev Hosp Clin Fac Med Sao Paulo, 2004, 59(6): 383 – 388.

[4] ALONSO A, ANDELINOVIĆ S, MARTÍN P, et al. DNA typing from skeletal remains: evaluation of multiplex and megaplex STR systems on DNA isolated from bone and teeth samples[J]. Croat Med J, 2001, 42(3):260 – 266.

[5] BURGI S B. First European-American intensive course in PCR based clinical and forensic testing[M]. Croatia: Laboratory manual, 1997.

[6] PRIMORAC D, ANDELINOVIC S, DEFINIS-GOJANOVIC M, et al. Identification of war victims from mass graves in Croatia, Bosnia, and Herzegovina by use of standard forensic methods and DNA typing[J]. J Forensic Sci, 1996, 41(5):891 – 894.

[7] BUTLER J M, DECKER A E, VALLONE P M, et al. Allele frequencies for 15 autosomal

STR loci on U. S. Caucasian, African American, and Hispanic populations[J]. Forensic Sci, 2003, 48(4):908 -911.

[8] BUDOWLE B, PATRICK J, PERO D, et al. Population data on the STR loci D2S1338 and D19S433[J]. Forensic Sci. Commu., 2001, 3(3):1 -4.

第6章
SNP在识别和纠正误判亲子鉴定案件中的应用评价

6.1 概述

亲子鉴定在寻找失踪人员[1]、识别灾难受害者[2]、解决继承纠纷[3]和移民个案工作中发挥着关键作用[4]。目前,通过毛细管电泳(CE)分析STR标记,因其鉴别能力强,常用于亲子鉴定[5]。

然而,基于CE-STR方法也有结论不明确的情况,主要表现为使用不同的STR试剂盒得出相反的结论,或存在个别不匹配基因座导致累积父权指数(CPI)值不足以判定亲权。不明确的STR结论在二联体中或被检父母与生父母是近亲的情况下尤其常见,因为很难区分遗传突变和真正的不匹配[6]。通过使用更多的STR基因座可以增加置信度,从而缓解这种情况。然而,由于目前的CE方法最多有6个染料通道,可检测位点数仍受到限制,且STR每代突变率高达10^{-4}~10^{-3},因此在增加STR位点时,可能会在真正的亲子对中观察到更多的不匹配位点。

与近亲间的模糊STR结果相比,不相关个体间的随机但完美假匹配(RPFM)也可能导致安全误判，即一个不相关的人偶然在所有 STR 位点上与孩子共享至少一个等位基因，因此可能被误判为亲生父母。RPFM 可能发生在大量人员搜索时，例如，在大型数据库中寻找被拐卖儿童的父母[1]。

单核苷酸多态性（SNP）是 STR 的补充标记，其遗传稳定性是 STR 的 10^4~10^5倍，在人类基因组中的丰度也高于 STR。据报道，次等位基因频率（MAF）大于 0.3 的 50~60 个 SNP 的区辨力相当于 15 个 STR[7]。因此，SNPforID 52-plex SNP 集通常用于解决基于 STR 的争议亲权关系问题。然而，基于 STR 的争议亲权关系可能源于突变事件无效等位基因的存在，也可能源于近亲属甚至非亲属之间的错误匹配。当我们面对一个存在争议的结论时，如何从零开始确定原因然后有效地修正结论仍然是不清楚的。

在本章中，我们首先估计了涉及近亲的案例中争议亲权的概率及非亲属间随机假匹配的概率，随后我们评估了自研的 4830 个个体识别 SNP（IISNP）在上述情况下的性能。最后，我们报告了 3 例真实的 STR 结论不明的案例，并通过 IISNP 进行解剖校正。

6.2　方法

6.2.1　样品收集

在获得本单位伦理委员会的批准后，我们收集了 3 批样本：①来自 8 个家系的 55 个样本进行近亲属匹配实验；②33 对随机假匹配的 64 个样本；③ 3 个 STR 结论不明确的 6 个样本。每名参与者均签署知情同意书，然后在抗菌核酸采集卡上采集血样。

6.2.2　STR 基因分型

根据制造商的说明书，使用 TIANamp Micro DNA 试剂盒提取血液基因组 DNA。提取的 DNA 用 Qubit®dsDNA HS 检测试剂盒在 Qubit®荧光计 3.0 上定量分析。

对于近亲属样本，使用热循环器（GeneAmp 聚合酶链式反应 9700）上的人类 DNA 分型－炎黄试剂盒扩增 1ng 基因组 DNA，然后在 ABI 3500 基因分析仪上对 PCR 产物进行 STR 基因分型，使用 GeneMapper ID-X 软件进行分析。人 DNA 炎黄分型试剂盒包含24 个常染色体 STR 基因座（D22S1045、SE33、D2S441、D6S0143、D1S1656、D10S1248、CSF1PO、D12S391、D13S317、D16S539、D18S51、D19S433、D21S11、D2S1338、D3S1358、D5S818、

D7S820、D8S1179、FGA、Penta D、Penta E、TH01、TPOX、vWA)。

在随机匹配研究中,经批准后我们收集了 DNA 中心已有的 STR 数据。SNPtyper - 21G 试剂盒包含 20 个常染色体 STR 基因座(D6S1043, D1S1656, CSF1PO, D12S391, D13S317, D16S539, D18S51, D19S433, D21S11, D2S1338, D3S1358, D5S818, D7S820, D8S1179, FGA, Penta D, Penta E, TH01, TPOX, vWA)。本研究中所有的 STR 试剂盒均为常用的商业化产品,可用于或联合用于亲子鉴定。

6.2.3 估算概率

根据已有研究结果,一个基因座 r 有 n 个等位基因 $A_1, A_2, \cdots, A_n$,对应等位基因频率 $p_1, p_2, \cdots, p_n$。在亲子鉴定中用基因座 r 排除一个随机个体的概率用 $Q_r(\theta)$ 表示,其中 θ 为共祖系数。$\theta=0$ 表示总体处于哈迪·温伯格平衡(HWE)。

$$Q_r(\theta) = \frac{(1-\theta)}{(1+\theta)(1+2\theta)}\left\{\sum_{i=1}^{n} p_i[\theta+(1-\theta)p_i](1-p_i)\right.$$
$$[\theta+(1-\theta)(1-p_i)] + \sum_{i=1}^{n-1}\sum_{j=i+1}^{n} 2p_ip_j(1-\theta)$$
$$\left.(1-p_i-p_j)[\theta+(1-\theta)(1-p_i-p_j)]\right\} \tag{6-1}$$

假设联用 R 个非连锁常染色体基因座,两个不相关的个体在所有基因座上偶然共享至少一个等位基因的概率可记为 $\mathrm{RPFM}_R(\theta)$。

$$\mathrm{RPFM}_R(\theta) = \prod_{r=1}^{R}[1-Q_r(\theta)] \tag{6-2}$$

对于 STR 的高突变率,如果允许单个位点不一致,则两个不相关个体之间的匹配概率可记为 $\mathrm{RPFM}'_R(\theta)$。

$$\mathrm{RPFM}'_R(\theta) = \prod_{r=1}^{R}[1-Q_r(\theta)] + \sum_{s=1}^{R} Q_s(\theta)\prod_{\substack{r=1 \\ r\neq s}}^{R}[1-Q_r(\theta)] \tag{6-3}$$

6.2.4 亲权指数

基于本地等位基因频率,父权指数(PI)为两个假设(H0:被检人为孩子的生父;H1:被检人与孩子无亲缘关系)的似然比。CPI 是 R 个非连锁位点上 PI 的乘积。根据我国亲子鉴定技术规范,当 CPI 大于 10^4 时支持亲子关系,当 CPI 小于 10^{-4} 时并且在 3 个或更多个 STR 位点上不匹配则排除亲子关系。

6.2.5 SNP 基因分型

基于实验室之前开发的 CHP5457 SNP 集样本组,我们构建了由 4830 个常染色体 IISNP 组成的优化版本 CHP4830 并用于本研究。该集合中所有 SNP 均满足以下要求。

(1)与蛋白编码基因区距离大于 100kb;

(2)在我国汉族人群中符合 HWE ($P>0.05$);

(3)位于同一染色体上的任意两个 SNP 均处于连锁平衡状态($r^2<0.05$)。

在我国汉族人群中,CHP4830 中 98% 的 SNP 的 MAF 值大于 0.30。

根据以下方法,使用 CHP4830 验证所有结论不明确的案例。首先,使用 TIANamp Micro DNA 试剂盒提取基因组 DNA。100ng 的 DNA 被内切酶裂解至 200 ~ 500bp。对 DNA 进行末端修复,加 palyA 尾、加接头以制备 DNA 文库,然后用探针捕获目标 SNP 区域,并在 BGISEQ-500 平台上以 PE100 策略进行测序。

如果满足以下条件之一,则过滤掉原始测序 reads:

(1)N 含量超过 1%;

(2)与接头序列重叠 >10bp;

(3) Q_{20}碱基的比例小于 90%;

(4)扩增产生重复。

使用 BWA-aln 算法(v 0.7.12)将获得的测序 reads 与人类基因组 hg19 进行比对。最后,利用基因组分析工具 Unified Genotyper 对覆盖 30 次以上的位点进行 SNP 检测。

6.3 数据解释

6.3.1 近亲之间的错误匹配

为了调查亲属中不明确或错误匹配的发生率,共招募了 75 个"孩子 – 其父母的一组近亲属"对(一组亲属指父母、后代和全同胞)之一。所有样本采用 HumDNA-YanHuang 进行基因分型。对于每一对样本,计算孟德尔不匹配位点的 CPI。结果显示,29 对祖孙对中有 2 对表现出 1 个位点不匹配;20 对叔侄中有 1 对表现出 2 个位点不匹配;26 对全同胞对中,1 对基因座全部匹配,3 对只有 1 个位点不匹配,7 对有 2 个位点不匹配,

18.67%的近亲属对之间仅存在2个或更少的不匹配位点，极易造成误判结论（表6-1）。

表6-1　利用STR分析配对近亲的孟德尔不相容度

亲属	总对数	STR基因座不匹配对数			
		0位点	1位点	2位点	3位点
全同胞	26	1	3	7	6
祖父母	29	0	2	0	2
叔叔/姑姑	20	0	0	1	0
亲本后代	43	39	4	0	0

为了评估SNP在涉及近亲的案件中的性能，我们用CHP4830对样本进行了基因分型。计算位点不匹配率，即错配位点数量占检测SNP总数的比例，发现全同胞的不匹配率为1.78%～3.84%，显著低于祖孙关系的4.07%～6.95%和叔侄关系的5.36%～6.84%，无关个体的不匹配率为10.93%～13.49%（图6-1）。

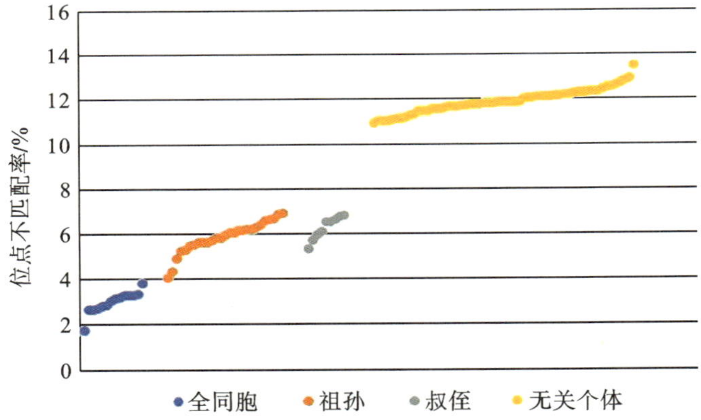

图6-1　基于SNP数据的位点不匹配率

不匹配率指基因不匹配SNP在总检测位点中的比例。检测的亲属类型包括全同胞（$n=14$）、祖孙（$n=27$）、叔侄（$n=9$），以及无关个体（$n=60$）。

为了更好地理解全同胞间位点不匹配率较低，我们计算了全同胞对中不共享一个等位基因的理论概率。如果父亲或母亲或双方在一个位点是纯合的，全同胞肯定共享等位基因。如表6-2所示，假设HWE下，以双等位基因SNP位点为例，双亲杂合的可能性为$4a^2b^2$。当父母双方都为杂合SNP时，一个全同胞对在这个位点上不共享等位基因的概率是1/8。因此，对于被检SNP，在全同胞对中不共享等位基因的可能性是$1/2a^2b^2(4a^2b^2\times$

1/8)。由于所有被检 SNP 是不连锁的，所以全同胞对的位点不匹配率理论值也是 $1/2a^2b^2$。由于 CHP4830 中几乎所有 SNP 的验证 MAF 范围在 0.3 ~ 0.5，理论上全同胞对之间的位点不匹配率在 2.21% ~ 3.13%。

表 6-2 利用双等位基因 SNP 分析全同胞对中不共享等位基因的理论可能性

等位基因频率		F (AB)&& M(AB)	C1(AA) && C2(BB)	C1(BB) && C2(AA)	全同胞对不共享等位基因的可能性
a	b (MAF)	$4a^2b^2$	$1/16\times4a^2b^2$	$1/16\times4a^2b^2$	$1/2a^2b^2$
0.5	0.5	—	—	—	3.13%
0.6	0.4	—	—	—	2.88%
0.7	0.3	—	—	—	2.21%

注：a 和 b 分别代表等位基因 A 和 B 的频率。

6.3.2 非亲属之间的随机匹配

为了评估在无关个体中随机匹配的概率，经审批后我们从 3955 个个体中收集了 STRtyper-21G 的 20 个常染色体 STR 数据。忽略非 DNA 信息，如年龄、性别和地区，每个人的 STR 数据与所有其他人配对。排除登记亲属后，得到 7818969 份样本对。计算每个样本对间孟德尔不匹配位点数。

最终有 33 对完全匹配，其中两个不相关的个体在所有基因座上完全偶然地共享一个等位基因，RPFM 的观测概率为 4.22×10^{-6}。需要注意的是，有两个样本与无关个体匹配两次。随后，我们用 CHP4830 对随机匹配的样本进行基因分型，计算每对样本的不匹配率。结果表明，不匹配位点占 SNP 总数的比例在 10.04% ~ 13.29%，与图 6-1 中无关个体对的比例 10.93% ~ 13.49% 相当。这表明，这 33 对确实是无关个体之间的随机错误匹配。

使用试剂盒 STRtyper-21G 时，HWE($\theta=0$)下，理论 RPFM 值为 3.64×10^{-6}，亚结构群体($\theta=0.02$)中的理论 RPFM 值为 1.08×10^{-5}，这与我们的观察值 4.22×10^{-6} 一致(表 6-3)。考虑到 STR 的高突变率，如果允许单基因座不一致，则会增加 499 个随机匹配对，RPFM 的观察值将增加到 6.80×10^{-5}(表 6-3)。

表 6－3　在 HWE 和亚结构群体下，STRtyper-21G 试剂盒中 20 个 STR 在无关个体中随机匹配的概率

随机匹配度	理论值		观测值
	$\theta=0$	$\theta=0.02$	
无不匹配	3.64E－06	1.08E－05	4.22E－06
一个不匹配	7.09E－05	1.86E－04	6.80E－05

6.3.3　纠正案例

对于 CPI 不足并伴有单位点不匹配的不明确病例，多数可通过不同的 STR 试剂盒组合正确判断。然而，我们在这里收集了三个真实的案例，在这些案例中，基于 STR 很容易误判父权。通过使用 CHP4830 进行分析，可以为每个案例提供明确的结论（表 6－4）。

表 6－4　三例有争议案例的数据总结

案例	STR				SNP（CHP4830）		
	错配/总基因座	累积父权指数	亲权	试剂盒	错配/总基因座	累积父权指数	亲权
Ⅰ	0/19	1.65E＋05	Y	EX20	297/4350	5.87E－1420	N
	3/17	3.42E－06	N	HumDNA			
Ⅱ	2/20	1.28E－04	A	21G	273/4807	4.43E－1163	N
	0/22	6.62E＋06	Y	23sp			
Ⅲ	2/17	1.52E－03	A	HumDNA	48/4150	2.38E＋309	Y

注：(1) Y 表示支持，N 表示排除，A 表示不确定；

(2) 所有的 48 个错配均位于 13 号染色体上；

(3) 排除 13 号染色体上所有 SNP 后计算 CPI。

在案例Ⅰ中，使用两种不同的商业 STR 试剂盒得出了相反的结论。在试剂盒 1（EX20，AGCU）中，孩子和假设父亲在所有 19 个基因座上共享等位基因，CPI 为 1.65E＋05。然而在试剂盒 2（HumDNA 分型，FGI）中有三个基因座不兼容（D18S1364，D11S2368 和 D13S3253），CPI 为 3.42E－06。利用 CHP4830，在 4350 个 SNP 中发现 297 个基因不一致位点。SNP 的保守突变率为 10^{-6}，CPI 为 5.87E－1420；因此，假设父亲被排除（表 6－4）。

在案例Ⅱ中，试剂盒 1（STRtyper-21G），在 20 个常染色体 STR 中发现了孩子和受检母亲之间的两个基因不一致（PentaE，TPOX），CPI 为 1.28E－04；因此，无法得出明确的结论。试剂盒 2（Microreader 23sp ID System），共 22 个 STR 中，未检出不相容位点，CPI 值 6.62E＋06 大于 10000。对于 SNP 数据，在 4807 个 SNP 中发现了 273 个基因不一致的位点，CPI 为 4.43E－1163，排除亲子关系（表 6－4）。

在案例Ⅲ中，通过 HumDNA 分型试剂盒（FGI）发现 CPI 为 1.52E－03，两个基因座不匹配（D13S317 和 D13S325）。由于子代两个基因座均为纯合子，我们推测不相容位点可能是由等位基因缺失引起的。在 4150 个检测到的 SNP 中，在孩子和受检人之间发现了 48 个基因座不匹配。我们注意到，所有 48 个不匹配的 SNP 都位于染色体 13q 臂上（hg19 上的 chr13q 坐标：17900000 － 115169878），而孩子这些 SNP 上的基因型都是纯合的；因此，我们得出结论，这些错配可能是由孩子染色体的部分缺失造成的。排除 13 号染色体上所有 SNP 后，未发现遗传不匹配位点，CPI 为 2.38E＋309，支持亲子关系（表 6－4）。

6.4　SNP 在案件纠正中的应用评价

在 STR 结论不明确的情况下，最被高度考虑的可能性是假设父母实际上是真正的父母的近亲属，特别是在以移民为目的的亲子鉴定中。将近亲属作为假设父母时，亲子关系模糊或错误的概率高达 18.67%。由于他们更有可能共享一个等位基因，所以全同胞之间的误判的发生率高于祖孙和叔侄。使用 GlobalFilerTM 系统，Ochiai 预测在全同胞的 21 个 STR 中只有 1 个错配的概率为 23.5%。研究者用计算机模拟了 15 个 STR 家族；当将全同胞视为亲本时，错误判定率为 19.0%。这些数据表明，在二联体案件中，目前的 STR 系统不足以区分近亲属和真实父母，需要进行补充调查。

50～60 个 SNP 的检验效能被认为相当于 15 个 STR。因此，许多实验室使用大约 50 个 SNP 作为补充标记来解决不明确的 STR 结果。据报道，兄弟姐妹偶尔会假扮成父母和孩子，以加快移民。根据观察到的和理论的近亲位点不匹配率，对于超出通常采用的约 50 个 SNP 的结果，应谨慎对待。因为当可能的亲属参与亲子鉴定时，错误纳入的可能性很大。

使用 CHP4830 样本组可以有效地促进区分近亲和真正的父母。但考虑到成本和效率,我们进一步通过模拟实验探索了需要多少 SNP 才足以区分近亲和真正的父母。两个全同胞之间共享的等位基因比其他亲属之间共享的等位基因比例更大,使用同胞对的基因分型数据,我们随机抽取 100 个样本,分别为 50、100、150、200、300、400、500、600、800 或 1000 个 SNP,并统计错配位点的数量。当采样多达 200 个 SNP 时,未发现不匹配。当采样 300 ~ 600 个 SNP 时,至少发现 1 ~ 3 个不匹配。继续模拟,当采样到 800 个 SNP 时发现 6 ~ 24 个不匹配,当采样到 1000 个 SNP 时发现 8 ~ 27 个不匹配(图 6 – 2)。当使用 STR 时,在排除亲子关系之前需要 3 个以上的不匹配位点。因此,我们建议,当缺乏遗传背景信息或涉及可能的亲属时,应使用分布在所有常染色体上的 MAF 大于 0.3 的至少 800 ~ 1000 个不连锁 SNP 来解决二联体案件中不明确的亲本问题。

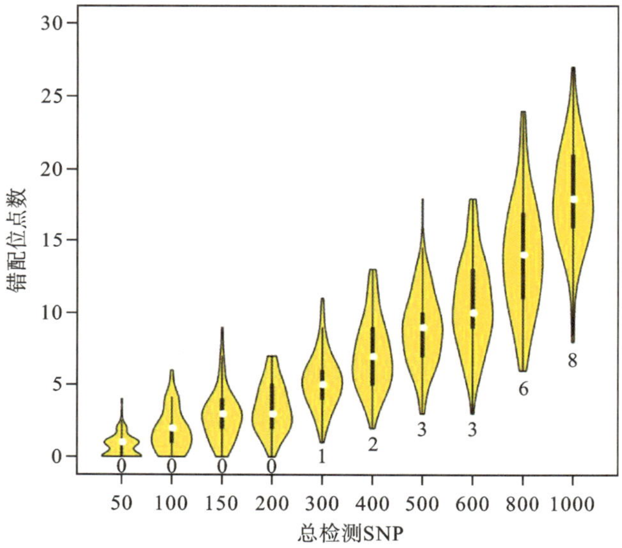

图 6 – 2　模拟不同总检测 SNP 下全同胞对的错配位点数

对于每一小提琴图,我们随机选择相应数量的 SNP,并统计错配位点数 100 次。已标记出每把小提琴最小不匹配位点。

在常规的案件调查中,非亲属间的随机假匹配相对于近亲间的模糊亲子关系较为罕见。因此,以前很少注意到 RPFM 问题。当允许一个基因座不匹配时,我们观察到的 RPFM 比值为 6.80×10^{-5},这与使用 GlobalFilerTM 系统中 21 个 STR 预测的非亲属之间的匹配概率 8.59×10^{-5} 相当。

人口贩卖在当前仍然是一个严重的全球性社会问题,也是一个需要解决的重要问题。根据国际移民组织(IOM)的统计数字,大约三分之一的受害者是儿童(贩卖儿童)。

以反拐卖为例，当在 100 万人的数据库中搜索 100 名回归儿童时，在 10^8 次搜索中会有大约 6800 个随机匹配。为了从成千上万的随机匹配中分辨出真正的匹配，需要调查性别和年龄信息，收集更多家庭成员的信息等。我们可以合理地推断，如果数据库中包含更多的个体，或者存在更复杂的族内婚配关系，那么使用目前的 STR 试剂盒得出结果可能会更困难。对于 RPFM 对，重复以上的模拟实验，当检测到 100 个 SNP 时，可以发现 4 ~ 17 个不匹配位点。为了有效地区分非亲缘随机匹配，建议至少 100 个补充 SNP 与 STR 试剂盒联合。此外，Y 染色体上 STR 或 SNP 的单倍型也可以提高父系鉴定的效力。

在法医案件中，除了偶尔报道的嵌合导致的错误排除亲权关系，在面对不明确的 STR 结论时，使用更多的 STR 基因座来增加置信度是最常用的策略。但本研究中 3 例经 SNP 检测纠正的案例应引起警惕，更多的 STR 可能会给出相反的甚至错误的结论。此外，染色体结构异常也会导致 STR 结论异常。全基因组高密度 SNP 组合可以为传统 STR 提供关键的补充标记，因为 SNP 可以在这些情况下给出更明确的结论。

目前，亲子鉴定通常采用毛细管电泳短串联重复序列基因分型。然而，基于 STR 的存疑甚至错误的亲权判断在二联体案件中时有发生。我们对 7818969 对非亲缘对和 75 对近亲缘对的 STR 数据进行了分析，发现尽管无关个体之间的随机假匹配概率为 4.22×10^{-6}，但子代与亲生父母的一级亲属之间的假亲子关系或模糊亲子关系结果的发生率也高达 18.67%。这些结果强调了亲属甚至无关个体在 STR 的亲子鉴定中被错误支持的风险。然后，我们用 4830 个 IISNP 对所有存疑 STR 结果进行了靶向测序，发现在近亲中不匹配位点占总 SNP 的比例为 1.78% ~6.95%，而在无关个体中为 10.93% ~13.49%。最后，我们报告了 3 个由 STR 无法确定父系关系的真实案例，并通过我们的 IISNP 进行了深入分析纠正。这些结果表明，高密度 IISNP 可以有效地识别和纠正误判案例。

（常 辽 李生斌 赵文娟）

参考文献

[1] YU K, FUNG W K. Evaluation of parentage testing accuracy of child traficking cases: combining the exclusion probability and likelihood ratio approaches [J]. Forensic Sci. Int. Genet, 2018, 34:81 -87.

[2] WRIGHT K, MUNDORF A, CHASELING J , et al. Identifying child victims of the South-

East Asia Tsunami in Thailand [J]. Disaster Prev. Manag, 2018,27:447 -455.

[3] PATIDAR M, AGRAWAL S, PARVEEN F, et al. Molecular insights of saliva in solving paternity dispute [J]. Forensic Dental Sci. ,2015,7:76 -79.

[4] WENK R E, SHAO A. Pretense of parentage by siblings in immigration: polesky's paradox reconsidered [J]. Transfusion,2014,54:456 -460.

[5] BUTLER J M, BUEL E, CRIVELLENTE F, et al. Forensic DNAtyping by capillary electrophoresis using the ABI Prism 310 and 3100 genetic analyzers for STR analysis[J]. Electrophoresis, 2004,25:1397 -1412.

[6] LINDNER L, VON WURMB-SCHWARK N, MEIER P, et al. Usefulness of SNPs as supplementary markers in a paternity case with 3 genetic incompatibilities at autosomal and Y chromosomal loci [J]. Trans. Med. Hemother,2014,41:117 -121.

[7] BORSTING C, MORLING N. Mutations and/or close relatives? Six casework examples where 49 autosomal SNPs were used as supplementary markers [J]. Forensic Sci. Int. Genet, 2008, 5:236 -241.

第 7 章
基于 3D 关键点描述子细粒度匹配的 3D 人脸识别方法

7.1 非限制环境下 3D 人脸识别

人脸识别与虹膜识别、指纹识别、步态识别等其他生物特征识别技术相比，具有自然、便捷、用户体验友好等独特优势，因而受到了学术界和工业界的广泛关注。然而，在非限制环境下存在人脸表情、姿态、光照、遮挡等外在干扰变化因素的人脸识别依然是一项极具挑战的任务。近年来，随着 3D 成像系统的快速发展，基于形状的 3D 人脸识别逐渐成为传统基于外观的 2D 人脸识别的替代或补充方案。3D 人脸识别大挑战等标准数据库(Face Recognition Grand Challenge，FRGC v2.0)的发布在很大程度上推动了这一研究趋势。过去十年中出现了大量 3D 人脸识别方法[1-2]。然而，现有方法大多假定在受限环境下用户配合扫描 3D 人脸，仅考虑具有适度表情变化的正面 3D 人脸。虽然能够取得很高的识别精度，但通常需要进行复杂的配准过程。因此，面对实际生物识别应用，使用非限制环境下采集获取数据进行 3D 人脸识别受到了更多关注。在这种情况下，3D 人脸识别方法可以同时自动处理表情、遮挡以及姿势等变化因素。现有文献提出了一些方法来应对非限制环境下的3D人脸识别问题。例如，G. Passalis等人[3]采用面部对称性来处理3D人脸识别中的大姿态变化问题；N. Alyüz等人[4]提出了一种基于掩码投影技术用于应对遮挡条件下的3D人脸识别；H. Drira等人[5]提出了一种基于曲线表征的3D人脸形状分析框架，用于处理表情、遮挡和姿态变化下的3D人脸识别。然而，所有这些方法都需要进行较为复杂的姿态归一化或遮挡检测和恢复步骤。

幸运的是，经典的2D SIFT匹配框架及其三维扩展为解决上述难题提供了很好的方案。A. S. Mian等人[6]首次提出了在点云数据上执行类似3D SIFT匹配框架的开创性工作。首先，通过分析每个3D人脸局部区域主轴之间的差异自动确定3D人脸的关键点。然后，在每个关键点周围提取基于张量表示的姿态不变局部形状描述子。最后，在全局图约束下使用2D SIFT进行关键点匹配。然而，基于张量的描述子只编码了点坐标信息，因此限制了其在3D人脸识别中的性能。随后，D. Huang等人[7]提出采用一组扩展的局部二进制模式(eLBP)对3D人脸深度图进行编码，然后在这些图像上执行2D SIFT匹配来进行关键点检测、局部特征提取和匹配。这种方法虽具有很强的辨别能力，但仅能应对接近正面的小范围姿态变化。

考虑到上述局限性，有必要将2D SIFT匹配框架扩展到3D网格数据。由于包含拓扑信息，网格数据比点云数据更便于进行局部运算(如估计微分算子)，因此有更大的可能性来表达更多的形状信息，从而形成更强的局部形状判别能力。此外，与2.5D深度图相比，姿态不变的局部形状描述子可以在3D曲面网格上自然构建。因此，基于3D人脸曲面网格数据的SIFT匹配框架有可能同时处理3D人脸识别任务中的表情变化、遮挡以及大姿态变化。

7.2 基于关键点描述子细粒度匹配的3D人脸识别方法

受SIFT[8]、meshSIFT[9]、Daisy[10]、SRC[11]和Muti - task SRC[12]等方法的启发，我们提出了一种基于关键点描述子匹配的3D人脸识别方法。如图7 - 1所示，我们的方法包括三个基本模块：3D关键点检测、3D关键点描述和3D关键点匹配。

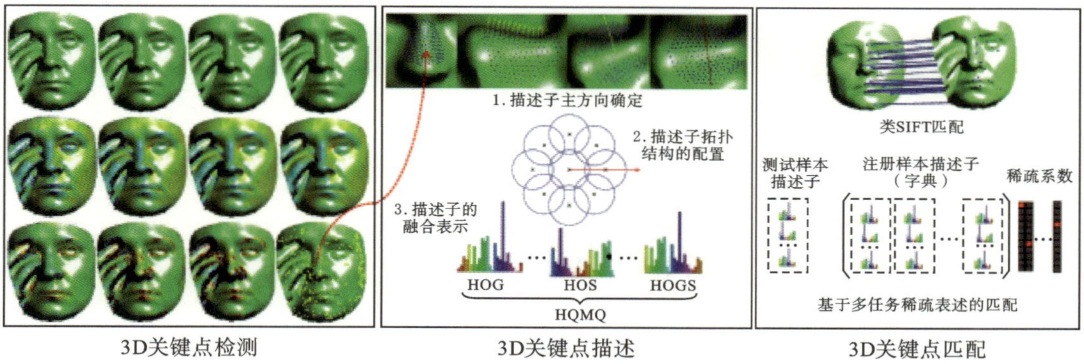

图 7－1　基本流程

3D 关键点检测：从上到下，包括原始面部扫描和三个平滑后的面部扫描，它们对应最小主曲率、高斯差分图及检测到的三维关键点。对于最大主曲率也执行相同的程序。3D 关键点描述：描述子主方向确定，描述子的融合表示，以及通过多阶曲面微分量进行描述子表示。3D 关键点匹配：类 SIFT 匹配（上）和基于多任务稀疏表述的匹配（下）。

对于 3D 关键点检测，首先对 3D 人脸曲面进行一系列高斯滤波，然后计算 3D 人脸的不同标量函数（如最大主曲率、最小主曲率）。然后根据这些标量函数进一步计算高斯算子的差值（differences of gaussian，DOG），最后将各尺度 DOG 的局部极值定义为关键点。为了找到更有意义的 3D 关键点，我们建议使用两个主曲率作为标量函数。

对于 3D 关键点描述子，为了生成具有较强判别能力的描述子，我们提出建立曲面多阶微分量的加权直方图，包括曲面梯度直方图（1 阶）、曲面形状指数（shape index，SI）直方图（2 阶）、曲面形状指数梯度直方图（3 阶），以及它们的融合直方图（多阶）。实验结果表明，不同阶微分量在描述性方面具有很强的互补性，融合直方图可以提供对 3D 关键点周围人脸曲面几何更全面的描述，从而确保强辨别力。

对于关键点匹配，与传统 SIFT 匹配器不同，我们提出了一种基于多任务稀疏表示的细粒度匹配策略。对于每个测试样本的任一关键点描述子，我们首先寻找其针对所有注册样本全部关键点描述子构成字典集的稀疏表示，然后，计算测试样本所有关键点描述子对于不同注册样本稀疏表示下的平均重建误差，以此作为测试样本 3D 人脸与注册库中不同 3D 人脸之间的相似性度量，平均重建误差最小所对应的注册库中的 3D 人脸即为测试样本的身份。

7.2.1 3D 关键点检测

3D 人脸关键点检测算法主要包括曲面尺度空间构造及尺度空间中曲面微分几何量的计算及求极值两个步骤,具体介绍如下。

1. 尺度空间构造

关键点检测采用一系列不同尺度 σ_S 的高斯滤波器 G_{σ_S} 作用在 3D 人脸网格曲面 S 上,对于点 $\boldsymbol{p} \in S$,高斯滤波器通过更新 $\boldsymbol{p}$ 的坐标来修改 S 的几何结构:

$$\boldsymbol{p}_S = \frac{\sum_{q \in N(p,1)} w_S(\boldsymbol{p},\boldsymbol{q}) \cdot q}{\sum_{q \in N(p,1)} w_S(\boldsymbol{p},\boldsymbol{q})} \tag{7-1}$$

其中,$\boldsymbol{p}_S$ 表示在尺度 σ_S 下的更新点,$N(\boldsymbol{p},1)$ 表示 $\boldsymbol{p}$ 的一阶(one-ring)邻域点集:

$$w_S(\boldsymbol{p},\boldsymbol{q}) = G_{\sigma_S}(d_e(\boldsymbol{p},\boldsymbol{q})) = \exp\left(\frac{-\|\boldsymbol{p}-\boldsymbol{q}\|2}{2\,{\sigma_S}^2}\right) \tag{7-2}$$

2. 尺度空间极值

为了探测 3D 人脸的关键点,给定曲面的尺度空间,对于曲面上不同尺度下的任意点,我们可以计算一个标量函数 f。理论上,该函数可以是定义在 3D 人脸网格曲面上的任何标量函数 $f(\boldsymbol{p}):S \to R$。然而,由于 3D 人脸扫描数据是面部曲面和曲面曲率的离散近似,因此,曲率是描述局部形状的基本微分几何量。为了在局部曲率高的区域周围检测更有意义的 3D 关键点,我们提出同时使用两个主曲率作为标量函数。根据文献[13],离散网格曲面的主曲率和法向量 $[f_x(x,y), f_y(x,y), -1]$ 可以通过拟合局部三次曲面片来计算:

$$f(x,y) = \frac{A}{2}x^2 + Bxy + \frac{C}{2}y^2 + Dx^3 + Ex^2y + Fxy^2 + Gy^3 \tag{7-3}$$

通常取两阶(2-ring)邻域中的 3D 坐标点进行拟合。计算给定点 $\boldsymbol{p}$ 处的最大主曲率 $C_M(\boldsymbol{p})$ 和最小主曲率 $C_m(\boldsymbol{p})$ 作为 Weingarten 矩阵的特征值。通过选择两个主曲率,高斯算子的差异(拉普拉斯算子的近似)定义如下:

$$\rho(C_M,\boldsymbol{p}_S) = C_M(\boldsymbol{p}_S) - C_M(\boldsymbol{p}_{S-1}) \tag{7-4}$$

$$\rho(C_m,\boldsymbol{p}_S) = C_m(\boldsymbol{p}_S) - C_m(\boldsymbol{p}_{S-1}) \tag{7-5}$$

检测 3D 关键点的方法是,使用每个点的一阶邻域点分别找出各尺度的 $\rho(C_M,\boldsymbol{p}_S)$ 和 $\rho(C_m,\boldsymbol{p}_S)$ 的极值。

如图 7－2 所示，对于在不同表情、姿势和遮挡的人脸中的两个主曲率（ C_M 和 C_m ），关键点主要分布在眼睛、鼻子和嘴巴（或被遮挡的嘴巴）区域，而在其他区域，如前额、颧骨和颊骨等区域，关键点的分布则较为稀疏。一般来说，基于主曲率的检测器倾向于在局部曲率较大的区域提取关键点。同时，我们可以观察到，通过最大主曲率 C_M 和最小主曲率 C_m 检测到的关键点的位置分布具有较强的互补性，如唇部、鼻部和眼部区域。我们的主要想法是使用两个主曲率可以提取到更有意义的面部关键点，例如椭圆点［ $C_M(\boldsymbol{p})\cdot C_m(\boldsymbol{p})>0$］、双曲点［ $C_M(\boldsymbol{p})-C_m(\boldsymbol{p})<0$］以及抛物线点［ $C_M(\boldsymbol{p})-C_m(\boldsymbol{p})=0$］。此外，3D 关键点稀疏地分布于整个面部局部区域（刚性或非刚性、正面或旋转、遮挡或非遮挡），这位后续关键点匹配方案提供了在统一框架下处理 3D 人脸表情、姿势和遮挡问题的可能性。

图 7－2 基于最大主曲率 C_M（上）和最小主曲率 C_m（下）检测到的 3D 关键点

7.2.2 3D 关键点描述

对于整体而言，3D 关键点的分布和可重复性至关重要。而在局部，每个 3D 关键点的表示（即关键点描述子）的辨别力对于后续的人脸匹配和识别也至关重要。基于以上考虑，我们提出了三种关键点描述子，即梯度直方图（HOG）、形状指数直方图（HOS）和形状指数梯度直方图（HOGS）。直观讲，HOG 描述了关键点周围局部形状的弯曲模式；HOS 表示不同局部形状类别的分布；而 HOGS 则描述了不同形状类别分布的变化模式。这三种描述子包含不同阶的曲面微分几何量，因此在描述性方面具有很强的互补性。因此，可融合 HOG、HOS 和 HOGS 建立一个更具鉴别力的关键点描述子，即多阶曲面微分几何量直方图（HOMQ）。3D 关键点描述子的构造主要分为描述子主方向的归一化、描述子拓扑结构的配置和描述子的融合表示三个步骤，具体介绍如下。

1. 描述子主方向的确定

关键点 $\boldsymbol{p} \in S$ 的局部描述子在其半径为 R 的测地圆盘内计算：

$$\mathcal{N}(\boldsymbol{p}) = \{\boldsymbol{q} \mid d_g(\boldsymbol{p},\boldsymbol{q}) < R\} \tag{7-6}$$

其中，$d_g(\boldsymbol{p},\boldsymbol{q})$ 表示 $\boldsymbol{p}$ 和 $\boldsymbol{q}$ 之间的测地距离。

为了使得关键点描述子具有旋转不变性，我们需要对其确定一个主方向，主方向的确定可以参照文献[14]，即对于每个关键点，通过局部坐标系的平移和旋转不变性进行构建。首先，将邻域内所有点 $\boldsymbol{q} \in N(\boldsymbol{p})$ 和它们的法向量 $\boldsymbol{n}(\boldsymbol{p})$ 变换到以下临时局部坐标系：

$$C = \{t(\boldsymbol{p}'), t(\boldsymbol{p}') \times \boldsymbol{n}(\boldsymbol{p}'), \boldsymbol{n}(\boldsymbol{p}')\} \tag{7-7}$$

其中，$\boldsymbol{p}'$（$\boldsymbol{p}$ 的变换点）代表原点，其单位法向量 $\boldsymbol{n}(\boldsymbol{p}')$ 是代表 z 轴，$t(\boldsymbol{p}')$ 代表 x 轴，这是在 $\boldsymbol{p}'$ 处表面 S 的切平面 $T(\boldsymbol{p}')$ 中随机选取的初始单位向量。然后，将变换后的点 $\boldsymbol{q}'$ 及其法向量 $\boldsymbol{n}(\boldsymbol{q}')$ 投影到切平面 $T(\boldsymbol{p}')$，其梯度 $\theta(\boldsymbol{q}')$ 和相应的幅度 $mag(\boldsymbol{q}')$ 可以计算如下：

$$\theta(\boldsymbol{q}') = \arctan[\boldsymbol{n}_y(\boldsymbol{q}') / \boldsymbol{n}_x(\boldsymbol{q}')] \tag{7-8}$$

$$\mathrm{mag}(\boldsymbol{q}') = \sqrt{\boldsymbol{n}_y^2(\boldsymbol{q}') + \boldsymbol{n}_x^2(\boldsymbol{q}')} \tag{7-9}$$

其中，$\boldsymbol{n}_x(\boldsymbol{q}') = \boldsymbol{t}(\boldsymbol{p}') \cdot \boldsymbol{n}(\boldsymbol{q}')$，$\boldsymbol{n}_y(\boldsymbol{q}') = \boldsymbol{t}(\boldsymbol{p}') \times \boldsymbol{n}(\boldsymbol{p}') \cdot \boldsymbol{n}(\boldsymbol{q}')$。这里，$\boldsymbol{n}(\cdot)$ 是一阶邻域内三角面片法向量的平均值。最后，在临时局部坐标系下的切平面 $T(\boldsymbol{p}')$ 上构建360°高斯加权梯度直方图（1 bin/°），高斯权重表示为：

$$w(\boldsymbol{p}',\boldsymbol{q}') = \mathrm{mag}(\boldsymbol{q}') \cdot G_\sigma[d_g(\boldsymbol{p}',\boldsymbol{q}')] \tag{7-10}$$

其中，标准偏差 σ 设为半径 R 的一半。与 SIFT[8] 描述子类似，$\boldsymbol{p}'$ 的主方向 $d(p')$ 由加权梯度直方图的峰值指定。一旦 $d(\boldsymbol{p}')$ 确定后，所有邻域内的 3D 坐标点都将转换到一个新的局部坐标系：

$$C' = \{d(\boldsymbol{p}'), d(\boldsymbol{p}') \times \boldsymbol{n}(\boldsymbol{p}'), \boldsymbol{n}(\boldsymbol{p}')\} \tag{7-11}$$

用于后续处理。

图 7-3 给出了主方向确定的直观展示，从左到右依次为：检测到的关键点（红色）以及其测地邻域内的点（蓝色）；邻域内点的法向量（黄色）；在关键点切平面上投影后的法向量以及初始主方向（黄色）；投影点及确定后的两个主方向（红色）。

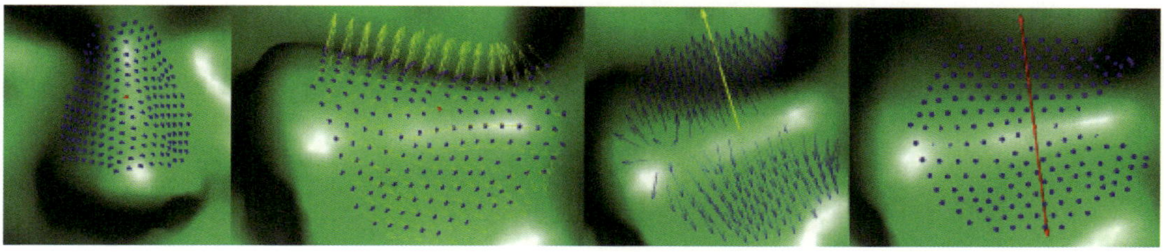

图 7-3 3D 关键点描述子主方向的确定流程

2. 描述子拓扑结构的配置

描述子拓扑结构的配置在新局部坐标系 C' 的切平面 $T_{p'}$ 上进行。受 2D daisy 描述子[10]的启发,以关键点 $\boldsymbol{p}'$ 及其 8 个邻近点为中心,分别分配了 9 个半径为 r_2 的重叠圆形区域(图 7-4)。这种由重叠圆形组成的 quasi-daisy 放射状花朵模式模拟了人类视觉皮层复杂细胞的功能[15]。因此,它对微小的变换(如空间移动、非刚性变形)具有很强的鲁棒性。从主方向 $d(\boldsymbol{p}')$ 开始,对以 p' 为圆心、半径为 r_1 的圆进行均匀采样,从而定位 8 个相邻点。

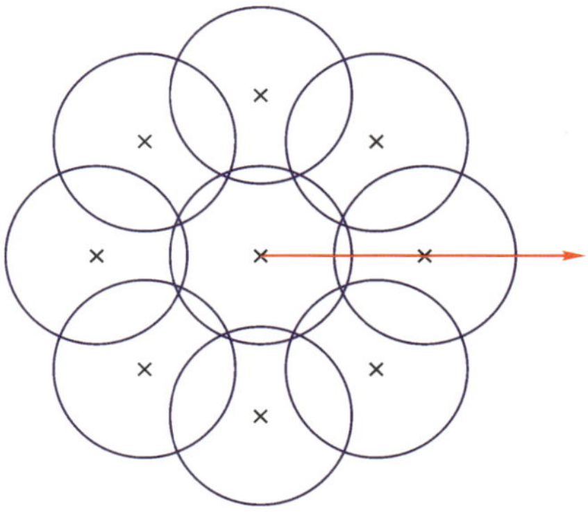

图 7-4 3D 关键点描述子拓扑结构的配置

3. 描述子的融合表示

在每个圆形区域 $c_i(i=1,2,\cdots,9)$ 中,我们构建了曲面不同阶微分几何量的局部加权图,包括曲面梯度值、曲面形状指数以及形状指数的梯度。其中,曲面上任意点 p 的形状指数 $\mathrm{SI}(\boldsymbol{p})$ 可根据其主曲率计算如下:

$$\mathrm{SI}(\boldsymbol{p}) = \frac{1}{2} - \frac{1}{\pi}\arctan\frac{C_{\mathrm{M}}(\boldsymbol{p}) + C_{\mathrm{m}}(\boldsymbol{p})}{C_{\mathrm{M}}(\boldsymbol{p}) - C_{\mathrm{m}}(\boldsymbol{p})} \tag{7-12}$$

根据 T. Meyer 等人[16]的研究,形状指数的梯度 $\nabla \mathrm{SI}(p)$ 可通过求解以下优化问题来计算:

$$\arg\min_{\nabla \mathrm{SI}(\boldsymbol{p})} \sum_{\boldsymbol{q} \in N(\boldsymbol{p},1)} \left| \nabla \mathrm{SI}(p)^{\mathrm{T}} \mathrm{proj}(\overrightarrow{\boldsymbol{pq}}) - \frac{SI(\boldsymbol{p}) - SI(\boldsymbol{q})}{\|\boldsymbol{p} - \boldsymbol{q}\|} \right| \tag{7-13}$$

其中, $\mathrm{proj}(\overrightarrow{\boldsymbol{pq}})$ 表示将单位矢量 $\overrightarrow{\boldsymbol{pq}}$ 投影到切平面 T_p 计算得出的矢量。上述微分几何量对应的直方图被称为梯度直方图 (hog_i)、形状指数直方图 (hos_i) 和形状指数梯度直方图 ($hogs_i$)。对于梯度直方图 (hog_i) 和形状指数梯度直方图 ($hogs_i$), 在 0° ~360°范围内构建 8 个区间(代表 8 个主要方向)来计算梯度直方图,同时,根据其相应的梯度模的大小进行加权。对于 hos_i, 形状指数值从 0 到 1 的形状指数值被平均量化为 8 个区间,并通过一个高斯核 G_σ 加权,其中标准偏差设为当前点与圆区域中心点之间的欧几里得距离。关键点 p 的最终直方图是由 hog_i 、hos_i 和 $hogs_i$ 在不同圆中的直方图按顺时针方向连接而成:

$$HOG = (hog_1, hog_2, \cdots, hog_9) \tag{7-14}$$

$$HOS = (hos_1, hos_2, \cdots, hos_9) \tag{7-15}$$

$$HOGS = (hogs_1, hogs_2, \cdots, hogs_9) \tag{7-16}$$

上述子直方图(如 hog_i)和直方图(如 HOG)都归一化为单位向量以消除非均匀网格采样的影响。这样就获得了三个维度相同的 3D 关键点描述子,维数均为 72。如上所述,这三个局部描述子在描述性方面包含很强的互补信息。最后,我们建立一个更全面、更具区分度的关键点描述子 HOMQ,它是由上述三个描述子在特征级融合得到的,因此维度为 216。

7.2.3 3D 关键点匹配

3D 关键点匹配主要包含两个步骤:注册样本库关键点描述子的字典构建与多任务稀疏重建累计平均误差的计算,具体介绍如下。

1. 注册样本库的关键点描述子字典构建

给定一个由 N 个 3D 人脸组成的注册样本库,每个人均有一张单独的 3D 人脸。假设第 i 个 3D 人脸上检测到 n_i 个 3D 关键点,则由其对应的 n_i 个 3D 关键点描述子可构造如下描述子子字典:

$$\boldsymbol{D}_i = [d_{i,1}, d_{i,2}, \cdots, d_{i,n_i}] \in \boldsymbol{R}^{m \times n_i} \tag{7-17}$$

其中,m 代表描述子维度。本文中,对于 HOG、HOS 和 HOGS,$m = 72$;对于 HOMQ,$m =$

216。之后，通过简单地将所有子字典连接起来，就构成了整个注册样本库的关键点描述子字典的构造，即：

$$\boldsymbol{D} = [\boldsymbol{D}_1, \boldsymbol{D}_2, \cdots, \boldsymbol{D}_N] \in \boldsymbol{R}^{m\times K} \tag{7-18}$$

其中，$K = n_1 + n_2 + \cdots + n_N$ 表示注册样本库中关键点描述子的总数。实际上，由于每次3D人脸都能检测到数百个关键点，因此 K 非常大，使得 $\boldsymbol{D}$ 成为一个过完备的字典，其中包含了所有 N 个注册人脸信息丰富的局部形状原子。

2. 多任务稀疏表示

给定一个带有 n 个3D关键点描述子的3D人脸测试样本：

$$\boldsymbol{Y} = (y_1, y_2, \cdots, y_n) \tag{7-19}$$

那么，$\boldsymbol{Y}$ 在字典 $\boldsymbol{D}$ 下的多任务稀疏表示为：

$$\hat{\boldsymbol{X}} = \arg\min_{\boldsymbol{X}} \sum_{i=1}^{n} \|x_i\|_0 \text{ , s. t. } \boldsymbol{Y} = \boldsymbol{DX} \tag{7-20}$$

其中，$\boldsymbol{X} = (x_1, x_2, \cdots, x_n) \in \boldsymbol{R}^{K\times n}$ 表示稀疏系数矩阵，$\|x_i\|_0$ 表示向量的 l_0 范数，定义为该向量的非零元素个数。由于测试样本的描述子相互独立，我们可以等价求解以下 n 个 l_0 最小化问题：

$$\hat{x}_i = \arg\min_{x_i} \|y_i - \boldsymbol{D}x_i\|_2 \text{ , s. t. } \|x_i\|_0 \leqslant L \text{ , } i = 1,2,\cdots,n \tag{7-21}$$

其中，L 是稀疏性参数，用于控制解的稀疏性。为了求解式(7-21)，我们使用 Y. C. Pati 等人[17]提出的正交匹配追求(orthogonal matching pursuit, OMP)算法。受 J. Wright 等人[11]的启发，我们引入了以下多任务稀疏表示分类器(sparse representation classifier, SRC)来确定测试者的身份：

$$\text{identity}(\boldsymbol{Y}) = \arg\min_{j} \frac{1}{n} \sum_{i=1}^{n} \|y_i - \boldsymbol{D}\delta_j(\hat{x})_i\|_2^2 \tag{7-22}$$

其中，$\delta_j(\cdot)$ 是一个特征函数，只选择与第 j 个注册人脸相关的系数。如上所述，式(7-22)计算的是给定测试3D人脸的所有3D关键点对于不同注册身份3D人脸子字典表示下的归一化(平均)累积稀疏重建误差。

直观地说，如果测试样本的3D人脸和注册库中的3D人脸属于同一身份，那么它们应该共享大量相似的关键点，这些关键点的局部几何特征也是相似的。因此，对于任意一个测试样本的描述子，有很高的概率选中注册库中形状相似的描述子。在这种情况下，测试样本的3D人脸就有可能被有效识别出来。图7-5展示了3D关键点描述子匹配效果。可见,所提出的基于3D关键点描述子匹配的3D人脸识别方法对于大姿态、表情、遮挡等干扰因素均具有较好的鲁棒性。

图7-5　3D关键点描述子匹配效果展示

7.3　实验与结果分析

7.3.1　实验数据库

我们主要基于Bosphorus数据库[10]评估所提出的3D人脸识别方法的有效性。该数据库包含来自105名不同身份的4666个3D人脸样本,其中包括61名男性和44名女性。每个身份人脸包含约有34种表情、13种不同头部姿势和4种遮挡的不同样本。根据变化情况的不同,我们将整个数据库分为以下子集。

(1)表情子集。该子集包含6种基本表情(愤怒、厌恶、恐惧、快乐、悲伤和惊讶)以及中性表情;28个面部动作单元(AU):20个下部动作单元(LAU)、5个上部动作单元(UAU)和3个组合动作单元(CAU)。

(2)姿态子集。该子集包括7个偏转旋转(YR):+10°、+20°、+30°、±45°、±90°;4个俯仰旋转(PR):强烈向上/向下,轻微向上/向下;2个交叉旋转(CR):偏航+45°,俯仰约±20°。

(3) 遮挡子集。该子集包括以下遮挡：用手遮住眼睛(E-hand)、用手遮住嘴巴(M-hand)、用眼镜遮住眼睛(E-glasse)以及头发(F-hair)遮挡的面部区域，例如女性的长发和男性的胡须等面部毛发。此外，还包含 18 个无变换标签的正面表情子集。图7－6展示了 Bosphorus 数据库中的部分 3D 人脸样本。

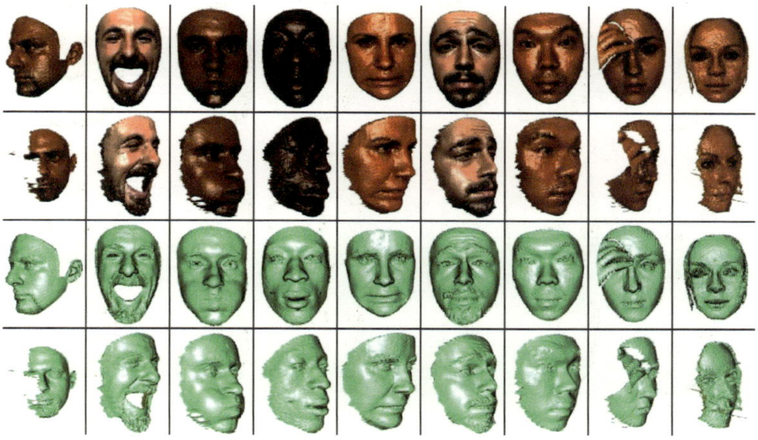

图 7－6　Bosphorus 数据库中的部分 3D 人脸样本

该数据库的 3D 人脸样本采用基于结构光的 3D 扫描终端设备进行扫描获取，该传感器在 x、y 和 z (深度)维度的分辨率分别为 0. 3mm、0. 3mm 和 0. 3mm，经过数据库提供者的预处理，从原始样本中裁剪出面部区域之后，每个 3D 人脸大约包含 35000 个点。在我们的实验中，首先对所有 3D 人脸进行下采样，然后通过简单连接相邻顶点进行三角剖分。在性能评估中，每个实验对象的第一个中性 3D 人脸用于构建注册数据库，其余样本或其子集则用作测试样本。

7. 3. 2　实验设置

在实验中，我们根据经验选择每个模块的参数如下。对于 3D 关键点检测，我们使用了 3 种尺度比例，参数 σ_S 分别设置为 1. 83mm、2. 50mm 和 4. 80mm。对于 3D 关键点描述子，我们设置测地圆盘的半径 $R=22.5$mm。描述子拓扑结构的配置参数 r_1 和 r_2 分别设置为 15mm 和 10mm。对于 3D 关键点匹配，稀疏参数 L 设为 1。也就是说，我们要在所有相应的注册数据库描述子字典中寻找测试样本描述子的最稀疏表示。为了验证所提匹配方法的有效性，实验中将其与传统基于 SIFT 的匹配方法进行了比较。依据两者的特性，分别称其为细粒度匹配器（fine-grained matcher，FGM）和粗粒度匹配器（coarse-grained matcher，CGM）。

7.3.3 Bosphorus 数据库上的结果

表 7－1 列出了所提出的方法在 Bosphorus 数据库及其不同子集的 Rank－1 识别率，其中包含所提出的四个关键点描述子（HOG、HOS、HOGS 和 HOMQ）的性能比较。所有结果都是通过对基于 C_M 和 C_m 的 3D 关键点检测器进行分数级后融合实现的。我们可以从以下三个方面来分析表中的结果。

1. 描述子的判别能力

在描述子的判别能力方面，HOMQ 在两种匹配器和所有人脸变化（子集）中的表现普遍优于其他描述子。这表明 HOMQ 融合了三种不同阶的人脸曲面微分几何量，可以更加全面描述 3D 人脸曲面的局部几何形状，因此，具有最强的判别能力。此外，HOS 和 HOGS 相比，在 CGM 匹配器上的表现要好得多，尤其是在姿势子集上（如 YR 45°）。然而，针对 FGM 匹配器，这种优势就不明显了，FGM 的细粒度匹配优势弥补了这一差距。因此，我们可以得出这样的结论：HOS 比 HOG 和 HOGS 具有更强的判别能力，而 HOG 和 HOGS 则不相上下。

2. 匹配器的有效性

针对所有描述子和所有子集，FGM 都明显优于 CGM。对于 HOG 和 HOGS 描述符来说，这一优势非常明显。在整个 Bosphorus 数据库中，这两种描述子都提高了 10% 以上。同时，在姿态变化较大的子集中，这种优势变得更加明显。例如 HOG 的 YR 45°子集和 HOGS 的 CR 子集都有 40% 以上的提升。此外，HOS 和 HOMQ 描述子的性能提升在一些非常困难的子集中尤为显著。例如，HOS 在愤怒、恶心、快乐、YR 45°和 CR 子集中的性能提高了 10%；HOMQ 在厌恶子集中的性能提高了 10%。所有这些结果均表明，基于 SRC 的细粒度匹配器（FGM）比类似 SIFT 的粗粒度匹配器（CGM）更高效。值得注意的是，FGM 对描述子并不敏感。例如，HOG、HOS 和 HOGS 在许多子集上取得了非常相似的结果。

3. 对变化的鲁棒性

关于我们的方法对不同变化的鲁棒性，我们重点考虑 HOMQ 描述符和 FGM 匹配器的组合。如表7－1所示，在表情子集上，提出的方法达到了非常有竞争力的识别率，甚至在中性、悲伤、UAU和CAU上达到了100%的识别率。在YR 10°和YR 20°子集中，大部分识别率都超过了97%，甚至达到了100%。最具挑战性的子集是YR 90°，在该子集中，只有一半的面部扫描(左侧或右侧轮廓，在这种情况下，我们的框架仍能正确识别大约一半的人脸样本，47.14%)。在遮挡子集上，提出的方法可以正确地对所有测试者进行分类，仅有三个被头发严重遮挡的测试者除外。所有这些结果一致表明，所提出的方法在表情变化、遮挡和姿势变化下的3D人脸识别具有很强的鲁棒性。

表7－1 Bosphorus数据库上Rank－1识别准确率

项目	HOG/%		HOS/%		HOGS/%		HOMQ/%	
	CGM	FGM	CGM	FGM	CGM	FGM	CGM	FGM
A(表情变化子集)								
中性表情(194)	99.48	100.0	100.0	100.0	100.0	100.0	100.0	100.0
生气(71)	69.01	91.55	87.32	98.59	76.06	94.37	88.73	97.18
厌恶(69)	50.72	84.06	56.52	78.26	60.87	88.41	76.81	86.96
恐惧(70)	71.43	92.86	88.57	92.86	84.29	94.29	92.86	98.57
高兴(106)	79.25	91.51	85.85	96.23	75.47	98.11	95.28	98.11
悲伤(66)	80.30	95.45	90.91	96.97	86.36	96.97	95.45	100.0
惊讶(71)	81.69	100.0	97.18	100.0	84.51	97.18	98.59	98.59
下半脸动作单元(1549)	88.96	96.97	95.09	98.13	90.70	98.52	97.22	98.84
上半脸动作单元(432)	94.21	99.07	98.15	100.0	95.14	99.54	99.07	100.0
混合动作单元(169)	92.9	100.0	97.04	99.41	95.86	100.0	98.82	100.0
共(2797)	88.09	96.96	94.32	97.96	90.24	98.32	96.89	98.82
B(姿势变化子集)								
侧脸旋转10°(105)	98.10	100.0	100.0	100.0	96.19	100.0	100.0	100.0
侧脸旋转20°(105)	90.48	99.05	96.19	99.05	87.62	98.10	99.05	100.0
侧脸旋转30°(105)	84.76	98.1	92.38	100.0	75.24	96.19	98.1	99.05

续表

项目	HOG/%		HOS/%		HOGS/%		HOMQ/%	
	CGM	FGM	CGM	FGM	CGM	FGM	CGM	FGM
侧脸旋转45°(210)	49.52	89.05	80.48	91.90	49.05	84.76	90.95	97.62
侧脸旋转90°(210)	7.62	16.67	17.62	25.24	02.86	10.00	33.33	47.14
侧脸旋转(735)	55.37	72.65	69.25	76.19	51.84	71.43	77.96	84.08
抬头低头旋转(419)	94.27	99.28	96.90	98.57	84.73	99.28	98.81	99.52
交叉旋转(211)	60.66	90.05	79.62	94.79	48.34	89.1	94.31	99.05
共(1365)	68.13	83.52	79.34	85.93	61.39	81.47	86.89	91.14
C(遮挡变化子集)								
眼睛被手遮挡(105)	96.19	100.0	100.0	100.0	96.19	100.0	100.0	100.0
嘴被手遮挡(105)	90.48	100.0	97.14	98.10	93.33	99.05	99.05	100.0
眼睛被眼镜遮挡(104)	95.19	100.0	97.12	97.12	97.12	97.12	100.0	100.0
面部被头发遮挡(67)	86.57	94.03	94.03	91.04	86.57	82.09	97.01	95.52
共(381)	92.65	98.95	97.38	97.90	93.96	96.59	99.21	99.21
D(无变化标签子集)								
共(18)	88.89	100.0	100.0	100.0	94.44	100.0	100.0	100.0
E(除90°侧脸旋转子集)								
共(4351)	86.12	96.81	93.61	97.70	85.75	97.15	97.04	98.94
F(全体测试集)								
共(4561)	82.50	93.12	90.11	94.37	81.93	93.14	94.10	96.56

7.3.4 与现有方法结果的比较

表7-2展示了所提方法(HOMQ+FGM)与当前最先进的方法在Bosphorus数据库及

其不同子集上的性能比较。为了进行公平比较,采用了与表 7 – 1 相同的实验设置。值得注意的是,不同方法的测试子集略有不同。对于表情子集,D. Smeets 等人[9]采用了 3186 个样本。对于遮挡子集,A. Colombo 等人[18]使用了 360 个样本,而不是全部 381 个样本。

从表 7 – 2 中可以看出,我们提出的方法明显优于所有其他方法,尤其在遮挡和姿态变化子集上,在整个数据库和这些子集上都达到了最高的识别率。值得注意的是,基于配准的方法,N. Alyüz 等人[19]、A. Colombo 等人[18]和 H. Drira 等人[5]在额外的人脸数据和子空间的帮助下处理了遮挡问题,如使用主成分分析技术。相比之下,D. Smeets 等人[9]、S. Berretti 等人[20]和本文中基于类似 SIFT 框架的免配准方法可以同时处理面部表情变化、遮挡和姿势变化。总之,从表 7 – 2 我们可以得出以下结论:由于我们捕捉到了更多有意义的关键点,提取了更加有区分度的关键点形状描述子,并建立了更精细的匹配器。所提方法被证明比文献[9]和[20]提出的方法更有效、更稳健。此外,在 YR 90°子集的结果表明,这种情况在 3D 人脸识别中仍然是一个非常具有挑战性的问题。

表 7 – 2 所提方法与现有方法在 Bosphorus 数据库上的性能比较

文献	表情 /%	姿势 /%	侧脸 /%	侧脸旋转 /%	抬头低头旋转 /%	交叉旋转 /%	遮挡 /%	眼睛被手遮挡 /%	嘴被手遮挡 /%	眼睛被眼镜遮挡 /%	面部被头发遮挡 /%	所有 /%
Alyüz et al. (2008)	—	—	—	—	—	—	—	93.6	93.6	93.6	89.6	—
Alyüz et al. (2010)	94.2	—	—	—	—	—	—	—	—	—	—	—
Colombo et al. (2011)	—	—	—	—	—	—	—	87.6	91.1	84.7	90.4	—
Ocegueda et al. (2011)	96.2	—	—	—	—	—	—	—	—	—	—	—
Drira et al. (2013)	—	—	—	—	—	—	—	87.0	97.4	94.2	81.0	—
Smeets et al. (2013)	95.7	84.2	—	24.3	—	—	—	—	—	—	—	93.7
Berretti et al. (2013)	95.7	88.6	81.6	45.7	96.3	93.4	91.3	—	—	—	—	93.4
本书	98.8	91.8	81.6	47.4	96.5	99.2	100	100	100	100	95.5	96.6

7.4 本章小结

我们提出了一种新颖的基于曲面离散网格的 SIFT-like 算法,用于处理在表情、遮挡和姿势变化的情况下进行免配准 3D 人脸识别。特别是提出了一种基于主曲率的 3D 关键点检测算法,该算法可以重复检测 3D 人脸曲面中局部曲率较高的互补位置。此外,我们还在每个关键点处建立了稳健的 3D 局部坐标系,从而可以提取旋转和平移不变的 3D 关键点描述子。三种局部描述子分别对应三种不同的曲面微分几何量及其特征级的融合。这些基于单一微分几何量的描述子之间包含很强的互补信息,使它们的融合特征能够提供对局部形状更加全面的判别性描述。此外,文中提出了一种基于多任务稀疏表示的细粒度 3D 关键点描述子匹配算法,并将其与 SIFT-like 的粗粒度匹配器进行比较。我们的算法在 Bosphorus 数据库上进行了测试,识别率分别达到 96.56%(整个数据库)、98.82%(表情子集)、99.21%(遮挡子集)和 91.14%(姿势子集)。对比结果表明,所提方法的识别性能超出了当前所有方法,在 Bosphorus 数据库上达到了最高的识别率。

(李慧斌)

参考文献

[1] BOWYER, K W, CHANG, K, FLYNN, P. A survey of approaches and challenges in 3d and multi-modal 3d + 2d face recognition [J]. Computer Vision and Image Understanding, 2006,101:1 – 15.

[2] SMEETS, D, CLAES P, HERMANS J, et al. A comparative study of 3d face recognition under expression variations[J]. IEEE Transactions on Systems, Man, and Cybernetics, Part C: Applications and Reviews, 2012,42(5):710 – 727.

[3] PASSALIS G, PERAKIS P, THEOHARIS T, et al. Using facial symmetry to handle pose variations in real-world 3d face recognition[J]. IEEE Transactions on Pattern Analysis and Machine Intelligence, 2011,33(10):1938 – 1951.

[4] ALYÜZ N, GOKBERK B, AKARUN L. 3d face recognition under occlusion using

masked projection[J]. IEEE Transactions on Information Forensics and Security, 2013,8(5):789-802.

[5] DRIRA H, BENAMOR B, SRIVASTAVA A, et al. 3d face recognition under expressions, occlusions, and pose variations[J]. IEEE Transactions on Pattern Analysis and Machine Intelligence, 2013,35(9):2270-2283.

[6] MIAN A S, BENNAMOUN M, OWENS R A. Keypoint detection and local feature matching for textured 3d face recognition[J]. International Journal of Computer Vision, 2008, 79(1):1-12.

[7] HUANG D, ARDABILIAN M, WANG Y, et al. 3d face recognition using elbp-based facial description and local feature hybrid matching [J]. IEEE Transactions on Information Forensics and Security, 2012,7(5):1551-1565.

[8] LOWE D G. Distinctive image features from scale-invariant keypoints[J]. International Journal of Computer Vision, 2004, 60(2):91-110.

[9] SMEETS D, KEUSTERMANS J, VANDERMEULEN D, et al. Meshsift: Local surface features for 3d face recognition under expression variations and partial data[J]. Computer Vision and Image Understanding, 2013, 117(2):158-169.

[10] TOLA E, LEPETIT V, FUA P. Daisy: An efficient dense descriptor applied to wide-baseline stereo[J]. IEEE Transactions on Pattern Analysis and Machine Intelligence, 2010, 32(5):815-830.

[11] WRIGHT J, YANG A Y, GANESH A, et al. Robust face recognition via sparse representation[J]. IEEE Transactions on Pattern Analysis and Machine Intelligence, 2009,31(2):210-227.

[12] LIAO S, JAIN A, LI S. Partial face recognition: Alignment free approach[J]. IEEE Transactions on Pattern Analysis and Machine Intelligence, 2013,35(5):1193-1205.

[13] GOLDFEATHER J, INTERRANTE V. A novel cubic-order algorithm for approximating principal direction vectors[J]. ACM Transactions Graphics, 2004, 23(1): 45-63.

[14] SKELLYA L J, SCLAROFFB S. Improved feature descriptors for 3d surface matching [J]. Proceedings of of SPIE Two-and Three Dimensional Methods for Inspection and Metrology, 2007, 6762:1-12.

[15] HUBEL D H, WIESEL T N. Receptive fields, binocular interaction and functional architecture in the cats visual cortex[J]. The Journal of Physiology, 1962, 160:106 – 154.

[16] MEYER T, ERIKSSON M, MAGGIO R. Gradient estimation from irregularly spaced data sets[J]. Mathematical Geology, 2001, 33:693 – 717.

[17] PATI Y C, REZAIIFAR R, KRISHNAPRASAD P S. Orthogonal matching pursuit: Recursive function approximation with applications to wavelet decomposition [J]. Signals, Systems and Computers, 2002:40 – 44.

[18] COLOMBO A, CUSANO C, SCHETTINI R. Three-dimensional occlusion detection and restoration of partially occluded faces[J]. Journal of Mathematical Imaging and Vision, 2011, 40(1): 105 – 119.

[19] ALYÜZ N, GÖKBERK B, AKARUN L. A 3d face recognition system for expression and occlusion invariance[J]. 2nd IEEE International Conference on Biometrics: Theory, Applications and Systems (BTAS):1 – 7.

[20] BERRETTI S, WERGHI N, DEL BIMBO A, et al. Matching 3d face scans using interest points and local histogram descriptors[J]. Computers and Graphics, 2013, 37(5):509 – 525.

第 8 章
跨数据集掌纹识别

8.1　跨数据集掌纹识别概述

相比于传统的基于密码、钥匙等物理方式的身份认证方法，基于生物特征识别技术的身份认证方法具备良好的用户体验、高准确性、高安全性和广泛覆盖性，是信息时代身份认证的重要技术手段[1]。掌纹识别是主要由中国研究者提出的生物特征识别技术之一，具有非接触式、用户体验良好、隐私暴露风险低等优点，已经成为一个热门的研究方向，吸引了全球多个研究机构的学者对其进行研究[2]。

目前基于深度学习的掌纹识别在诸多数据库上取得了不错的识别效果[3]，但是它们在跨数据集的识别场景中还存在一些不足[4]。首先，大多数基于深度学习的掌纹识别算法需要满足数据一致性分布的条件，更适用于识别来自同一数据库的样本，即训练集和测试集中的掌纹图像需要采集自相同的环境和设备，这在一定程度上限制了掌纹识别的便利性[5]。基于深度学习的掌纹识别系统一般是先基于训练集训练模型，然后在测试集上对识别模型进行评估。然而，由于数据集的分布差距，当在一个特定的掌纹数据集上训练的模型直接用于另一个不同的数据集时，识别性能可能会迅速变差。而在实际的应用场景中，用于训练和测试的图像可能来自不同厂家或不同型号的设备，这就是跨数据集掌纹识别。这时，如果采用传统的算法，识别模型需要针对测试样本重新进行权重更新，以适应测试样本，提取到可识别的特征，这将花费一定的时间和资源。图 8-1 给出了传统的掌纹识别与跨数据集掌纹识别的示意图，传统掌纹识别的训练集和测试集采样自同一个数据集，而跨数据集掌纹识别允许训练集和测试集中的样本来自不同的数据集。其次，目前基于深度学习的掌纹识别算法大多是监督学习算法，需要大量的带标签数据来训练模型以保证较高的精度，但标记足够的训练数据需要花费大量的时间和精力，例如 W. M. Matkowski 等人[6] 从互联网上收集了面向刑侦应用的网络掌纹图像数据库，该数据库中的图像为网络上下载的图像，需要人工在图像中标注出手掌的区域，花费了大量的时间和资源。

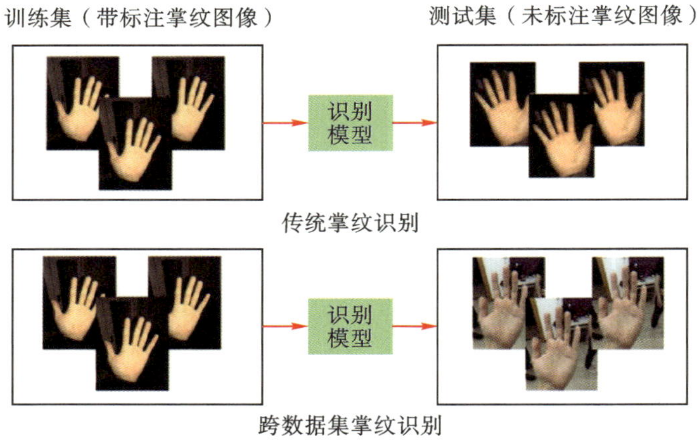

图 8-1　传统掌纹识别与跨数据集掌纹识别的区别

8.2　联合像素级与特征级迁移的跨数据掌纹识别方法

对于传统掌纹识别来说，训练集和测试集采集自同样的设备与环境，它们的图像具有相似的风格和光照；对于跨数据集掌纹识别来说，目的是将采集自不同的设备或环境的测试集与训练集进行匹配，为未标记的测试集找到正确的类别，但是由于训练集和测试集的图像之间存在较大的分布差异，在训练集上训练的识别模型不能很好地用于测试集的特征提取。解决这个问题的一个有效方法为迁移学习（transfer learning）或领域自适应(domain adaptation)算法[7],它能够将在训练集中学习到的知识迁移到另一个不同但相关的测试集,在测试集中提取到自适应的特征,它与训练集中的特征分布一致,从而可以实现测试集与训练集的匹配,完成跨数据集的掌纹识别。联合像素级与特征级迁移(joint pixel and feature transferring,JPFT)的跨数据掌纹识别算法同时在像素级与特征级上采用迁移学习方法减小训练集和测试集的差异,实现准确的跨数据集掌纹识别,提高掌纹识别的便利性[8]。JPFT 算法的示意图如图 8-2 所示。

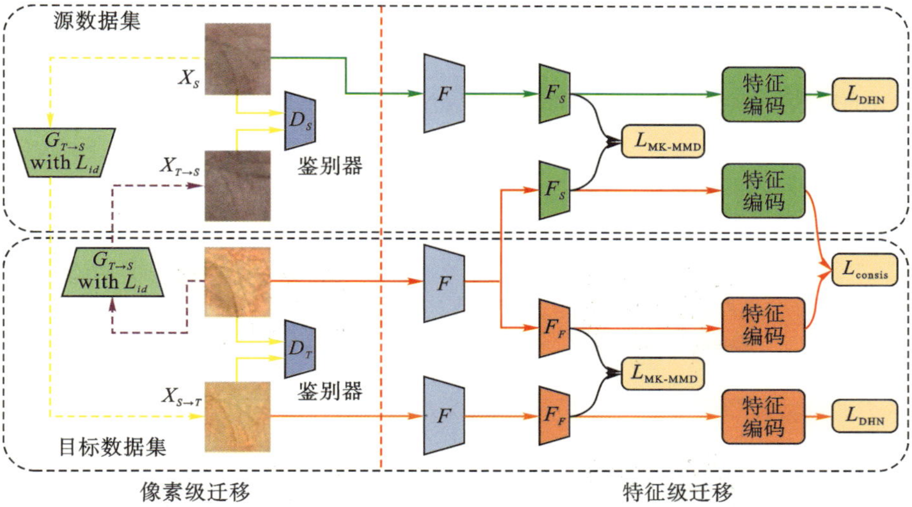

图 8-2 联合像素级与特征级迁移的掌纹识别算法示意图

JPFT 算法将采集自不同设备或环境的数据集定义为源数据集与目标数据集,目的是通过像素级迁移与特征级迁移在源数据集与目标数据集中提取到自适应的特征,以便将目标数据集与源数据集进行正确的匹配。在像素级迁移上,JPFT 算法采用了基于循环生成对抗网络的风格迁移模型,将源数据集的掌纹图像转换为风格与目标数据集图像风格相似的虚假图像,这样做有两个好处:①生成的虚假图像由于风格和目标数据集比较相似,因此可以作为桥梁在源数据集与目标数据集建立起联系,减小它们之间的差异;②同时还可以获得更多的带标签数据,用于提高识别模型的训练效率与泛化能力。但这同时又带来了两个要求:①为了切实减少源数据集与目标数据集之间的差异,生成的虚假掌纹图像在风格上应尽可能地与目标数据集相似,比如光照与纹理等;②为了获得带标签的掌纹数据,生成的虚假图像应该保持它们在源数据集中的类别信息,即要求对于来自同一类别的源图像,它们生成的虚假图像仍旧应该属于同一个类别。其中,前者通过循环生成对抗网络来实现，后者通过一个类别损失 L_{id} 来实现。

在特征级迁移上，JPFT 算法首先将目标数据集图像 X_T 分别与源数据集图像 X_S 和虚假数据集图像 $X_{S\to T}$ 组成两组图像对，并输入到特征提取器中提取到特征编码，该编码即为最终用于匹配的掌纹特征。特别地，为了提高识别的准确率，将特征提取器分为两部分：用于提取低级掌纹特征的公用部分 F，用于提取高级掌纹特征的专用部分 F_S 和 F_F；其中 F_S 用于处理源数据集与目标数据集组成的图像对，F_F 用于处理虚假数据集与目标数据集组成的图像对。由于源数据集和虚假数据集具有标签信息，因此可以采用监督式的损失函数来进行训练，为了减少源数据集与目标数据集以及虚假数据集与目标数据集特征之间的分布差异，引入多核最大均值差异损失（multiple-kernel maximum mean discrepancy，MK - MMD）L_{MK-MMD}，来对模型进行优化。另外，同一张目标数据集图像需要输入到两个特征提取器 F_S 和 F_F 中，可以提取到它的两个特征，从理论上来说，这两个特征之间应该尽可能地相似，因此引入一个一致性损失来约束它们之间的差异，记为 L_{consis}，作为辅助信息对模型进行优化，进一步提高识别的效果。最终，通过在像素级与特征级上的迁移，可以在源数据集与目标数据集中提取到具有领域不变性的自适应掌纹特征编码，用于跨数据集识别。

8.2.1 基于深度哈希网络的掌纹特征提取器

采用深度哈希网络（deep hashing network，DHN）[9] 作为掌纹特征提取器，将掌纹图像转换为二进制编码，同时通过合适的优化策略，优化模型使得相同类别的特征编码之间尽可能相似，而不同类别的特征编码之间尽可能相异。由于通过简单的异或操作就可以计算特征编码间的汉明距离，进而实现对掌纹图像的身份识别，所以 DHN 算法能够大幅提高特征匹配的效率，同时减小掌纹特征占据的存储空间。深度哈希网络的原理图如图 8 - 3 所示。

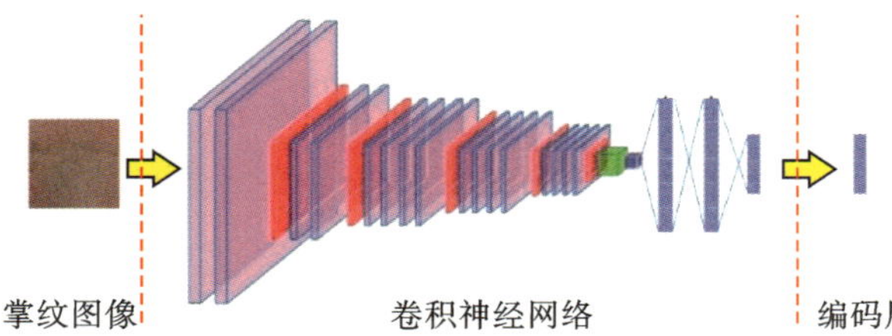

图 8 - 3 深度哈希网络算法的示意图

首先将掌纹图像输入卷积神经网络中获得掌纹特征，其中网络输出层的激活函数设置为 tanh 函数，将特征的取值限制在 $-1 \sim 1$，然后进一步将特征输入编码层，并将其转换成二进制编码作为最终的特征。

$$f(x)=\begin{cases}1 & x\geqslant 0\\ -1 & x<0\end{cases} \tag{8-1}$$

为了使得提取到的掌纹特征编码具有可识别性，DHN 采用两部分损失函数对网络进行优化，即哈希损失与量化损失。参考文献[10]中的方法，采用基于对比损失[11]的哈希损失，假设图像 i 和图像 j 为一组图像对，DHN 提取的特征表示为 U_i 和 U_j，则它们之间的哈希损失可以表示为：

$$L_h(U_i,U_j,S_{ij})=\frac{1}{2}S_{ij}D(U_i,U_j)+\frac{1}{2}(1-S_{ij})\max[m-D(U_i,U_j),0] \tag{8-2}$$

式中，S_{ij} 表示图像 i 和图像 j 之间的关系，当它们来自同一个类别组成正对时，$S_{ij}=1$，否则 $S_{ij}=0$；$D(U_i,U_j)$ 表示 U_i 和 U_j 之间的欧式距离；m 为一个阈值，设置为 180。假设有 N 张掌纹图像，则它们之间的哈希损失可以表示为：

$$L_h=\sum_{i=1}^{N-1}\sum_{j=i+1}^{N}L_h(U_i,U_j,S_{ij}) \tag{8-3}$$

在编码层将特征向量转换为二进制编码时会出现量化误差，我们将这部分作为量化损失加入损失函数中，表示为：

$$L_Q(U_i)=\sum_{i=1}^{N}\frac{1}{2}\|\,|U_i|-1\,\|_2 \tag{8-4}$$

式中，$|\cdot|$ 表示绝对值操作，$\|\cdot\|_2$ 表示 L_2 范数。

将哈希损失与量化损失按照一定的权重组合为 DHN 整体的损失函数，表示为：

$$L_{DHN}=L_h+\alpha L_Q \tag{8-5}$$

式中，α 是一个权重，将其设置为 0.5。

8.2.2 基于像素级迁移的自适应特征提取

在 JPFT 算法中，像素级的迁移主要采用了 CycleGAN 算法[12]，它能够在源数据域和目标数据域之间互相进行图像风格的转换，同时不要求源数据域和目标数据域的图像具有一一对应的关系，具有很强的灵活性。具体而言，对于源数据域 S 和目标数据域 T 中的任意两张掌纹图像 $\{x_i^S\in S\}$ 和 $\{x_j^T\in T\}$，CycleGAN 将图像从源(目标)数据域中映射到目标(源)数据域,构造和目标(源)数据域风格相似的虚假图像。转换过程中映射是双向的,一般存在两个映射函数,即生成器 $G_{S\to T}:S\to T$ 和 $G_{T\to S}:T\to S$,分别用于源数据域到目标数据域的映射和目标数据域到源标数据域的映射,以及两个对抗式鉴别器 D_S 和 D_T 。类似于生成对抗网络,生成器的优化目标是生成和另一个数据域十分相似的图像,以便迷惑鉴别器使其无法区分输入的图像来自哪个数据域,而鉴别器的优化目标是准确地判断输入图像的数据域标签。在训练时,生成器和鉴别器交替进行训练,在训练的初期,生成器的性能较差,其生成的图像与目标数据域的差别还比较大,因此鉴别器可以很容易地进行判断,随着训练的深入,生成器的能力不断增强,能够生成高质量的虚假图像骗过鉴别器,使其不再能准确区分图像的数据域标签,证明生成器生成了满意的图像,可以结束训练。CycleGAN 还引入了一个循环不变性损失,要求一个数据域的图像转换到另一个数据域后,重新再经过一次变换转换回原来的数据域时,生成的图像应尽可能地和原图像相似。CycleGAN 的整体优化目标可以表示为:

$$L(G_{S\to T},G_{T\to S},D_S,D_T) = L_{\mathrm{GAN}}(D_T,G_{S\to T},S,T) + L_{\mathrm{GAN}}(D_S,G_{T\to S},T,S) + \lambda L_{\mathrm{cyc}}(G_{S\to T},G_{T\to S}) \tag{8-6}$$

$$L_{\mathrm{GAN}}(D_T,G_{S\to T},S,T) = E[\lg D_T(x_T)] + E\{\lg[1 - D_T(G_{S\to T}(x_S))]\} \tag{8-7}$$

$$L_{\mathrm{GAN}}(D_S,G_{T\to S},T,S) = E[\lg D_S(x_S)] + E\{\lg[1 - D_S(G_{T\to S}(x_T))]\} \tag{8-8}$$

$$L_{\mathrm{cyc}}(G_{S\to T},G_{T\to S}) = E\{\| G_{T\to S}[G_{S\to T}(x_S)] - x_S \|_1\} + E\{\| G_{S\to T}[G_{T\to S}(x_T)] - x_T \|_1\} \tag{8-9}$$

其中,L_{GAN} 表示对抗损失;L_{cyc} 表示循环不变性损失;λ 是个超参数,设置为 10。

基于 CycleGAN,可以生成风格类似于目标数据域的虚假掌纹图像,但是这些图像同时还应该保持类别信息不变,即同一个类别的源图像生成的虚假图像仍旧需要属于同一个类别,以便生成的虚假图像可以作为扩充的训练数据,因此引入类别损失 L_{id},约束图像转换前后的类别信息。结合所用的基于深度哈希网络的特征提取器,通过约束掌纹图像转换前后特征间的差异来减少类别信息的损失,表示为:

$$L_{id} = \sqrt{(U_{S_i} - U_{F_i})(U_{S_i} - U_{F_i})^{\mathrm{T}}} \tag{8-10}$$

其中,U_{S_i} 和 U_{F_i} 表示第 i 张源数据域图像和其生成的虚假图像的特征。

因此,像素级迁移的整体优化目标可以表示为:

$$L_p = L(G_{S\to T},G_{T\to S},D_S,D_T) + L_{id} \tag{8-11}$$

8.2.3 基于特征级迁移的自适应特征提取

尽管像素级的风格迁移可以有效地减少源掌纹数据域和目标掌纹数据域之间的差异,但是基于生成对抗网络的风格迁移模型训练比较困难,容易产生模式塌陷,需要经过非常多的迭代次数才能生成质量较好的图像,因此需要进一步引入特征级的迁移来减少识别模型对像素级迁移的依赖。通过像素级的迁移,我们可以获得和目标数据域风格相似的虚假掌纹图像,组成虚假数据域,并且它们也都带有类别标签,可以作为扩充的数据帮助识别模型的训练和学习,提高泛化能力。掌纹识别的核心是获得具有明显类内与类间差异的可识别特征,我们采用基于深度哈希网络的特征提取器分别提取到源数据域、目标数据域和虚假数据域中掌纹图像的特征编码,由于深度神经网络的前几层一般提取的是通用的基础特征,如边缘等,而后面的网络层提取的是高级特征,因此将特征提取器分为两部分,即公用部分 F 与专用部分 F_S 和 F_F ,由于目标数据域与源数据域和虚假数据域之间存在领域差异,深度哈希网络提取的特征还不能直接用来进行跨数据集匹配,需要采用领域自适应算法实现特征级迁移。

首先将目标数据域的图像特征分别与源数据域图像特征和虚假数据域图像特征组合成特征对,特征级迁移的目的是使得两组特征对内部的特征分布尽可能相同,因此通过约束特征之间的多核最大均值差异 MK－MMD 来减少它们的分布差异。MK－MMD 改进于 MMD,经常用来在再生希尔伯特空间中衡量两个分布之间的差异。这里以源数据域 $\{x_i^S \in S\}$ 和目标数据域 $\{x_j^T \in T\}$ 为例,它们之间的 MK－MMD 可以表示为:

$$L_{\text{MK-MMD}} = \frac{1}{n^2}\sum_{i=1}^{n}\sum_{i'=1}^{n}k(x_i^S,x_{i'}^S) - \frac{2}{mn}\sum_{i=1}^{n}\sum_{j=1}^{m}k(x_i^S,x_j^T) + \frac{1}{m^2}\sum_{j=1}^{m}\sum_{j'=1}^{m}k(x_j^T,x_{j'}^T) \tag{8-12}$$

其中核 k 是 $\{k_u\}$ 的凸组合,表示为:

$$K \underline{\underline{\Delta}} \{k = \sum_{u=1}^{c}\beta_u k_u : \sum_{u=1}^{c}\beta_u = 1, \beta_u \geq 0, \forall u\} \tag{8-13}$$

在特征级迁移中,一共生成了两组特征对,需要分别约束它们之间的 MK－MMD 损失,其中目标数据域与源数据域特征对之间的 MK－MMD 损失记作 $L_{\text{MK-MMD}}^{TS}$,目标数据域与虚假数据域特征对之间的 MK－MMD 损失记作 $L_{\text{MK-MMD}}^{TF}$ 。

另外,JPFT 算法分别为源数据域与虚假数据域设计了两个的特征提取器, F_S 与 F_F ,

它们也都需要处理目标数据域的图像,获得两个特征编码。对于同一张目标数据域图像来说,F_S 和 F_F 提取到的特征编码应该尽可能相同,因此这里又引入一个一致性损失 L_{consis} 约束它们之间的差异,表示为:

$$L_{\text{consis}} = |c_{T_i}^S - c_{T_i}^F| \tag{8-14}$$

其中,$c_{T_i}^S$ 为特征提取器 F_S 提取的目标掌纹图像的特征编码;$c_{T_i}^F$ 为特征提取器 F_F 提取的目标掌纹图像的特征编码。

因此,联合像素级迁移与特征级迁移,JPFT 算法整体的优化目标可以表示为:

$$L = L_{\text{DHN}}^S + L_{\text{DHN}}^F + L_p + L_{\text{MK-MMD}}^{TS} + L_{\text{MK-MMD}}^{TF} + \beta L_{\text{consis}} \tag{8-15}$$

其中,L_{DHN}^S 与 L_{DHN}^F 分别是源数据域与虚假数据域的 DHN 损失,β 是一个超参数。

8.3 实验与结果分析

8.3.1 实验数据库

8.3.1.1 西安交通大学非限制性掌纹数据库

为了减少掌纹图像采集过程中的要求,促进掌纹识别的实际应用,研究者在非限制性条件下建立了西安交通大学非限制性掌纹数据库(Xi'an Jiaotong University Unconstrained Palmprint database,XJTU-UP 数据库)[13]。XJTU-UP 数据库采集自 5 种常见的手机,即 Samsung Galaxy Note5、LG G4、MI 8、HUAWEI Mate 8 和 iPhone 6S。在图像采集过程中,除了手机没有其他的辅助设备,志愿者自己手持 5 种手机在室内进行拍摄,并可以按照自己的意愿,自由地选择图像拍摄的背景和角度,只需要保证图像中包含完整的手掌。同时,要求志愿者尽量多地变换手掌拍摄的背景和姿势,以便增加采集的图像的多样性,从而提高它的应用范围。采集时采用了两种光照,分别是室内的自然光(nature)和每个手机自带的闪光灯(flash)。根据不同的采集设备和光照,将它们命名为 SF(闪光灯光照下采用 Samsung Galaxy Note5 采集)、SN(自然光照下采用 Samsung Galaxy Note5 采集)、LF(闪光灯光照下采用 LG G4 采集)、LN(自然光照下采用 LG G4 采集)、MF(闪光灯光照下采用 MI 8 采集)、MN(自然光照下采用 MI 8 采集)、HF(闪光灯光照采用 HUAWEI Mate8 采集)、HN(自然光照下采用 HUAWEI Mate8 采集)、IF(闪光灯光照下采用 iPhone 6s 采集)和 IN(自然光照下采用 iPhone 6s 采集)。XJTU-UP 数据库中的样例如图 8－4 所示。

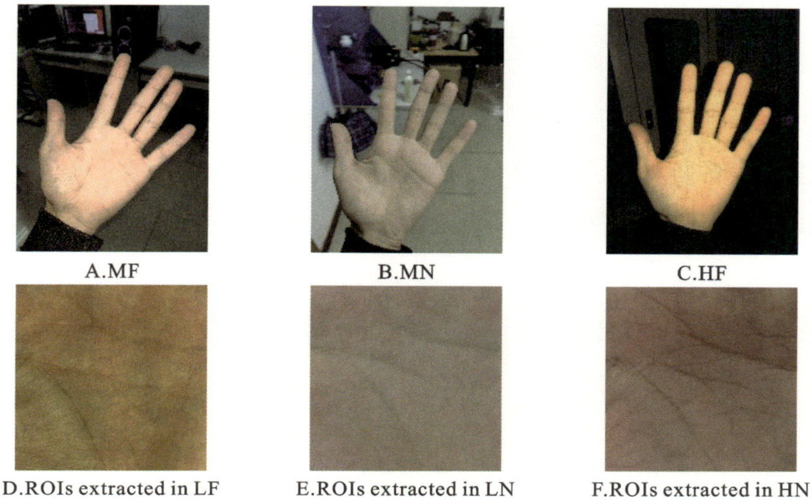

图 8－4　XJTU－UP 数据库中的图像样例

8.3.1.2　PolyU 多光谱掌纹数据库

PolyU 多光谱掌纹数据库由香港理工大学的张大鹏团队采集,是目前学术上最常用的掌纹数据库之一[14]。该数据库采集自 4 种不同的光谱,分别为蓝光(Blue)、绿光(Green)、红光(Red)与近红外光(Near-Infrared,NIR)。在 4 种光谱下一共采集了 250 个志愿者的 24000 张掌纹图像。根据不同的光照,PolyU 多光谱掌纹数据库可以划分为四个独立的子数据集使用,分别记作 Blue、Green、Red 和 NIR,每个子数据集包含了隶属于 500 个类别的 6000 张手掌图像。PolyU 多光谱掌纹数据库的图像样例如图 8－5 所示。

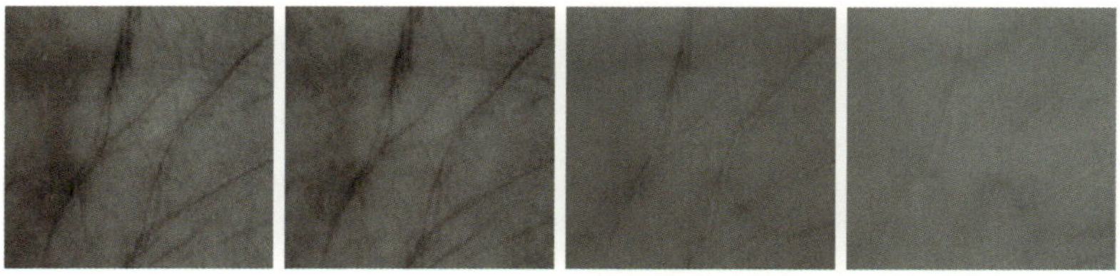

图 8－5　PolyU 多光谱掌纹数据库中的感兴趣区域

8.3.2　实验设置

在实验中,随机从每个数据库中选择一个子数据集作为源数据集,随机选择另一个不同的子数据集作为目标数据集。源数据集中的每张掌纹图像都可以生成与目标数据集风格相似的虚假图像,因此可以获得一个与源数据集数量相同、带标签的虚假数据集。在掌纹鉴别实验中,将源数据集或虚假数据集中的掌纹图像作为注册图像,目标数据集中的掌纹图像作为待识别图像,将目标数据集中的每张掌纹图像与源数据集或虚假数据集中的所有图像进行匹配,找到与其最相似的一张图像,如果它们来自同一个人,则认为匹配成功,否则认为匹配失败,然后计算跨数据集识别的准确率作为模型的评价指标。对于掌纹验证实验来说,采用特征提取器 F_S 和 F_F 提取目标数据集图像的特征编码,然后将这些特征编码两两进行匹配,计算它们之间的汉明距离,最终计算得到等错误率,用于评价模型的性能。在整个实验中,目标数据集的标签不参与模型的训练过程,仅在测试阶段用于对识别模型进行评估。

8.3.3 XJTU-UP 数据库上的结果

XJTU-UP 数据库包含 10 个采集自不同环境和设备的子数据集,分别选择 SF 和 IN 数据集作为源数据集,其余的数据集作为目标数据集进行实验。实验结果如表 8-1 与表 8-2 所示。表中“仅用源数据集训练”表示特征提取器只在源数据集的图像上进行训练,然后不经过迁移学习直接在目标数据集上进行测试(下同),这个方法作为基准方法(baseline),另外表中给出了 JPFT 算法相对于基准方法识别准确率提高的幅度与等错误率下降的幅度。

表 8-1 XJTU-UP 数据库上跨数据集识别的准确率(%)

源数据集	目标数据集	仅用源数据集训练	JPFT	提高幅度
SF	LF	95.30	99.00	↑3.70
SF	LN	73.15	82.65	↑9.50
SF	SN	78.87	98.20	↑19.33
SF	IF	90.10	94.85	↑4.75
SF	IN	60.85	70.80	↑9.95
SF	HF	86.80	95.75	↑8.95
SF	HN	58.35	86.45	↑28.10
SF	MF	94.50	96.45	↑1.95
SF	MN	72.25	82.10	↑9.85
IN	LF	80.90	91.45	↑10.55

续表

源数据集	目标数据集	仅用源数据集训练	JPFT	提高幅度
IN	LN	90. 35	95. 20	↑4. 85
IN	SF	79. 20	85. 05	↑5. 85
IN	SN	90. 05	95. 00	↑4. 95
IN	IF	94. 20	98. 10	↑3. 90
IN	HF	67. 75	88. 80	↑21. 05
IN	HN	90. 15	95. 20	↑5. 05
IN	MF	88. 45	92. 05	↑3. 60
IN	MN	91. 30	95. 25	↑3. 95

表 8－2 XJTU－UP 数据库上跨数据集识别的等错误率(%)

源数据集	目标数据集	仅用源数据集训练	JPFT	下降幅度
SF	LF	0. 74	0. 16	↓0. 58
SF	LN	5. 27	2. 61	↓2. 66
SF	SN	3. 42	0. 52	↓2. 90
SF	IF	0. 95	0. 30	↓0. 65
SF	IN	4. 91	1. 96	↓2. 95
SF	HF	2. 49	1. 08	↓1. 41
SF	HN	6. 78	2. 09	↓4. 69
SF	MF	1. 04	0. 28	↓0. 76
SF	MN	4. 36	1. 85	↓2. 51
IN	LF	2. 28	0. 20	↓2. 08
IN	LN	2. 00	0. 85	↓1. 15
IN	SF	2. 24	0. 45	↓1. 79
IN	SN	1. 58	0. 50	↓1. 08
IN	IF	1. 12	0. 33	↓0. 79
IN	HF	4. 19	1. 74	↓2. 45
IN	HN	1. 73	0. 92	↓0. 81
IN	MF	1. 76	1. 14	↓0. 62
IN	MN	1. 20	0. 082	↓1. 12

从跨数据集识别的准确率可以看出，由于不同的子数据集采集的设备与环境不同，跨数据集的识别准确率相差比较大，当 SF 数据集选为源数据集，LF 数据集选为目标数据

集时,识别准确率最高,达到了 99.00%;当 SF 数据集选为源数据集而 HN 数据集选为目标数据集时,跨数据集识别的准确率提升的幅度最大,达到了 28.10%。从表 8-2 中的等错误率结果可以看出,当 SF 数据集选为源数据集,HN 数据集选为目标数据集时,等错误率下降的幅度最大,达到了 4.69%;当 IN 数据集选为源数据集,MN 数据集选为目标数据集时,识别效果最好,等错误率仅为 0.082%。

8.3.4 PolyU 多光谱掌纹数据库上的结果

PolyU 多光谱掌纹数据库包含 4 个子数据集,这里分别选择其中的 Blue 数据集和 Red 数据集作为源数据集,其余的数据集作为目标数据集。实验结果如表 8-3 与表 8-4 所示。类似地,表中给出了基准方法的识别结果、JPFT 算法的结果以及它们之间的变化幅度。PolyU 多光谱掌纹数据库是在限制性条件下采集的,图像质量较好,因此识别精度较高。从表 8-3 中可以看出,当 Blue 数据集作为源数据集、Red 数据集作为目标数据集时,跨数据集的识别准确率最高,达到了 100.00%;同时当 Red 数据集作为源数据集,NIR 数据集作为目标数据集时,跨数据集识别的准确率提升幅度最高,准确率提升了 6.45%。从表 8-4 的掌纹验证实验结果中可以看出,同样当 Blue 数据集与 Red 数据集分别选为源数据集与目标数据集时,获得了最好的识别结果,等错误率为 0.00%;当 Blue 数据集选为源数据集,NIR 数据集选为目标数据集时,识别结果改善得最多,等错误率降低了 2.26%。另外从结果中还可以看出,当 NIR 数据集作为目标数据集时,跨数据集识别的效果是最差的,这是因为 NIR 是在近红外光下采集的,相比于其他光谱下的图像,包含的纹理特征较少,虽然可以采集到部分掌静脉特征,但是由于光线微弱,捕获的静脉特征有限。

表 8-3 PolyU 多光谱掌纹数据库上跨数据集识别的准确率(%)

源数据集	目标数据集	仅用源数据集训练	JPFT	提升幅度
Blue	Green	99.42	99.85	↑0.43
Blue	Red	99.80	100.00	↑0.20
Blue	NIR	92.57	96.43	↑3.86
Red	Blue	99.33	99.50	↑0.17
Red	Green	99.27	99.53	↑0.26
Red	NIR	90.52	96.97	↑6.45

表 8－4 PolyU 多光谱掌纹数据库上跨数据集识别的等错误率(%)

源数据集	目标数据集	仅用源数据集训练	JPFT	提升幅度
Blue	Green	0. 17	0. 055	↓0. 115
Blue	Red	0. 00	0. 00	↓0. 00
Blue	NIR	4. 03	1. 77	↓2. 26
Red	Blue	0. 26	0. 073	↓0. 187
Red	Green	0. 30	0. 034	↓0. 266
Red	NIR	0. 44	0. 25	↓0. 19

8. 4 本章小结

联合像素级与特征级迁移的跨数据集掌纹识别算法 JPFT 首先在像素级迁移上,基于风格迁移模型将源数据集中的图像转换为和目标数据集风格类似的虚假掌纹图像,从而减小与目标数据集之间的差异,同时引入一个类别损失,保持掌纹图像转换前后的类别信息不变,这样能够同时获得一批带标签的虚假掌纹图像,帮助识别模型的训练,提高模型的泛化能力。在特征级迁移上,将目标数据集分别与源数据集和虚假数据集组成图像对,在采用基于深度哈希网络的特征提取器提取到掌纹特征后,引入 MK-MMD 损失减少图像对内部特征分布之间的差异,同时引入一个一致性损失,约束不同特征提取器提取的同一张目标图像的特征之间的距离,作为辅助信息帮助模型的训练与学习。最后,通过像素级与特征级的迁移在源数据集、虚假数据集与目标数据集中提取到自适应的特征,实现跨数据集的掌纹识别。

(钟德星)

参考文献

[1] JAIN A K, DEB D, ENGELSMA J J. Biometrics: trust, but verify[J]. IEEE

Transactions on Biometrics, Behavior, and Identity Science, 2022, 4 (3): 303 - 323.

[2] ZHONG D, DU X, ZHONG K. Decade progress of palmprint recognition: a brief survey [J]. Neurocomputing, 2019, 328: 16 - 28.

[3] SHAO H, ZHONG D. Towards open-set touchless palmprint recognition via weight-based Meta metric learning[J]. Pattern Recognition, 2022, 121: 1 - 12.

[4] ZOU Y, LIU C, SHAO H, et al. Unsupervised palmprint image quality assessment via pseudo-label generation and ranking guidance[J]. IEEE Transactions on Instrumentation and Measurement, 2023, 72: 1 - 14.

[5] SU L, FEI L, ZHAO S, et al. Learning modality-invariant binary descriptor for crossing palmprint to palm-vein recognition[J]. Pattern Recognition Letters, 2023, 172: 1 - 7.

[6] MATKOWSKI W M, CHAI T, KONG A W K. Palmprint recognition in uncontrolled and uncooperative environment [J]. IEEE Transactions on Information Forensics and Security, 2020, 15: 1601 - 1615.

[7] PAN S, YANG Q. A survey on transfer learning[J]. IEEE Transactions on Knowledge and Data Engineering, 2010, 22 (10): 1345 - 1359.

[8] SHAO H, ZHONG D. Towards cross-dataset palmprint recognition via joint pixel and feature alignment[J]. IEEE Transactions on Image Processing, 2021, 30: 3764 - 3777.

[9] LIU H, WANG R, SHAN S, et al. Deep supervised hashing for fast image retrieval[J]. International Journal of Computer Vision, 2019, 127 (9): 1217 - 1234.

[10] ZHONG D, SHAO H, DU X. A hand-based multi-biometrics via deep hashing network and biometric graph matching [J]. IEEE Transactions on Information Forensics and Security, 2019, 14 (12): 3140 - 3150.

[11] CHOPRA S, HADSELL R, LECUN Y. Learning a similarity metric discriminatively, with application to face verification [C]//2005 IEEE Computer Society Conference on Computer Vision and Pattern Recognition (CVPR). San Diego, CA, USA, 2005: 539 - 546.

[12] ZHU J, PARK T, ISOLA P, et al. Unpaired image-to-image translation using cycle-consistent adversarial networks[C]//16th IEEE International Conference on Computer Vision (ICCV). Venice, ITALY, 2017: 2242 - 2251.

[13] SHAO H, ZHONG D, DU X. Deep distillation hashing for unconstrained palmprint recognition[J]. IEEE Transactions on Instrumentation and Measurement, 2021, 70: 1-13.

[14] ZHANG D, GUO Z, LU G, et al. An online system of multispectral palmprint verification [J]. IEEE Transactions on Instrumentation and Measurement, 2010, 59 (2): 480-490.

第 9 章
动物和微生物生物识别

9.1 动物与微生物 DNA 研究在智能识别领域的作用

在生物信息学和人工智能迅猛发展的背景下，基于 DNA 的智能识别技术正逐步成为生命科学、环境监测与保护、濒危物种保护、公共卫生及食品安全等领域的重要工具。DNA 序列因其高度的特异性和稳定性，成为极具潜力的生物识别标志，不仅可用于个体身份鉴定，还能用于追踪微生物群落动态、溯源疾病、监测生态环境，以及应对突发公共卫生事件。动物和微生物 DNA 研究结合先进的多组学测序技术和机器学习算法，为智能识别提供了坚实的数据基础和技术支持，有望推动生物安全、医学诊断及动植物保护等领域的深刻变革。

传统的物种个体识别方法依赖形态学特征，常在面对形态相似的物种或幼体阶段个体时受到限制，容易混淆趋同进化形成的相似性状特征。而 DNA 条形码（DNA barcoding）技术通过特定基因序列（如线粒体基因或核基因）进行物种鉴定，大幅提升了分类的准确性。此外，环境 DNA（environmental DNA，eDNA）技术的兴起，使科学家能够从水体、土壤或空气样本中检测并识别特定生物的DNA片段，实现无创、实时的生态监测。例如，在保护生物学中，eDNA技术被用于探测濒危物种的活动范围，从而优化保护策略。在法医学和野生动物保护领域，DNA分析已广泛应用于非法狩猎和物种走私的溯源，通过将未知样本与已建立的DNA数据库比对，精准定位个体来源。

微生物DNA在智能识别中的研究与应用涵盖医学诊断、食品安全、环境监测和公共卫生等多个方面。微生物组学(microbiomics)研究揭示了不同环境和宿主个体间独特的微生物群落特征。例如，人体皮肤、肠道和口腔中的微生物组成可作为个体身份识别的新型生物标记。近年来，基于机器学习的微生物DNA分析技术显著提高了个体识别的精度。人体微生物组的组成模式在短期内具有较高的个体特异性，可用于犯罪现场分析，通过比对皮肤或肠道微生物DNA锁定潜在嫌疑人。在食品安全领域，微生物DNA检测技术被用于识别食品中的致病菌或污染源。例如，基于16S rRNA测序的病原体溯源技术能够快速定位污染食品中的微生物来源，防止食品安全事故扩大。此外，微生物尤其是病毒的鉴定能够及时发现突发传播的病毒变异株，为公共卫生防控提供早期预警。

随着生物信息学和人工智能技术的深度融合，基于DNA的智能识别体系不断完善。例如，深度学习模型能够对海量的DNA序列数据进行自动分类和模式识别，显著提升了病原体鉴定、环境监测和精准医疗的检测精度与效率。此外，合成生物学的发展使DNA存储技术成为可能，通过将生物信息编码为DNA分子，为未来的信息存储和身份验证提供了全新思路。这一技术融合预示着智能识别领域将迎来更广阔的发展前景。

（熊子军）

9.2 朱鹮个体识别

9.2.1 朱鹮群体历史衰退与恢复

朱鹮(Nipponia nippon)被国际自然保护联盟(IUCN)红皮书列为濒危鸟类，其保护故事，特别是通过基因组学技术对朱鹮进行个体识别与保护，体现了动物DNA识别在保护动物方面的努力与成就。

朱鹮的历史分布曾覆盖东北亚，包括中国、俄罗斯、韩国和日本。研究表明，朱鹮在19世纪60年代之前仍较为常见，但由于过度捕猎和栖息地丧失，其种群数量在19世纪末和20世纪初急剧下降。到1981年，朱鹮被认为已在野外灭绝。

1981年末，一项重要的国际调查在我国的陕西洋县发现7只朱鹮，包括两对繁殖成鸟（其中一对带3只雏鸟）。这一发现标志着该物种最后已知野外种群的重新发现，扭转了其灭绝的命运。这7只野生鸟成为后续朱鹮保育工作的核心种群基础。

2023年的统计显示，朱鹮全球种群从1981年的7只到2023年的11000只，其种群恢复不仅为生物多样性保护提供了范例，也为其他濒危物种的保护提供了宝贵经验。图9－1为朱鹮的种群数量动态图。

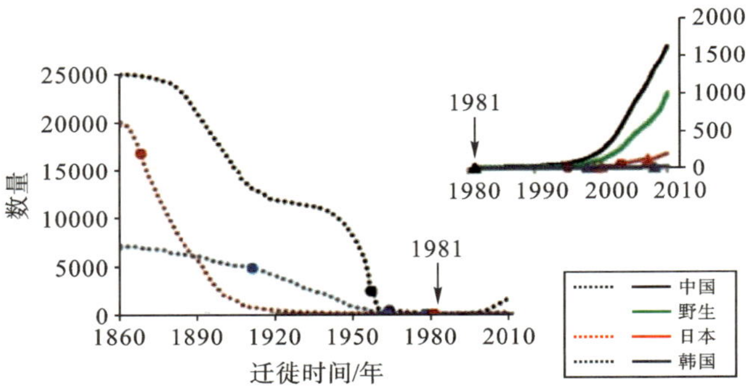

图9－1　朱鹮的种群数量动态

数据基于历史记录和科学文献。曲线（虚线）表示种群瓶颈发生的时间，瓶颈里程碑用实菱形表示。该图放大了1980年到2010年的曲线。彩色实心三角形表示有记录的历史事件。垂直向下的箭头表示在1981年发现了两对幸存的繁殖鸟。

9.2.2　朱鹮全基因组组装与群体遗传学分析

9.2.2.1　朱鹮基因组组装

为了获得高质量的基因组组装，研究采用了PacBio高保真（HiFi）长读测序结合Hi-C空间构象捕获技术，以生成染色体级别的基因组。

首先，使用标准协议构建15kb DNA SMRTbell文库，并在PacBio Sequel Ⅱ平台上进行循环一致性测序(CCS),以获得高准确度的长读序列(HiFi reads)。随后,利用 Hifiasm 在默认参数下对 HiFi 读段进行 de novo 组装,生成初始的 contig 序列。

为了进一步提升组装质量并获得染色体级基因组,构建了高通量染色质构象捕获(Hi-C)文库。具体而言,使用 *Mbo* Ⅰ 限制性内切酶对交联的染色质进行酶切,并在 Illumina NovaSeq 6000 平台上进行测序,以获得高分辨率的三维基因组数据。Hi-C 原始数据经过 Juicer 管道处理,首先比对到初步组装的 contig 序列上。随后,使用 3D-DNA 软件进行染色体锚定,将 contig 归位到染色体框架中,并利用 Juicebox 可视化检查组装质量。为了优化染色体的构建,进一步手动调整 contig 的顺序和方向,确保其符合染色体结构的准确性,最终获得高质量的染色体级基因组组装。

9.2.2.2 重复序列注释

为了全面识别基因组中的重复序列,我们采用了一系列先进的生物信息学工具。首先,使用 Tandem Repeats Finder 对基因组进行串联重复序列(tandem repeat, TR)的预测。对于转座元件(transposable elements, TE),我们利用 RepeatProteinMask 在蛋白质数据库中搜索潜在的 TE 元素,并结合 RepeatModeler2 构建 de novo 重复序列库,以确保高效识别物种特有的重复序列类型。随后,我们使用 RepeatMasker 结合 de novo 生成的重复序列库及 Repbase 数据库,对 TE 进行分类和注释,以获得全面的转座元件数据集。

9.2.2.3 蛋白编码基因注释

基因组的蛋白编码基因注释采用整合型策略,结合转录组数据、同源基因信息和 de novo 预测,确保基因注释的准确性和完整性。

采集多个组织和不同发育阶段的 RNA-seq 数据,以提高低表达基因的检测率。采用 Trinity 进行 de novo 转录组组装,并利用 HISAT2 + StringTie 对基因组比对的转录组数据进行拼接组装。过滤低质量转录本,并去除可能的污染序列,以提高基因模型构建的精确度。使用 Augustus 结合高质量转录本数据及屏蔽后的基因组数据,训练物种特异性基因模型。从公共数据库(Supplementary Data 9)下载鸸鹋、鸡、野鸭、和尚鹦鹉、金雕、斑胸草雀、白鹭、双冠鸬鹚等鸟类物种的蛋白质序列。选择每个基因的最长转录本,并采用 BLAST + (tblastn) 比对至基因组,设定 e-value $< 1e^{-5}$ 以确保高质量比对结果。采用 GeneWise 解析比对结果,精确预测基因结构,包括外显子 – 内含子边界、剪切位点及编码

序列。利用 BLAT 将所有组装的转录本比对至基因组,筛选匹配度 >90%、覆盖度 >90% 的转录本,并排除低可信度比对。采用 PASA 对比对结果进行进一步处理,过滤重叠序列并连接剪切比对数据,以优化基因结构。采用 EvidenceModeler 整合 de novo 预测、同源比对及转录组比对结果,生成最终的高置信度基因注释集。

9.2.2.4 重测序数据分析

为了高效、准确地分析朱鹮基因组的重测序数据,我们采用了严谨的流程,涵盖数据预处理、变异检测、连锁不平衡分析及种群历史推断等关键步骤。

1. 数据预处理与比对

采用 Illumina 平台 生成单个大小插入片段(500bp)的重测序数据。使用 FastQC 对原始 reads 进行质量评估,并利用 Trimmomatic 去除接头序列及低质量碱基。使用 Burrows-Wheeler Aligner(BWA-MEM)将高质量 reads 比对到朱鹮参考基因组。采用 Samtools 对比对结果进行排序(sort)、去除由 PCR 扩增过程产生的重复序列(rmdup),并过滤低质量比对结果(未比对 reads,平均质量 <10 或平均比对质量 <20)。仅保留唯一比对的 reads,以减少假阳性变异检测。

2. 单核苷酸多态性(SNP)检测

采用 GATK HaplotypeCaller 进行 SNP 变异检测,并使用 GenotypeGVCFs 生成初步变异集合。设定 SNP 过滤标准:质量评分(QUAL)≥20;覆盖深度(DP) >8× 且 <40×;侧翼序列拷贝数≤2;至少 3 个唯一比对 reads;SNP 之间的距离≥5bp(避免连锁错误);采用 Bcftools(v1.12)进行额外的变异过滤,以确保高质量 SNP 数据集。

3. 连锁不平衡(LD)分析

使用 Plink(v1.9)计算 SNP 位点的连锁不平衡(LD)。设定计算参数:窗口最大距离(maxdistance) =300kb;D值计算(dprime);最小基因型频率(minGeno) =0.6;最小次要等位基因频率(minMAF) =0.1;Hardy – Weinberg 平衡阈值(hwcutoff) =0.001;考虑样本大小对 LD 模式的影响,随机选择 5 只朱鹮进行 3 次重复实验,以提高统计稳健性。

4. 种群历史推断

采用 Pairwise Sequentially Markovian Coalescent(PSMC)分析朱鹮的历史有效种群大小。选择常染色体区域(scaffold≥50kb) 作为分析对象,共识别 478758 个杂合位点。设定 PSMC 运行参数:

- N30(共轭马尔可夫链迭代步数);

- t15(时间跨度参数);

- r5(变异率调整参数);

- p '4 +25 * 2 +4 +6'(时间段划分)。

通过 100 次自引导(bootstrapping)估计模拟方差,并使用朱鹮与小白鹭的全基因组核苷酸发散(10.31%)及发散时间(38.98×10^6 年)计算中性突变率:

$$\mu = \frac{0.1031 \times 3}{2 \times 38.98 \times 10^6} = 3.968 \times 10^{-9}$$

其中,朱鹮的平均世代时间设定为 3 年。

5. 近期种群动态推断

使用∂a∂i(demographic analysis using ∂a∂i)评估近期种群历史,基于 9 个朱鹮个体(8 个重测序个体 +1 个从头组装个体)。

选取高质量覆盖区域(>2 ×reads 覆盖的 9 个个体中至少有 6 个),以减少低覆盖率导致的偏差。采用已发布的方法鉴定 1420399 个 SNP 并构建输入数据集。

以小白鹭参考基因组作为推断祖先等位基因的外群参照。评估四个可能的种群演化模型,并选取最大对数似然值最高的模型作为最佳拟合模型。依据估算的 θ 值和突变率计算祖先种群大小(Na),并进行时间尺度转换。

9.2.2.5 净化选择分析

计算每个 500kb 窗口中的 SNP 等位基因数量:

$$Hp = \frac{2\sum nMAJ \sum nMIN}{(\sum nMAJ + \sum nMIN)^2}$$

采用标准化 Hp 值进行选择信号评估:

$$Z_{Hp} = \frac{Hp - \mu Hp}{\sigma_{Hp}}$$

设定显著选择阈值：

$$Z_{Hp} = -2.326(q\text{在正态分布中} < 0.01)$$

低 Z_{Hp}值区域可能代表受选择区域,并进一步结合基因功能注释进行分析。

9.2.2.6 全基因组 STR 分析(genome - wide STR analysis)

1. STR 识别

采用 Tandem Repeats Finder(TRF, v4.09)识别全基因组短串联重复序列(STR),设定参数：

Match = 2

Mismatch = 7

Delta = 7

PM = 80

PI = 10

Minscore = 30

MaxPeriod = 6

2. STR 验证

使用 E. Z. N. A. ™血液 DNA 提取试剂盒(Omega Bio-Tek Inc., USA)提取 DNA。采用 TIANamp 基因组 DNA 试剂盒进行 DNA 定量。

(1)PCR 扩增:采用 MicroAmp® 反应管(Applied Biosystems, USA),使用 GeneAmp® PCR System 9700(96 孔银或镀金银模块)进行扩增。

(2)片段分离:采用 ABI 3730 DNA 遗传分析仪(48 毛细管阵列系统) 进行 STR 片段分析。

(3)使用 Genemapper v3.5 进行基因分型。

综上,本研究采用高质量的数据处理流程,结合深度变异检测、连锁不平衡分析、种群历史推断、净化选择分析及全基因组 STR 研究,为朱鹮基因组进化、群体多样性及保护遗传学提供了坚实的数据支持。

9.2.3 朱鹮个体识别分析与育种保护

在朱鹮的保护和育种管理中,利用全基因组短串联重复序列(STR)分析取得了显著进展,特别是在减少近亲繁殖和提升遗传多样性方面。

濒危物种的保护需要精准的个体基因追踪,以降低近亲繁殖风险。然而,传统遗传标记数量有限,难以满足大规模个体识别的需求。基于基因组数据的方法,如STR辅助繁殖,为野外种群管理提供了高分辨率的遗传工具,使保护实践从小规模圈养繁殖向更科学的遗传管理转变。

本研究通过全基因组STR分析,为朱鹮的标记辅助育种提供了可靠的数据支持。首先,在朱鹮基因组中鉴定出约166000个STR位点(包括插入、缺失或错配序列),并在9只朱鹮个体(18个单倍型)中进行测试。结果显示,次要STR等位基因与主要等位基因平均相差4bp,18%的等位基因差异超过5bp。这一分析揭示了STR位点的多态性,为后续筛选奠定了基础。

进一步研究聚焦于4bp的STR,在105只朱鹮个体中确定了300个杂合性位点,并筛选出23个高信息量STR标记(22个位于常染色体,1个位于W染色体)。其中,W染色体上的31bp插入位点成功用于性别鉴定,提高了雄性(ZZ)和雌性(ZW)的识别精度。这一性别标记的应用解决了基于形态学难以区分性别的问题。

DNA识别分析平台(DIP)所筛选的STR标记组合展现出强大的个体识别能力,其集体识别力为0.628,排除概率为0.994,在亲子关系分析中准确率高达99.997%。在四代家系的系谱分析中,该平台的高精度表现为重建谱系关系提供了可靠工具,支持个体身份确认,并有助于优化繁殖配对,减少近亲繁殖风险。

从基因组学角度来看,朱鹮个体识别的最先进方法仍是采用基于STR的DIP平台。该平台凭借其高精度个体鉴定、亲子鉴定和谱系重建能力,成为当前保护管理的标准方法。尽管SNP和全基因组测序展现了未来应用潜力,但目前STR仍是最具实用性的技术。洋县自然保护区通过结合GPS追踪与遗传检测,提升了野生个体的管理效率。这一综合策略为朱鹮种群的恢复与长期存续提供了强有力的保障。

图9-2为四个朱鹮亚种群的全基因组STR分析。

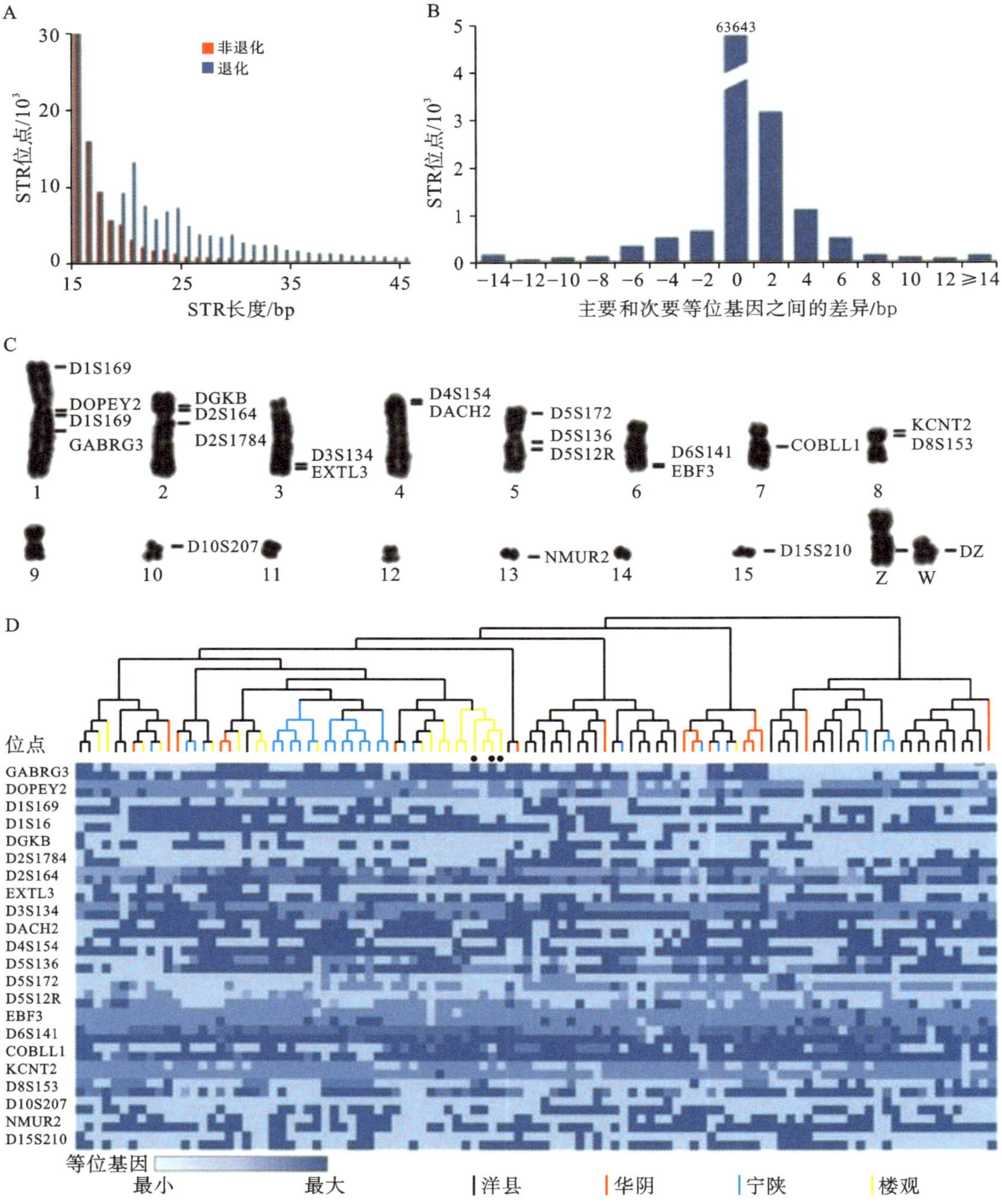

图 9-2　四个朱鹮亚种群的全基因组 STR 分析

A. STR(单位为 2bp、3bp、4bp、5bp 和 6bp)分布作为总重复长度的一部分。非简并 STR 不包含插入、删除或不匹配。B. 主要和次要等位基因间等位基因大小差异的近似随机分布($n=9$)。大小差异的计算方法是用主要等位基因长度减去次要等位基因长度。C. 本研究分型的朱鹮染色体遗传标记。22

个代表性 STR 和一个单性染色体(W)表示衍生标记。D. 基于22个 STR 基因座的个体识别。彩色的水平刻度条表示重复单元的数量(从最小值到最大值)。利用105个等位基因构建亚居群内的邻接树(洋县，$n = 42$；宁陕，$n = 27$；华阴，$n = 16$；楼观，$n = 20$)。实心圆圈表示来自一个家庭的三个个体。

(李生斌　李　波　成　诚)

9.3　山羊基因组研究

山羊(Capra hircus)是重要的家畜物种之一，大约1万年前开始被驯化[1]。随着最初农作物的筛选，以及欧洲、非洲和亚洲地区的文化传播，动物驯化也迅速扩散开来。公元前7000年左右，农业在中东和亚洲发展起来后，人类永久性定居，这时驯养的动物确保了更好的食物和衣服供应。大约200年前，品种概念出现。近年来，人工授精的使用，选择压力再次增加，导致了一些性状性能高、多态性信息含量低、表型变化明显的商业化品种，如乳用山羊、绒用山羊和肉用山羊的品种形成[2]。

9.3.1　背景

山羊的数量达8亿只，品种达560个(占哺乳动物品种总数的12%)。它们是适应性最强的牲畜之一，为人类消费提供奶、肉和绒。尽管这个物种很重要，但与其他畜牧动物相比，山羊基因组的研究仍处于起步阶段。基于基因组序列的山羊数量性状位点(QTL)取得了进展，但其整体研究仍落后于牛、猪、狗和鸡等物种。

本实验对来自3个品种的15只家养山羊和来自2个不同品种的4只野山羊进行重测序(测序深度约29 ×，基因组覆盖率99%)。高质量的测序数据用来定义山羊驯化历史中的人工选择相关基因。

9.3.2　方法

9.3.2.1　样本采集和测序

对19只山羊的DNA样本进行测序，其中4只来自野生山羊(2只 Markhor 和2只

Sindh ibex,来自巴基斯坦奎达地区的皮肤活检样本),15 只国内样本来自 5 只萨能山羊(2008 年收集),5 只辽宁绒用山羊(2006 年收集),5 只雷州山羊(2007 年收集)。为了在群体水平上验证序列变异,研究者们对 7 个国内山羊品种进行了基因分型,包括 99 只萨能山羊、85 只辽宁绒用山羊、23 只雷州山羊、16 只安哥拉山羊、30 只关中山羊、26 只内蒙古绒用山羊和 24 只海南山羊。在 Illumina HiSeq X10 平台上使用双端测序(2 × 150bp)技术获得 DNA 序列。西安交通大学审查委员会批准了该研究方案(项目识别代码 2011 - 054)。

9.3.2.2 SNP、Inde(插入/缺失)和 CNV(拷贝数变异)的分析和验证

首先,使用 ANGSD 在所有个体中筛选出覆盖度 <8 的位点,只有当两个等位基因都至少有 4 条测序读段支持时,才在一个个体中称为杂合 SNP。使用 Genesky 生物技术公司(上海)的基于 NGS 的靶向区域测序分型方法验证了 SNP 检出率(97.43%)。其次,Dindel v1.01 用于分析每个个体的短插入/缺失(1 ~5bp)。只有当非 ref 等位基因被每条链上至少两次读数覆盖时才称之为 Indel。再次,基于成对比较,使用无对照软件检测 CNV。设定 1kb 的窗口,比较窗口和平均深度之间的覆盖深度,并识别出与参考值不同的 CNV 区域,合并不同样本之间重叠的 CNV 区域。

9.3.2.3 群体结构分析

研究者们使用 Eigensoft 软件包对所有人群规模常染色体 SNP 进行主成分分析(PCA)。基于所有常染色体 SNP 构建系统发育树,进化距离通过与 PHYLIP 的 p - 距离测量。

9.3.2.4 选择分析

为了在中国品种中找到选择性扫描区域,使用混合杂合度(Hp)和固定指数(Fst)进行分析。以基因组 100kb 大小为检测窗口,计算了 15 只家养山羊和 4 只野山羊之间的 Fst。然后将 Hp 转换为 Z_{Hp},将 Fst 转换为 Z_{Fst}。在性状相关区段(TAG)分析中,研究者们测量了成对的 Fst,并测试了一个国内品种和其他两个品种的组合。窗口通过阈值 Z_{Fst} = 4。位于这些提取区域的基因被指出为候选选择基因。

9.3.2.5 QTL 定位

我们从 Animal QTLdb 中下载已知的羊和牛的 QTL 数据,通过过滤“性状关联”或 *P*

>0.05 的术语来限定数据。使用 lastz 比对绵羊和山羊的基因组序列,并基于 lastz 产生的 axt 文件将 QTL 映射到山羊染色体。

9.3.3 数据解释

9.3.3.1 山羊群体的序列变异

本研究分别测序生成了家山羊和野山羊[1346 Gb(28.8 ×)和379 Gb (28.6 ×)]的原始数据。参考山羊基因组(GenBank 登录:GCA_00317765.1)鉴定出 23924294 个 SNP,1899827 个 Indel 和 2317 个 CNV。

9.3.3.2 单核苷酸多态性

首先,SNP 分为基因间区(76.20%)、内含子(23.06%)和蛋白编码(0.74%)SNP,计算非同义突变与同义突变的比值(NS/S)平均为 0.95。其次,我们在野山羊和家山羊群体内部和之间鉴定了数百万个 SNP。虽然野山羊特异性 SNP 的数量小于家养群体(5598396 vs. 12434312,共有 6061698),但这一结果可能反映了有偏采样(15 vs. 4),而不是群体间真正的遗传异质性。再次,乳用品种具有更多的特异性 SNP,表明最近引入了遗传异质性,而绒用品种则相反,拥有更多的共有 SNP。最后,比较所有染色体的杂合 SNP,发现肉用品种的杂合性显著低于其他两个品种($P = 0.0022$),表明在其育种过程中可能存在强选择或长期选择。

9.3.3.3 插入/缺失

对 1899827 个插入和缺失进行分类,其中约 0.13% (2420 个)发现于蛋白质编码区,平均每个个体样本有 499 个假基因。根据 Indel 数据,AADAC 基因似乎在乳用品种中被筛选出来,编码一种负责水解药物的酶。与综合征性智力障碍和早发性肥胖相关的 *MYT1L* 标记物显示出肉用品种特异性高频插入缺失多态性[3]。

9.3.3.4 拷贝数变异

在 1kb 检测窗口,家养山羊共检测到 2028 个 CNV(涉及 246 个基因,覆盖 32.0Mb 基因组区域),而野山羊则检测到 1616 个 CNV(涉及 144 个基因,覆盖 19.2Mb 基因组区域)。野山羊和肉用山羊品种的 CNV 数量相对于其他两个国内山羊品种较高。与乳用山羊和绒用山羊品种相比,肉山羊具有更多的品种特异性 CNV(38 相对于 33 和 22);3

个品种共有 11 个 CNV。

与前期研究相一致，研究者们在该区域观察到高频驯化相关 CNV，包括 *ASIP* 基因和 *AHCY* 基因，这两个基因与绵羊的皮肤色素沉着和毛色有关[4]。白毛山羊（萨能乳用山羊和辽宁绒用山羊）比彩色山羊（雷州山羊和野生山羊）有更多的 *ASIP* 和 *AHCY* 拷贝数。这一结果也在我们更大的种群抽样中得到了证实，包括白毛和黑毛的种群（$n = 54$）。因此，ASIP 基因和 AHCY 基因区域是山羊的驯化位点，可能是山羊毛色的选择位点。

9.3.3.5 家山羊和野生山羊的种群结构

采用主成分分析（PCA）和系统发育重建方法评价国内品种的种群结构。首先，基于全基因组 SNP 数据，Sindh ibex 在基因上比 Markhor 更接近国内品种。其次，我们的 PCA 结果表明，国内品种和野生品种既遥远又不同（图 9－3）。其中，如相邻树所示，两个国内品种彼此更接近，而萨能品种比其他两个国内品种更接近野生山羊。再次，所有结果共同表明，在山羊驯化中，乳用山羊的驯化可能先于绒用山羊和肉用山羊。

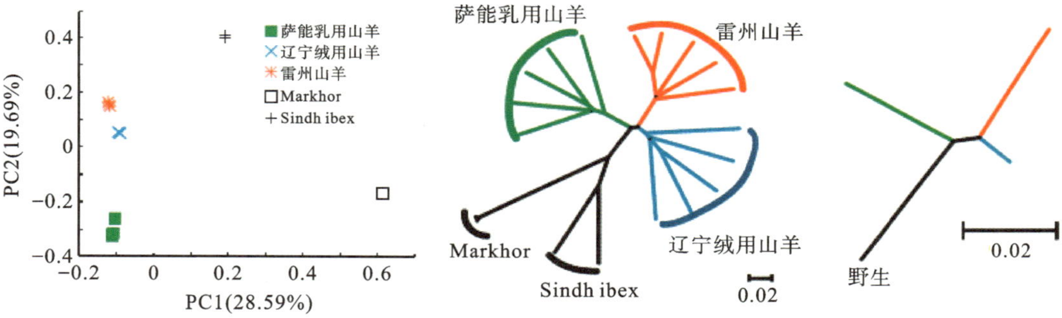

图 9－3　山羊的系统发育和种群结构

A. 基于所有已识别的常染色体 SNP 的 PCA。B. 基于常染色体 SNP 的系统进化树。Markhor 和 Sindh ibex 是野山羊的祖先。

9.3.3.6 驯化相关基因（DSG）

为了检测基因组区域选择性扫描的序列特征，我们首先使用所有家养品种个体的常染色体 SNP 在 100kb 滑动窗口内计算了混合杂合度（Hp）。我们还计算了固定指数（Fst），该指数反映了在 100kb 滑动窗口内基于常染色体 SNP 的家养和野生种群的分化。然后我们将混合杂合度和固定指数分别转化为 Z_{Hp} 和 Z_{Fst}，该方案定义了 67 个 DSG，基因组总长度为 3.2Mb（图 9－4）。67 个 DAG 均与 1、2 或 3 个山羊品种的 SAG 重叠。GO 富集分析表明,显著的富集条目是基因表达负调控、蛋白质核输入及分子对接过程。

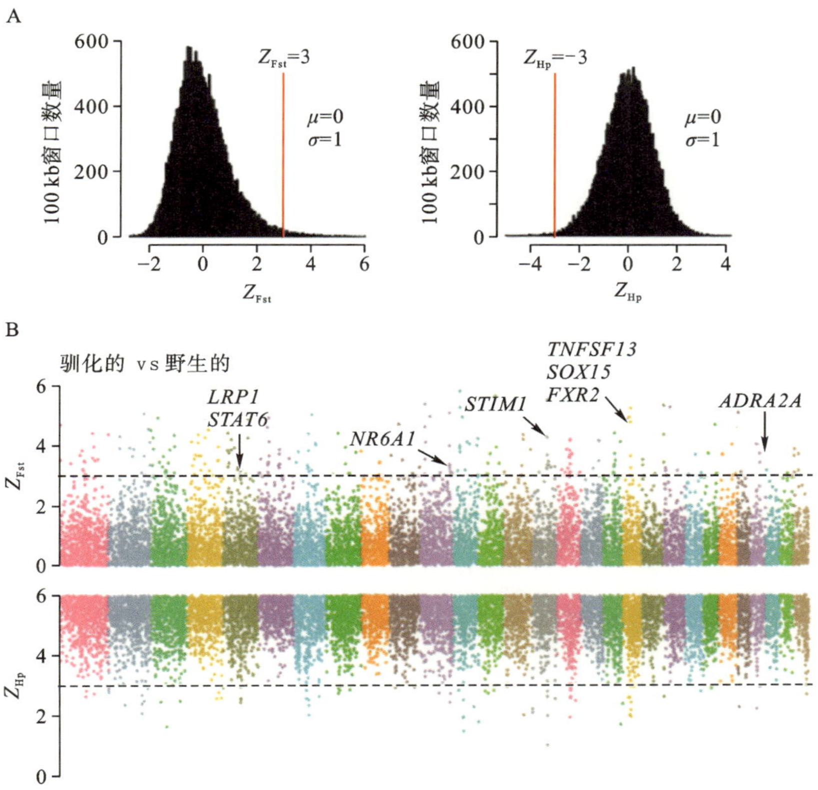

图9-4 候选区域

A. 常染色体1 ~ 29在15只家山羊中Z_{Hp}的分布和野山羊与家山羊之间的Z_{Fst}。红色竖线表示阈值。B. 用于提取异常值的Z_{Fs}t分布($Z_{Fst}>3$)和($Z_{Hp}<-3$)。虚线表示截止值。

这组DAG可能导致家养山羊和野山羊在行为、免疫和形态上的差异。首先,直接影响神经系统和行为的基因包括*ADRA2A*(调节神经递质释放)和*FXR2*(行为昼夜节律存在所必需)[5]。其次,*TNFSF13*和*STIM1*分别位于与牛体重增加相关的区域,以及在慢性感染过程中调节B细胞发育和T细胞介导的免疫调节[6]。再次,形态差异涉及基因*NR6A1*和*STAT6*,前者影响家猪的椎体数量,后者与体重、胴体和生长效率性状[7]相关。基于序列变异分析的研究结果支持这一观点:驯化过程中频繁的人工选择促使了温顺性等优选行为的形成,并提升了传染病抗性等适应性特征,以及肉、奶产量等性状相关质量指标。

9.3.3.7 国内品种性状相关基因

为发现三个品种的品种相关基因,研究者们在 100kb 窗口内对一个品种的 SNP 与其他两个品种的 SNP 进行了 Fst 和跨种群扩展单倍型纯合研究。

首先,与 19 个测序个体一致,肉用品种(雷州山羊和海南山羊)的 GDF5 T217C(氨基酸变化:R73G)位点以 C 等位基因占优势,而 T 等位基因在乳用山羊、绒用山羊和野生山羊中占优势。由于 R 在除山羊外的所有已知哺乳动物序列中都是保守的,可以认为 T 等位基因是祖先性的,而 C 等位基因是被选择的。此外,经查阅雷州肉用山羊的养殖历史,得知其体型比萨能绒用山羊和辽宁绒用山羊小。GDF5 是 tgf-β 超家族的一员,它与身高和多种骨骼结构[8]有关(图 9-5)。

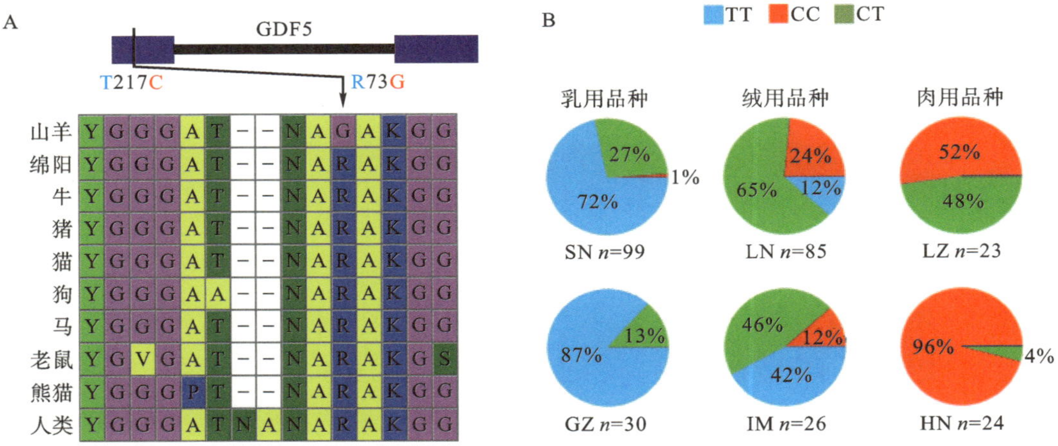

图 9-5 乳用品种和肉用品种 GDF5 位点的反向选择

A. 位于 GDF5 第一外显子的非同义 SNP T217C(R73G)。. B. 频率在不同性状相关性状上的差异。SN:萨能山羊,LN:辽宁绒用山羊,LZ:雷州山羊,GZ:关中山羊,IM:内蒙古绒用山羊,HN:海南山羊。

综上所述,野生山羊的驯化和随后密集的性状驱动的杂交、近亲繁殖和选择导致了显著的表型纯化和中间品种,为高质量的乳制品、羊绒羊毛和肉类生产提供了条件。基因组重测序为直接鉴定与驯化分子机制相关的性状相关序列变异品种提供了强有力的手段。

(张　宝　李生斌)

9.4 蝙蝠个体识别

蝙蝠是哺乳动物中翼手目动物（Chiroptera）的通称。翼手目是哺乳动物中仅次于啮齿目动物的第二大类群，蝙蝠是动物界中唯一会飞的哺乳动物。

蝙蝠携带着多种病毒，其中包括冠状病毒、埃博拉病毒、尼帕病毒和狂犬病病毒等高致病性病原体。这些病毒在蝙蝠体内通常不会引发严重疾病，这主要得益于蝙蝠独特而高效的免疫调控机制。然而，随着人类活动的扩展和生态环境的破坏，人类与蝙蝠的接触机会增多，病毒跨种传播的风险也随之上升。通过中间宿主（如果子狸、穿山甲等）或直接接触蝙蝠排泄物、唾液等途径，这些病毒有可能感染人类，引发严重的公共卫生事件。因此，如何准确识别蝙蝠个体，监测其种群结构与迁徙行为，成为生态学、保护生物学及公共卫生防控的重要课题。

传统的物理标记方法（例如 PIT 标签）在实施过程中往往需要捕捉、标记并释放蝙蝠，不仅费时费力，而且可能对蝙蝠个体产生一定的生理和行为干扰。相比之下，基于 DNA 的个体识别技术因其高灵敏度、高准确性和非侵入性等优势，正日益成为蝙蝠个体监测的重要工具。利用基因组学技术，我们可以从蝙蝠的粪便、毛发、唾液等环境样本中提取 DNA，快速获得个体基因型数据，从而实现对种群结构、性别比例、亲缘关系以及迁徙路径的精准解析。这不仅有助于揭示蝙蝠的生态学特征，也为跨种病原体传播风险评估提供了宝贵的信息。

9.4.1 蝙蝠个体识别的基因组学方法

9.4.1.1 采样技术

DNA 采样是蝙蝠个体识别工作的首要环节。常用的采样技术主要包括非侵入性采样与微创性采样两大类。

1. 非侵入性采样

非侵入性采样方法无需捕捉蝙蝠，而是直接从蝙蝠的栖息地收集生物材料，如粪便、毛发或唾液。此方法在实际应用中具有以下优点。

(1)减少干扰:采样过程不对蝙蝠产生直接干扰,避免了捕捉、麻醉等可能引发的应激反应。

(2)适用性广:适用于夜行性或难以捕捉的蝙蝠种群,例如吸血蝙蝠的巢穴或休息地。

(3)数据量大:可在较短时间内采集大量样本,为大规模基因组分析提供充足材料。

2. **微创性采样**

微创性采样通常涉及对蝙蝠进行短暂捕捉,并利用翼膜穿刺、口腔拭子等方法采集组织或细胞样本。该方法虽然能获取较高质量、较为完整的 DNA,但其缺点也有以下几点。

(1)操作复杂:需要专业人员进行采样,操作过程要求严格。

(2)可能造成伤害:对个体产生一定的生理干扰或伤害,必须在伦理审批和动物保护的前提下实施。

对于吸血蝙蝠,由于其夜行性和生理结构的特殊性,非侵入性采样往往更受青睐。利用环境中留存的生物材料不仅可以确保样本采集的便捷性,还能有效避免对蝙蝠行为和健康造成影响。

9.4.1.2 遗传标记的选择

基因组学技术在蝙蝠个体识别中,关键在于选择高效且稳定的遗传标记,主要有单核苷酸多态性(SNP)和短串联重复序列(STR)两种。

(1)单核苷酸多态性(SNP):基因组中单个位点的碱基变异,具有信息量大、分辨率高、错误率低的特点。随着高通量测序技术的发展,SNP 已成为个体识别的首选标记。在蝙蝠研究中,通过 DArTseq 数据筛选出上百个信息性 SNP,构建了高效的个体识别系统,能快速区分个体间微小差异,适用于大规模样本筛查,为种群动态监测提供可靠数据支持。

(2)短串联重复序列(STR):因高变异性和多态性,曾广泛用于动物个体识别和亲缘关系分析,但易受等位基因丢失和扩增偏倚影响,近年来在大规模研究中逐渐被 SNP 替代。在需要分析亲缘关系和遗传多样性时,STR 仍可作为补充性标记使用。

9.4.1.3 基因分型与数据分析

基因分型和后续的数据分析是实现蝙蝠 DNA 个体识别的核心环节。现代高通量测序平台(如下一代测序技术 NGS)和 SNP 芯片(如 MassARRAY 系统)的应用,使得大规模样本的快速分型成为可能。整个流程通常包括以下几个步骤。

1. DNA 提取与扩增

利用改进的提取协议,从非侵入性或微创性样本中高效回收 DNA,并通过 PCR 扩增目标片段,保证获得足够量的模板用于后续测序。

2. 基因分型

利用高通量测序或 SNP 芯片技术对样本进行分型。现代技术能够在数小时内完成上千个样本的分型任务,同时确保数据的高准确性与重复性。例如,在某项吸血蝙蝠研究中,MassARRAY 系统实现了平均 0.90 的扩增率,并将等位基因丢失率控制在极低水平。

3. 数据处理与分析

采用定制的生物信息学软件(如 ScatMatch、CERVUS 等),对获得的基因型数据进行整理、质量控制和聚类分析。通过设置≤1 个等位基因不匹配的标准,能够精准分辨个体之间的微小遗传差异,从而构建种群结构、亲缘关系和迁徙模式。数据分析过程中,还需要针对 DNA 降解、污染等问题优化算法,以确保分析结果的可靠性。

9.4.2 吸血蝙蝠个体识别与生态适应的案例解析

吸血蝙蝠(*Desmodus rotundus*)是唯一以血液为主要食物来源的哺乳动物,其生态适应性与个体识别研究具有独特的意义。吸血蝙蝠是研究蝙蝠种群动态及病毒传播机制的重要对象。

9.4.2.1 吸血蝙蝠的生态特性与采样挑战

吸血蝙蝠以血液为主要食物,饮食结构极为单一,这对其能量代谢、免疫防御及肾脏功能提出了严峻挑战。为了适应这种特殊食性,吸血蝙蝠进化出了一系列适应性特征,如强化的飞行能力、特化的颅骨结构及口腔组织等。这些生理适应不仅影响其生态行为,也对 DNA 采样和个体识别提出了额外要求。

(1)夜间活动性强:吸血蝙蝠多在夜间活动,传统捕捉方法难以有效实施,非侵入性采样显得尤为重要。通过在巢穴或休息地收集粪便、唾液等环境样本,可以在不干扰蝙蝠正常行为的前提下,获取高质量的 DNA 样本。

(2)生态位多样性:吸血蝙蝠常常聚集在固定巢穴中,但同时也存在个体间频繁的迁徙和混群现象。高精度的 DNA 个体识别技术有助于解析种群内部的复杂社会结构、性别比例以及迁徙模式,为制定精准的生态保护措施提供科学依据。

9.4.2.2 吸血蝙蝠 DNA 个体识别技术实践

针对吸血蝙蝠的个体识别,研究人员通常采用高分辨率 SNP 面板与 NGS 测序平台,结合 MassARRAY 系统对采集到的样本进行基因分型。具体而言,研究流程包括以下几点。

(1)采集非侵入性样本,如粪便和唾液,通过优化的 DNA 提取和扩增方法获得稳定的模板。

(2)利用高通量 SNP 芯片和下一代测序平台进行大规模基因分型,筛选出具有高信息量和低错误率的标记。

(3)采用专门的软件工具(如 ScatMatch、CERVUS 等)对数据进行严格质量控制和聚类分析,通过设定较低的等位基因不匹配阈值,实现个体间微小遗传差异的精准鉴定。

这种方法不仅在单个吸血蝙蝠个体的识别中表现出色,同时也能揭示种群整体结构与动态变化。例如,某项针对吸血蝙蝠种群的研究,通过基因型数据识别出多个独特个体,并详细解析了其性别比例、亲缘关系及迁徙路径,进而为预测病毒跨种传播风险和制定防控策略提供了科学依据。

9.4.2.3 肠道宏基因组与个体识别的协同研究

除常规的基因组 DNA 分析外,吸血蝙蝠的肠道宏基因组研究也为个体识别提供了新思路。吸血蝙蝠长期以血液为食,其肠道菌群经过长期的共同进化,形成了与特殊饮食密切相关的功能性适应。研究发现,其肠道菌群在以下几个方面表现出显著特性。

(1)营养物质代谢:由于血液中碳水化合物及维生素含量极低,吸血蝙蝠肠道菌群中与低营养代谢相关的基因(如 RelA/SpoT 家族和鸟苷五磷酸酶)显著富集,这为蝙蝠获取能量提供了额外的保障。

(2)脂类与糖类吸收:主成分分析显示,吸血蝙蝠肠道菌群在脂类和糖类代谢上与其他蝙蝠存在显著差异,部分菌群中与甘油激酶相关的基因表达增强,表明其在脂类储存和能量调控方面存在独特适应。

(3)免疫防御机制:血液中潜在的致病菌给吸血蝙蝠带来较大威胁,肠道菌群中部分保护性细菌(如能够产生抗病原体化合物的菌株)的存在,有助于抵御外源病菌的侵袭。

(4)氮和尿素代谢:血液代谢过程中产生的氨和尿素等有毒物质,通过肠道菌群中特定酶(如脲酶基因 *ureA*)的参与得以有效分解和排除,维护体内代谢平衡。

此外,不同个体由于饮食习惯、栖息环境和免疫状态的差异,其肠道菌群结构也存在个体特异性。通过对肠道宏基因组数据的分析,可以辅助识别个体身份,同时为健康状态评估提供补充信息。这种多层次、多组学数据的整合,为构建更加全面和精准的蝙蝠个体识别系统提供了新的思路和技术支持。

总体而言,基因组学技术在蝙蝠 DNA 个体识别中的应用,为深入解析蝙蝠种群结构、生态行为及适应机制提供了强大工具。特别是以吸血蝙蝠为代表的特殊群体,其在进化适应、病毒携带及免疫调控方面的研究,不仅拓展了对动物进化机制的认识,也为公共卫生风险评估和生态保护策略的制定提供了重要依据。随着技术的不断进步和研究领域的拓展,我们有理由相信,未来基于 DNA 的蝙蝠个体识别方法将在全球生态监测、野生动物保护以及跨种病原体防控等方面发挥越来越重要的作用,助力构建人与自然和谐共生的美好生态环境。

(熊子军　朱德芹　李生斌)

9.5 微生物基因组研究

在生物智能识别的广阔领域中,微生物基因组研究是理解生命多样性和适应性的重要基石。微生物,尤其是细菌,作为地球上最早出现的生命形式之一,其基因组的复杂性和适应性一直是科学家们关注的焦点。微生物基因组研究不仅揭示了微生物的进化历程，还为生物智能识别提供了关键的分子基础。

细菌基因组的结构变异是驱动进化的重要因素。细菌通过基因组重排、倒置、重复、易位和插入等结构变异适应环境变化，这些变异多为可逆过程，可产生异质性。基因组测序和生物信息学技术的发展有助于深入理解微生物基因组学。

9.5.1 结构变异

细菌基因组曾被认为相对静态，但高通量测序显示其具有高度可塑性。细菌可通过基因组重排快速适应环境波动。结构变异主要包括三大类：倒位、重复和插入。

1. 倒位

在细菌中，存在两种类型的倒位：位点特异性重组和大染色体倒位。位点特异性重组是一种靶向的、预编程的且可逆的基因组片段倒位。这些片段的大小通常在 100 到 1000 个碱基对之间。该过程由重组酶驱动，重组酶能够识别两个回文侧翼序列，这些序列通常被称为反向重复序列，其长度一般在 10 ~ 30 个碱基对，并且可能包含错配碱基。重组酶可以作用于单个位点或多个位点，这种位点特异性重组在不同门的细菌中普遍存在。大多数经过表征的倒位调控区域或启动子序列能够形成 ON/OFF 开关。例如，相位可变的拟杆菌荚膜蛋白既能调节免疫反应，又能防止噬菌体的捕食。大染色体倒位则发生在超过 10000 个碱基对的区域。

2. 重复

当基因组区域被拷贝时，就会发生基因组重复。这种重复现象广泛存在于生命中，并在生物体基因组中发挥重要作用。基因拷贝的重复通常被称为拷贝数变异（CNV）。从进化的角度来看，拷贝可能导致多种结果：如果高水平的蛋白质生产对生物体是有利的，则该基因会被保留；而如果多个基因拷贝是有害的，则可能发生假基因化或基因丢失。适应性扩增可引起抗生素耐药性、生态位适应以及宿主 – 微生物相互作用的改变。尽管在体内驱动这种现象的确切机制尚不清楚，但据推测，这可能是由初始复制事件后的同源重组所驱动的。滑链错配可能发生在重复 DNA 序列区域，导致重复 DNA 序列的扩增或缺失。这些重复元件可以通过改变调控元件、引起移码突变或产生替代起始位点来影响下游基因的表达。

3. **插入**

插入是指将DNA序列添加到基因组中原本不存在的区域。在细菌中,插入事件有多种类型,包括通过自然摄取能力从细胞外摄取DNA,或由遗传元件在基因组内复制并移动到其他位置。插入可通过同源或非同源重组完成,其主要驱动力是遗传因素。常见的插入元件包括插入序列(也称为转座子)、整合子、噬菌体等。

一项对1437个微生物组样本的分析显示,细菌中的结构变异(SV)与宿主胆汁酸组成密切相关。尽管这些研究揭示了SV的普遍性和潜在重要性,但其受关注程度仍远低于单核苷酸多态性(SNP)。

为了充分利用这些资源,需要进一步开发用于鉴定细菌分离株和宏基因组测序样本中SV的方法。鉴于细菌SV的丰富多样性,包括倒位、重复和插入等,研究人员若能应用改进的工具来研究这些事件,将更好地理解SV如何促进细菌表型的变异性和适应性。

9.5.2 微生物基因特征

经典的生化分类方法包括数十种测试(如革兰氏染色法、特异性生长特性培养基等),可用于大致鉴定已知的主要病原体(但有些病原体不可培养)。这些生化测试耗时较长且分类精度有限。相比之下,基于抗体或合成高亲和力配体的蛋白质识别特征进行微生物分类,效率更高,但需要大量靶点。一些蛋白质技术存在假阳性或假阴性问题(例如家用怀孕试剂盒)。

通过基因组DNA/RNA的特征识别微生物,可用于病原体识别和特异诊断,如医学诊断、生物安全和法医微生物学。目标解析可以是对整个生物体的分类识别、单个功能机制(如毒素基因),或指示生物体的核酸区域。具体试验方案取决于待测样本,但可轻松识别科、属、种水平的微生物,还可检测具有相似毒性或抗生素耐药性基因的多个微生物。

大多数分析围绕不同的检测化学物质和仪器平台展开,核酸检测包括分离、扩增特征靶区及检测扩增的技术。通过关注基因组差异或高度保守的基因组区域,基因组特征可用于检测和表征已知生物体或发现新物种。与生化分型和蛋白质标记相比,基于基因组标记的微生物鉴定技术具有精确、高灵敏度和快速的优势。

基因组特征可分为生物体特征、机制特征和方法特征。

(1)生物体特征:识别与功能特性相关的基因,如毒性、抗生素耐药性或宿主范围。

(2)机制特征:识别特定微生物是否具有毒性、抗生素耐药性或对人类的传染性。

(3)方法特征:包括检测基因工程操作中的外源基因插入,以及针对不同目的选择检测方法。

以 SARS-CoV-2 为例,其基因组由单链正义 RNA 组成,包含约 30000 个核苷酸和多个蛋白质编码基因。其基因组组织与其他冠状病毒相似,主要基因产物在病毒进入宿主细胞和存活中起重要作用。

9.5.3 微生物基因鉴定

在生物安全领域,高分辨率的基因组特征对于精确识别分离株或菌株至关重要。人类基因组约为 3Gb,小麦基因组约为 16Gb。在测序数据库中,病毒基因组的数量远多于细菌基因组,而细菌基因组的数量又多于真菌基因组。RNA 病毒通常较小,例如口蹄疫病毒约为 8kb,SARS 冠状病毒约为 30kb,而天花病毒作为一种较大的 DNA 病毒,其基因组约为 200kb。在高威胁病原体中,鼠疫耶尔森氏菌的基因组约为 4Mb,炭疽杆菌约为 5Mb,而真菌基因组的大小范围大致在 10～700Mb。

生物检测信号必须是保守且可靠的序列,能够检测到目标生物的所有变化,以减少假阴性结果。特征应特异性存在于目标生物体中,而不是广泛存在于非目标生物体中,从而减少误报。生物检测信号可以在不同的分类分辨率下使用,典型的分类级别包括属、种或菌株。近年来,检测特征和法医特征之间的区别逐渐模糊。法医特征通常被认为是在菌株水平或以下(如子毒株或特定分离株)。随着全基因组测序和商业微阵列技术的发展,每个芯片上可以设计超过 100 万个特征,预计在未来几年内,高分辨率的基因组特征技术将更加普及。

基于微生物组学数据,微生物基因特征和遗传特征可用于识别任何含有完整 DNA 或 RNA 的生物体。生物安全的目标是识别可能威胁人类、动物或植物生命的细菌、病毒和真菌,以避免对经济或社会秩序造成破坏。微生物基因鉴定采用两种方法:识别目标间的保守序列和识别目标的独特序列。

(1)识别目标间的保守序列:通过比对和非比对方法找到所有目标基因组的保守区域,但需要在时间和质量之间进行权衡。

(2)识别目标的独特序列:通过搜索大型序列数据库找到目标生物特有的序列区域。顺序搜索需要在执行时间和搜索灵敏度之间进行权衡。启发式方法是最常用的,因为它可以快速搜索大型数据库,如 NCBI 的 NT(非冗余核苷酸)数据库。其中最流行的是 BLAST,它通过将搜索空间划分为多个并行进程,可在大型数据库中快速检索。另一种启发式方法是计算感兴趣序列的隐马尔可夫模型,例如在 HMMER 程序中。

9.5.4 泛基因组分析的应用

泛基因组是指捕获一个物种的全部基因成分,包括核心基因组和非必须基因组。核心基因组由所有菌株共享的基因组成,而非必须基因组则包含某些但不是所有菌株共享的基因(称为"附加基因")及菌株特有的基因(称为"特异基因"),见图 9-6。根据基因而不是 DNA 序列来定义泛基因组。在一些细菌物种中,独特的基因占泛基因组的 20%~40%。这些基因的差异有助于分析致病性、耐药性及其他与人类健康相关的表型。因此,分析非必须基因组与核心基因组可以帮助解释上述表型。

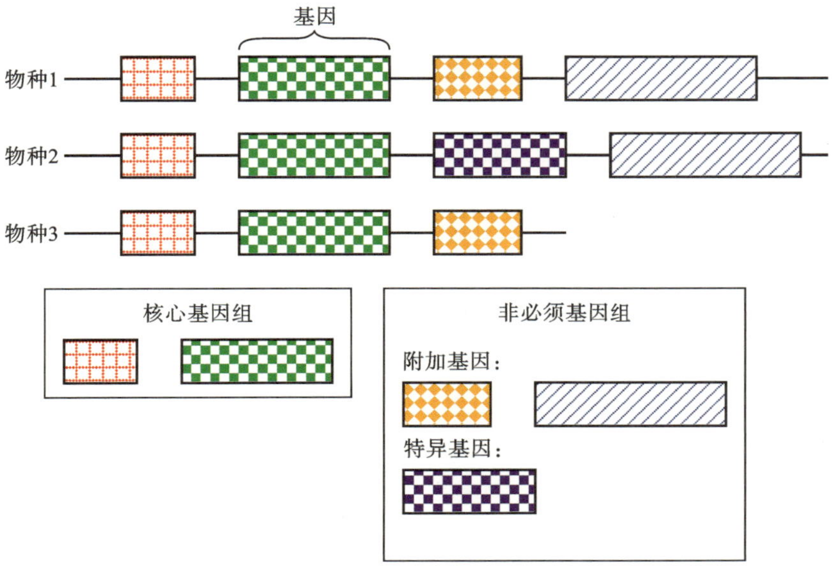

图 9-6 细菌和其他原核基因组主要由基因组成,几乎没有基因间序列

在人类中,泛基因组分析的一个明显优势是,科学家可以发现单个参考基因组中缺

失的变异，并将这些变异与表型联系起来，表型可能包括有益和有害的特征。

对17个大肠杆菌分离株的基因组分析显示，分离株的基因组大小为5020±446个基因（平均±标准差）。与以往的泛基因组研究相比，大肠杆菌的泛基因组研究发现，新测序基因组中不断有新的独特基因被发现。大肠杆菌具有开放的泛基因组，表明该物种仍在通过基因获取和多样化而进化。大肠杆菌泛基因组包含超过13000个基因，这对大肠杆菌的多样性和发病机制及其在人类宿主中的定植和致病能力具有重要影响。

在这项研究中，分析了17个大肠杆菌分离株的基因组内容，包括8个新分离株，这些新分离株代表了三个以前未测序过的病原体，以及真正的共生大肠杆菌HS。通过比较基因组学，研究确定了新的基因组特征和潜在的新型致病机制。任何大肠杆菌分离株的基因组内容中约有一半代表"核心保守"基因组。大肠杆菌物种的开放泛基因组表明，继续测序应能鉴定出每个基因组中约300个新基因。共生菌大肠杆菌HS的完整序列揭示了病原体和共生体之间的显著基因组嵌合体，因为在共生基因组中鉴定出以前认为与病原体相关或仅限于病原体的特征。这对致病性大肠杆菌的进化具有重要意义，因为共生微生物群落的成员可以作为遗传库，而"前体"病原体物种与共生菌的相互作用可能通过水平基因转移发展出完全致病的分离株。大肠杆菌HS基因组代表了病原体比较的新参考序列，其数据将成为未来功能研究的基础。

图9－7为大肠杆菌的保守核心基因及独特基因和泛基因组计算。

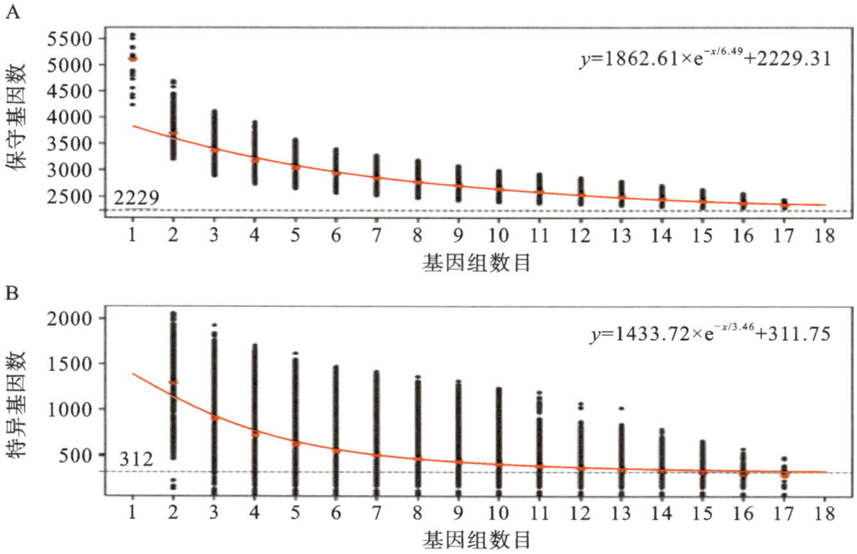

C

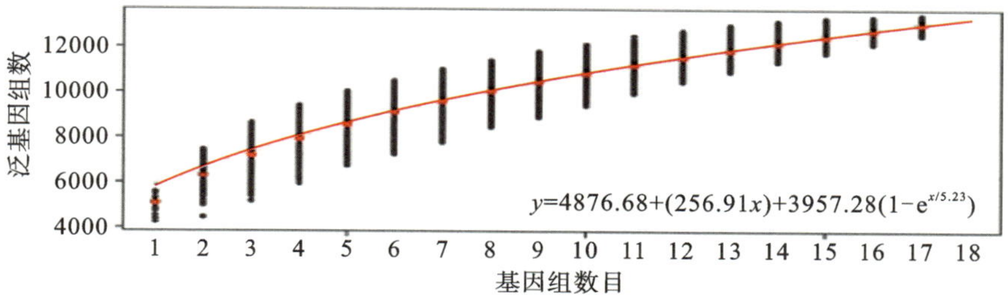

图9－7 大肠杆菌的保守核心及独特基因和泛基因组计算

A. 每个点表示基因组中保守的基因数量。红线显示了在比较增加基因组数量时基于保守基因中值的指数衰减模型。B. 基因组中独特基因的数量减少，基因组数量增加。红线显示了在比较增加基因组数量时基于独特基因中值的指数衰减模型。C. 大肠杆菌物种的泛基因组。外推曲线继续增加，因此大肠杆菌具有开放的泛基因组。

（李生斌 李 晶 赵文娟）

参考文献

[1] ZEDER M A, HESSE B. The initial domestication of goats (*Capra hircus*) in the Zagros Mountains 10,000 years ago[J]. Science, 2000,287(5461):2254－2257.

[2] DECKER J E, MCKAY S D, ROLF M M, et al. Worldwide patterns of ancestry, divergence, and admixture in domesticated cattle [J]. PLoS Genet, 2014, 10 (3):e1004254.

[3] DE ROCKER N, VERGULT S, KOOLEN D, et al. Refinement of the critical 2p25.3 deletion region: the role of MYT1L in intellectual disability and obesity[J]. Genet Med., 2015,17(6):460－466.

[4] NORRIS B J, WHAN V A. A gene duplication affecting expression of the ovine ASIP gene is responsible for white and black sheep [J]. Genome Res., 2008, 18 (8): 1282－1293.

[5] ZHANG J, FANG Z, JUD C, et al. Fragile X-related proteins regulate mammalian circadian behavioral rhythms[J]. Am J Hum Genet., 2008,83(1):43－52.

[6] DILLON S R, GROSS J A, ANSELL S M, et al. An APRIL to remember: novel TNF ligands as therapeutic targets[J]. Nat Rev Drug Discov., 2006,5(3):235 – 246.

[7] RINCON G, FARBER E A, FARBER C R, et al. Polymorphisms in the STAT6 gene and their association with carcass traits in feedlot cattle[J]. Anim Genet., 2009,40(6): 878 – 882.

[8] SETTLE S H JR, ROUNTREE R B, SINHA A, et al. Multiple joint and skeletal patterning defects caused by single and double mutations in the mouse Gdf6 and Gdf5 genes[J]. Dev Biol., 2003,254(1):116 – 130.

第 10 章
纸基生物传感器

10.1 生物传感器

10.1.1 生物传感器概述

一般而言，生物传感器可以基于生物作用机制识别特定目标（如抗原–抗体反应、酶促反应等），并且按照一定规律进行转换（如电学效应、光学效应等），从而产生相应的可用输出信号（如电信号、光信号等）[1]。生物标志物作为生物传感器的重要检测对象，涉及代谢分子（如葡萄糖、乳酸等）、蛋白质（如抗原、抗体等）、核酸、细胞、病毒等，其相关信息可以作为疾病诊断、健康监测等工作中的重要依据[2]。

在生物医学领域中，用于检测生物标志物等目标的传统方法通常依赖专业人员执行复杂操作流程，还可能需要大型设备和特定实验室环境。与之相比，生物传感器通过将识别元件、转换元件等有机结合，能够提高检测自动化水平，简化操作流程。通过合理设计生物传感器的形态与功能，并且运用微纳尺度制造技术，可以进一步提升这类检测工具在集成化、微型化、便携化等方面的水平，从而降低相关生物医学检测过程对大型设备的需求,并且拓展检测应用场景。近年来,生物传感器的创新发展得益于多学科交叉前沿研究,有望为生物医学信息的高通量、高质量采集与分析提供关键技术支撑。

10.1.2 生物传感器的基本检测方法

生物医学检测可借助生物传感器获取特定目标信息并实现定量分析。本文在此围绕生物医学领域中的一系列重要检测对象,介绍生物传感器的基本检测方法。

1. 代谢分子检测

新陈代谢过程涉及葡萄糖、尿酸、乳酸等,这些生物分子的浓度变化等信息是分析生理状态的重要依据。代谢分子检测手段多样,其中电化学酶促传感模式被广泛采用。以基于氧化还原反应的电化学酶促传感模式为例,在这类传感器的典型制备过程中,催化代谢分子相关氧化还原反应的酶被固定于电极[3]。在检测中,电极上的酶能够实现对目标代谢分子的识别,并催化氧化还原反应;进而,传感器可以通过一定的转换方式产生与生物分子浓度相关的电流等信号。

2. 蛋白质检测

为实现特异性蛋白质检测,可以基于抗原–抗体免疫识别原理构建生物传感器。在这类传感器构建过程中,通常将具有免疫识别功能的抗体或抗原固定于传感结构表面。在检测过程中,目标蛋白与传感结构表面的抗体或抗原发生特异性结合,进而由转换机制产生输出信号。此类传感器可根据检测需求采用特定信号转换机制,例如电化学阻抗特性改变[4]、机械共振频率偏移[5]。

3. 核酸检测

对核酸信息的分析通常可以分为测序模式与靶向模式:测序模式解析核酸的全部或部分碱基序列;靶向模式能够针对特定核酸片段进行定量检测。在测序模式中,可采用纳米孔传感器测量核酸分子通过时引起的电信号变化,从而解析碱基序列[6]。在靶向模式中,生物传感结构表面通常具有与目标核酸片段互补的特异性识别序列,通过碱基互补配对选择性捕获目标核酸并触发信号转换[7]。

4. 细胞检测

生物传感器可以通过识别细胞相关分子标志物实现对细胞的检测。这些分子标志物可存在于细胞表面或内部,也可由细胞释放至其外部环境中。在特异性地识别这些分子标志物并获得其浓度等信息的基础上，生物传感器能够支持对于细胞类型、状态等方面的分析[8]。

5. **病毒检测**

为实现病毒检测，生物传感器可以识别与目标病毒相关的特定蛋白、核酸等分子。在特异性分子识别的基础上，电化学、光学[11]等方面的原理可被用于将病毒数量转化为输出信号。

10.2 纸基生物传感器

10.2.1 纸基生物传感器概述

公共卫生、生物安全等领域的生物医学检测实践多呈现出范围广、规模大等特点，对生物传感器提出了多方面的要求。为适应这类应用场景，生物传感器不仅需要达到特定的灵敏度、准确度等检测性能指标，还应具备操作便捷性。为促进检测技术的普及，相关成本的控制也应得到关注。

面向生物医学检测实践，研究人员持续推进多种类型生物传感器的创新研发。其中，纸基生物传感器研究呈现出快速发展趋势。纸张作为传统信息载体，具有原料来源丰富、环境友好等优势，其内部的亲水多孔结构，能够为生物医学检测相关分子的吸附、传输等提供条件。研究人员通过将微流控技术与生物传感机制相结合，在传统纸基材料应用的基础上，发展出纸基微流控生物传感技术体系。

微流控技术通过构建流道、阀等功能性结构，能够实现微尺度流体操控，促进生物医学等领域中的检测技术发展。传统微流控生物传感器多依赖外接泵驱动流体。与之相比，纸基微流控生物传感器借助于纸基材料的毛细作用实现流体驱动，无需外部泵送系统，能够降低设备复杂度和操作难度，并且有助于削减检测成本。通过运用抗原–抗体结合、核酸杂交等生物识别机制，可以构建特异性纸基检测界面。此外，纸基材料可以兼容多种传感原理。通过有机结合微流控技术、生物传感原理，发挥纸基材料特点，可以增强纸基生物传感器的检测能力，提升操作便捷性，并且能够控制相关成本，从而为满足生物医学检测实践中的多样化需求提供支撑。

10.2.2 纸基生物传感器的制造方法

微流控结构能够在纸基生物传感器中实现输送、混合等功能。在纸基微流控结构的构建过程中,亲水、疏水区域的定制是关键环节。为此,以下两类方法在纸基生物微流控生物传感器研究中得到了广泛应用。

1. 纸基材料直接结构化

此类方法可通过特定手段直接对纸基材料进行结构化处理,从而形成边界,并构建纸基传感器中的亲水区域。以激光切割技术为例,其原理是利用激光束对纸基材料进行烧蚀、去除,以形成包含微流控功能单元的纸基器件(图 10－1)。

2. 疏水材料选择性引入

此类方法可以将疏水材料选择性地引入纸基材料,进而形成疏水屏障,并限定纸基传感器中的亲水区域。以蜡打印技术为例,其主要工艺过程为在纸基表面沉积特定蜡质图案,经加热使蜡质图案熔融并渗透至纸张内部,从而形成疏水屏障。

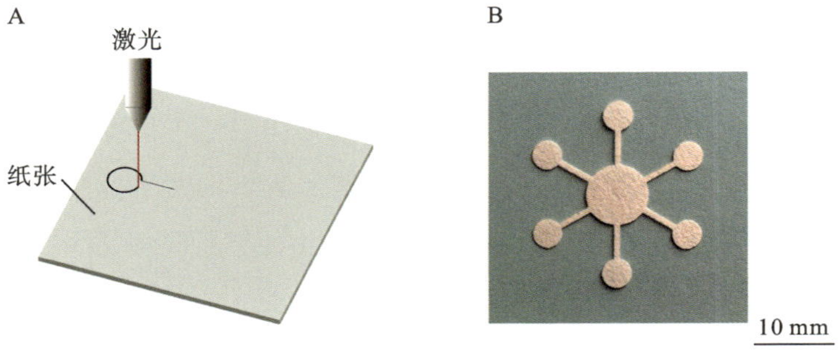

图 10－1　基于激光切割的纸基微流控器件制造

A. 激光切割示意图。B. 激光制造的纸基微流控器件。

在纸基生物传感器的制造过程中,功能分子(如抗原、抗体、酶等)的固定是重要环节。物理吸附法操作较为简单,但这类方法可能存在试剂易脱附、稳定性较差等问题。化学键合法能够基于纸基材料表面的官能团,通过共价键合等作用实现功能分子的固定。一般而言,这类方法能够提高纸基传感器的稳定性,但通常需要完成较为复杂的表面化学修饰步骤。

对于涉及电学效应的纸基微流控生物传感器,纸基电极的制造是实现电信号有效传导的关键环节。鉴于纸基材料本身的绝缘属性，可以采用选择性沉积导电材料的策略来制备功能化电极。例如，利用预先设计的镂空模板，将导电浆料（如碳浆、银浆等）通过刮涂等方式填充至纸基材料的特定区域，经加热固化后形成纸基电极。此外，可以将含有导电纳米材料（如金纳米颗粒、碳纳米管、石墨烯等）的墨水加载至喷墨打印设备，控制喷头在纸基材料上沉积该墨水，进而通过干燥等方式形成纸基电极。

10.2.3　纸基生物传感器的应用模式

为拓展纸基生物传感器在生物医学领域的应用，研究人员在纸基材料免泵流体驱动等优势的基础上，开展了多种形式的探索与创新。本书在此介绍纸基生物传感器在生物医学检测应用中的移动电话支持模式和在体监测模式。

1. 移动电话支持模式

移动电话的普及为远程医疗、健康管理等领域提供了便捷的信息传输方式。基于移动电话的数据采集、传输与分析技术体系，在纸基生物传感器研究中取得了一系列进展。例如，采用移动电话中的图像采集模块，可获取纸基微流控芯片中比色反应的可视化结果[14]。这些检测结果既能被传输至医疗数据中心进行专业分析，也可由移动电话中的应用程序实现本地化定量解析。通过优化光照条件、改进图像分析算法等手段，可提升这类检测模式的性能。

2. 在体监测模式

基于可穿戴传感器的在体健康监测技术为实时获取生理数据提供了关键支撑。纸基材料因具备柔性、生物相容性等特点，可以用于研发可穿戴传感器。例如，通过折叠纸基材料，可以构建具有三维结构特征的纸基微流控电化学传感器[15]。将这类传感器附着于皮肤表面后，能够监测汗液中的特定分子浓度。

10.3　纸基生物传感器制造与操作便捷化

10.3.1　纸基三维流道制造方法

纸基微流控生物传感器中的三维流道相较于二维流道，能够进行更为复杂的流体操控，提升检测相关功能的集成度[12]。研究人员提出了基于双面蜡打印的纸基三维流道制造方法[16]，有助于提升纸基微流控器件制造过程的便捷化水平。该方法的关键在于调控蜡质图案在纸基材料中的渗透行为，从而实现单层纸张内部的多层流道构建。

该研究考察的制造工艺条件主要包括蜡质图案灰度值、加热时长。实验结果表明，通过设置蜡质图案的灰度值，可以得到具有特定密度的蜡点分布。在相同的加热条件下，高蜡点密度区域相较于低蜡点密度区域，总体上表现出更高的蜡质纵向渗透速率。采用特定加热温度，通过改变加热时长，可以控制蜡质图案向纸张内部渗透的深度。纸张中蜡质渗透的区域可以作为疏水屏障，无蜡区域可以作为具备亲水性的流道。由此，可以在单层纸张中构建多层流道。例如，通过在纸张双面打印具有特定蜡点密度分布的图案，并以加热条件调控蜡质渗透深度与空间分布，可以实现开放式表层流道与封闭式内部流道的叠加，形成三维流道结构。

该研究开展了蜡质疏水屏障的质量评价实验。相关结果表明，当采用上述纸基流道制造方法时，能够在适宜的工艺条件下获得可靠的蜡质疏水屏障，阻止纸基亲水区域内的液体向外渗漏。通过合理设置蜡质图案和加热条件，可以调节纸基流道尺寸，从而控制流体传输行为。该研究提出的制造方法能够与基于纸张堆叠的三维流道制造方法相结合，从而构建较为复杂的三维流道网络结构。在此过程中，通过在单层纸张内部制造多层流道，可以减少纸张对准次数。

10.3.2 纸基定时磁控阀

为简化纸基传感器在多步骤检测中的操作流程，研究人员设计了一种纸基定时磁控阀[17]。该设计的基本思路是将纸基流道的毛细作用与电路控制相结合，通过测量纸基计时流道内的电阻变化，触发电磁铁以开闭纸基阀。这类纸基阀能够在一定程度上减少传统检测流程所需的人工计时与流体操控步骤。

按照该研究提出的制造方法，可以采用蜡打印技术和激光切割技术构建纸基微流控结构，通过添加铁磁材料赋予纸基悬臂结构磁响应功能。此外，在纸基计时流道的特定区域沉积盐溶液，经干燥处理形成盐质电阻。当流体沿计时流道抵达该区域时，盐质电阻被湿润，电阻值发生相应改变。进而，预先设置的电路将这一电阻值变化转换为信号，启动纸基悬臂结构下方的电磁铁，该电磁铁产生的磁力驱动纸基悬臂结构发生形变。通过改变计时流道的几何参数，能够调节触发电磁铁前的等待时长，从而实现磁化悬臂阀开闭状态的定时控制。

基于上述工作机制，通过合理设计纸基悬臂结构的磁控变形模式，可以分别构建常开阀和常闭阀。常开阀的悬臂结构通常在纸基器件主要平面以外，悬臂结构中的亲水区域不与该器件中的流道连接，从而隔断流体。常开阀在计时结束后由于磁力作用而切换为闭合状态。此时，悬臂结构位于器件主要平面内，从而使流道连接，允许流体通过。与之对应，常闭阀的悬臂结构通常在纸基器件主要平面以内，由此将纸基流道连通，维持流体输送。常闭阀在计时结束后由于磁力作用而切换为断开状态。此时，纸基流道不再连通，流体输送停止。在构建纸基微流控器件时，常开阀可用于实现流体延迟输送，常闭阀可用于输送一定体积的流体。

10.4　纸基生物传感器检测功能

10.4.1　纸基生物传感器的基本检测模式

纸基材料凭借其多孔性、亲水性等特点，为多种生物传感方法的运用提供了基础[18]。面向特定的检测对象和应用场景，可以选择适宜的生物传感方法，并有针对性地设计制造纸基微流控芯片等。本书以较为常见的比色法与电化学法为例，介绍纸基生物传感器的基本检测模式。

纸基微流控生物传感器的比色法检测模式能够利用目标物与检测试剂的特异性反应实现分析，可能涉及如下主要步骤：利用纸基微流控器件的毛细驱动效应，可以使待测样本定向迁移至预先设置的反应区域；在反应区域内，预先负载的识别物、显色底物通过协同作用，能够在目标物触发的特异性反应中产生可视化信号。对目标物浓度的分析可以通过不同方法实现，例如将颜色强度与标准比色卡进行比对，或基于数字化图像分析技术对颜色信号强度进行测量。

纸基微流控生物传感器的电化学法检测模式通常以目标物与识别元件的特异性相互作用为基础，通过监测电流、电压等的变化实现对生物目标的定量分析。以蛋白质检测为例,相应的电化学传感方式可大致分为有标记型与无标记型两类(图10－2)。在典型的有标记电化学传感方式中,以对目标分子进行特异性识别为基础,引入具有电化学活性的标记物。这些标记物能够通过氧化还原反应等过程产生可量化的电流等信号。在典型的无标记电化学传感方式中,对目标分子的特异性识别能够引起电化学特性或信号变化,不需要额外引入标记物。可以运用等效电路模型等方法,对这些电化学相关变化进行解析,从而建立目标物浓度与电化学响应之间的定量关系。为实现准确检测,通常需对相应的纸基电极进行表面功能化,例如在纸基电极表面固定特定分子用于识别目标物,并采用阻断分子减少非特异性吸附。由工作电极、对电极、参比电极组成的三电极系统常被用于构建纸基电化学传感器(图10－3)。为适应不同检测需求,可在电极材料、尺寸、布置等方面进行调整。

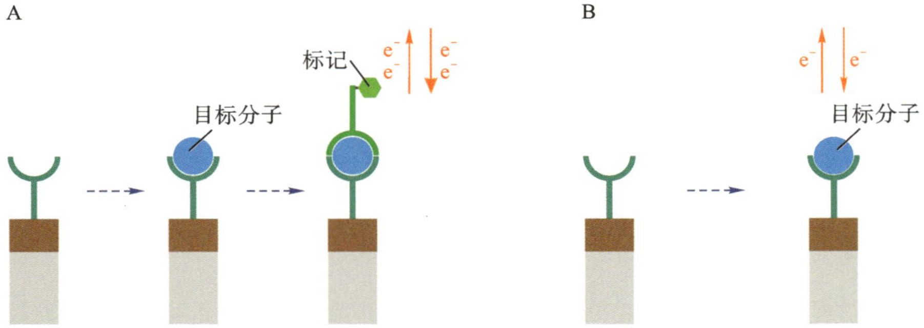

图10－2　纸基电化学传感方式

A. 纸基有标记电化学传感方式。B. 纸基无标记电化学传感方式。

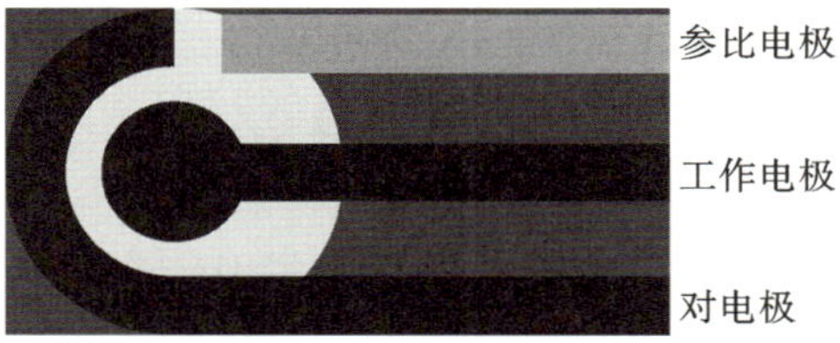

图10－3　纸基电化学传感器中的电极

10.4.2　纳米材料增强的纸基生物传感器

在纸基微流控生物传感器研究中,纳米材料的引入已成为增强传感器检测功能的重要策略。例如,在生物分子检测中,纳米材料可以提供高比表面积,增加生物分子的结合位点,为传感器的高灵敏度检测提供基础。此外,纳米材料还可以通过表面等离子体共振等作用支持特定传感机制、提升传感信号质量。为将纳米材料引入纸基生物传感器,相关制备策略可以大致划分为异位制备法和原位制备法。

异位制备法是指在特定条件下预先制备纳米材料,进而将其添加至纸基材料。这类方法通常主要包含两个阶段。首先,通过化学合成、机械剥离等手段,制备出具有特定性能的纳米材料,如金属纳米颗粒、碳基纳米材料等。其次,运用溶液滴涂、浸渍沉积、喷墨打印等材料固定技术,将纳米材料固定于纸基载体。在此过程中,通过调整分散液浓度、沉积次数等工艺参数,能够对纳米材料的负载量进行调控。在运用异位制备法时,应关注纳米材料与纸基材料间的界面结合强度。若结合强度不足,纳米材料在传感器的后续使用过程中,可能会发生脱落,影响检测性能。

原位制备法是指在纸基材料上进行纳米材料的制备。纸基材料的成分、形貌等因素,为纳米材料的原位制备提供了特定的条件。例如,纸基材料可以为碳基纳米材料的制备提供来源,纸基材料表面的官能团可能对纳米材料的锚定、生长等过程产生影响。为提升原位制备效果,可能需要对纸基材料进行一定的预处理。与异位制备法相比,原位制备法能够提升纳米材料与纸基材料的结合稳定性。

10.5 面向分子标志物检测的纸基生物传感器

10.5.1 纸基电化学酶促传感器

为实现代谢标志物葡萄糖的高性能检测,研究人员构建了一种氧化锌纳米线增强的纸基电化学传感器[19]。根据该研究提供的思路,可采用水热合成法在纸基碳浆电极表面生长氧化锌纳米线,进而发挥这类纳米材料的高比表面积等优势,以提升检测性能。

这种纸基传感器采用分层结构设计:上层包含反应区域、对电极、参比电极,下层为具有氧化锌纳米线的纸基工作电极。这种分层设计能够避免水热合成过程对疏水屏障的潜在破坏。该研究通过电化学测试实验,对比了含与不含氧化锌纳米线的纸基传感器。总体而言,具有氧化锌纳米线的电极可以在较低电位就产生显著电流响应。在循环伏安法测试中,可以观察到氧化还原电流峰。

该研究考察了孵育时长、葡萄糖氧化酶用量等参数对检测性能的影响,并分析了工作电极尺寸与纳米线生长量对检测性能的影响规律。相关实验结果显示,增大电极半径可在一定程度上拓宽线性响应范围,延长纳米线生长时间有助于提升检测灵敏度。基于这些结果,可以兼顾灵敏度与动态范围,选择适宜的纸基传感器设计参数组合,以满足临床检测需求。标定实验结果显示,这种纸基微流控生物传感器具备良好的检测性能,而且其检测范围可以覆盖临床相关葡萄糖分子浓度。

10.5.2 纸基电化学免疫传感器

为探索疾病标志物蛋白的高灵敏、便捷检测技术,研究人员构建了一种氧化锌纳米线增强的折纸型纸基电化学阻抗谱生物传感器[20]。该研究通过融合纸基微流控传感器制造技术、纳米材料修饰方法、电化学生物传感原理,为发展高性能便捷生物医学检测技术提供了思路。

这种传感器采用可折叠双层结构:外层包含反应区域、对电极、参比电极,内层为具有氧化锌纳米线的纸基工作电极。为实现特异性检测,可以将能够捕获特定疾病标志物的分子键合到氧化锌纳米线增强的表面,进而采用阻断试剂对该电极表面进行处理,以减少非特异性分子吸附。以该可折叠设计为基础,可以组合多个传感器,从而实现并行检测。在进行检测操作时,通过折叠使反应区域与工作电极紧密接触,此时工作电极、对电极、参比电极共同构成电化学反应池。样本液体被滴加至反应区域后,其中的目标分子与预先固定在工作电极表面的分子发生特异性结合。这一结合作用能够引起工作电极表面性质的改变,可借助电化学阻抗谱对该变化进行检测与分析。这种纸基生物传感器的检测操作步骤包括:在未折叠状态下向工作电极添加样本溶液,等待一定的时间以实现分子结合;洗涤并吸干多余液体以避免非特异性分子吸附;移除纸基传感器中的保护层,折叠该传感器并利用黏性层完成结构固定;添加电子媒介溶液,进行电化学阻抗谱测量。

该研究运用等效电路模型,对电化学阻抗谱测量结果与目标分子浓度间的关联性开展了分析,从而得到能够反映目标分子浓度的传感界面电学特性参数。针对生物样本,可以在实验中设置不同分子结合时长,进而通过对比不同结合时长下的检测读数响应,得出能获取更高质量检测结果的结合时长。在基于血清样本的标定实验中,这种纸基微流控生物传感器展现出良好的检测性能。

10.6 本章小结

生物传感器能够检测多种生物标志物,在疾病诊断、健康监测等生物医学领域展现出广阔的应用前景。其中,纸基微流控生物传感器依靠纸基材料的毛细作用驱动流体,无需外接泵,能够降低对操作和设备的要求。研究人员在纸基流道制造方法、纸基微流控结构功能等方面开展了探索,以提升纸基微流控生物传感器的制造和操作便捷性,并且通过引入纳米材料等方式,增强这类传感器的检测性能。这些研究结果有望为生物医学检测技术的创新发展提供支撑。

(李 骁)

参考文献

[1] JUSTINO C I L, CARDOSO S L, DE LIMA J L F C, et al. Recent developments in recognition elements for chemical sensors andbiosensors[J]. TrAC Trends in Analytical Chemistry, 2015, 68: 2 – 17.

[2] LUO X, DAVIS JJ. Electrical biosensors and the label free detection of protein disease biomarkers[J]. Chem Soc Rev, 2013, 42(13): 5944 – 5962.

[3] GAO W, EMAMINEJAD S, NYEIN H YY, et al. Fully integrated wearable sensor arrays for multiplexed in situ perspiration analysis[J]. Nature, 2016, 529(7587): 509 – 514.

[4] ALEMAN J, WANG Y, ZHANG Y S, et al. Microfluidic integration ofregeneratable electrochemical affinity-based biosensors for continual monitoring of organ-on-a-chip devices[J]. Nature Protocols, 2021, 16(5): 2564 – 2593.

[5] ARLETT J L, MYERS E B, ROUKES M L. Comparative advantages of

mechanicalbiosensors[J]. Nature Nanotechnology, 2011, 6(4): 203 – 215.

[6] DOREY A, HOWORKA S. Nanopore DNA sequencing technologies and their applications towards single-molecule proteomics[J]. Nature Chemistry, 2024, 16(3): 314 – 334.

[7] DU Y, DONG S. Nucleic acid biosensors: recent advances and perspectives [J]. Analytical Chemistry, 2017, 89(1): 189 – 215.

[8] ZHANG Y S, SHU X, RADISIC M, et al. Multisensor-integrated organs-on-chips platform for automated and continual in situ monitoring of organoid behaviors[J]. Proceedings of the National Academy of Sciences, 2017, 114(12): E2293 – E2302.

[9] YOUSEFI H, WANG Y, ZHANG Y S, et al. Detection of SARS-CoV-2viral particles using direct, reagent-free electrochemical sensing[J]. J Am Chem Soc, 2021, 143(4): 1722 – 1727.

[10] ALAFEEF M, WANG Y, ZHANG YS, et al. Rapid, ultrasensitive, and quantitative deteetion of SARS-CoV-2 using antisense oligonucleotides directed electrochemical biosensor chip[J]. ACS Nano, 2020.

[11] MILLER B S, WANG Y, ZHANG Y S, et al. Spin-enhanced nanodiamond biosensing for ultrasensitive diagnostics[J]. Nature, 2020, 587(7835): 588 – 593.

[12] MARTINEZ A W, PHILLIPS S T, WHITESIDES G M, et al. Diagnostics for the developing world: microfluidic paper-based analytical devices [J]. Analytical Chemistry, 2010, 82(1): 3 – 10.

[13] NOVIANA E, ZANG L, LIU X, et al. Microfluidic paper-based analytical devices: from design to applications[J]. Chemical Reviews, 2021, 121(19): 11835 – 11885.

[14] FRONCZEK C F, LIU X, MARTINEZ A W, et al. Paper microfluidic extraction and direct smartphone-based identification of pathogenic nucleic acids from field and clinicalsamples[J]. RSC Advances, 2014, 4(22): 11103 – 11110.

[15] CAO Q, LIU X, MARTINEZ A W, et al. Three-dimensional paper-based microfluidic electrochemical integrated devices (3D-PMED) for wearable electrochemical glucosedetection[J]. RSC Advances, 2019, 9(10): 5674 – 5681.

[16] LI X, LIU X. Fabrication of three-dimensional microfluidic channels in a single layer of

cellulosepaper[J]. Microfluidics and Nanofluidics, 2014, 16(5): 819-827.

[17] LI X, ZWANENBURG P, LIU X. Magnetic timing valves for fluid control in paper-basedmicrofluidics[J]. Lab Chip, 2013, 13(13): 2609-2614.

[18] GONG MM, SINTON D. Turning the page: advancing paper-based microfluidics for broad diagnostic application[J]. Chemical Reviews, 2017, 117(12): 8447-8480.

[19] LI X, ZHAO C, LIU X. A paper-based microfluidic biosensor integrating zinc oxide nanowires for electrochemical glucosedetection[J]. Microsystems & Nanoengineering, 2015, 1(1).

[20] LI X, LIU X. A Microfluidic Paper-based origami nanobiosensor for label-free, ultrasensitive immunoassays[J]. Adv Healthc Mater, 2016, 5(11): 1326-1335.

第 11 章
多模生物特征识别

多模生物特征识别(multi-modal biometric identification system)是当今信息技术领域的一个热门话题,它涉及生物特征识别技术在多个模态下的应用和发展。随着科技的不断进步和生物识别技术的不断发展,多模生物特征识别已经成为法医物证领域的一个重要研究方向。本章旨在系统地介绍多模生物特征识别的基本原理、关键技术方法和应用场景,帮助读者全面了解这一领域的最新进展,以期为相关研究人员和从业者提供一份系统全面的参考资料。

11.1 概述

多模生物特征精准识别是一种利用多种生物特征信息进行个体识别的技术。随着生物识别技术的不断发展和普及,多模生物特征精准识别技术已经成为当前生物识别领域的研究热点之一。首先,本章将从多模生物特征的概念和分类入手,介绍多模生物特征精准识别技术的基本概念和原理。其次,重点介绍多模生物特征融合技术、多模生物特征融合算法和多模生物特征融合系统的设计。最后,本章将对多模生物特征精准识别技术的发展方向和趋势进行展望。希望相关内容可以成为该领域研究者和相关从业人员的参考工具,促进多模生物特征精准识别技术的进一步发展和应用。

多模生物特征是指生物体具有多个独有的特征或特性,可以用于识别和区分不同的生物个体,这些特征可以包括生物的外貌特征、行为特征、生理特征等多个方面。根据其性质和表现形式的不同,多模生物特征可以分为不同的类别。例如,外貌特征可以分为颜色、形状、纹理等不同的类别;生理特征可以分为基因型、表型、代谢特征等不同的类别。这些分类可以帮助科学家更好地理解和研究生物体的特征,为生物学、生态学和进化学等领域的研究提供重要的理论基础和实践指导。

多模生物特征识别技术是一种利用多种生物特征信息进行个体识别的技术。其基本概念是通过采集和分析个体的生物特征信息,如指纹、虹膜、声纹等,将这些信息进行综合分析和比对,从而实现对个体的准确识别和验证。该技术的原理主要包括生物特征信息的采集、特征提取和模式匹配三个关键步骤。首先,通过生物特征采集设备对个体的生物特征信息进行采集和录入;然后,利用特征提取算法对采集到的生物特征信息进行处理和提取,提取出具有代表性的特征向量;最后,通过模式匹配算法将提取的特征向量与数据库中的特征进行比对,以实现对个体的准确识别和验证。多模生物特征精准识别技术在安全领域、金融领域等方面具有广泛的应用前景,能够提高个体识别的准确性和安全性,有着重要的社会意义和经济价值。以下是国内外从事相关研究的主要机构(表 11 -1、表 11 -2)。

表 11 -1 国外从事相关研究的主要机构

序号	机构名称	相关研究内容	相关研究成果	成果应用情况
1	The Broad Institute of MIT and Harvard	高通量 DNA 测序、复杂的亲缘关系分析、基因组图模型	GATK (genome analysis toolkit) 等多种高级基因组分析工具	在全球范围内,该机构的工具被广泛用于基因研究、疾病诊断和个体化医疗,市场占有率在相关领域较高
2	European Bioinformatics Institute (EMBL - EBI)	高通量测序数据的存储、分析和解释,包括亲缘关系和多生物特征数据	开发了多种用于生物信息学分析的数据库和工具	在学术界和医疗界都有广泛应用,但更偏向于研究用途,市场占有情况难以量化

续表

序号	机构名称	相关研究内容	相关研究成果	成果应用情况
3	MorPho	人脸识别、指纹识别	研发了多款人脸识别、指纹识别等多模态生物特征识别系统	在欧洲市场具有较大影响力
4	亚马逊公司	研发了基于掌静脉识别的刷掌支付系统	Amazon One 掌静脉识别系统	在亚马逊自有的无人超市和全食超市部署了刷掌支付系统

表 11-2　国内从事相关研究的主要机构

序号	机构名称	相关研究内容	相关研究成果	成果应用情况
1	华大基因	广泛的基因组研究，包括亲缘关系分析	发布了多种个人基因检测产品和服务	应用于医学研究和法医学
2	中国科学院计算技术研究所	高通量测序数据分析，深度学习在生物信息学中的应用	多生物特征融合比对网络及研究生物信息学算法和模型	与各类生物医疗机构合作
3	依图科技	高精度人脸识别模型	在千万分之一误报下的人脸识别准确率已经接近 99%	联合中国银联推出“刷脸付”，携手建立金融级支付安全标准
4	商汤科技	深度学习人脸识别算法	发布人脸识别一体机 SensePassPro	在大规模通行场景下的落地应用
5	西安交通大学	研究了适用于开放集和跨设备识别的掌纹掌静脉识别方法，提取了领域不变性掌纹掌静脉特征	提出了联合像素级和特征级对齐的跨数据集掌纹识别方法	开发了多种掌纹、掌静脉识别模组和面板机设备

11.2 复杂亲缘关系智能化系谱比对技术

在亲缘关系识别领域，尽管 DNA 一代测序技术取得了巨大成功，但是因为其选取位点数量的限制，所以在法医应用中仍然受限。高通量测序能够提供整个基因组的信息，尤其在复杂亲缘关系的推断方面具有巨大潜力，且其成本正在快速下降，但其应用仍然受限于目前不完备的理论和算法。

解决基因组多遗传标记特征寻找、跨代际系谱比对、亲缘关系判断，以及基于多生物特征组数据的人工智能融合分析，是生物信息学和人工智能领域中的重大挑战性问题。

11.2.1 遗传标记的寻找理论和算法

短串联重复序列（STR）或微卫星标记在人类基因组内和不同个体之间具有高度的多态性和广泛的分布，因此，它们在 DNA 分型应用和人口遗传学研究中得到了广泛的使用。这些应用包括个体身份验证、亲权确认，以及概率族群预测。自 1997 年以来，美国联邦调查局（FBI）的联合 DNA 指数系统（CODIS）发布的 13 个核心 STR 位点，已经在个体身份认证和人口遗传学研究中产生了二十余年的主导性影响。

全球正在建立越来越多基于 CODIS 核心 STR 的法医数据库。然而，随着数据库规模的急剧扩大，数据库中随机匹配（即非相关个体间的偶然匹配）的风险也在增加。这可能导致当新的犯罪发生时，数据库中的个体被错误地识别为罪犯。此外，CODIS 13 STR 对不同的亚群体存在不同的效能。例如，在我国，只有 9 个 CODIS STR 被广泛应用，因为其余 4 个位点在我国人口中的区分能力较低。针对这些问题，有必要寻找解决方案，如增加位点的数量和/或引入更有效的 STR 标记，或者利用二代测序数据来提高法医分型的效能。

我们之前提出了一种全新的位点选择算法，该算法考虑了法医 STR 标记的常见限制条件（如杂合性、随机匹配概率、区分力和排除概率），并使用了两种统计均衡测试（哈迪－温伯格平衡和连锁均衡测试）。这个选择算法旨在使用二代测序的数据来寻找一套新的 STR 标记，以提高身份验证和亲权测试的准确性。

在最近的一项工作中，我们将这种方法应用于来自千人基因组计划的 320 个中国个体。结果显示,选定的位点在身份测试中具有高的组合区分力,在亲权测试中具有高的组合排除概率。它们还提供了比 CODIS 13 个位点更小的 DNA 轮廓频率。更重要的是,所选位点提供了相当低的随机轮廓匹配概率,这意味着在一个有 1000 亿条目的数据库中进行 8000 万次搜索,统计上不会出现错误的匹配。另外,所选位点在进行家族搜索时降低了随机等位基因匹配的风险。在我们的模拟中,所选 STR 在亲权测试中具有较低的假阳性和假阴性概率,比 CODIS STR 的表现更优。

尽管二代测序能够提供整个基因组的信息,并且其成本正在快速下降,但其在法医应用中仍存在挑战。首先,由于父母遗传给孩子的每条染色体平均有 1~2 次的重组,这意味着大部分位点之间都存在连锁性。实际上,每条染色体选取超过 4~10 个位点,连锁性就不可避免。其次,二代测序对 STR 位点的准确性相比对单核苷酸变异(SNV)的准确性要低,容易引入测序错误。尽管 SNP 位点的多态性较低,但其测序准确性高。这些问题使得基于一代数据的亲缘关系计算理论在二代数据场景下变得不再适用。

目前的亲缘关系计算理论尚未充分考虑 DNA 位点的突变速率、基因重组等因素。同时,我们也需要对现有的计算方法进行改进,以便更好地区分身份识别(IDB)和等位基因共享(IBS),以及更准确地重建复杂的亲缘关系。在未来的研究中,我们将继续探索这些问题,并尝试找到解决方案,以充分利用二代测序的优势,提高身份验证和亲权测试的准确性。

高通量测序会导致缺失和误差,同时,不同地域和人群中的遗传标记频率分布也有很大差异。其中连锁不平衡是遗传标记寻找的难点。通过构建一个图论,其中节点代表位点,边代表基因间的关联性,即可基于组合优化中的图论方法找到最优的位点组合。

11.2.2 高密度遗传位点亲权关系计算理论和算法

因为连锁不平衡性,位点密度增加使得目前通用的亲权计算方法不再适用。基于 Ising模型,利用已有的数据库和算法,获得单体型(haplotype)数据,提取等位基因位点和关联等位基因位点的信息;利用这些信息和仿真数据,将遗传位点视为一个个点,等位基因的状态作为这些点的自旋状态,建立理论模型,通过最优化熵推断 Ising 模型的参数;然后,根据模型和参数,建立针对每个数据集的亲权计算与算法。最后,基于算法整合血缘同源(identity by descent,IBD)片段长度和分布信息,提高亲权确定的精确性,建立高密度遗传位点亲权计算的理论和算法。

11.2.3　复杂亲缘关系比对的理论、算法和模型

目前常见的亲缘关系计算方法是基于与完全随机假设的对比，然而这种假设对于复杂亲缘关系，例如跨代际、非直系亲属、近亲结婚等，可能无法提供准确结果，导致错误结论。为了解决这个问题，研究者提出一种基于图论和人工智能模型的复杂亲缘关系判断方法[1]。首先，利用图论中的有向无环图来刻画分析复杂的亲缘关系；然后，设计并训练一个深度学习模型，以自动识别和区分容易混淆的复杂亲缘关系；此外，模型将整合复杂样本（例如混合样本、缺失数据、多个个体）的处理算法，建立完整准确的复杂亲缘关系智能化判别鉴定算法。

11.3　面部和手部特征智能化识别

11.3.1　人像老化机理与人像年龄模拟生成

近年来，基于深度学习的 2D 及 3D 人脸识别技术取得了突破性进展，但跨年龄人脸识别仍然是目前人脸识别中的一大难点问题[2-3]。当前，对于跨年龄人脸识别的研究主要分为两大类：一类是研究人脸老化规律，利用不同时期的老化模型，合成老化人脸，基于合成的老化人脸进行人脸识别与匹配；另一类是探寻人脸的年龄不变量，强化跨年龄人脸识别中与受年龄影响较小的个体特征，提高跨年龄人脸识别相似度和准确性。随着深度学习、神经网络方法的不断推陈出新，研究人员也将深度学习方法应用于人脸老化研究。目前在图像合成方面表现最为突出、广泛的是在生成器和判别器中加入年龄条件的 GAN 老化合成机制。例如，法国 EURECOM 数字安全部的 Jean - Luc Dugelay 团队首先提出将生成模型用于在要求年龄类别内生成合成图像。

通过构建一批我国人群不同年龄段（0～60 岁）的人像成长变化数据集，并在此数据集上开展基于深度扩散模型、生成对抗学习等视觉合成技术研究，对于给定的人脸图像，生成符合目标年龄的高真实感人像，并模拟个性化人脸老化轨迹，提升人脸老化模拟结果的准确性，进而支撑人像表型稳定特征识别技术的模型训练，以及跨时空人像表型稳定特征识别及智能比对（图 11 - 1）。

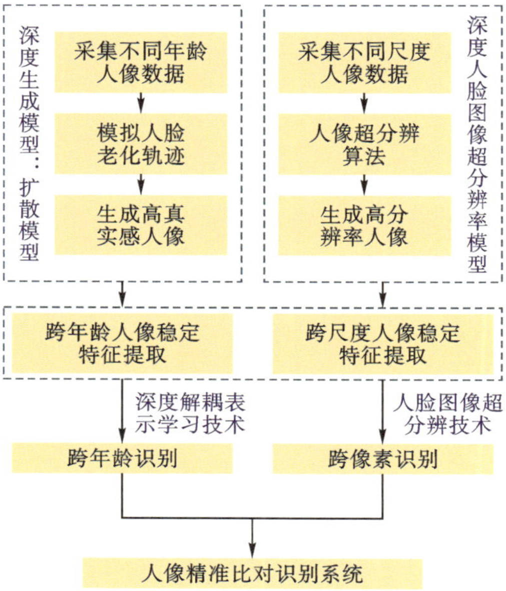

图 11－1 跨时空人像表型稳定特征识别及智能比对技术

11.3.2 基于深度解耦表示学习的跨年龄人像稳定特征表示学习技术

通过人脸潜在低维表示学习，建立自适应的、鲁棒的人脸分布表示，并结合领域自适应、多任务学习、深度度量学习、元学习、对抗训练等学习方法进行人脸身份与年龄的特征解耦，将不同年龄段的人脸数据在特征空间进行对齐，学习年龄不变的人脸特征表示，以提升大规模跨时域人像识别模型的精度。

11.3.3 基于人脸图像超分辨的跨像素人像稳定特征表示学习技术

基于对抗生成网络、人脸面部先验、对抗学习、多任务学习、多尺度残差通道注意机制等方法的真实场景人像图像超分辨方法，可开发跨像素人像稳定特征表示学习技术、跨像素人脸识别任务驱动的人脸超分辨技术，以及人脸身份信息保持的人脸超分辨技术，进而提升大规模跨空域人脸识别模型的精度。

11.3.4 跨龄指纹特征生成技术

随着年龄的增长，指纹特征会发生一定程度的变化[4]（图 11－2），而收集全年龄阶段的指纹图像非常困难,基于有限的时空不完整的指纹数据,可首先构建深度生成对抗网络模型,通过深度卷积生成网络从不同年龄段的指纹图像中提取共性特征,通过对抗网络判别年龄影响下的指纹特征变化,学习生成不同年龄阶段的指纹特征和图像;然后,构建扩散概率生成模型,通过将年龄设为先验条件,生成目标年龄的指纹数据。最后,建立跨年龄指纹特征数据库,突破指纹智能化“增龄”难题。

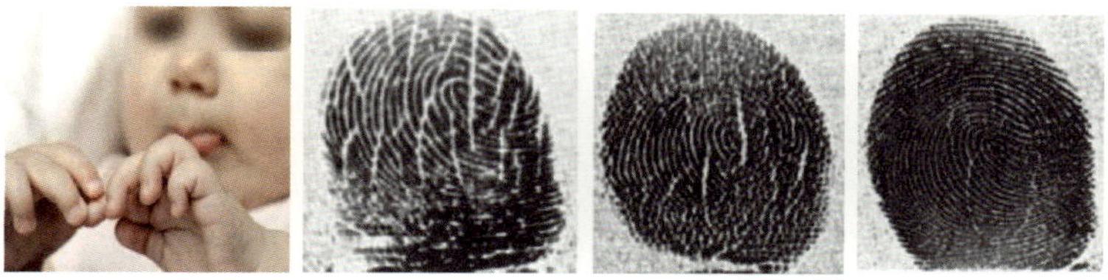

图 11-2 儿童手指和不同年龄段(6 个月、12 个月、18 个月)的指纹图像

11.3.5 指纹发育过程稳定纹理特征提取和鉴别比对技术

随着手指的生长发育,指纹特征会发生一定程度的变化(如纹线拉伸和变形),但其内在的纹理形状和细节特征却固定不变。通过研究年龄不变性和自适应性指纹特征提取和匹配方法,构建基于多尺度深度卷积神经网络模型,提取指纹的纹理、细节点和拓扑结构特征表示,然后将特征分解为年龄和身份相关特征,提取年龄无关和身份相关的指纹特征,最后基于 Transformer 的图匹配深度网络,实现跨不同年龄阶段、大规模人群的指纹智能比对和识别。

11.4 多生物特征数据融合比对技术

鉴于生物特征融合的犯罪精准识别及预警技术融合了特征和学科交叉特点,目前,相关研究主要集中在金融交易认证。如中国工商银行正式启动的“智能银行信息系统(ECOS)”,打造了企业级生物特征识别平台,实现了生物特征识别与传统认证的组合及多种生物特征融合的多模态生物识别服务。生物特征识别多模态融合国际标准的立项,意味着我国自主技术处在世界前列,对于整个生物特征识别行业的发展也起到了引领作用。

在犯罪侦查领域，随着DNA、人脸、指纹、声纹等数据库的建立，生物特征识别成为破解犯罪的新密码。然而只依靠单一模态的生物特征识别，其精度无法满足安全性需求，且对数据质量依赖性较高，但实际案件中有关的生物特征数据大多为低质量数据。因此在打击拐卖犯罪中，需要融合多种生物特征的多模态融合识别算法，建立以高通量测序遗传标记信息为纽带、关联其他生物特征的分子信息档案的定义代数系统和高效算法，实现多维跨时空数据的快速检索和智能预警。

多模生物特征融合算法是实现多模生物特征融合技术的核心，它涉及数据融合、特征提取、匹配算法等多个方面，需要综合考虑多种生物特征的特点和差异，以及融合后的数据处理和分析[5]。多模生物特征融合系统的设计是将上述技术和算法应用到实际系统中，包括硬件设备的选型、数据采集和处理流程的设计、系统集成和性能优化等方面，需要综合考虑系统的稳定性、安全性和实用性。

11.4.1 指纹与掌纹掌静脉多模融合技术

1. 掌纹掌静脉识别系统的安全保护

针对掌纹掌静脉识别系统的传感器欺骗攻击包括纸张打印攻击和视频重放攻击，这些攻击成本低廉且呈现出与真实掌纹相同的特征。一旦入侵者获取到用户的掌纹信息，将对掌纹识别系统的安全产生极大威胁。而传统的生物特征识别系统的传感器欺骗攻击检测设计很少考虑手掌的特性。采取提取掌纹欺骗线索的方式可重现真实活体图像并提取欺骗线索。首先，将包含手掌景深信息的深度图作为像素级标签，训练深度估计模型来寻找真实手掌与欺骗攻击的差异。然后，使用深度估计模型的输出作为监督信号，反向重建出真实手掌，从欺骗攻击中分离出欺骗线索[6]。

2. 设计安全准确的跨龄手部生物特征生成与识别技术路线，实现指纹与掌纹掌静脉多模融合

图11－3为安全准确的跨龄手部生物特征生成与识别技术流程图。针对现实打拐应用场景，被拐人员留存的生物特征可能不完备或不准确，这时就可以通过指纹与掌纹掌静脉多模融合技术，分别从像素层、特征层、得分层和决策层融合，进行较为准确的身份判断。

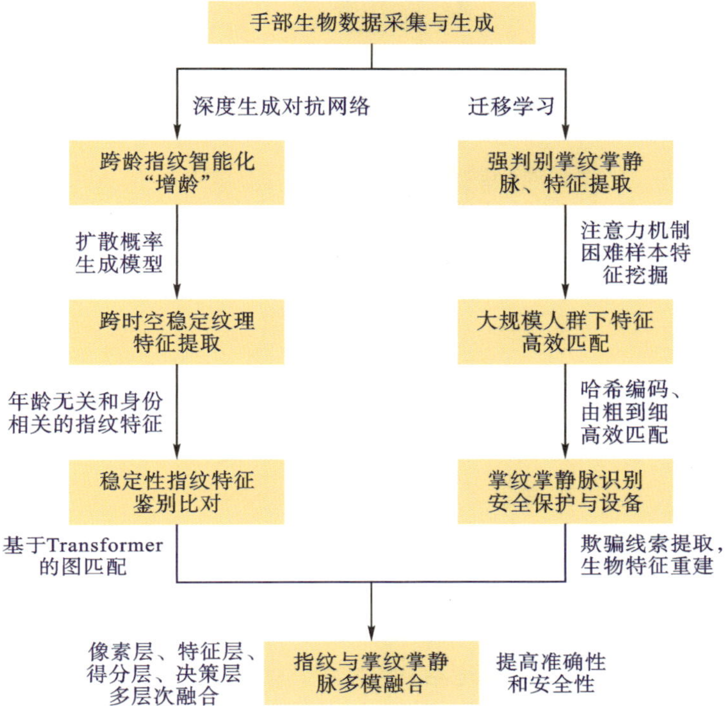

图 11－3　安全准确的跨龄手部生物特征生成与识别技术

11.4.2　支持 DNA、人像等多生物特征的融合比对技术

针对跨时空个人表型稳定特征与 DNA 内在特征的关联关系问题，在虹膜颜色、身高、面部特征上已有一些研究（图 11－4）。研究 DNA 画像技术与多生物特征比对方法，具体包括以下方面。

（1）通过 DNA 画像技术识别 DNA 特征与表型稳定特征的时域稳定关联关系：首先，通过不同年龄阶段的 DNA 特征与表型稳定特征的关系基于深度学习挖掘多维联系模型，构造时空稳定型 DNA 画像；然后，在时空维度通过时间序列分析识别同步变化逻辑，进一步筛选能够同步变化的 DNA 特征与表型稳定特征，构造时空演进型 DNA 画像；最后，归纳总结 DNA 画像的时空演进规律，构造 DNA 画像的本体进化机制并进行验证。

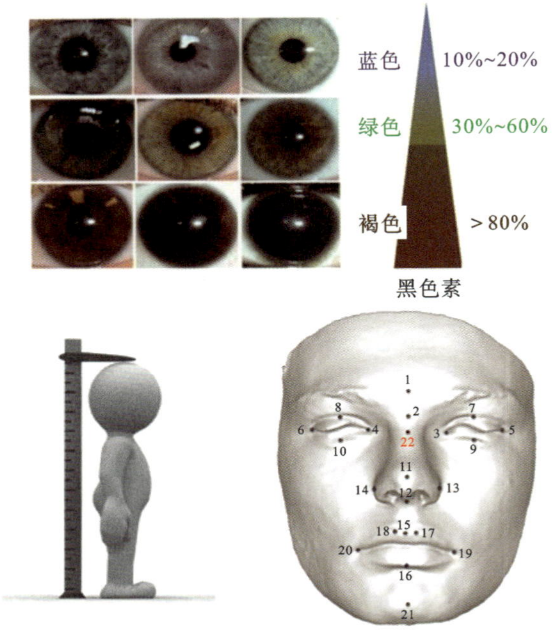

图 11－4　DNA 信息与表型的关联研究

（2）基于 DNA 画像映射与对齐生物特征：首先，通过加入公理化推理体系改进本体映射与本体对齐技术，构建单生物特征以及部分生物特征的快速比对方法；然后，通过建立可交换半群改进本体融合技术，构建多生物特征多种组合形式的快速比对方法；最后，根据比对的结果建立自适应本体调解机制，有效提高多生物特征比对的效能，达到 1000 万级别数据库比对（图 11－5）。

（3）通过集成知识图谱和跨模态知识融合、推理和分析技术搭建跨模态特征融合比对平台，并在此平台上基于自然语言处理和语义理解技术实现人机智能交互、自主联动、精准判别。

多模态生物识别设备的效率很大程度上受到所采用的融合方法的影响。由于特征空间中信息的质量和数量都很高，因此特征级融合比其他级别的融合更有效。特征级融合技术也是最稳定的。特征空间的融合是通过“串联或并行组合”“特征提取算法或降维方法”“二元特征融合”三个过程之一完成的[7]（图 11－6）。

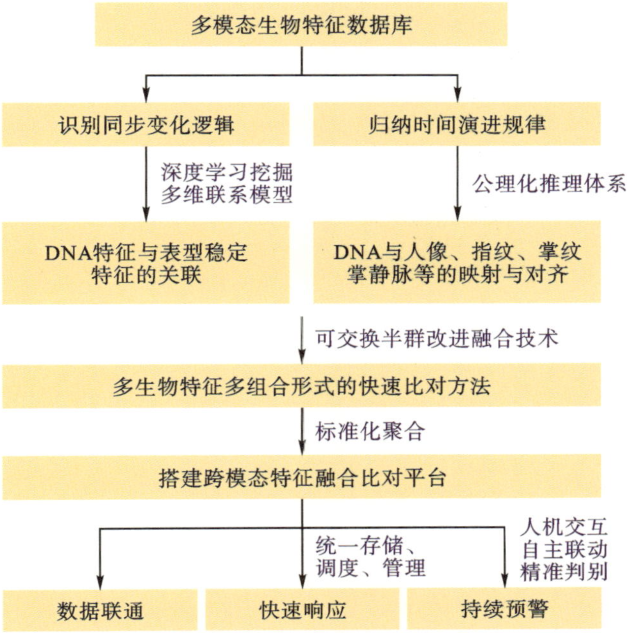

图 11－5　支持 DNA、人像等多种生物特征的融合比对系统

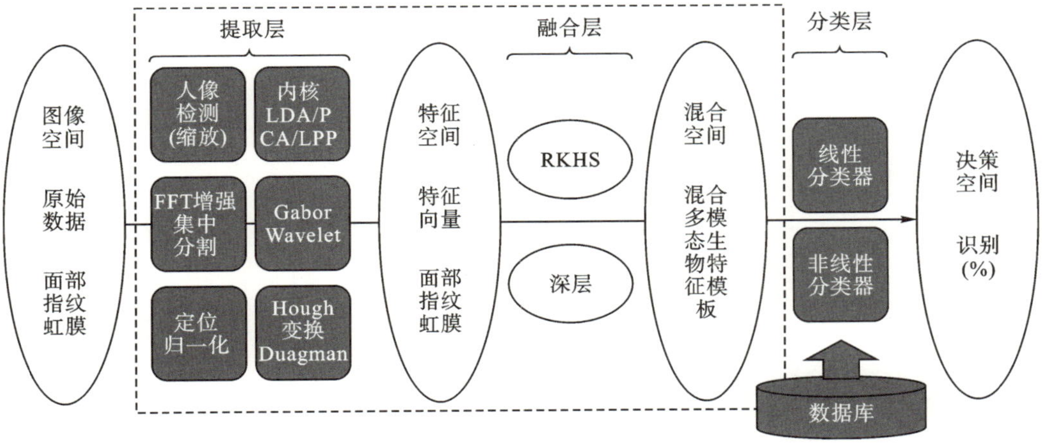

图 11－6　混合多模态生物识别系统框图

多模态生物特征识别系统包括三个主要模块：特征提取、特征融合和特征分类。

11.4.3　多模生物特征精准识别技术的发展方向和趋势

多模生物特征精准识别技术是一种结合了多种生物特征识别技术的综合应用，随着人工智能和大数据技术的不断发展，多模生物特征精准识别技术将会迎来更加广阔的发展空间。其发展方向和趋势主要体现在以下几个方面。首先,随着人工智能和大数据技术的应用,多模生物特征精准识别技术将更加智能化和精准化,能够通过学习和分析不断提升识别的准确性和速度。其次,随着生物特征识别技术的不断创新和突破,多模生物特征精准识别技术将不断融合更多的生物特征识别技术,如指纹识别、虹膜识别、声纹识别等,从而提高识别的准确性和可靠性。另外,多模生物特征精准识别技术还将更加个性化,能够根据用户的需求提供定制化的识别方案,将在安防、金融、医疗等领域得到更广泛的应用,为社会生活和产业发展带来更多便利和安全保障。总的来说,多模生物特征精准识别技术的发展方向和趋势是智能化、精准化和多样化。

11.5 多模生物特征精准识别技术的法医学应用

我国地域辽阔,为国家发展提供了充足的社会安全屏障,但同时,拐卖人口犯罪长期存在时间跨度长、跨域广、跨境多等特征,对打拐治理无论在经济上还是技术上都提出了新的挑战。生物特征识别虽然已经成熟应用于法医学领域,然而单生物特征由于受到自然变化、采集技术水平和经济性的限制,经常呈现出不完备、不准确的现象。各种生物特征之间的静态关联与动态同步变化规律也缺少深入的研究。而多生物特征数据融合比对能够有效提升 DNA、人像等特征融合比对的多模态生物识别系统的性能,实现快速响应和万级数据 24h 跨区域持续预警,特别契合我国拐卖人口案件发生于偏远地区多用途、多层次的实际需求(图 11 -7)。

针对生物特征融合的拐卖人口犯罪精准识别及预警的多用途需求,可开展“图像特征 - 分子序列”系统方案论证,建立社会安全顶层设计准则、总体技术规范和设计方案。通过多种生物检材高通量遗传信息的智能标记与亲缘关系确保准确率;通过“增龄”导致的特征点拓扑变化能够在人像、指纹、掌纹掌静脉特征识别中,提升低龄留存样本的比对成功率,并提升卡口快速识别设备的识别速度;通过建立公理化“图像特征 - 分子序列”的融合体系,建立智能化多生物特征高效识别技术。构建全系统全智能一体化拐卖人口犯罪精准识别及预警平台,降低打拐工作的综合成本,提升打拐工作的综合效能,对此类犯罪行为形成有效震慑,形成多学科交叉融合的多系统生物特征融合设计研发团队,有效服务于国家“一带一路”倡议和社会安全需求。图 11 -8 为针对长时间跨度生物特征识别技术分散、应用研究不成体系等问题，开展的多种生物特征数据融合应用示范的研究方案设计。

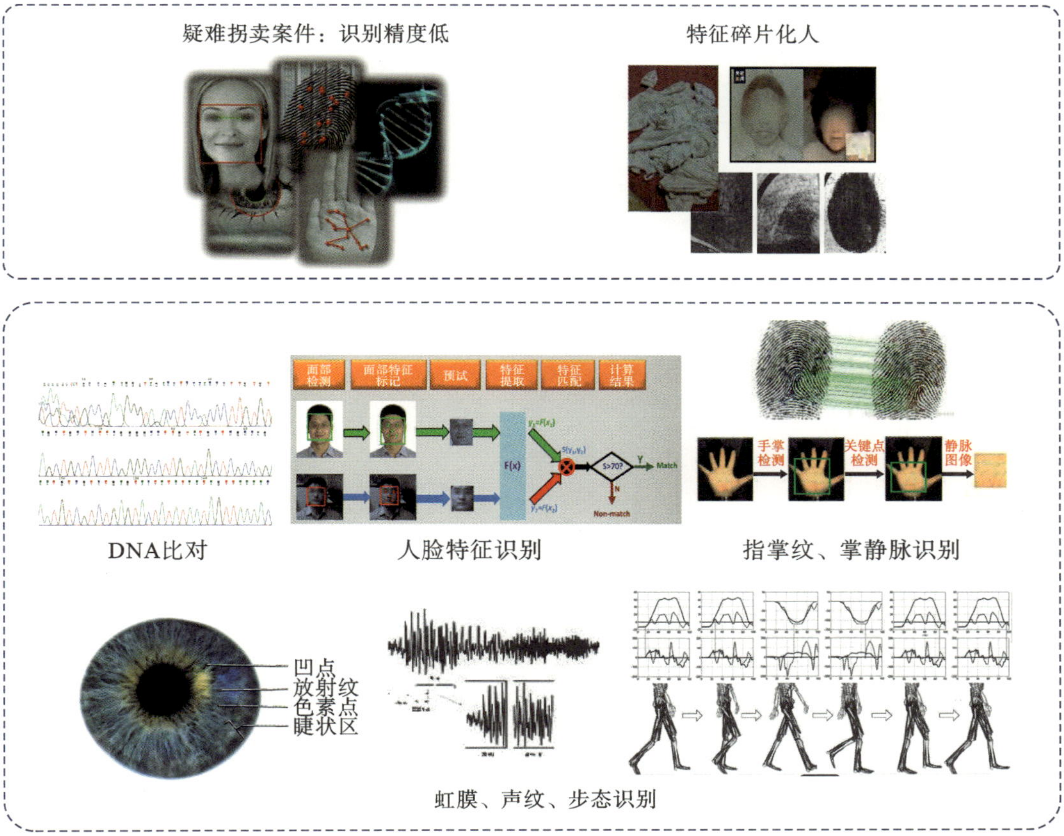

图 11－7　多种生物特征识别技术为打击拐卖人口犯罪提供有力支持

国家生物安全证据基地、西安交通大学、中国人民公安大学、香港城市大学、烟台大学、中国科学院北京基因组研究所（国家生物信息中心）等单位联合，长期致力于多生物特征识别相关研究，主持了多项国家级或省部级项目。其已在具有实战经验的 16 家地市级以上公安机关完成前期调研，共同研发“人像＋DNA”识别技术应用模式。其不但有高通量测序仪、掌纹掌静脉采集设备、人像识别设备等，还具有扎实的应用示范工作基础，能为我国拐卖人口犯罪精准识别及预警技术做出领先应用及示范（图 11－9）。

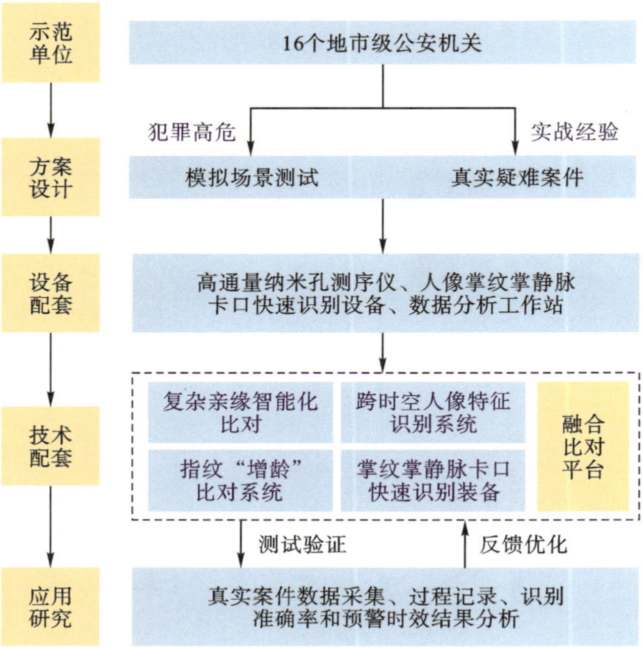

图 11-8　针对长时间跨度生物特征识别技术分散、应用研究不成体系等问题，展开多生物特征数据融合应用示范研究方案设计

团队已建立和运营的多模生物特征识别数据库有 3 个。①藏彝走廊世居群体遗传多样性数据库：在科技部基础性工作专项支持下开发的藏彝走廊地区世居群体遗传多样性数据库，是国内最大的群体迁移分化模式数据库，收录数据 76T，包括 248 个 TYC 群体和 16 个外群基因组数据。②中华民族 DNA 遗传资源数据库：在教育部重大专项支持下，开发中华民族 DNA 遗传资源数据库，收录 53 个民族群体 DNA 多态性数据库，支持完成国际合作的人类基因组计划中我国的 1% 任务。③多模态生物特征数据库：西安交通大学建立的完整的生物特征数据库，包括指纹、面部、声音和掌纹等生物特征数据，已收集超 20000 张掌纹图片，并完成了稳定特征关键点的标注。

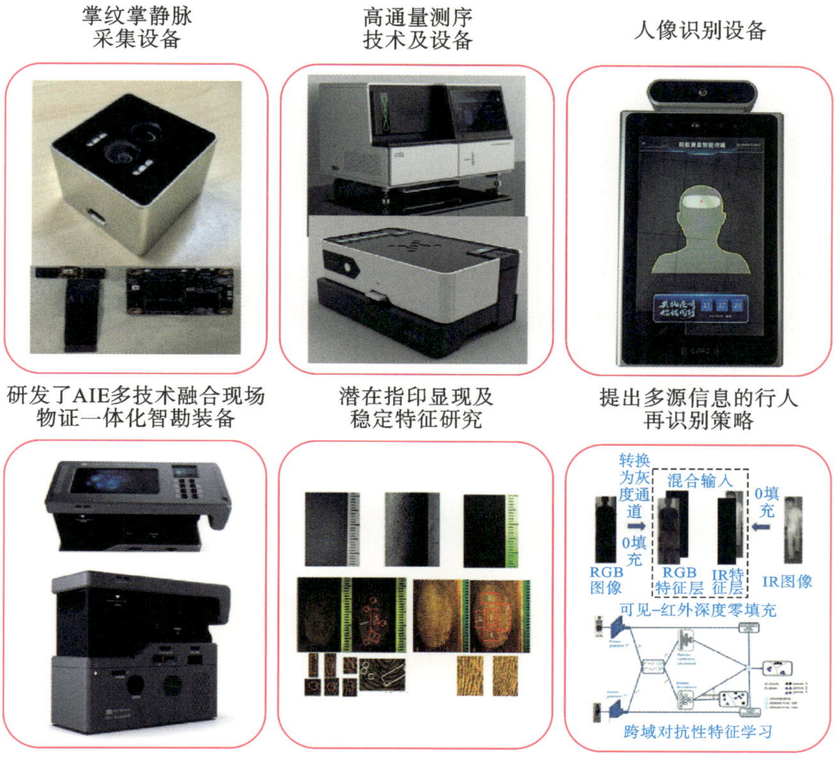

图 11－9　已有的多生物特征采集与分析设备

（李　晶　成　诚　李生斌）

参考文献

[1] QIN X, LIU D, GUI B, et al. New metric learning model using statistical inference for kinship verification [J]. Applied Soft Computing, 2020, 95: 106569.

[2] LI H B, HUANG D, MORVAN J M, et al. Towards 3D face recognition in the real: a registration-free approach using fine-grained matching of 3D keypoint descriptors [J]. International Journal of Computer Vision, 2014, 113(2): 128－142.

[3] LI H B, SUN J, CHEN L. Location-sensitive sparse representation of deep normal patterns for expression-robust 3D face recognition [C]. IEEE International Joint Conference on Biometrics (IJCB), 2007,10:234－242.

[4] JAIN A K, ARORA S S, CAO K, et al. Fingerprint recognition of young children [J]. IEEE Transactions on Information Forensics and Security, 2017, 12: 1501 - 1514.

[5] HAMMAD M, LIU Y, WANG K. Multimodal biometric authentication systems using convolution neural network based on different level fusion of ECG and fingerprint [J]. IEEE Access, 2019, 7: 26527 - 26542.

[6] SHAO H, ZHONG D. Towards cross-dataset palmprint recognition via joint pixel and feature alignment [J]. IEEE Transactions on Image Processing, 2021, 30: 3764 - 3777.

[7] SAFAVIPOUR M H, DOOSTARI M A, SADJEDI H. Deep hybrid multimodal biometric recognition system based on features-level deep fusion of five Biometric traits [J]. Computational Intelligence and Neuroscience, 2023, 2023: 6443786.

Chapter 1
Genetic Diversity of Subdivided Populations Living Along the Silk Road

1.1 Geography of the studied region

Northwest China has a very complex geography, encompassing mountains, plateaus and basins, as well as some special landscapes, such as the Gobi Desert. There are at least 20 ethnic populations and isolated groups that reside in this region. The Han ethnic group has a population of more than 1 billion in China. The Hui or Mongolian ethnic group each has a population of more than 5 million, and both are regarded as typical examples of Chinese ethnic minorities. The populations living in Xinjiang Uygur Autonomous Region are almost aboriginals except the Han ethnic group, which has migrated to the region from Central China since the 1950s. According to historical records, the Uygur ethnic group has been in frequent contact with people from the East and the West since the 3rd century BC. The immigration of the Uzbek, Kazakh and Kirghiz ethnic groups was the result of the expansion of the Mongol Empire. At that time, some people from Central Asia moved to Xinjiang. Of the five ethnic populations living in Qinghai and Gansu provinces, the Yugur ethnic group has a relatively long history. The other four populations are most probably related to population admixtures among the Mongolian, Hui, Han and Tibetan ethnic populations.

The Silk Road, which could date back to the Western Han Dynasty, starts geographically from the ancient capital Chang'an(now Xi'an), passing through the Hexi Corridor and Xinjiang Uygur Autonomous Region and extending into Central Asia, India and finally the Mediterranean region. Previous research has suggested that extensive genetic admixture exists in the Silk Road regions. Evidence from the mitochondrial hyper-variable region showed that populations in Central Asia contain gene pool elements of both Eastern and Western Euro-Asians. Furthermore, historical records indicate that factors such as religious belief, marriage customs, linguistic traditions and migratory history may have played important roles in shaping the matrilineal genetic structure of the populations living in this region[1]. However, few investigations examined the genetic structure and population differentiation of the populations living near the starting point of the Silk Road. Addressing major issues in the field of human genetics requires multiple types of genetic markers, various analytical methods, statistical models and the consideration of geographic, linguistic and social factors. In recent years, several Chinese investigators have examined population differentiation and admixture patterns for Chinese populations and some Central Asian populations. On the basis of the allele frequency data of 15 – 30 STRs loci, Chu et al. constructed a phylogenetic tree for 32 East Asian populations and proposed a hypothesis for the origin of East Asian people[2]. Using Y haplotype features, Su and Jin inferred the origin of the Chinese Han population and East Asian people and hypothesized that the northern Chinese Han populations were Han descendants migrated from the southern Chinese Han population[3]. Recently, Xie et al. analyzed Y chromosome STRs and SNPs from selected individuals living in Gansu Province and suggested that they might be the descendants of ancient Roman soldiers[4]. Moreover, Zhang et al. used mitochondrial sequence diversity to study the evolution and origin of Chinese populations[5]. They constructed a phylogenetic tree for the Chinese Han population based on mitochondrial haplogroups that have been widely employed in later investigations on mitochondrial polymorphisms in East Asian populations. Most of the previous studies agree that high genetic differentiation exists among Chinese populations and that the gene flow and genetic admixture are very complex. Samples covering a wider range and larger size are needed to improve the robustness of the statistical analysis, and more sophisticated statistical models and analysis should also render the results more convincing.

Genetic markers on the Y chromosome and on mitochondrial DNA(mtDNA), such as Y-STRs, Y-SNPs and mitochondrial hyper-variable regions Ⅰ and Ⅱ have low recombination rates and lack of recombination respectively. Therefore, they are widely used to address the genetic differentiation between populations. Confounding issues, such as low effective sample size and ascertainment bias can be problematic, and genetic markers on the Y chromosome are especially susceptible to genetic drift and male reproductive functions. Microsatellites have been applied in detecting human genome variation, conducting linkage analysis and in forensic applications, such as DNA fingerprinting. Microsatellites have proven to be especially useful in the studies of the evolutionary relationships between species or between populations with relatively close genetic relationships. These studies suggest that the pattern of autosomal genetic markers is similar to those of human linguistics. In this chapter, we have selected 13 representative populations (12 different ethnic groups) living in the northwest China, analyzing the statistical distribution of allele frequency at 9 STR loci, and have attempted to reconstruct the genetic structure and reveal the respective gene flows. Our analyses also take geographic and linguistic factors into consideration. With these factors in mind, we have quantitatively analyzed the variance components contributed by genetic differentiation, geographic isolation and linguistic differences.

1.2 Methodology

1.2.1 Samples and population data

We obtained samples of people of Han ethnic group residing in Xi'an ($N = 84$); people of Hui ethnic group residing in Ningxia ($N = 82$); Mongolian residing in Inner-Mongolia ($N = 94$); Uygur ($N = 88$), Kazak ($N = 100$), Kirgiz ($N = 101$), and Uzbek ($N = 58$) who live in Xinjiang Uygur Autonomous Region; Salar ($N = 100$), Yugur ($N = 120$) and Baoan ($N = 120$) who live in Gansu; and Dongxiang ($N = 118$) and Tu ($N = 102$) who reside in Qinghai (Table 1 - 1). All individuals were selected randomly with their consent. Confirmation was obtained that all four grandparents of each genotyped individual had been born in the same area. The sample size used is sufficient for a genetic population analysis based on microsatellites. Furthermore, as the allele frequencies of Kazak, Salar, Tu and Baoan have been published previously by our lab, we adopted the original data instead of repeating the experiment[6]. In addition, the population data for the Han ethnic group living in Xinjiang Uighur Autonomous Region were acquired from one Chinese study. The study was approved by the Xi'an Jiaotong University Ethics Committee. All participants signed the written informed consent. One of the previous study was published using part of these samples.

Table 1 – 1 Name of the populations, number of chromosomes, geographic coordinates, linguistic backgrounds

Sample	Chromosome number	Geographic coordinates		Linguistic affiliation
		Longitude/°	latitude/°	
Han_XA	168	108.57	34.16	Sino-Tibetan
Hui	164	106.28	38.02	Sino-Tibetan
Mongolian	188	111.67	40.92	Altaic, Mongolian
Uygur	176	76.50	37.60	Altaic, Turkic
Kazak	200	82.50	43.50	Altaic, Turkic
Uzbek	116	81.20	43.55	Altaic, Turkic
Kirgiz	201	75.43	40.33	Altaic, Turkic
Salar	200	102.28	35.50	Altaic, Turkic
Tu	204	101.57	36.50	Altaic, Mongolian
Dongxiang	236	102.70	35.80	Altaic, Mongolian
Yugur	240	100.50	37.20	Altaic, Mongolian
Baoan	240	100.16	33.10	Altaic, Mongolian
Han_XJ	300	87.38	43.92	Sino-Tibetan

Note: Han_XA represents the Han population living in Xi'an, while Han_XJ represents the Han population in Xinjiang Uygur Autonomous Region.

1.2.2 DNA extraction and genotyping

Genomic DNA was extracted using the Chelex-100 protocol as described by Walsh et al. and quantified spectrophotometrically[7]. Multiplex PCR amplification was performed on approximately 1 – 3ng of genomic DNA in a total reaction volume of 25μL, consisting of 9.5μL of the AmpFlSTR Identifiler PCR reaction mix, 0.5μL of AmpliTaq Gold DNA polymerase, and 5.0μL of the AmpFlSTR Identifiler primer set. Amplification was carried out in a 9700 Perkin-Elmer DNA Thermal Cycler (Applied Biosystems) using 28 cycles under the following conditions (after an initial denaturation step of 11min at 95℃): 94℃ for 1min, 59℃ for 1min, 72℃ for 1min (following the recommendations from the AmpFlSTR Identifiler PCR kit manufacturer's manual). The amplified DNA products were separated and detected using an ABI Prism 3730 DNA sequencer (Applied Biosystems). One microliter of PCR product was combined with 12μL of formamide and 0.5μL of size standard (GeneScan500 LIZ). The resultant data analysis and allele designation were carried out using the GeneScan and Genotype software programs.

1.2.3 Data analysis

Allele frequencies were estimated by gene counting following exact tests of Hardy-Weinberg equilibrium with Genepop. Gene diversity was estimated as:

$$n/(n-1)(1-\sum X_i^2) \tag{1-1}$$

where x_i is the estimated frequency of the ith allele in the system.

The combined power of exclusion probability of paternity (EPP, represented by P_E) and random match probability (RMP, represented by P_M) for the nine STR systems for each population were calculated as:

$$1-(1-P_E)\times(1-P_E)\times\cdots\times(1-P_E) \tag{1-2}$$

$$P_M \times P_M \times \cdots \times P_M \tag{1-3}$$

where P_E and P_M can be estimated by the Powerstats program.

Nei's DA genetic distance was selected to be the genetic measure, as it can best reflect the real differentiation among populations; it was calculated by the Dispan program. A neighbor-joining phylogenetic tree based on genetic distance (with bootstrap 1,000 times) was constructed by Mega 4.1. We transformed it into its variance-covariance matrix by PAST because the matrix of allele frequencies of several STR loci has some defects. SPSS 13.0 was then used to perform the principal component analysis and draw the scatter plot. The R matrix model of Harpending and Ward was applied to perform the regression analysis with the formula:

$$E(H_i) = H_t(1-r_{ii}) \tag{1-4}$$

where E is the regression coefficient, H_i is the average heterozygosity of the ith population, and H_t is equal to the overall mean heterozygosity of the entire population. r_{ii} is the genetic distance of a particular population from the gene frequency centroid, which can be calculated from allele frequency data, as in the formula

$$r_{ij} = (p_i - p)(p_j - p)/[p(1-p)] \tag{1-5}$$

The geographic distances were entered as a matrix of the great-circle distances between pairs of populations and were assessed on the basis of population geographic coordinates. Linguistic distances were estimated as simple dissimilarity indexes ranging from 0 to 4. Languages belonging to different phyla were assigned a value of 4; languages belonging to different branches, 3; languages belonging to different families, 2; different languages, 1; and the same language, 0. The linguistic classification of the northwest China languages used in this process was adopted from the Ethnologue (http://www.ethnologue.com).

1.3 Interpretation of data

1.3.1 Gene diversity and forensic parameters

The genetic polymorphisms of the selected 13 populations are summarized in Table 1 – 2. The gene diversity indexes across the 9 STR loci are all above 0.7 (with a range of 0.7435 – 0.7793). The Hui populations have the lowest gene diversity index and the Kirgiz the highest index. The total number of alleles detected from sampled populations is greater than 60. Those of the Han in Xi'an and the Hui have the lowest number at 63, and the Tu have the highest number at 80. The overall G_{st} value for all loci is 0.0142. The combined EPP is always used to estimate the application value for a given marker system, and the combined RMP is always considered an important index in individual identification or discrimination. These two values together show great value in the application of the 9-STR marker system for the 13 selected populations. The EPP value in all cases is above 0.9999, and the RMP value is below 10^{-8}. Furthermore, more than 500 paternity cases and cases of individual identification have been successfully resolved by using the 16-Powerplex system, which contains the abovementioned 9 STR loci.

Table 1 – 2 Genetic polymorphism of 13 populations for the 9 STR system

Populations	Gene diversity	Allele number	Combined EPP	Combined RMP
Han_XA	0.7500	63	0.99990	3.070×10^{-9}
Han_XJ	0.7584	73	0.99980	1.050×10^{-9}
Hui	0.7435	63	0.99975	1.520×10^{-8}
Uygur	0.7722	67	0.99987	1.250×10^{-9}
Kazak	0.7651	69	0.99998	0.308×10^{-9}
Kirgiz	0.7793	70	0.99999	0.128×10^{-9}
Dongxiang	0.7547	74	0.99994	1.085×10^{-9}
Tu	0.7619	80	0.99996	0.720×10^{-9}
Uzbek	0.7732	65	1.00000	0.228×10^{-9}
Salar	0.7532	67	0.99994	0.866×10^{-9}
Baoan	0.7621	67	0.99985	1.130×10^{-9}
Yugur	0.7615	66	0.99996	1.250×10^{-9}
Mongolian	0.7662	69	0.99994	2.060×10^{-9}

1.3.2 Genetic distance and phylogenetic trees

Pairwise genetic distances are shown in Table 1 – 3. Among populations from northwest China in our study, the largest value is found between the Kazak and Han_XA samples, with a pairwise distance of 0.06, suggesting a relatively remote relationship. A neighbor-joining tree for the 13 population samples is constructed using the pairwise DA distance with 1,000 bootstrap times (Table 1 – 3, Figure 1 – 1). All of the populations are clustered into two main branches (83% bootstrap support). One includes four populations in Xinjiang Uygur Autonomous Region, whereas the other nine populations are grouped. Conversely, the closest relationship is between the Tu and Dongxiang, with the lowest distance at only 0.0092 (67% bootstrap support). Other main sub-clusters with over 50% bootstrapping support include Uygur and Kirgiz (73%), Salar and Bonan (55%).

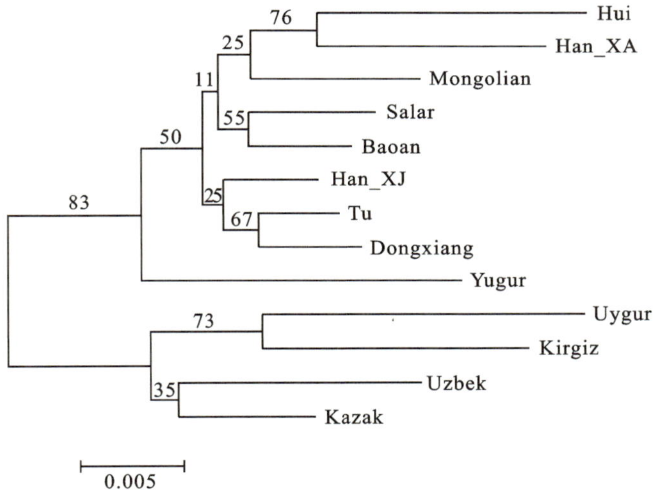

Figure 1 – 1 Neighbor-joining phylogenetic tree based on Nei's DA genetic distance

Table 1 – 3 Pairwise DA genetic distance among the 13 populations

Populations	Uygur	Uzbik	Kirgiz	Kazak	Salar	Tu	Dong-xiang	Yugu	Baoan	Mongo-lian	Hui	Han_XJ	Han_XA
Uygur													
Uzbik	0.0398												
Kirgiz	0.0291	0.0271											
Kazak	0.0305	0.0188	0.0256										

continued

Populations	Uygur	Uzbik	Kirgiz	Kazak	Salar	Tu	Dong-xiang	Yugu	Baoan	Mongo-lian	Hui	Han_XJ	Han_XA
Salar	0.0477	0.0426	0.0411	0.0331									
Tu	0.0508	0.0324	0.0419	0.0315	0.0136								
Dongxiang	0.0483	0.0377	0.0480	0.0351	0.0172	0.0092							
Yugu	0.0496	0.0396	0.0509	0.0390	0.0293	0.0221	0.0244						
Baoan	0.0380	0.0363	0.0403	0.0301	0.0114	0.0150	0.0164	0.0256					
Mongolian	0.0427	0.0385	0.0402	0.0314	0.0156	0.0179	0.0204	0.0328	0.0164				
Hui	0.0510	0.0519	0.0548	0.0395	0.0265	0.0284	0.0254	0.0383	0.0257	0.0247			
Han_XJ	0.0476	0.0357	0.0407	0.0327	0.0138	0.0102	0.0116	0.0240	0.0134	0.0180	0.0223		
Han_XA	0.0554	0.0188	0.0500	0.0600	0.0446	0.0265	0.0243	0.0208	0.0361	0.0226	0.0230	0.0245	

1.3.3 Principal component analyses

The gene frequency matrix is characterized by closed data with an effect of closure, which confounds the analysis of the population genetic structure. We have used the model established by Xue et al. to perform the principal component analysis, which uses the averaged covariance matrix calculated from gene frequencies[8]. The three main principal components from the result have a ratio of variance of 31.88%, 17.1%, and 15.01% respectively, with the total ratio at 63.99%.

1.3.4 R matrix analyses

A regression plot is built to examine the level of genetic exchange and patterns of gene flow within the general region of northwest China using the R matrix model. As shown in Figure 1-2, the Kirgiz, Uzbek and Salar populations have received a higher-than-normal level of gene flow from outside so they far surpass the expected regression line. In comparison, the more isolated populations include the Hui and Han in Xi'an, which fall far below the line. The remaining eight populations are clustered into one group that are scattered on either side, but close to the regression line, indicating they received an average level of gene flow in the total region.

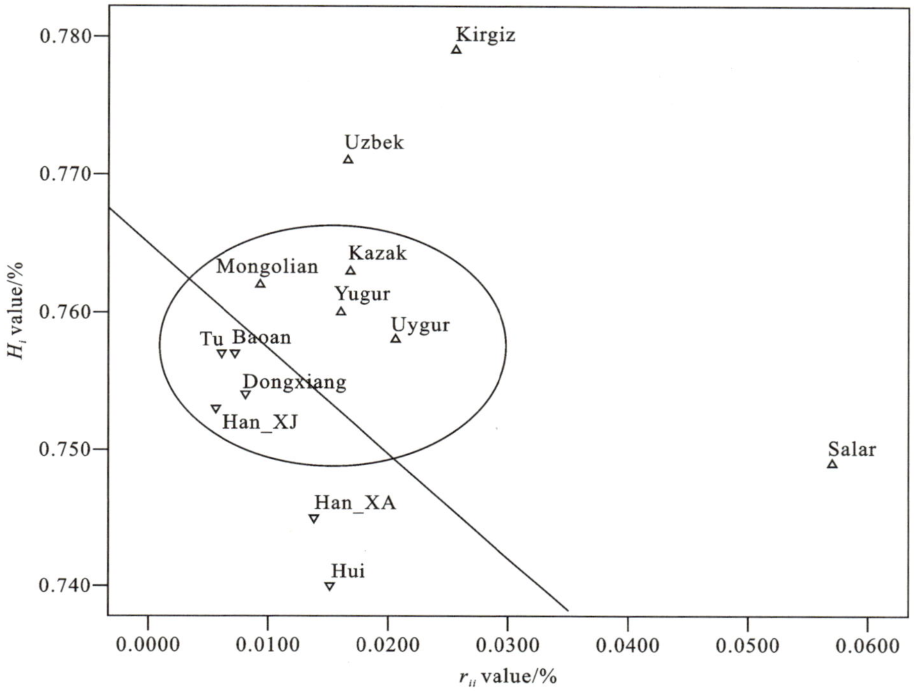

Figure 1 – 2 Regression plots of 13 populations

1.3.5 Mantel tests

Mantel test is more used in ecology, for example, for comparing the correlation between the genetic distance and geographic distance of organism. The results of the Mantel tests are shown in Table 1 – 4 which shows the correlation and partial correlation for three distance matrices for all 13 populations. The D_{gen} (genetic distance) and D_{geo} (geographic distance) correlation shows a significant P value (0.002), with a correlation coefficient of 0.4769 and a 21.58% variance. In contrast, there is no significant difference between D_{gen} and D_{lan}, with a low correlation coefficient and variance. When linguistic is kept constant, the partial correlation coefficient for genetics and geography is 0.4516, with high statistical significance ($P = 0.004$); conversely, if the geographic distance is kept constant, the correlation coefficient is not significant for genetics and language, with a P value of 0.096 and a correlation coefficient value of 0.1230.

Table 1 – 4　Mantel tests of three different types of distances

Matrices compared	Mantel test		
	Correlation coefficient	*P* value	Variance explained
D_{gen} and D_{geo}	0.4769	0.002	0.2158
D_{gen} and D_{lan}	0.2100	0.024	0.0233
D_{gen} and D_{geo}, D_{lan} constant	0.4516	0.004	—
D_{gen} and D_{lan}, D_{geo} constant	0.1230	0.096	—

Note: D_{gen} stands for genetic distance; D_{geo} stands for geographic distance, and D_{lan} stands for language distance.

1.4　Contributions of genetic diversity

Northwest China was the starting point of the ancient Silk Road and served to link eastern China to Central Asia, South Asia and even western Europe. According to historical records, cultural and commercial communication between the East and West was frequent in this region. Moreover, inter-population marriage and genetic exchanges among the different populations were very common. It is now quite clear that the Uygur, Uzbek, Kazak and Kirgiz populations, which originally lived in Central Asia, migrated into the Xinjiang Uygur Autonomous Region in China in approximately the fifth century CE. This is supported by the genetic distance we calculated using 13 northwest Chinese populations and 4 other world populations. Apparently, those 4 minority populations from Xinjiang are closer to Turkish or Caucasian, but more distant from Japanese.

There is still no definitive answer regarding the origin of the 5 ethnic populations living in the Gansu and Qinghai provinces. Historical records support two hypotheses about the origin of the Tu population. The first and more popular hypothesis proposes that their ancestors were actually from Liaoning Province in East China and that they later migrated into Qinghai and Gansu provinces in the early 4th century and inter-married with local Mongolian, Tibetan and Han populations. The second hypothesis considers the Tu population to be descendants of 13th-century Mongolian soldiers and women from local nomadic groups. Although controversy exists, there is no doubt that extensive genetic admixture once occurred in the history of the Tu population. The ancestors of the Baoan population are most likely Mongolians who arrived with the Turkistan soldiers after the 13th century. These people first reclaimed and grazed their cattle near Tongren city in Qinghai Province and gradually formed a new ethnic population after long-time fusion and inter-marriage with the local Hui, Dongxiang, Salar, Tibetan and Han populations. The origin of the Yugur population may be dated back to the ancient Uighur population that established the "Uighur Kingdom" in 745 CE, covering the grasslands south of Lake Baikal, north of Yinshan Mountain, west of Xing'an Mountains and east of Altai Mountain. There have been also controversies concerning the origin of the Dongxiang population. One hypothesis suggests that the ancient Hui population living in Dongxiang, together with local Mongolian, Han and Tibetan populations, inter-married and formed the current Dongxiang population. A second hypothesis argues for a Mongolian origin. The Salar population is derived from the Oguz group from the Western Turkic State, which originally lived in China and later migrated to the central Asian region. In the 13th century, the Oguz migrated through the Samarkand region to east Qinghai province where they settled. They gradually adapted to the new environment and inter-married with local Han, Tibetan, Hui and Mongolian populations, finally forming the current Salar population.

The polymorphisms of the nine selected autosomal microsatellite markers have been reported in different populations of the world. Their application as CODIS markers for personal and human identification has been evaluated, and it was demonstrated that the use of these forensically accepted loci with high heterozygosity and allele numbers is feasible for the study of population differentiation and admixture. The principal component analysis extracted several PCs as new variables by the dimension reduction method which can be used to determine the features of population differentiation and its root reasons for. Complementary phylogenetic trees constructed from specific genetic distances are ideal tools to deduce the evolutionary relationships and origins of different populations. We applied these two major statistical approaches to the datasets and found that minorities that live in Xinjiang Uygur Autonomous Region tended to be more differentiated than other populations. Two major elements should be taken into consideration when drawing any conclusions regarding the patterns of gene flow for the 13 populations. One is the demographic size of the population, and the other is the equilibrium of genetic drift and population migration. Therefore, the fact that the Han in Xi'an and the Hui did not receive an average level of gene flow based on the R-matrix analysis might be a result of the large demographic size involved.

Populations from different continents that are geographically close are also more similar genetically than predicted by the simple hypothesis that they are from their respective continents. Recent studies have analyzed the origin and evolutionary relationship of different major world populations and have attempted to explain the genetic variance by geographic and linguistic characteristics using large-scale genetic markers. Most of these published papers considered geography to be the main factor and argued that language exerted a secondary but detectable effect. For populations that are geographically close, genetic and geographic distances are often highly correlated. Ayub et al. have suggested that the genetic relationships of the 19 extant human populations around the world, as ascertained by 182 microsatellites, are dictated primarily by geographic proximity, with $r = 0.484$ ($P = 0.05$)[9]. In a subsequent paper, the author pointed out that the genetic differences of 52 worldwide populations, indicated by 377 microsatellites, appear to more closely reflect geographic differentiation, although linguistic differences also have a detectable effect on DNA diversity. This latter article first quantified the contributions of geography and language to the populations living in northwest China, avoiding purely subjective conclusions. Partial correlation from the Mantel test for 13 independent populations suggested that geographical differences have a significant influence on genetic differentiation ($r = 0.4516$, $P = 0.0004.$). Language distance represents an additional contribution to the effect ($r = 0.123$, $P = 0.096$). In our current analysis, we have considered only the geographic coordinates for calculating the geographical distance without including the complicated terrain of the northwest China which is characterized by mountains, deserts and plateaus. In the future, we will establish a more complex and precise mathematical model to quantify the geographic isolation.

In conclusion, our results demonstrate that high-level admixture does exist in northwest China which is part of the Silk Road of ancient times. However, the populations which include Uygur, Kazak, Uzbek and Kirgiz, living in northern China in Xinjiang Uygur Autonomous Region are closely clustered, but quite distant from other populations living in Qinghai and Gansu and from the subpopulations of the Han, Hui and Mongolian. Those findings reveal that geographic isolation plays a significant role in population differentiation, whereas language differences exert a much smaller influence.

Several indigenous ethnic populations along the Silk Road in northwest China display clear differences in culture and social customs, perhaps as a result of geographic isolation and different linguistic traditions. However, extensive trade and other interactions probably facilitated the admixture of different gene pools between these populations over the last two millennia. To further explore the evolutionary relationships of the 13 ethnic populations residing in northwest China and to reveal the features of population admixture, the 9 most commonly employed CODIS loci (D3S1358, TH01, D5S818, D13S317, D7S820, CSF1PO, vWA, TPOX, FGA) are selected for genotyping and further analysis. The phylogenetic tree and principal component analysis revealed a clear pattern of population differentiation between 4 populations living in Xinjiang Uygur Autonomous Region and the other 9 populations dwelling in the upper regions of the Silk Road. R matrix regression shows high-level gene flow and population admixture does exist among these ethnic populations in northwest China. Furthermore, the Mantel test suggests that a larger percentage of genetic variance (21.58% versus 2.3%) can be explained by geographic isolation than linguistic barriers, which matched with the contribution of geographic factors to other world populations.

(LI Jing, ZHANG Zhe and LI Shengbin)

References

[1] YAO Y G, KONG Q P, WANG C Y, et al. Different matrilineal contributions to genetic structure of ethnic groups in the Silk Road region in China [J]. Mol Biol Evol, 2004, 21(12): 2265 -2280.

[2] CHU J Y, HUANG W, KUANG S Q, et al. Genetic relationship of populations in China [J]. PNAS, 1998, 95(20): 11763 -11768.

[3] JIN L, SU B. Natives or immigrants: modern human origin in east Asia[J]. Nat Rev Genet, 2000, 1(2): 126.

[4] ZHOU R, AN L, WANG X, et al. Testing the hypothesis of an ancient Roman soldier origin of the Liqian people in northwest China: a Y-chromosome perspective [J]. J Hum Genet, 2007, 52(7): 584 -91.

[5] YAO Y G, KONG Q P, Bandelt H J, et al. Phylogeographic differentiation of mitochondrial DNA in Han Chinese[J]. Am J Hum Genet, 2002, 70(3): 635 -651.

[6] 袁红, 付艳芳, 刘晓霞. 新疆地区汉族人群 9 个 STR 基因座的遗传多态性[J]. 2004, 19: 290.

[7] WALSH P S, METZGER D A, HIGUCHI R, et al. Chelex 100 as a medium for simple extraction of DNA for PCR-based typing from forensic material [J]. BioTechniques, 1991, 10(4): 506 -513.

[8] XUE F Z, WANG J Z, GUO Y S, et al. The methodology of principle component analysis

based on the averaged covariance matrix for the analysis of human populational genetic structures[J]. Acta Anthropologica Sinica, 2005, 24(3): 221-231.

[9] AYUB Q, MANSOOR A, ISMAIL M, et al. Reconstruction of human evolutionary tree using polymorphic autosomal microsatellites[J]. Am J Phys Anthropol, 2003, 122(3): 259-268.

Chapter 2
Population Genetics on the Tibetan-Yi Corridor

2.1 Geography of the studied region

Along the eastern edge of the Qinghai-Xizang plateau live several ethnically and linguistically diverse human populations. There are multiple rivers and mountainous terrains in this region, and the rivers mostly run in parallel southward as altitude descends. These topographical features create barriers to the migration, resulting in many isolated regions where these diverse populations live today, likely playing a formative role in shaping the genetic background of these people. With rich cultural heritages and the highest population diversity found in China, this region covers 0.88 million square kilometers and 3 provinces of China (Gansu, Sichuan and Yunnan). Of the 56 officially recognized ethnic groups of China, 20 are found in this region, with a population size of more than 15 million people and more than 300 unique spoken languages throughout this region. Within this region, the most well-known ethnicities are the Han, Tibetan and Yi, thus giving rise to the name of the region, the Tibetan-Yi Corridor (TYC).

TYC populations primarily speak languages belonging to the Tibeto-Burman language group which falls within the Sino-Tibetan family. Studies have recently argued that this language family originated from farmers along the Yellow River in northern China. The Tibeto-Burman languages derive from populations that migrated west and south onto the Qinghai-

Xizang plateau and into the west of Southeast Asia, likely being associated with an expansion of millet farmers. The TYC region is believed to play a major role in the dispersal of Tibeto-Burman languages. A historical study describes an initial north-to-south dispersal, establishing the Tibeto-Burman language group across the region, but it also emphasizes historical documentations of multiple different population influxes from the west (Tibetans), north (Mongolians) and east (Han) in the history, as well as movements within the TYC region (i.e., expansion of the Yi northward). These linguistic and historical studies suggest that the biological roots of different TYC populations are quite complex.

The location of the TYC in the foothills of the Qinghai-Xizang plateau underlies the role of the region as a boundary between Tibetan and Han populations who share a close relationship and probably originated from a shared ancestral population in East Asia. Genomic studies have greatly affected our understanding of populations worldwide, and they can play a decisive role in clarifying the genetic structure underlying TYC populations today. Studies of whole genomes from the TYC region have thus far largely been focused on articulating the contribution of Tibetan and Han ancestries to this region. Yao et al. [1] analyzed genome-wide SNPs from 10 Tibetans and 10 Han Chinese from the northern TYC region for their genome-wide SNP data. It concluded that TYC populations are a mixture of ancestry related to Tibetans from the plateau and surrounding lowland east Asians. With the diversity of ethnic and linguistic groups found in the TYC region, genome-wide studies sampling across multiple ethnic groups within this region are needed to capture the genetic patterns that underlie the cultural diversity in TYC populations.

In this work, we collected whole blood from 248 participants from the TYC region (242 individuals) and northern China (6 individuals) for whole-genome sequencing (Figure 2-1; Table 2-1). The individuals from northern China were sequenced to a depth of 25×. For the individuals from the TYC region, 32 of them were sequenced to a depth of 25×. The other 210 individuals were sequenced to a depth of 5×. Variants were called using standard procedures (see the section of Methodology for details), and the number of variants is shown in Figure 2-1B. We compared the TYC genomic data to about 2,000 whole-genome sequences from previously published large-scale projects, including the 1000 Genomes Project, the Simons Genome Diversity Project and additional Tibetan and Han data. A careful analysis of their genomes together with available genome-wide data will provide further insights into the genetic structure of humans in the TYC region.

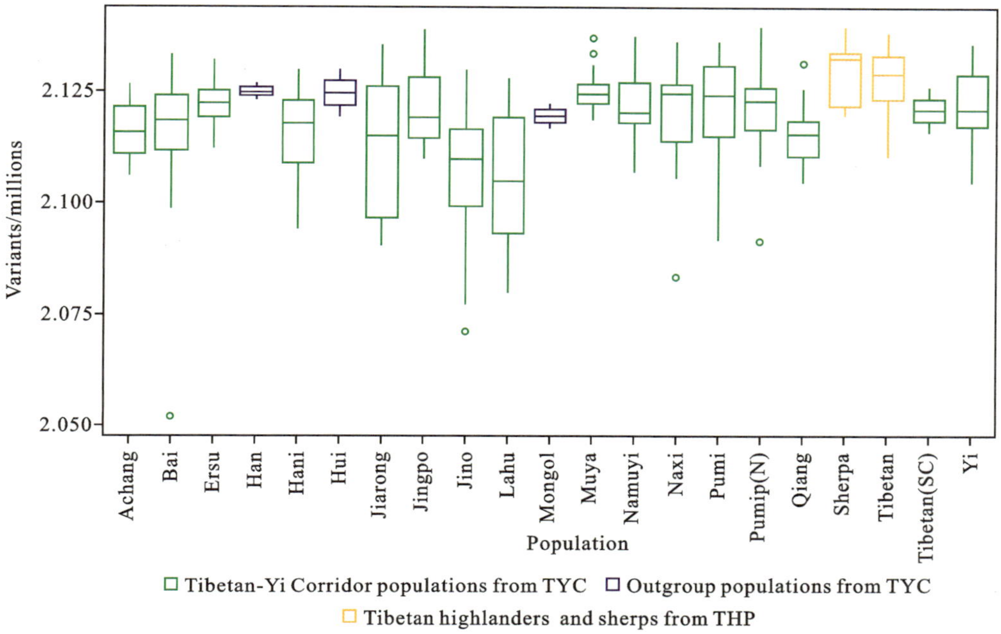

Figure 2 – 1 A boxplot of TYC population distribution and variants analysis

Table 2 – 1 Sample information

Population		No. of sample	Sequencing depth	Language	Altitude/m	Eest latitude/°	North longitude/°
Tibetan-Yi Corridor populations	Tibetan (SC)	2	25 ×	WTB, Central Bodish, Tibetan, Khams	2,137	31.11	101.88
	Jiarong	2	25 ×	NTB, Gyalrongic, Jiarong	2,066	31.12	101.89
		14	5 ×				
	Ersu	2	25 ×	NTB, Ersuish	1,730	29.20	102.25
		14	5 ×				
	Pumi	2	25 ×	NTB, Qiangic, Pumi Northern	2,631	29.62	101.61
		14	5 ×				
	Muya	2	25 ×	NTB, Qiangic, Muya	3,210	29.62	101.61
		14	5 ×				

continued

Population		No. of sample	Sequencing depth	Language	Altitude/m	Eest latitude/°	North longitude/°
Tibetan-Yi Corridor population	Namuyi	2	25 ×	NTB, Naic, Namuyi	2,631	28.31	101.61
		14	5 ×				
	Yi	2	25 ×	NB, Loloish, Yi	2,114	27.74	102.27
		14	5 ×				
	Qiang	2	25 ×	NTB, Qiangic, Qiang	1,193	31.82	104.18
		14	5 ×				
	Naxi	2	25 ×	NTB, Naic, Naxi	2,651	26.82	100.24
		14	5 ×				
	Pumi	2	25 ×	NTB, Qiangic, Pumi, northern	3,065	26.45	99.42
		14	5 ×				
	Bai	2	25 ×	NTB, Bai	1,993	25.58	100.23
		14	5 ×				
	Lahu	2	25 ×	NB, Loloish, Lahu	1,363	22.57	99.93
		14	5 ×				
	Jinuo	2	25 ×	NB, Loloish, Jinuo	945	22.04	101.01
		14	5 ×				
	Jingpo	2	25 ×	Sal, Jingphaw, Jingpho	1,155	24.18	97.79
		14	5 ×				
	Achang	2	25 ×	NB, Burmish, Achang	962	24.03	97.79
		14	5 ×				
	Hani	2	25 ×	NB, Loloish, Hani	1,145	23.43	101.69
		14	5 ×				
Outgroup	Han	2	25 ×	Chinese	392	34.34	108.94
	Hui	2	25 ×	Chinese	2,132	35.60	103.24
	Mongol	2	25 ×	Altaic, Mongolic, Mongolian	181	43.62	122.26
Total		24					

The languages are classified according to the Ethnologue database. NB, Ngwi-Burmese; NTB, northeastern Tibeto-Burman; WTB, western Tibeto-Burman.

2.2 Methodology

2.2.1 Experimental model and subject details

We collected the whole blood of 248 participants from 16 populations in TYC and 3 populations in Gansu and Inner Mongolia (Table 2 – 1). Sampled TYC populations include Tibetans from Sichuan [Tibetan(SC)], Jiarong, Ersu, Pumi from the north [Pumi(N)], Muya, Namuyi, and Yi from Sichuan Province, and the Naxi, Pumi, Bai, Han, Lahu, Jino, Jingpo and Achang from Yunnan Province (Figure 2 – 1). The Tibetan(SC), Jiarong, Ersu, Muya, Pumi(N) and Namuyi are officially designated by the People's Republic of China as Tibetan subgroups.

The individuals were recruited using the following criteria: ① with signed written informed consent; ② random related healthy adults; ③ 1 : 1 gender-matched in each population; ④ 5mL whole blood was collected by the anticoagulant tube with EDTA. All DNA was extracted within 72h after blood was drawn. All studies and protocols were approved by the Ethics Committee of Xi'an Jiaotong University (approval No. 2016397). Underlying data were submitted to the Management of Human Genetic Resources in China for the record (No. 2020BAT0782).

2.2.2 DNA extraction, library construction and sequencing

Venous whole blood samples were collected from 248 participants with 5mL of vacuum EDTA anticoagulant blood tubes. We extracted a minimum of 2.5 micrograms of DNA from each sample for PCR-based library preparation and sequencing. DNA integrity, purity and concentration were assessed by agarose gel electrophoresis, the NanoDrop2000 spectrophotometer and the Qubit 2.0 fluorimeter (Thermo Fisher Scientific). Qualified DNA samples were used for library construction. We process all samples using the same standard Illumina DNA library preparation and sequencing protocol (all library preparation and sequencing took place between the dates of Dec 6th, 2013 and May 7th, 2015 in 20 batches), minimizing the danger that systematic differences in processing could cause artifactual differences among samples. After sequencing, the 38 high-coverage samples had 17.24 – 29.18-fold coverage (median 23.3-fold), and 210 low-coverage samples had a range of 4.16 – 12.14 fold coverage (median 6.7-fold). The average mapping rate from all samples was above 96% and the quality of sequencing data was good.

Sequencing was conducted at Beijing Genome Institute on an Illumina HiSeq 2000 platform on 100bp paired-end reads. We sequenced two unrelated individuals from each population of Han, Hui, Mongolian and Tibetan in Sichuan [Tibetan(SC)] at a depth of 25 × and the other 15 ethnic groups of the TYC with two individuals and 14 individuals at depths of 25 × and 5 × respectively (Table 2 – 1).

2.2.3 Alignment and variant calling

The SOAPnuke (v1.0.0) software was used to remove adaptors contamination and reads with low quality (reads with unknown nucleotides larger than 5%, and reads containing more than 20% nucleotides with quality value ≤10). Cleaned reads were mapped to the human reference genome (hg19) with BWA-MEM (v0.7.13) (Li and Durbin, 2009) in paired-end mode. Duplications were detected and removed with Picard (v2.1.0). Base quality score recalibration, indel realignment, variant discovery and genotype calling were conducted by GATK version 3.8 following the best practice 32. The genotypes and variants were called by HaplotypeCaller. In addition, ANGSD (v0.931) was used to calculate genotype likelihood (GATK model) on a set of high-confidence sites. SNVs were annotated against RefSeq with Annovar (2018 Apr16). The specific version and download site of each software tool used was reported in Star Methods.

2.2.4 TYC sequencing data and previously published data combining

Variants from phase 3 of the 1000 Genome Project (1KG) and the Simons Genome Diversity Project (SGDP), and high-depth sequencing data from the Tibetan Highlanders Project (THP, including 33 Tibetan highlanders, 30 Hans, and 5 Sherpas) were also incorporated in this study. These dataset resources are summarized in STAR Methods. First, we perform the genotype calling process for TYC and THP populations. Here, we separated samples into two groups: group A containing all samples ($n = 316$, including 248 TYC and 68 THP samples) and group B only containing high-coverage samples ($n = 106$, including 38 high-coverage TYC samples and 68 THP samples). Second, we used PLINK 1.9 and bcftools 1.9 to merge group A with SGDP and 1KG datasets and group B with SGDP. The sites absented in one file and presented in the other were assigned as missing.

2.2.5 Site quality filtering

We addressed the possible batch effects between different datasets and obtained a set of genomic loci deemed reliable for population genetic analysis via widely adopted quality control measures. Those filters were as follows: ① Only bases with an Illumina base quality of at least 20 were included. ② Only reads with a BWA mapping quality of at least 13 were included. ③ Sites with less than two reads were set to missing value; Sites with missing value in more than 50 samples were filtered out. ④ Hardy-Weinberg equilibrium: expected genotype frequencies were calculated for each variable site based on allele frequencies based on genotypes called with GATK. Loci with ExcHet = 1 annotated by bcftools 1.9 were filtered out. ⑤ Regions that might have problems with paralogy were excluded based on the accessibility strict mask from 10000 Genomes Projects and 100-mer mappability track in the UCSC Genome Browser. For the set including all samples, we added a filtering condition, "sites absent from dbSNP were removed" to improve the confidence of the sites from low coverage samples. Then, we extracted biallelic SNPs that had a MAF of at least 0.05, pruned the sites for linkage disequilibrium with PLINK 1.9, and finally obtained 947,099 SNPs from all samples and 514,068 SNPs from high coverage samples for subsequent analysis.

We evaluated the batch effect of the different datasets using the R package genotype eval. Based on the summary metrics computed using genotype calls, we observed no expression batch effects between TYC, THP, SGDP, and 1KG.

2.2.6 Quantification and statistical analysis

1. Kinship analysis

We applied KING (v2.0.1) to test cryptic relatedness across the TYC individuals. The kinship coefficients of the three samples were slightly greater than 0.2. After confirming that these three individuals were not related within three generations, we retained these samples.

2. Haplotype-based analysis

Before pruning, we took genotype likelihoods from GATK at 4,807,702 high-confidence biallelic SNPs passed all filters for phasing and imputation. Firstly, BEAGLE (v4.0) was run to obtain an initial set of genotypes. SHAPEIT2 was used to phase the genotype onto haplotypes based on the initial set. Genotypes called by Beagle with a posterior probability greater than 0.995 were fixed as known genotypes. SHAPEIT2 was run with 10 burning-in iterations and 10 pruning iterations. This was followed by 50 sampling iterations that were used to estimate the final set of haplotypes.

3. Principal component analysis (PCA)

To analyze the stratification of populations inhabiting TYC in the context of worldwide and regional people, we performed principal component analyses using the smart PCA program of EIGENSOFT v4.2 with default parameters. We used genotype data of all samples and genotype likelihood data of high-coverage samples respectively. A series of PCAs, based on genotype data, was performed by selecting close-related individuals based on previous PCA runs to investigate fine-scale population structure. Moreover, we applied fine STRUCTURE 2.0 to perform linked PCA by using haplotypes of high-coverage samples.

4. Model-based clustering

We performed model-based clustering analysis using the maximum-likelihood approach implemented in ADMIXTURE (v1.3.0) in the context of worldwide populations (LD-independent SNP call set including high coverage samples from TYC, THP, and SGDP) and regional populations (LD-independent SNP call set including all samples from TYC and THP). Under given *K* components, the highest likelihood ADMIXTURE result over 10 replicates with random seeds were collected. A series of ADMIXTURE analyses, varying *K* from 2 to 13 for the worldwide population dataset and from 2 to 8 for the regional population dataset, were conducted with the default 5-fold cross-validation setting. We utilized CLUMPAK (v1.1) 38 to identify the best output clusters among replications and aligned clusters with different *K* values. Moreover, we conducted the population trees for ancestry components from the ADMIXTURE result using Ohana 1.0. We also applied fine STRUCTURE 2.0 to investigate population structure based on haplotypes of high-coverage samples.

5. Genetic differences between populations (Fst)

Genetic differences between populations were measured with Fst, according to Hudson. This metric is not sensitive to the ratio of sample sizes and does not overestimate Fst. We compute Fst with populations from TYC, THP, and 1KG by using EIGENSOFT v4.2 with default parameters. Populations with a sample size smaller than five were discarded.

6. F3 statistics and D-statistics analyses

We used the admixture-F3 statistic f3(X, Y; test) as implemented in Admixtools to test evidence of the tested population (TYC) derived from the admixture of populations related to X and Y. A significantly negative statistic provides strong evidence of mixture in the tested population. The outgroup-F3 statistic f3(X, Y; outgroup) was used to estimate shared genetic drift between X and Y. X and Y are various non-African populations and the Mbuti act as an outgroup. D(X, Y; Z, W) statistic implemented in Admixtools was used to test a tree-like relatedness between four populations. The blocked jackknife was used to assess the statistical significance of the result.

7. Runs of homozygosity

To study the demographic history of the ancestors of TYC individuals, we investigated runs of homozygosity (ROH) across the genome. We used PLINK 1.9 to screen for runs of homozygous genotypes using sliding windows of 5Mb within all unrelated samples. We defined the minimum length of an ROH to be 500kb, allowing one heterogeneous call per window.

8. SFS estimation

Thirty-eight high-coverage TYC individuals were randomly selected to estimate the SFS using the maximum-likelihood method implemented in ANGSD. When we estimated the SFSs with ANGSD, the samtools genotype likelihood model was adopted.

9. Historical population effective size inference

We used the multiple sequentially Markovian coalescent (MSMC) to infer the effective size of the ancestral populations. Only autosomes of high-coverage individuals were used. MSMC studies were performed following the recommendations. We used the mutation rate $1.25e^{-8}$ per base pair per generation for a generation time of 25 years to scale time.

10. Migration and isolation by distance

We performed geolocation-based analysis using high coverage individuals of TYC and Tibetan highland with EEMS 1.0. Genetic dissimilarities were calculated using the bed2diffs script. EEMS was conducted with runeems_snps. We ran a burn-in of 1 million iterations for each run, followed by an additional 2 million iterations with posterior samples taken every 1,000 iterations. We assessed the convergence of the Markov chain Monte Carlo by the posterior probability trace plot. The PopGPlot R (v2.7.2) package was used to visualize the data. Additionally, the ancestry coefficients were visualized on the map via interpolation.

2.3 Interpretation of data

2.3.1 TYC populations genetically closest to East Asians

To understand the genetic relationship between the TYC populations and other groups, we performed principal component analysis (PCA) on a global dataset that included the TYC populations and previously published humans (Figure 2-2A). PCAs based on linkage disequilibrium (LD)-independent SNPs and haplotypes both show that the TYC populations clustered with other East Asians. Similarly, the fixation index (Fst) values between TYC populations and other East Asians are less than 0.15, which indicates that the degree of genetic differentiation between TYC populations and other east Asians is relatively modest. The haplotype-based fine STRUCTURE analysis also shows the TYC populations, and east Asians are clustered together. Finally, we further confirm that the TYC populations share the closest genetic relationship to East Asians according to the outgroup-F3 statistic results.

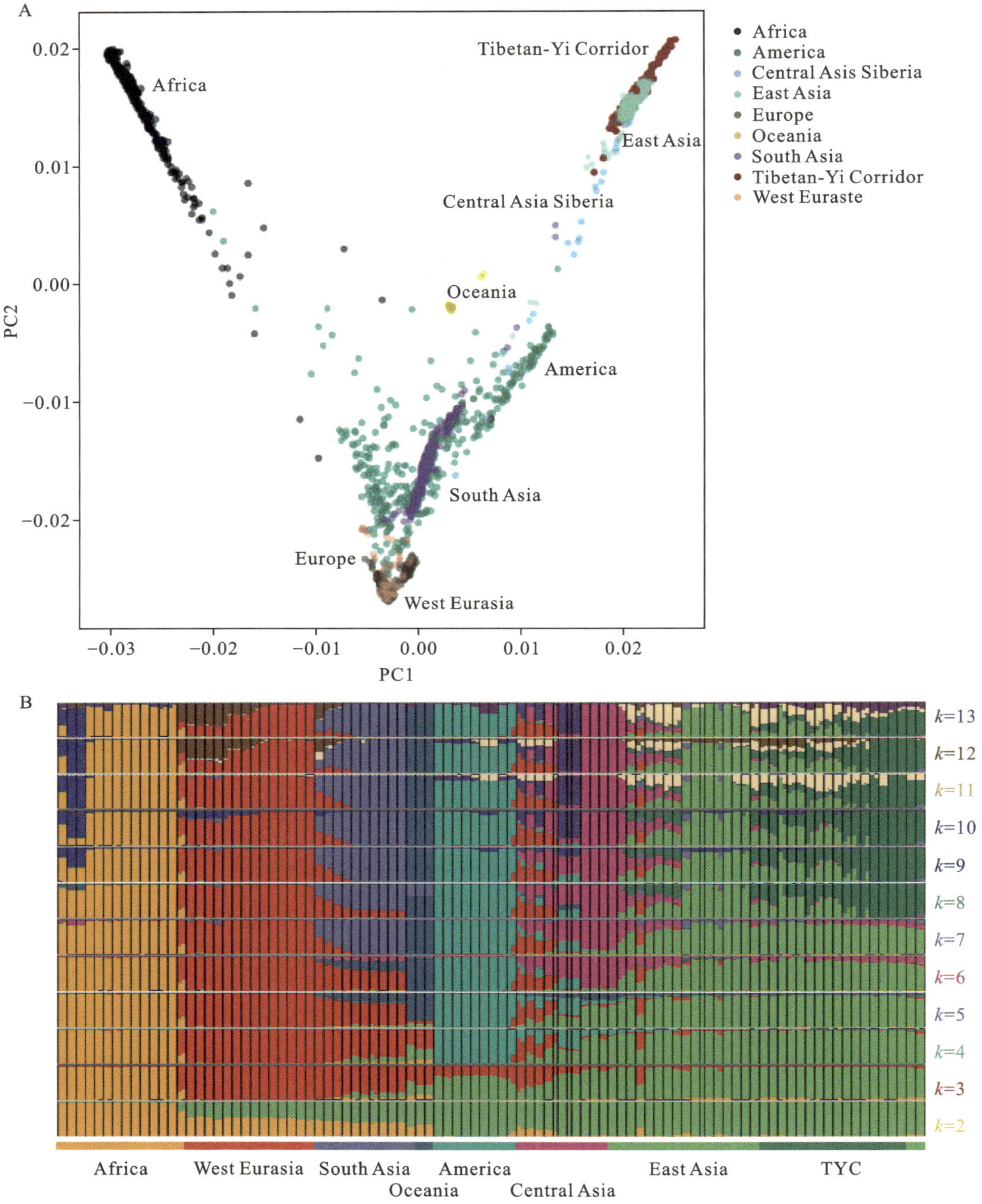

Figure 2 – 2 Population stratification and genetic structure analysis

(A) PCA of a wide range of populations (TYC, SGDP, 1KG and THP). 1KG, 1000 Genomes Project Phase 3; SGDP, Simons Genome Diversity Project; THP, Tibetan Highlanders Project. (B) ADMIXTURE results for high-coverage individuals with $k = 2 - 13$.

Ancestry analysis with ADMIXTURE suggests that present-day TYC populations share the majority of their ancestry makeup with populations from East Asia and have minor ancestral relationships with Central Asia, the Americas, and western Eurasia (Figure 2 – 2B). The varying proportions of Tibetan-related (dark green), Dai-related (light green), Central Asian-related (rose red), western Eurasian-related (brown) and TYC-related (light yellow) indicate high genetic diversity within the TYC region even within populations. These five components cluster on the same branch of the ancestry components tree. Four Tibetan subgroups in the northern TYC [Muya, Jiarong, Namuyi and Tibetan(SC) populations] contain mostly the Tibetan-related ancestry component. In contrast, three populations inhabiting the TYC southernmost (Lahu, Jino and Hani populations), contain a more than 50% Dai-related ancestry component. In addition, the Qiang, Bai and Yi populations, residing at the eastern edge of the TYC, have similar genetic ancestry compositions with Han. We next consider the genetic structure across these populations in finer detail.

2.3.2 Characterizing Tibetan-related ancestry in officially designated Tibetan subgroups

In the regional-scale ADMIXTURE analysis (Figure 2 – 3A), several TYC populations consistently share a component with highland Tibetans (red), particularly those officially designated as Tibetans [i. e., Tibetan(SC), Muya, Ersu, Pumi(N), Namuyi and Jiarong populations]. Meanwhile, we observed that a TYC-related component (dark green), associated with these northern TYC populations, was found in some eastern Tibetan highlanders as well. These Tibetan subgroups are referred to as the Khams (or Khamba) by Tibetans and lead different lifestyles and speak different languages from highlanders. Their interaction with the central region of the Qinghai-Xizang plateau has been at times fractious. Here, we explore further the extent to which different Tibetan-assigned TYC populations share a genetic history with highland Tibetan populations.

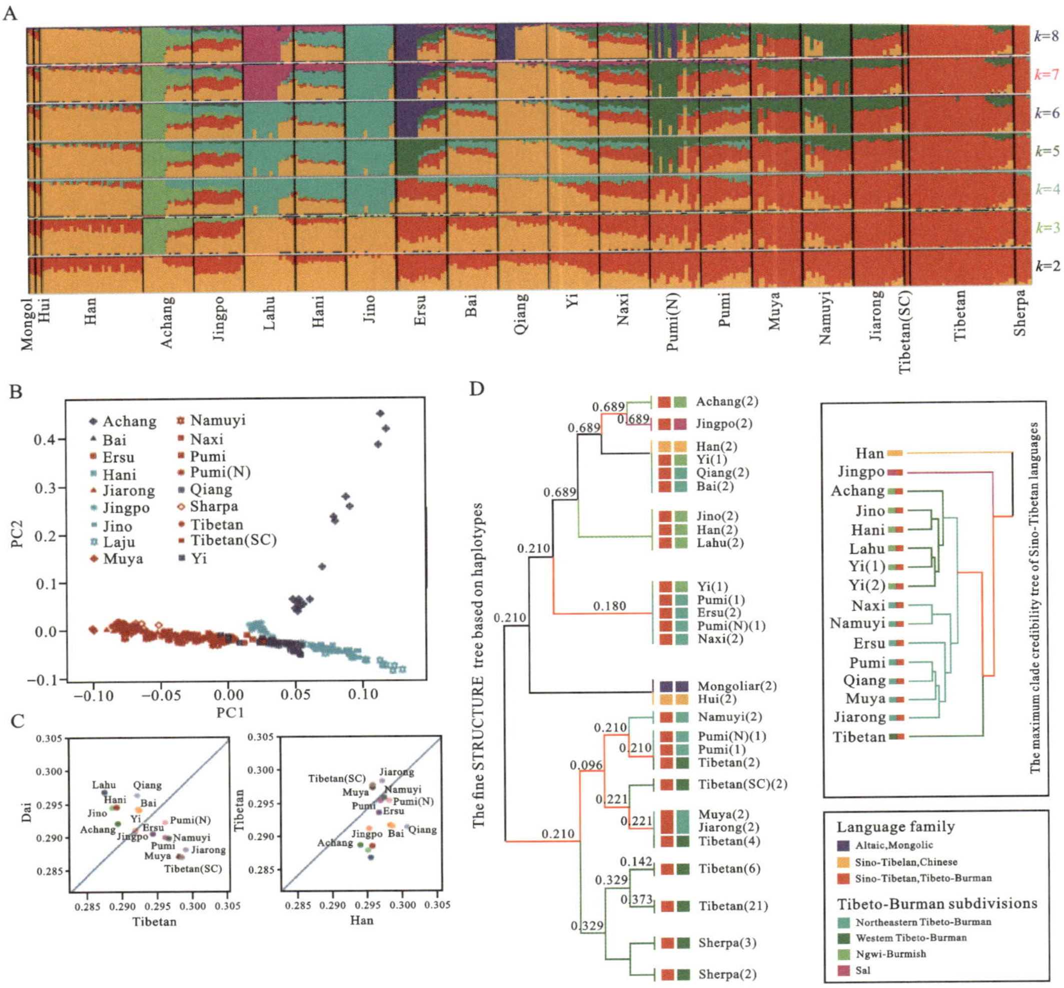

Figure 2 - 3 Genetic differences within TYC populations

(A) ADMIXTURE results for all individuals, with $k = 2 - 6$. (B) PCA of TYC populations. (C) The scatter diagram for the outgroup-F3 test in the form of f3. Left: Outgroup-F3 test in the form of f3(X, Dai; Mbuti) and $f3$(X, Tibetan; Mbuti), where X represents a population on TYC. Dots above the diagonal line mean that the populations have a closer relationship to Dai compared to Tibetan, dots below the diagonal line mean that the populations have a closer relationship to Tibetan compared to Dai, and dots that stand on the line represent the populations that are the same, close to Tibetan and Dai. Right: Outgroup-F3 test in the form of $f3$ (X, Tibetan; Mbuti) and $f3$(X, Han; Mbuti), where X represents a population on TYC. Dots above the diagonal line mean that the populations have a closer relationship to Tibetan compared to Han, dots below the diagonal line mean that the populations have a closer relationship to Han compared to Tibetan, and dots that stand on the line represent the populations that are the same, close to Han and Tibetan. (D) Clustering trees based on co-ancestry matrices of counts of shared haplotypes. The dendrogram shows the inferred relationship between populations. Linguistic groups are indicated with colors as shown in the legend. The numbers in the brackets indicate the individual numbers of each ethnic group. The languages are classified according to the Ethnologue database.

Regional-scale PCA showed that TYC populations distribute along the PC1 axis (from left to right) according to their geographic location (from north to south), except for Achang (Figure 2 – 3B). Tibetan(SC), Muya, Jiarong, Namuyi and Pumi(N) populations residing in the south of the TYC, tend to cluster with Tibetan highlanders. The outgroup-F3 test demonstrated that these five Tibetan subgroups shared the closest genetic relationship to Tibetan highlanders. We also used the outgroup-F3 statistic and the D-statistic to determine whether each TYC population shared higher genetic similarity to Tibetans or the southerneastern Asian Dai. We observed that the Muya, Jiarong and Tibetan (SC) populations showed much higher genetic similarity to Tibetans than to Dai, and the Namuyi, Pumi (N), Pumi, and Ersu populations also showed similar patterns, although less extreme (Figure 2 – 3C). However, Ersu and Pumi(N) populations harbor a closer genetic relationship with Han than Tibetans (Figure 2 – 3C) and share a similar number of alleles to both southern TYC populations and Tibetans (Table S1D). Using Chromo Painter and fine STRUCTURE, we constructed dendrograms that clustered populations from the TYC and nearby regions. Muya, Jiarong, Tibetan(SC), Namuyi, and one each of the Pumi and Pumi(N) clustered with Tibetans, while the Ersu did not (Figure 2 – 3D). These results suggest that ancestry not related to Tibetans has played a role in the genetic history of the Pumi(N), Pumi and Ersu, but that they also have a close relationship to the Tibetan-like populations in the TYC region-Muya, Jiarong, and Tibetan(SC). These results showed that the northern TYC populations shared the ancestry component with highland Tibetans, but local genetic drift also occurred within the northern TYC.

2.3.3 Southern East Asian ancestry in the southern TYC populations

The close genetic relationships between southern TYC populations and southern East Asians in our ADMIXTURE analysis (Figure 2 – 2B) highlighted that an ancient population unrelated to the migration of the Tibeto-Burman spoken language but perhaps related to an ancient southern East Asian ancestry played a major role in the peopling of the region of south TYC. In the outgroup-F3 statistic, Lahu, Jino and Hani populations show high genetic similarity with southern east Asians (Figures 2 – 3C). Cambodians are closer in ancestry to these southern TYC populations than all of the other TYC populations. According to the literature, the expansion of the Nanzhao Kingdom southward is thought to have brought Tibeto-Burman languages into Southeast Asia. Our study highlights a common shared ancestry in TYC southernmost, other regions of southern China, and Southeast Asia that differs from that in northern TYC and the Qinghai-Xizang plateau. The widespread genetic commonalities may be tied in part to the expansion of the Nanzhao Kingdom.

2.3.4 Han-like ancestry compositions in the eastern TYC edge populations

One of the dominant ethnic groups in the TYC region is the Han, largely from increased migration to this area in recent history. Starting in the Ming Dynasty (14th – 17th centuries), the TYC region began to be a bridge between the Qinghai-Xizang plateau and the more eastern populations on the plains of China. During the Qing Dynasty, from the 17th to 20th centuries, more Han people migrated to this region due to increased interactions and increased defenses on the western border of China. ADMIXTURE analyses above have shown that the ancestry components of the Qiang, Yi, Bai and Han populations resembled each other (Figure 2 – 3A). The fine STRUCTURE analysis showed that the Qiang, Yi, Bai, and Han populations were clustered on the same branch of the clustering tree. PCA, outgroup-F3 statistic, and D-statistic results also showed that these three populations, unlike the other TYC populations, share the closest genetic relationship to Han (Figures 2 – 3C).

The Yi population is one of the largest ethnic groups in the TYC region, with a rich and ancient history tied to the region. They expanded northward in the last 2 centuries, greatly increasing the movement and location of Yi populations today. Previous genetic studies have shown what we observed, that the Yi have both Tibetan and Han connections. The Bai, who also has a rich history local to the TYC region, has a history of acculturation with the Han. Here, we found that the cultural assimilation of the Bai and the northern expansion of the Yi are both associated with increasing Hans. The Qiang have been described in Chinese literature as early as the Shang Dynasty as people to the west of the Han. Later references in the 5th century describe them as inhabitants of the Hehuang region, which spans the upper Yellow River valley and Huang River valley. Mitochondrial haplotypes showed that the Qiang had the greatest diversity of Sino-Tibetan populations, supporting data from historical and archaeological studies indicating that the Qiang group is the origin of the Sino-Tibetan expansion. Our findings do not exclude this hypothesis.

2.3.5 High genetic drift in the Achang populations

The Achang population is considered to be early inhabitants of Yunnan. In the ADMIXTURE analysis, the Achang consistently kept a unique ancestry component, also found in the Jingpo (Figure 2 – 3A). The Achang population is scattered along the PC2 axis and isolated from other populations, except for the Jingpo population (Figure 2 – 3B). The fine STRUCTURE analysis shows that the Achang and Jingpo populations are clustered under a separate branch (Figure 2-3D). The Achang population also has a distant genetic relationship with other TYC populations, except for Jingpo, according to the outgroup-F3 statistic results. In the D-statistic symmetry test, the Achang population consistently shared more affinity with the Jingpo population. The closest genetic relationship between Achang and Jingpo is likely due to the neighboring geographic locations. Meanwhile, these results suggest that the Achang experienced high genetic drift, differentiating them from other TYC populations.

We compared runs of homozygosity (ROH), linkage disequilibrium (LD), and heterozygosity in the TYC populations to further explore this issue. The Achang does not have particularly long ROHs (Figure 2-4A), suggesting that they are not highly inbred. However, the Achang has the most significant LD (Figure 2-4B) and the least heterozygous locus (Figure 2-4C). These results likely partially explain the high divergence of the Achang population and are consistent with their relatively small census population size (40,000) of the China Census in 2010. In conjunction with the multiple sequentially Markovian coalescent (MSMC) results, we suggest that the Achang population lives in relative isolation for a prolonged period with relatively small *Ne*, resulting in the increased genetic drift.

2.3.6 Inconsistent between linguistics and genetic affinities

Haplotype-based clustering trees of TYC populations (Figure 2-3D) show that populations from the same linguistic group tend to cluster together. Nevertheless, we identified eight population outliers with inconsistent linguistic and genetic affinities (i. e., Jingpo, Achang, Yi and five Tibetan subgroups). Specifically, Tibetan subgroups [i. e., Muya, Ersu, Pumi (N), Namuyi and Jiarong populations] shared the ancestry component with highland Tibetans but spoke different languages. Jingpo is an independent Sal branch of the Tibeto-Burman language spoken by Jingpo, who has a close relationship with Achang. Jino, Hani, Lahu and Yi populations, were located in different branches, but their language belongs to the northeastern Tibeto-Burman.

2.3.7 Barriers to gene flow

To further understand historical patterns of gene flow in the region, we constructed a map to visualize the ancestry components in a geographical context. We also estimated migration barriers using estimating effective migration surfaces (EEMS) and isolation by distance with an isotropic migration model. These results illustrate that the slopes of the Qinghai-Xizang plateau have likely been an important barrier to gene flow between eastern East Asia and the Qinghai-

Xizang plateau. Using a stricter threshold in the EEMS analyses of 0.9, another barrier to gene flow emerges in the southeastern Yunnan region. The migration barriers and pathways to gene flow are in a north-to-south direction. Moreover, admixture-F3 statistic results show that the populations living in the southern part of the TYC are derived from an admixture of populations from northern TYC, suggesting that these admixed populations resulted from north-to-south migration events.

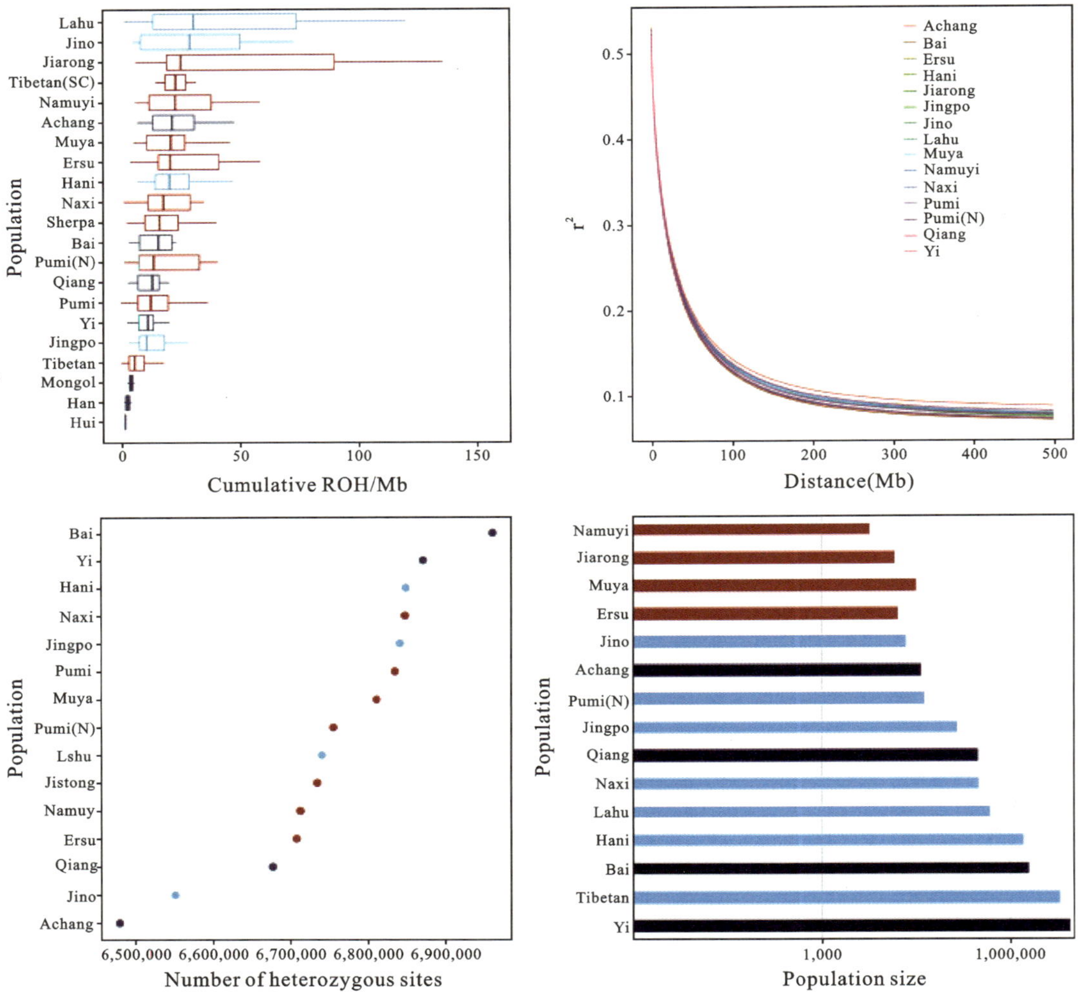

Figure 2 – 4 Genetic studies for TYC populations

(A) Runs of homozygosity for TYC populations. (B) Decay of linkage disequilibrium for TYC populations. (C) Numbers of heterozygous sites in TYC populations. (D) Population sizes of TYC populations.

Historical, linguistic and archaeological studies have suggested a north-to-south movement of populations from the upper reaches of the Yellow River to the TYC region, probably a population of ancestral Tibeto-Burman speakers that slowly moved southward throughout the Neolithic into southwest Yunnan and then into Southeast Asia. Others have also found evidence suggesting migration from north to south in the TYC region. Our findings do not exclude this hypothesis, but they add complexity to a simple north-to-south narrative. Together, these results highlight the importance of the TYC region, not only as a cultural transition zone between the Qinghai-Xizang plateau and more eastern populations but also as a biological transition zone.

2.4 Genetic Diversity in the TYC region

The TYC region is a intersection of many East Asian populations, especially those closely related to the Han, Tibetan and southern East Asians. Our genetic results highlight the complexity of their population history, with a similarly complex admixture. However, some clear patterns can be observed. First, one group [Tibetan(SC), Jiarong, Muya] consistently shares a close relationship and a close relationship with highland Tibetans. The Pumi, Namuyi, Pumi(N), Naxi and Ersu who live along the fringes of the Qinghai-Xizang plateau, share a close relationship with this group. However, their affinity to Tibetans is weaker, and they share genetic drift, representing a northern TYC-specific ancestry. Second, the Qiang, Bai, and Yi show high connections to the Han, indicating that they are heavily admixed and making it difficult to assess their ancestral origins before admixture with Han-related populations. Third, the Achang show high genetic drift, differentiating them from other TYC populations, likely due to their small population size. They share an affinity to southern East Asians and the neighboring Jingpo. Finally, the Hani, Lahu and Jino in the south of the TYC region are predominantly of southern East Asian ancestry.

Culturally, there are shared customs across the northern and southern TYC regions. Many TYC populations practice a funeral rite. During the funeral ceremony, priests "send" the soul to their ancestral land by listing previous locations where their ancestors lived. While many location names are unidentifiable today, researchers have found that all of the routes led to the north, suggesting a northern origin of these populations. Seven TYC populations have this custom (Yi, Naxi, Hani, Lahu, Jino, Jingpo and Pumi), and aspects of this rite are also partially executed in the Achang and Bai. Notably, these do not include populations with high Tibetan-related ancestry, but they do include both northern and southern TYC populations, illustrating shared customs between north and south TYC populations. We observe distinct ancestry clusters in the north and south TYC regions that do not show a northern origin for southern TYC populations (except perhaps Jingpo). In spite of that, we find high levels of admixture, indicating interaction across the TYC region.

The distinct grouping of southern populations suggests that southern East Asian ancestries may have also contributed to populations in the TYC corridor. Its widespread presence in this region and Southeast Asia may be tied to the expansion of the Nanzhao Kingdom in the 8th century CE, but ultimately whether it originated from a prehistoric north-to-south migration from the upper reaches of the Yellow River is difficult to discern due to the high amount of admixture from more recent historical events. Compared to the overlapping linguistic phylogeny adapted from Zhang et al., we similarly observe that most of the northern and southern TYC populations cluster along geographic lines (Figure 2 - 3D). However, we note many differences between the linguistic and genetic relationships, highlighting dissonant cultural and genetic patterns. The Qiang and Yi show a close genetic relationship to the Han, but linguistically they group separately into the northeastern Tibeto-Burman and Ngwi-Burman clusters respectively. Although Tibetans, Jiarong and Muya are genetically closely related, the Tibetan language is an outgroup of the northern and southern TYC language groups. Unusually, the Jingpo who share a genetic relationship with Achang belongs to a language outgroup that is highly diverged. This linguistic outlier clusters with their geographic neighbors. The same phenomenon was earlier found in the study of the HUGO Pan-Asian SNP Consortium. These inconsistencies between linguistics and genetic affinities patterns could be due to either substantial recent admixture among the populations, a history of language replacement, or uncertainties in the linguistic classifications themselves. These conflicts between the linguistic and genetic relationships highlight that a closer examination of the genetic and cultural patterns in TYC populations is needed.

The TYC region is the key to understanding the fundamental migration patterns and divergence between humans in East Asia and Southeast Asia. Our genetic results demonstrated the complexity of their population history with some clear patterns. A new genetic ancestry, related to but distinct from the current Tibetan ancestry, is discovered in this study. We show that there are understudied and very distinct population isolates in this region, such as the Achang people. We also show that the general pattern of genetic variation in the region mirrors the geography, with the slopes of the Himalayas as a major barrier to gene flow. The genetic analysis portrays a gradual change in genetic relationships from north to south. However, it does not always agree with the phylogenetic analysis of people in the region solely based on linguistic evidence. More study of this region is needed to rescue the languages, culture, heritage and biology of the people of the TYC.

The Tibetan-Yi Corridor (TYC) region has served as a crossroads for human migration for thousands of years. The lack of whole-genome sequencing data specific to the TYC populations has hindered the understanding of the fundamental patterns of migration and divergence between humans in East Asia and Southeast Asia. Here, we provide 248 individual whole genomes from the 16 TYC and 3 outgroup populations to elucidate historical relationships. We find that the Qinghai-Xizang plateau forms an important barrier to gene flow, with populations in the north showing a more Tibetan-like ancestry and those in south showing a Southeast Asian-related ancestry. An isolated population, the Achang, shows a prolonged isolation and genetic drift as compared to other TYC populations. We also note that previous claims regarding the history and structure of TYC populations inferred from linguistics are incompatible with the genetic evidence.

(LI Shuaicheng, ZHANG Zhe and LI Shengbin)

References

[1] YAO H B, TANG S, YAO X, et al. The genetic admixture in Tibetan-Yi Corridor[J]. American journal of physical anthropology, 2017, 164(3): 522-532.

Chapter 3
The Non-invasive Prenatal Paternity Testing

There are situations where it would be desirable to perform a paternity test during pregnancy, such as a pregnancy that results from sexual assault. Currently, this process is most frequently performed by chorionic villus sampling (CVS) or obtaining amniotic fluid followed by short tandem repeat (STR)-based genotyping. CVS can be performed at the 8 – 12th gestational week (GW) by obtaining a tissue sample from the placenta through the cervix or abdomen. Amniocentesis can be performed at the 15 – 24th GW by obtaining a sample of amniotic fluid through passing a needle through the mother's abdomen into the uterus[1]. These sampling methods are invasive and stressful and bear a limited but serious risk for both mother[2] and fetus[3-4], such as intrauterine infection and even miscarriage[5].

3.1 Introduction

The discovery of cell-free fetal DNA (cffDNA) in maternal circulation[6] makes non-invasive prenatal paternity testing (NIPPT) possible. cffDNA is mainly released in trophoblast cell apoptotic events in the placenta. The fragment sizes range from 100bp to 200bp and are rarely longer than 250bp[7]. The cffDNA appears in the mother's serum as early as 5 weeks after conception[8]. After childbirth, there is an initial rapid clearance of cffDNA in 2h, and it often completely disappears in maternal circulation at 2 days postpartum[9]. These features make cffDNA an excellent material for non-invasive prenatal testing. However, given excessive amounts of maternal material, it is challenging to distinguish fetal alleles from maternal cfDNA.

To eliminate the problem of maternal allelic suppression, Y-chromosome specific STRs were used for male lineage determination only when male fetuses are borne[10-11]. Recently, with deletion/insertion polymorphism-linked-STR (DIP-STR) markers on the autosome, researchers have sought to use deletion/insertion sequencing-specific primer to enrich fetal-derived alleles, but false negative or allele drop-out rates as high as 6.9% have been reported[12]. In addition, due to the highly fragmented nature of cffDNA, it is often difficult to detect sufficient fetal loci to determine paternity when conventional STR markers are used[13].

As a sequence variation marker with a single base resolution, single nucleotide polymorphism (SNP) can provide more information in highly degraded DNA than STR. A few studies evaluated the feasibility of minority fetal SNP allele detection in maternal peripheral blood by massive parallel sequencing (MPS) or microarray technologies. In 2011, employing an X-chromosome exon enrichment strategy, Liao et al. detected fetal alleles of 12 pregnant women carrying female fetuses after 12 GW[14]. In 2012, Guo et al. used nonmaternal alleles to successfully exclude 29 unrelated men as the biological father in a 30-sample group[15]. In 2017, with target sequencing of 1497 SNPs, Yang et al. detected the fetal genotypes and found no genetic incompatibilities with the alleged fathers in 7 cases after 12 GW[16]. In the same year, Ryan et al. used the Human CytoSNP-12 array to confirm paternity for 20 samples, and 1 sample failure was noted for insufficient cffDNA[17].

A large number of studies demonstrated the potential for MPS-based SNP genotyping in NIPPT, but their limitations were also obvious as reported. First, SNP markers have not been used appropriately, which appeared not to meet the basic principles of forensic genetic applications. For instance, the commercial Human CytoSNP-12 array includes approximately 300,000 SNPs, mostly relevant to human disease[18-19], whose results concern privacy issues. In addition, pathogenic mutations are typically rare variations and thus exhibit weak polymorphisms in the population. In Yang's work[16], the SNPs used in the study are genetically linked to some degree, which could decrease the discrimination power in paternity determination. Second, how to decide the threshold when distinguishing the fetal signal from sequencing noise has not been discussed, and the corresponding accuracy of fetal genotype was not evaluated. Third, approximately all samples tested in the previous reports were obtained during or after the second trimester with a relatively high fetal fraction. Therefore, how early in pregnancy the non-invasive method may work should be thoroughly assessed.

In this chapter, using the MPS-based SNP strategy, we developed a NIPPT method. In methodology, we screen for individual-identification SNPs (IISNPs) in a genomewide fashion and validate their allele frequencies in a large population. By comparing the sequences of pregnant women with negative controls, we optimize the threshold to obtain fetal genotyping. We also used samples from postpartum children as a reference and directly evaluated the fetal genotyping accuracy. Having established the methodology, for the first time, we systematically evaluate the NIPPT protocol based on efficiency, reliability and sensitivity in a scaled trial.

3.2 Methodology

3.2.1 Sample collection

In the first stage, 14 women with singleton pregnancies were enrolled. The gestational age ranged from 6 to 24 weeks. Additionally, 4 nonpregnant females (2 of them have fertility experience) and 3 males were also recruited as negative controls. In the second stage, 349 volunteers with singleton pregnancies during 6 – 34 GW and paired fathers were enrolled. Additionally, 9 non-pregnant women who had fertility experience previously were also recruited. For pregnant women and nonpregnant controls, 5mL peripheral blood samples were collected in K3-EDTA containing Cell-Free DNA BCT Blood Collection Tube. For the biological or putative fathers, buccal swabs, nails or blood spots were collected. For the corresponding fetal reference samples, amniotic fluid was collected during an invasive prenatal diagnosis, or nail samples after delivery were collected. For the population genetics study, buccal swabs from 1508 unrelated Chinese Han individuals were collected. Informed written consent was obtained from each participant before sample collection.

3.2.2 DNA extraction and library preparation

Maternal plasma, buffy coat and red blood cells were separated via a two-step centrifugation protocol[20]. Buffy coat or amniotic fluid DNA was extracted with QIAamp DNA Blood Mini Kit. Plasma cfDNA was extracted using the QIAamp Circulating Nucleic Acid Kit (QIAGEN, Germany). Nail DNA was extracted using the TIANamp Micro DNA kit (TIANGEN, China) according to the manufacturer's protocols. To distinguish plasma cfDNA, we use gDNA in our text to represent the genomic DNA extracted from the buffy coat or other tissue cells. Briefly, 100ng gDNA was digested to 200bp, and the cfDNA was naturally fragmented. For end blunting, a poly A tail was added for adaptor ligation. After PCR-based amplification, the fragmented DNA was used for sequencing library construction.

3.2.3 Target region capture and sequencing

RNA probes and supporting hybridization reagents were prepared in MGI-tech (MGI, China) by following the protocol from the manufacturer. Three mixtures were prepared beforehand. Mix1 is the mixture of 550ng library DNA (4 samples in one reaction, 137.5ng DNA for each sample) and block oligos which are used for blocking the universal adapters and preventing forming nonsensical chains. Mix2 is the mixture of hybridization buffers. Mix3 is the mixture of RNA probes and RNase block, and the former is used as bait to capture target SNP region, the latter is used to prevent RNA probe degradation.

After being denatured at 95℃ for 5min, the Mix1 was held at 65℃ on Applied Biosystems® GeneAmp® PCR system 9700. Mix2 and Mix3 were incubated at 65℃ for 5min and 2min respectively. Mix2 was transferred to Mix1 to form a master mixture at 65℃ and combined with Mix3 at 65℃ for 16 – 24h for hybridization. Last, the hybridization mixture was incubated with Dynabeads™ M-280 Streptavidin magnetic beads (Invitrogen, USA) at room temperature for 30min, and washed after to remove the unbound library DNA. The resulting library was amplified using the Phusion PCR master mix with 13 cycles before being sequenced on a BGISEQ-500 platform using a PE50 strategy (MGI).

3.2.4 SNP calling

The procedure was used to remove low-quality reads meeting one or more of the following criteria: ①N-content greater than 1%; ②reads overlapping >10bp with the adapter sequence and a maximum of 2bp mismatches to the adaptor sequence; ③fraction of Q30 bases less than 90% and ④ duplicates derived from amplification or sequencing. The clean reads were aligned to hg19 using the Burrows-Wheeler Aligner (v0.7.12)[21]. The Genome Analysis Toolkit Unified Genotyper was utilized for SNP calling of gDNA.

3.2.5 Fetal DNA detection in maternal plasma

For cfDNA, we calculated the fetal DNA fraction by first identifying data from all SNP loci that were homozygous in the mother and heterozygous in the fetus. We used the sequencing data to determine the number of fetus-specific allele counts and mother-fetus shared allele counts. The fetus-specific alleles are father-derived as additional alleles as compared to those from the mother. We calculated the fetal fraction in plasma using the formula:

$$2 \times d_{fetus-specific} / (d_{fetus-specific} + d_{shared})$$

where $d_{fetus-specific}$ and d_{shared} represent the depth of father-derived allele and fetus-mother shared allele respectively.

3.2.6 STR genotyping

Briefly, 1ng gDNA was amplified on the thermal cycler using the HUMAN DNA Typing kit. Then, the PCR products were analyzed using the ABI 3500 genetic analyzer, and the genotyping results were analyzed using GeneMapper ID-X software.

3.3 Interpretation of data

3.3.1 IISNP screening and validation

Using the East Asian populations SNP data from the 1000 Genomes Project[22], we screened the IISNPs based on the following criteria.

(1) minor allele frequency (MAF) >0.4.

(2) observed heterozygosity (H_e) >0.4.

(3) distance from genic region greater than 100kb.

(4) Hardy-Weinberg equilibrium (HWE).

(5) unlinked within panel.

These filters yield 5457 SNPs as the panel CHP5457. Then, we validated the polymorphism of the CHP5457 panel in 1508 unrelated Chinese Han individuals. Excluding the sites failing to pass the HWE testing or with low coverage, we confirmed that 4151 SNPs exhibited a local minor allele frequency greater than 0.4, and 4735 exhibited a SNP greater than 0.3.

Based on the local frequency, CHP5457 leads to a of 10^{-2200} and a cumulative probability of exclusion (CPE) of $1-10^{-460}$. Excluding SNPs with *MAF* less than 0.3, a randomly selected subset of 50 SNPs from CHP5457 yielded a match probability of 10^{-21} and a CPE of 0.9999 in the full trio paternity testing case.

3.3.2 Genotyping of fetal SNPs

Both cfDNA and gDNA from 14 women and 7 controls were sequenced. After filtering the adaptor-containing, low-quality and PCR duplication reads, 5.4 – 76.4 million pair-end sequencing reads were obtained for each sample. We uniquely mapped 13.87% – 59.64% pair-end reads to the targeted SNP site. The sequence depth was 52 to 464 fold for parental DNA and 106 to 468 fold for plasma cfDNA.

To eliminate the problem of fetal allelic suppression by maternal DNA, only the SNPs for which buffy coat gDNA is homozygous are used in the following analysis. In all cases and controls, the number of homozygous SNPs in gDNA ranged from 934 to 2,486. Then we counted the number of SNPs on which showing non-gDNA allele sequencing reads (NGASR) in plasma. In 14 pregnant women, 33.8% - 59.8% SNP markers exhibited NGASR in plasma. In 4 nonpregnant controls, 12.5% -21.1% SNPs had NGASR in plasma. Similarly, in 3 male controls, 14.0% -21.0% SNPs had NGASR in plasma (Figure 3 - 1).

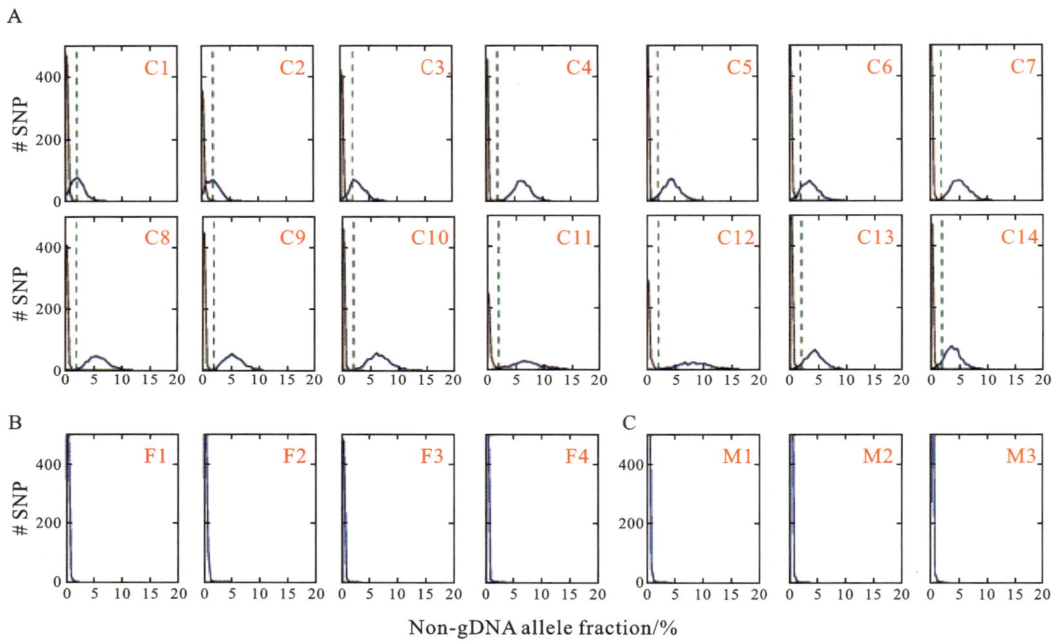

Figure 3 - 1 Fraction of nonmaternal or nongenomic sequencing reads in plasma

(A) Pregnant participants. The red line indicates homozygous SNPs in the reference sample, whereas the blue line indicates the heterozygous SNPs. A cutoff value of 2% is indicated by dash lines. (B) Nonpregnant female controls. F2 and F4 have given birth to one or two children before, while F1 and F3 have never had a pregnancy. (C) male controls.

Regarding the NGASR fraction (number of NGASR/number of total reads) for each SNP, we observed considerably increased proportions of nonmaternal allele counts in plasma from pregnant women compared with negative controls. In negative controls, the mean NGASR fraction ranged from 0.84% to 1.28%. In all SNPs showing NGASR, 96.3% of markers exhibited an NGASR fraction value less than 1%, and 99.2% of markers exhibited an NGASR fraction value less than 2%. The patterns of NGASR distribution are uniform in non-pregnant female and male plasma, and we infer that NGASR in negative controls may be caused by sequencing error or mapping error. NGASR fraction patterns in plasma from pregnant women are very different. In addition to the "low proportion" of sequencing error loci, there is an obvious peak representing the fetus-specific allele derived from the father. The mean NGASR fraction in maternal plasma ranged from 2.41% to 8.33%.

A SNP for which a mother is homozygous and the fetusis heterozygous is defined as an effective SNP. We aimed to select the appropriate threshold when identifying a heterozygous locus in a fetus, so we divided these NGASR SNPs into two categories, heterozygote and homozygote, according to the fetus reference sample. As expected, in the fetal homozygous loci, the proportions of NGASR in maternal plasma cfDNA exhibited a similar pattern as negative controls, and only 0 – 2 SNP markers showed a NGASR fraction greater than 2% for each sample. In contrast, at the fetal heterozygous loci, the cffDNA fraction is considerably increased and subject to a Poisson distribution.

To reduce the false discovery rate of fetal heterozygous SNPs, a nonmaternal allele was considered to exhibit a paternal origin when the allele fraction in the plasma was greater than 2%. In other words, we set 2% as a threshold to distinguish the paternal derived allele from potential sequencing error/noise in plasma. Finally, 438 – 1048 fetal heterozygous SNPs were detected. Genotyping results from the maternal plasma revealed 99.54 – 100% concordance with the fetal reference sample. In total, 17 inconsistent loci were identified in 11,446 loci total in 14 cases. The overall error rate was 0.1485% (0 – 0.46%) (Table 3 – 1).

Table 3 – 1 Non-invasive prenatal paternity testing results and validation with fetal reference samples

Case No.	GW	cff-DNA/%	effective SNPs	Reference samples	Genotyping concordance	CPI (NIPPT)	CPI (STR)	Paternity
C1	6w + 5d	4.81	507	Nail	0.00%	4.77E + 70	9.00E + 07	inclusion
C2	8w + 1d	4.89	438	Nail	0.46%	1.39E + 61	2.33E + 08	inclusion
C3	9w + 3d	6.15	712	Nail	0.00%	1.45E + 116	1.54E + 08	inclusion
C4	12w	12.72	966	AF	0.00%	1.17E – 571	3.40E – 20	exclusion
C5	17w + 6d	8.99	1025	AF	0.20%	4.72E + 145	4.84E + 06	inclusion
C6	19w + 3d	7.37	841	AF	0.12%	1.64E + 122	4.70E + 07	inclusion
C7	24w + 3d	10.44	1048	AF	0.29%	4.41E – 653	5.74E – 24	exclusion
C8	2nd Trimester	11.3	811	AF	0.12%	6.77E – 547	1.33E – 32	exclusion
C9	2nd Trimester	10.72	879	AF	0.23%	5.14E – 530	2.51E – 35	exclusion

continued

Case No.	GW	cff-DNA/%	effective SNPs	Reference samples	Genotyping concordance	CPI (NIPPT)	CPI (STR)	Paternity
C10	2nd Trimester	13.16	974	AF	0.00%	5.41E - 646	3.58E - 32	exclusion
C11	2nd Trimester	13.91	611	AF	0.33%	1.09E + 83	1.63E + 08	inclusion
C12	2nd Trimester	16.65	749	AF	0.27%	7.14E + 104	1.18E + 08	inclusion
C13	2nd Trimester	8.71	938	AF	0.11%	1.60E + 135	3.53E + 04	inclusion
C14	2nd Trimester	7.84	947	AF	0.21%	3.37E - 560	6.74E - 37	exclusion

Note: Nail, the nail of the postpartum child; AF, amniotic fluid.

3.3.3 Paternity test with CPI

Paternity index (PI) refers to the ratio of the probability that the alleged father is the biological father to the probability of that from a random man. The combined paternity index (CPI) is the product of PIs from multiple unlinked loci. The CPI value was calculated based on the local allele frequency and estimated error rate. According to the traditional paternity test technical specification (SF_Z JD0105001 - 2016), paternity inclusion was noted when the CPI value was greater than 10,000, and paternity exclusion was noted when the CPI was less than 0.0001. As a gold standard, kinship analysis was also performed with postpartum children or amniotic fluid reference samples using the conventional PCR-CE method. In 14 cases, the NIPPT conclusions were all consistent with PCR-CE (Table 3 - 1).

3.3.4 Efficiency and reliability

To evaluate the reliability and test the efficiency of NIPPT in different gestational ages, blood samples from 349 pregnant women at 6 - 34 GWs were obtained. Paired biological father samples were also collected. All samples were sequenced and genotyped as described in the NIPPT methodology.

We grouped all 349 fathers and performed a paternity test by comparing each mother-fetus pair with all males in a blinded manner. The biological fathers of all cases were correctly identified. For unrelated men, the CPI values were all less than 10^{-37}. In addition, we define the locus at which the alleged father cannot provide the nonmaternal fetal allele as a mismatch. The mean percentage of a mismatch for the biological father was 0.08% (0.00% – 0.93%), which is significantly reduced compared with unrelated men at 26.40% (15.12% – 40.00%).

To confirm that the fetal SNPs originating from previous pregnancies could not be detected, blood samples from 9 non-pregnant women who had given birth between the past 10 months and 6 years were also collected and sequenced. The distribution of plasma NGASR in these samples is similar with male or nonpregnant controls. With the same genotyping threshold for fetuses, only 0 – 3 SNP markers show a NGASR fraction greater than 2% for each sample, which is comparable with our estimated error rate.

3.3.5 Sensitivity

In general, the fraction of cffDNA in maternal plasma increases as the pregnancy progresses; therefore, it is more difficult to detect fetal DNA at earlier gestational weeks. Based on these 349 cases, we found that the cffDNA fraction in maternal plasma increases at different rates throughout pregnancy. At 6 GW, the mean fraction is 4.37% (median 4.47%, minimum 3.43%, maximum 5.30%), with an initial increase of 0.76% per week from 6 to 12 GW. In the second trimester, the increased fraction becomes 0.15% per week followed by a sharper increase of 1.44% per week after 25 GW until delivery. The cffDNA fraction increases up to 30% after 30 GW, but the value significantly varies among individuals (Figure 3 – 2A). In 8 cases, we also estimated the fraction of fetal DNA in maternal plasma at two-time points with an interval of one or several weeks. The increasing speed also varies among individuals, ranging from 0.35% to 3.89% per week (Figure 3 – 2B).

The large-scale trial includes 155 cases in the first trimester, including 5 women at the 6th GW. The lowest NGASR successfully determined is 1.72%. To further evaluate the sensitivity of our approach, a series of mixed cfDNA samples with fetal fractions of 0.5%, 1%, 2%, 3%, 5%, 7%, 10%, 20%, 30% and 50% were artificially constructed to simulate real conditions. We fixed the coverage depth to 100-fold, and the number of effective SNPs ranged from 13 to 603 when the fetal fractions increased from 0.5% to 50%. Furthermore, when the cffDNA fraction is less than 10%, the number of effective SNPs exhibited a positive relationship with the fraction of fetal DNA in plasma. Once the cffDNA fraction reaches 10%, NIPPT can obtain all the heterozygous fetal SNP. When the fetal fraction is reduced to 1%, only 33 SNPs are detected, and the CPI value is 73.2. When the fetal fraction is as low as 2%, there are 98 effective SNPs with a CPI value of 2.89×10^{13}, and paternity still can be successfully determined.

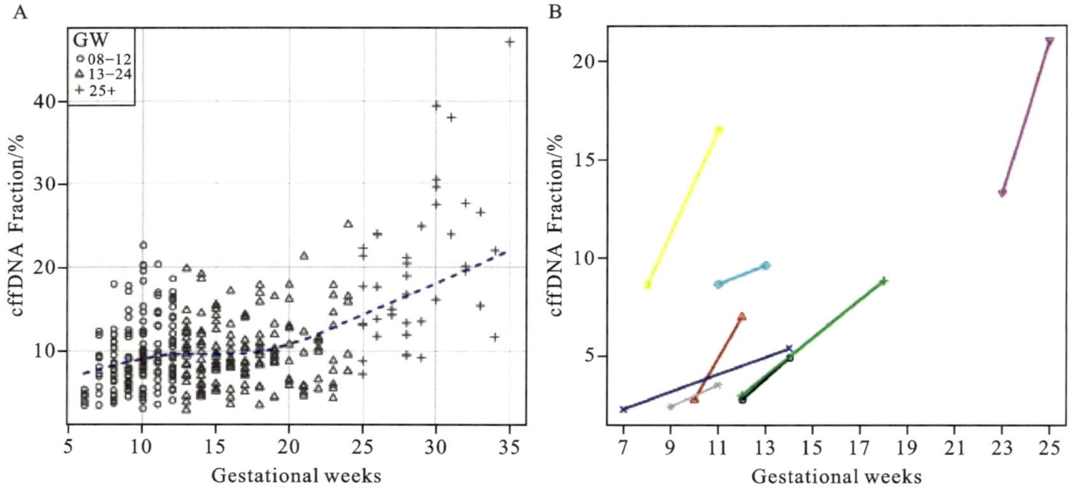

Figure 3 – 2 Observed cffDNA fraction in maternal plasma among the pregnant process

(A) cffDNA fraction among the population ($n = 349$). Each circle indicates a woman in early pregnancy; (B) cffDNA fraction growth with time in each woman. Each line indicates one individual ($n = 8$).

3.4 The non-invasive prenatal paternity (NIPP) testing method based on a target sequencing strategy

STR is the most commonly used marker in human identification and paternity testing. However, it is always complicated to genotype STR due to highly degraded DNA because allele drop-out or locus loss often occurs. Regarding mixed DNA, it is also difficult to distinguish the minor contributor from STR stutters. SNPs represent a new generation of genetic markers. Although most SNPs are di-allelic and subsequently exhibit fewer polymorphisms compared with STRs, they can make significant contributions in the highly fragmented and extremely unbalanced mixture. The benefits of SNPs include the characteristic low mutation rate (10^{-8} for SNP[23] versus up to $10^{-7}-10^{-3}$ for STR[24] per generation) and short target region (a single base for SNP versus several hundred bases for STR). The fragment length of cffDNA is approximately 160bp[7]. By employing SNPs and MPS strategies, recent reports demonstrated the feasibility of detecting fetal-specific alleles from the peripheral blood of pregnant women and determining paternity[16,25]. However, as the basic method for forensic application, IISNPs have not been screened and validated in a genome-wide context. Therefore, before methodology development, we selected high-polymorphism SNPs among the East Asian population and investigated the local allele frequency in a population, providing the foundation for its utilization in forensic genetics. A randomly selected subset of 50 SNPs from CHP5457 yielded a CPE of 0.9999 in the full trio paternity testing. This finding indicates the value of these IISNPs in individual identification and paternity testing. Similar to cffDNA, CHP5457 could also be applied for other degraded DNA, such as circulating tumor DNA, or postmortem tissues and bones in forensic casework.

For NIPPT, the most critical component is to distinguish the trace paternal-derived alleles from sequencing errors and obtain accurate fetal genotypes. The selection of cutoff value is a tradeoff between efficiency and accuracy. Using a higher cutoff value, more sequencing errors together with possible effective sites will be removed. This situation improves the typing accuracy but would reduce the successful rate of paternity identification due to insufficient effective sites. A proper cutoff value can exclude the sequencing error and yield more fetal sites. The percentage of non-gDNA allele reads for non-pregnant women and men was taken as background noise. Then, we specify an appropriate cutoff value of 2% for the removal of sequencing errors, while trying to retain the fetal site. This technique is an effective means to ensure accuracy and improve detection efficiency. Using this optimized cutoff value, we obtained a 99.85% accuracy of fetal genotyping with NIPPT by direct evaluation with reference fetal samples.

In Ryan's report, 0.05% of unrelated males could not be correctly excluded using the Human CytoSNP-12 array[17]. We propose two reasons for the undetermined paternity. On the one hand, the average probe coverage of this commercial genotyping array is stationary at approximately 30 ×. Thus, fetal SNPs with low percentages will often be missed. On the other hand, human disease-associated mutations are typically rare variations and thus exhibit poor polymorphism in populations, which is not suitable for individual identification and paternity tests. In the paternity determination step, we further used the locally investigated MAF to calculate and introduce the error rate to rectify the CPI value and successfully determined paternity in all 14 cases. In the large cohort of 349 cases, paternity testing was performed more than 10^5 times, and the results were consistent with the true kinship. Additionally, the data from non-pregnant women's with fertility experience proved that the previous pregnancies no longer affect the DNA composition in women plasma. This result is also supported by a previous study which proved that the cffDNA could be cleared rapidly and completely disappears in maternal circulation at 2 days postpartum[9]. These findings suggest that the NIPPT method is highly efficient and reliable.

As mentioned above, a low fetal fraction leads to a higher test failure rate. Similar to other non-invasive clinical diagnostics, such as determination of the fetal RHD genotype[26], paternal-derived mutations[27] and fetal aneuploidy screening[28], a low fetal fraction can even potentially lead to a false-negative result[29]. Therefore, defining the range of cffDNA fractions and influencing factors is helpful in optimizing these prenatal testing methods and determining the optimal detection period. Xu found that informative prior information on the fetal fraction can increase the power of fetal aneuploidy screening[30]. In contrast to PCR the SRY gene in male-bearing pregnancies[31], the MPS in NIPPT permits efficient and unbiased fetal alleles detection in genomic regions. Thus, MPS is a powerful method for measuring the proportion of fetal DNA. In total, 349 cases from 6 to 34 GW demonstrated a positive correlation between fetal fraction and gestational age. Interestingly, we found that in a population scale, the cffDNA fraction increased most rapidly at the last trimester until delivery but moderately in the second trimester. However the increasing speed also significantly varies in individuals even in the same gestational age. It is noted that when the fetal fraction reached 7% approximately all the fetal paternity-derived alleles were detected.

According to Guttmacher Institute, 66% of terminations of unintended pregnancies are performed at 8 weeks or earlier, and 89% occur in the first 12 weeks because a first-trimester abortion carries minimal risk to women. In our cases, NIPPT can accurately determine paternity as early as 6 weeks after conception, which is almost the initial stage that fetal cfDNA can be found in the peripheral blood of pregnant women. Consequently, NIPPT presents a safer and better alternative to current invasive methods especially in early pregnancy.

In summary, we developed the NIPPT method which genotypes fetal SNP from maternal plasma cfDNA by deep sequencing. With a large-scale trial of 349 cases, our results reveal that NIPPT can determine paternity from 6 weeks into pregnancy until birth with 100% accuracy. This work provides the foundation for the clinical application of NIPPT. It should be noted that apart from gestational age the fetal fraction is also affected by aneuploidy and maternal physical condition, exhibiting significant personal variation. For instance, preexisting maternal hypertension appeared to reduce fetal fraction. Regarding individual variation, the cffDNA percentage may be less than 2% after 6 GW. Thus, detection failure may also occur even at a gestational age later than 6 GW. Under these conditions, using more IISNPs or enriching the fetal DNA beforehand may offer improvements.

(CHANG Liao, LI Shengbin and ZHAO Wenjuan)

References

[1] KIM M K, NAM T S, CHOI K H, et al. Usefulness of direct sequencing of pooled DNA for SNP identification and allele-frequency determination compatible with a common disease/common variant hypothesis[J]. Genet Mol Res, 2010, 9(2): 772–779.

[2] ELCHALAL U, SHACHAR I B, PELEG D, et al. Maternal mortality following diagnostic 2nd-trimester amniocentesis. Fetal Diagn Ther, 2004, 19(2): 195–198.

[3] BRAMBATI B, SIMONI G, TRAVI M, et al. Genetic diagnosis by chorionic villus sampling before 8 gestational weeks: efficiency, reliability, and risks on 317 completed pregnancies[J]. Prenat Diagn, 1992, 12(10): 789–799.

[4] FIRTH H V, BOYD P A, CHAMBERLAIN P F, et al. Analysis of limb reduction defects in babies exposed to chorionic villus sampling[J]. Lancet, 1994, 343(8905): 1069–1071.

[5] American College of Obstetricians and Gynecologists. ACOG Practice Bulletin No. 88, December 2007. Invasive prenatal testing for aneuploidy [J]. Obstet Gynecol, 2007, 110(6): 1459 – 1467.

[6] LO Y M, CORBETTA N, CHAMBERLAIN P F, et al. Presence of fetal DNA in maternal plasma and serum[J]. Lancet, 1997, 350(9076): 485 – 487.

[7] FAN H C, BLUMENFELD Y J, CHITKARA U, et al. Analysis of the size distributions of fetal and maternal cell-free DNA by paired-end sequencing[J]. Clin Chem, 2010, 56(8): 1279 – 1286.

[8] HONDA H, MIHARU Y, SAMURA O, et al. Fetal gender determination in early pregnancy through qualitative and quantitative analysis of fetal DNA in maternal serum [J]. Hum Genet, 2002, 110(1): 75 – 79.

[9] YU S C, LEE S W, JIANG P, et al. High-resolution profiling of fetal DNA clearance from maternal plasma by massively parallel sequencing[J]. Clin Chem, 2013, 59(8): 1228 – 1237.

[10] WAGNER J, DZIJAN S, MARJANOVIĆ D, et al. Non-invasive prenatal paternity testing from maternal blood[J]. Int J Legal Med, 2009, 123(1): 75 – 79.

[11] BARRA G B, SANTA RITA T H, CHIANCA L F, et al. Fetal male lineage determination by analysis of Y-chromosome STR haplotype in maternal plasma [J]. Forensic Sci Int Genet, 2015 , 15: 105 – 110.

[12] MORIOT A, HALL A D. Analysis of fetal DNA in maternal plasma with markers designed for forensic DNA mixture resolution[J]. Genet Med, 2019, 21(3): 613 – 621.

[13] SONG W, XIAO N, ZHOU S, et al. Non-invasive prenatal paternity testing by analysis of Y-chromosome mini-STR haplotype using next-generation sequencing[J]. PLoS One, 2022, 17(4): e0266332.

[14] LIAO G J, LUN F M, ZHENG Y W, et al. Targeted massively parallel sequencing of maternal plasma DNA permits efficient and unbiased detection of fetal alleles[J]. Clin Chem, 2011, 57(1): 92 – 101.

[15] GUO X, BAYLISS P, DAMEWOOD M, et al. A noninvasive test to determine paternity in pregnancy[J]. N Engl J Med. 2012, 366(18): 1743 – 1745.

[16] YANG D, LIANG H, GAO Y, et al. Noninvasive fetal genotyping of paternally inherited alleles using targeted massively parallel sequencing in parentage testing cases[J]. Transfusion, 2017, 57(6): 1505 – 1514.

[17] RYAN A, BANER J, DEMKO Z, et al. Informatics-based, highly accurate, noninvasive prenatal paternity testing[J]. Genet Med, 2013, 15(6): 473 – 477.

[18] BEJJANI B A, SHAFFER LG. Clinical utility of contemporary molecular cytogenetics [J]. Annu Rev Genomics Hum Genet, 2008, 9: 71 – 86.

[19] SREBNIAK M I, BOTER M, OUDESLUIJS G O, et al. Genomic SNP array as a gold standard for prenatal diagnosis of foetal ultrasound abnormalities[J]. Mol Cytogenet, 2012, 5(1): 14.

[20] CHIU R W, POON L L, LAU T K, et al. Effects of blood-processing protocols on fetal and total DNA quantification in maternal plasma[J]. Clin Chem, 2001, 47(9): 1607 – 1613.

[21] LI H, DURBIN H R. Fast and accurate short read alignment with Burrows-Wheeler transform[J]. Bioinformatics, 2009, 25(14): 1754 – 1760.

[22] AUTON A, BROOKS L D, DURBIN R M, et al. A global reference for human genetic variation[J]. Nature. 2015, 526(7571): 68 – 74.

[23] NACHMAN M W, CROWELL S L. Estimate of the mutation rate per nucleotide in humans[J]. Genetics, 2000, 156(1): 297 – 304.

[24] LEGENDRE M, POCHET N, PAK T, et al. Sequence-based estimation of minisatellite and microsatellite repeat variability[J]. Genome Res, 2007, 17(12): 1787 – 1796.

[25] MU H, JIANG H, XIE Y, et al. Non-invasive prenatal paternity testing (NIPAT) through maternal plasma DNA sequencing: a pilot study[J]. PLoS One, 2016, 11(9): e0159385.

[26] LO Y M, BOWELL P J, SELINGER M, et al. Prenatal determination of fetal rhesus D status by DNA amplification of peripheral blood of rhesus-negative mothers[J]. Ann N Y Acad Sci, 1994, 731: 229 – 236.

[27] BARRETT A N, MCDONNELL T C, CHAN K C, et al. Digital PCR analysis of maternal plasma for noninvasive detection of sickle cell anemia[J]. Clin Chem, 2012, 58(6): 1026 – 1032.

[28] FAN H C, BLUMENFELD Y J, CHITKARA U, et al. Noninvasive diagnosis of fetal

aneuploidy by shotgun sequencing DNA from maternal blood[J]. Proc Natl Acad Sci USA, 2008, 105(42): 16266-16271.

[29] SIKORA A, ZIMMERMANN B G, RUSTERHOLZ C, et al. Detection of increased amounts of cell-free fetal DNA with short PCR amplicons[J]. Clin Chem, 2010, 56(1): 136-138.

[30] XU H, WANG S, MA L L, et al. Informative priors on fetal fraction increase power of the noninvasive prenatal screen[J]. Genet Med, 2018, 20(8): 817-824.

[31] BIRCH L, ENGLISH C A, O'DONOGHUE K, et al. Accurate and robust quantification of circulating fetal and total DNA in maternal plasma from 5 to 41 weeks of gestation[J]. Clin Chem, 2005, 51(2): 312-320.

Chapter 4
More Effective Microsatellite Markers

Short tandem repeat (STR), or microsatellite markers, are a class of repetitive DNA fragments in which certain motifs of length two to six base pairs are repeated multiple times. Owing to their high polymorphisms and extensive distributions in the human genome and among individuals, STRs are widely used in DNA typing applications and population studies, e. g., identity testing, paternity testing and probabilistic ethnicity predicting. Since 1997, the 13 core STRs loci published by the Combined DNA Index System (CODIS) program of the Federal Bureau of Investigation (FBI) in the US[1], have had a dominant influence on individual identity applications and population studies for more than two decades as genetic markers.

4.1 Introduction

At present, an increasing number of forensic databases based on CODIS core STRs are established worldwide. For instance, more than 27 million entries are recorded in the Chinese forensic database in 2012. As database sizes are dramatically enlarged, there will be increases in the risk of random hits (cold hits) in databases, which may potentially cause an individual in the forensic database is falsely charged as a criminal when a new crime occurs. Furthermore, CODIS 13 STRs are biased towards different subpopulations. In China, only 9 are widely adopted, as the other four have a lower discriminative power for the Chinese population. These all demand solutions to increase locus effectiveness, and one of them is to introduce more effective STR markers into the forensic typing assay.

In this chapter, we propose a de novo locus selection algorithm based on common forensic constraints regarding STRs, i. e., heterozygosity, random matching probability, power of discrimination and probability of exclusion, and two equilibrium tests, i. e., Hardy-Weinberg equilibrium and linkage equilibrium tests[2]. The selection algorithm is designed to seek a set of new STRs for identity testing and paternity testing with a higher power, using data from the next-generation sequencing (NGS) technology. We have implemented the method and it is applicable for different populations. In this work, we apply it to a dataset of 320 Chinese individuals from the 1000 Genomes Project. The results show that the selected loci have a high combined power of discrimination in identity testing and a combined probability of exclusion in paternity testing. They also provide smaller DNA profile frequencies on average than CODIS 13 loci ($P = 1.925 \times 10^{-12}$ for selected 11 loci, by student's t-test). More importantly, the selected loci are able to provide a considerably low chance (below 1.48×10^{-5}) of random profile matches so that statistically no false judgments have occurred for 80 million searches in a database with 10 billion entries. The selected loci also reduce the risk of random allele matches when doing the familial search, with lower random allele matching probabilities. In addition, the selected STRs are statistically better than CODIS STRs for paternity testing in our simulation, with lower probabilities of false inclusions and exclusions.

4.2 Methodology

4.2.1 Data sets

Regarding the experimental dataset, we downloaded the whole genome sequencing (WGS) reads of 320 Chinese individuals using the next-generation sequencing (NGS) technology, of which 107 are Han people in Beijing, 111 are Han people in south China and 102 are Dai people in Xishuangbanna, from the Phase 3 publication at the 1000 Genomes Project website. The mean coverage of reads varied from around 1.17 to around 4.51, inclusively, which is relatively low. Using these raw data, all possible STR sites are uncovered using lobSTR. In addition, allele frequencies of CODIS 13 core STR loci in the Chinese Han population are obtained from the database *Forensic Sci Int Genet*. These frequencies are used to calculate thresholds for four forensic parameters which will be described in the following paragraphs.

4.2.2 Problem statement

A WGS population dataset is given and the motivation here is to find a collection L of effective STR loci for forensic applications. Denote the power of discrimination of a locusℓ as d_ℓ, $\ell \in L$, which is a measure to assess the individual discriminative ability of an STR locus. Then, the combined power of discrimination (CPD) with the collection L , denoted by D_L, is defined as:

$$D_L = 1 - \prod \ell \in L(1 - d\ell) \tag{4-1}$$

Thus, our objective here is to search for STR markers with a larger CPD. Although more loci will result in a higher CPD, it will also result in higher costs. Therefore, we aim to optimize the CPD with as few loci as possible. At the same time, these loci should also satisfy a set of constraints, which will be presented in subsequent paragraphs.

First, each locus satisfies acceptable constraints for four forensic parameters, i. e., ①heterozygosity which is an indicator of polymorphism at a locus; ② random matching probability which is the probability of two random individuals having the same genotype; ③power of discrimination; and ④probability of exclusion which is the probability of excluding a random man from being a biological father. Denote heterozygosity, random matching probability, and probability of exclusion of a locus ℓ as h_ℓ, r_ℓ, and e_ℓ, respectively, and let δ_h, δ_r, δ_d, and δ_e represent thresholds for the heterozygosity, random matching probability, power of discrimination and probability of exclusion, respectively. Then, the constraints can be summarized as:

$$h_\ell \geqslant r_\ell \leqslant d_\ell \geqslant e_\ell \geqslant \delta_h, \ell \in L\delta_r, \ell \in L\delta_d, \ell \in L\delta_e, \ell \in L \tag{4-2}$$

where the thresholds δ_h, δ_r, δ_d, and δ_e in this work were obtained from CODIS 13 core STRs in the Chinese Han population. We are able to calculate values of heterozygosity, random matching probability, power of discrimination and probability of exclusion for CODIS 13 STR loci using the allele frequencies mentioned in the previous section. The respective means of the four parameters were adopted as four thresholds.

Second, a selected locus should be observed in the majority of individuals in the population. We refer to the called rate η_ℓ of a locus ℓ as the percentage of individuals in whose genomes this locus is observed. Then we have:

$$\eta_\ell \geqslant \delta_\eta \tag{4-3}$$

where δ_η is a pre-specified threshold.

Third, the frequency of the DNA profile (FDP) of an individual, denoted as φ , is defined as the product of the respective genotype frequencies of STR markers in his/her DNA profile within the population. Hence, FDP can be used to measure how frequently a specific DNA profile appears in a population and statistically determine the uniqueness of an individual in the population. With the collection L, FDP is upper bounded by the product of the maximum genotype frequencies of selected loci, and we denote this maximum value as φ_L. Then, we require that:

$$\varphi_L = \prod \ell \in L\rho_\ell \leqslant 1S \tag{4-4}$$

where ρ_ℓ is the maximum genotype frequency at the locus ℓ and S is the largest possible population size to that we hope to apply the selected markers to. With constraint (4-4) regarding FDP_{hold}, it is guaranteed that the DNA profile of each individual in the population of size S is statistically unique.

Fourth, non-random associations between alleles at a locus and at different loci will complicate the applications of STR markers. Therefore, we have to select loci which are free of non-random associations; that is, all the selected loci should be under Hardy-Weinberg equilibrium (HWE) (random association within a locus) and linkage equilibrium (LE) (random association between loci). Regarding LE, specially, the composite genotypic linkage equilibrium (GLE) between two loci was adopted in this study due to the unavailability of haplotype data. Under HWE, the genotype frequency can be simply calculated as the product of allele frequencies, and under GLE, FDP can be simply calculated as the product of genotype frequencies.

With a careful examination, we found that all the constraints except GLE could be applied to a single locus individually, and hence low-quality STR candidates who failed to satisfy the constraints could be simply excluded. For GLE among a given number of candidate loci, if we modeled each locus as a node and each genotypic linkage as an edge, our problem was transformed to find a maximum independent set from a graph and then determine the collection L from the independent set. However, finding a maximum independent set is known as an NP-hard problem. Therefore, we designed a greedy algorithm for the locus selection and the details are presented below.

4.2.3 Locus selection algorithm

To begin with, we counted allele frequencies of each locus in the database C observed by lobSTR and calculated heterozygosity, random matching probability, power of discrimination and probability of exclusion for each locus under the assumption of HWE. At the same time, a high value, e.g. 0.95, was assigned to the threshold δ_η for the called rate. Then, with δ_η as well as δ_h, δ_r, δ_d and δ_e which were calculated from published allele frequencies, low-quality loci were removed from C ; that is, loci with any of the forensic parameters and the called rate beyond the corresponding threshold were filtered out, in order to avoid unnecessary searching and speed up the selection.

Next, with constraint ④, we determined the maximum genotype frequency ρ_ℓ for every locus ℓ in C . Denote the allele frequency of an allele ℓ_i at the locus ℓ as p_i. Under the assumption of HWE, the maximum genotype frequency ρ_ℓ of the locus ℓ can be calculated as:

$$\rho_\ell = \max\{p_{2i}, 2p_ip_j : 1 \leqslant i < j \leqslant k_\ell\} \qquad (4-5)$$

where k_ℓ is the number of distinct alleles at the locus ℓ. Having calculated maximum genotype frequencies for all loci in C , C was updated by sorting loci by power of discrimination non-increasingly. In the case of different loci with the same power of discrimination value, the loci were sorted again non-increasingly by the maximum genotype frequencies.

Under the assumption of GLE and holding the aim of optimizing CPD in mind, we selected the first N loci to construct the collection L such that the constraint ④ was satisfied. By selecting the first N loci from C sorted by power of discrimination, the CPD was maximized at each selection given N loci since the loci were always selected with the highest power of discrimination and the CPD attained the largest value with the largest power of discrimination given the same number of loci.

Then, only HWE and GLE were left to be checked for loci in L. Since they were hypothesized when calculating genotype frequencies and FDPs, HWE and GLE needed to be verified by hypothesis tests. The corresponding hypothesis tests for HWE and GLE were conducted by the software Genepop. The significance levels for both tests were adjusted according to Bonferroni correction; that is, the overall significance level α' for the test regarding the collection L of loci was 0. 05 but the significance level α for an individual test was modified with the size N of L . Below are the individual significance levels α_H and α_L for hypothesis tests for HWE and GLE, respectively.

$$\alpha_H = \alpha_L = \alpha' N \alpha'(N_2) = 2\alpha' N(N-1) \qquad (4-6)$$

Since GLE was also based on HWE, the hypothesis tests for HWE were conducted at first. For loci in L , if there were loci that failed to be under HWE ($P < \alpha_H$), we filtered out those loci and appended other loci in order from C to satisfy the constraint ④ and rechecked. Otherwise, we continued to check pairwise GLE for loci in L . In the case that a pair of loci failed to be under GLE ($P < \alpha_L$), the locus with a lower PD was excluded from L and other loci in C were added to satisfy the constraint ④. Then, HWE and GLE were rechecked until HWE and GLE were both achieved. In such a way, the collection L was finally the desired collection of loci that had optimized CPD and satisfied all constraints ②, ③ and ④ as well as HWE and GLE, and attempts were avoided to find a maximum independent set.

It was probable that no desired L could be found due to the insufficient number of loci in C, which primarily resulted from relatively restrictive constraints when filtering. In such scenarios, we gradually and slightly decreased the value δ_η to include more loci in C before selections until the desired L was found or δ_η was too low.

4.3 Interpretation of data

By lobSTR, there were a total of 1,603,771 STR loci observed on all 23 pairs of chromosomes from 320 Chinese individuals. After excluding X and Y chromosomes which were beyond consideration and monomeric loci which made no sense in reality, we mainly focused on common loci with repeat motifs of lengths two to six in this study, there were finally 768,948 potential STR loci on 22 autosomes to select from.

Table 4 – 1 gives values and descriptive statistics of four forensic parameters (heterozygosity, random matching probability, power of discrimination and probability of exclusion) of CODIS 13 core STR loci in the Chinese Han population. It can be observed that there are four loci with relatively low power of discrimination (below 0.9) for the Chinese Han population, i.e., CSF1PO, D3S1358, TH01 and TPOX, and hence they might be less accurate and suitable for forensic applications in the Chinese population. Therefore, it is well-deserved to search for population-specific alternative STRs to enhance the accuracy and reliability in forensic issues. To do the filtering, the mean values of four parameters were chosen as thresholds and the threshold δ_η for the called rate was initially set to be 1, which restricted that in the initial filtering, each locus must be observed on genomes of all individuals. The population size S was chosen to be 10 billion, which was a little more than the current world population, so as to guarantee that the DNA profile of a Chinese individual with selected loci was statistically unique worldwide. With our algorithm, finally, 11 loci were selected in roughly 160s and their genetic information is given in Table 4 – 2.

Table 4 – 1 Forensic parameters of CODIS 13 Core STRs and their descriptive statistics in the Chinese Han population

Locus	Forensic parameters			
	Heterozygosity	Random matching probability	Power of discrimination	Probability of exclusion
CSF1PO	0.7374	0.1151	0.8849*	0.4988

continued

Locus	Forensic parameters			
	Heterozygosity	Random matching probability	Power of discrimination	Probability of exclusion
D13S317	0.7989	0.0702	0.9298	0.6024
D16S539	0.7856	0.0795	0.9205	0.5779
D18S51	0.8601	0.0351	0.9649	0.7199
D21S11	0.8202	0.0547	0.9453	0.6510
D3S1358	0.7247	0.1241	0.8759*	0.4817
D5S818	0.7735	0.0860	0.9140	0.5625
D7S820	0.7797	0.0809	0.9191	0.5749
D8S1179	0.8502	0.0411	0.9589	0.6955
FGA	0.8643	0.0328	0.9672	0.7292
TH01	0.6812	0.1472	0.8528*	0.4471
TPOX	0.6293	0.1981	0.8019*	0.3703
vWA	0.7991	0.0706	0.9294	0.6013
Min	0.6293	0.0328	0.8019	0.3703
Max	0.8643	0.1981	0.9672	0.7292
Mean	0.7770	0.0873	0.9127	0.5779
CPD	0.99999999999999700			

Note: * indicates that power of discrimination is relatively low.

Table 4-2　Selected loci and their various genetic information

Selection criteria											
S 1×10[10]			η 0.97			α_{H}^{1} 0.0045			α_{L}^{1} 0.0009		
CHR	POS[2]	RUL[3]	Alleles[4]	Heterozygosity	Random matching probability	Power of discrimination	Probability of exclusion	ρ_ℓ	f^5	ρ^6	η_ℓ^7
10	38260559	2	17	0.8638	0.0343	0.9657	0.7228	0.0651	-0.0617	0.2082	0.978125
14	39554894	2	21	0.8506	0.0389	0.9611	0.7046	0.1005	+0.0323	0.0157	0.971875
20	52611428	2	16	0.8425	0.0424	0.9576	0.6913	0.0936	-0.0196	0.7617	0.975000

continued

Selection criteria											
S 1×10^{10}			η 0.97			α_H[1] 0.0045			α_L[1] 0.0009		
CHR	POS[2]	RUL[3]	Alleles[4]	Heterozygosity	Random matching probability	Power of discrimination	Probability of exclusion	ρ_ℓ	f[5]	p[6]	η_ℓ[7]
3	30842299	2	17	0.8466	0.0425	0.9575	0.6911	0.0829	−0.0184	0.5738	0.975000
1	11140621	2	20	0.8425	0.0428	0.9572	0.6902	0.1019	−0.1383	0.0993	0.987500
7	139746600	2	19	0.8322	0.0441	0.9559	0.6832	0.1115	−0.1058	0.0561	0.978125
4	36130100	2	14	0.8410	0.0442	0.9558	0.6851	0.1172	+0.0261	0.0081	0.984375
15	45445693	2	21	0.8369	0.0467	0.9533	0.6772	0.1008	−0.1113	0.0740	0.981250
2	86701825	2	25	0.8255	0.0523	0.9477	0.6584	0.1156	−0.0351	0.0346	0.971875
11	134054706	2	18	0.8255	0.0523	0.9477	0.6584	0.1156	−0.0351	0.0346	0.987500
1	235543477	2	17	0.7957	0.0587	0.9413	0.6353	0.1590	−0.0345	0.9588	0.971875
Min				0.7957	0.0343	0.9413	0.6353				
Max				0.8638	0.0587	0.9657	0.7228				
Mean				0.8361	0.0453	0.9546	0.6818				
FDP				$1.69487454915 \times 10^{-11}$							
CPD				0.99999999999999856							

Note: 1. The values of αH and αL are the significance levels for individual hypotheses after Bonferroni correction, based on an overall significance level of 0.05.

2. The physical location on the chromosome.

3. The length of the motif.

4. The number of different alleles observed.

5. The inbreeding coefficient.

6. The P-value of the HWE test.

7. The call rate at a specific locus.

It can be observed that most loci were highly polymorphic with more than 15 alleles and high heterozygosity. Each locus had a high power of discrimination (above 0.94), and the mean (0.9657) was considerably higher than that of CODIS 13 loci (0.9127). Therefore, they might be more reliably used in individual discrimination (or identity testing). The small maximum FDP ($\varphi_L \approx 1.69 \times 10^{-11}$) guaranteed that the case would unlikely occur that two unrelated Chinese individuals possessed the same DNA profile among even over 59 billion people. The slightly higher CPD of the selected 11 loci provided evidence that the selected loci had an approximate power to distinguish different individuals, and two fewer loci showed a higher efficiency than CODIS 13 loci. In addition, no significant departures from HWE and GLE were found at the overall significance level of 0.05. Moreover, all the selected loci were located at non-exon regions after being checked against the gene feature database which guaranteed that the selected loci were unrelated to functional genes on the human genome. Therefore, these loci could be more safely and reliably used as markers for the Chinese population. It could be also observed that the length of repeat motifs was two for all the selected loci. In fact, loci with repeat motifs of length three or above were excluded from being selected until the number of selected loci was increased to 16 or above in our selection. Apart from the fact that repeat motifs of length two were more common than other types of repeat motifs, one of the other reasons considered here was the low sequencing depth (only 1.17 to 4.51 in our dataset). The low sequencing depth might cause a locus to be weakly observed as an STR without sufficient supportive information. Another reason was the relatively small sample size. Without a large enough sample set, some alleles of loci were unable to be observed. Therefore, some loci, especially those with long repeat motifs, might be less polymorphic and hence be excluded from being selected with a high priority.

To gain an intuition of differences between loci selected by our algorithm and CODIS loci in the practical identity testing, we simulated 10,000 individuals for each set of selected loci and CODIS loci separately and conducted identity testing experiments. The results were shown that the selected loci were able to discriminate against Chinese individuals worldwide, with an equal or even higher power of the CODIS loci. By student's t-test, furthermore, the selected 11 loci provided a smaller mean FDP than the CODIS ($P = 1.925 \times 10^{-12}$). More loci involved in DNA profiles provided much smaller FDPs and higher CPDs. If we included 20 loci in DNA profiles, the selected loci would provide a considerably small maximum FDP ($\varphi_L = 4.22 \times 10^{-20}$, roughly 1 in 2×10^{19}) and high CPD (approximately 1), which showed a negligible chance of observing two unrelated individuals with the same DNA profile around the world.

Regarding STRs in forensic applications, there exists a vital issue in searching forensic databases for suspects. When a new crime occurs and the criminal is unrecorded in databases, an irrelevant random individual in the database will be at risk of being falsely recognized as the suspect if he/she is observed to hold the same DNA profile as the one extracted from DNA evidence obtained in the criminal scene. To measure how possible such a falsehood will occur, the database matching probability (DMP) is considered in our study. DMP is defined as the probability of observing the same DNA profile when searching the database for suspects when a new crime occurs. Denote the DMP and the random matching probability of the i-th locus in a set of m STRs as Φ and r_i respectively. Suppose a database contains M entries, then DMP can be calculated as:

$$\Phi = 1 - (1 - \prod imr_{\mathrm{i}})M \tag{4-7}$$

As a result, DMP of CODIS 13 STRs (Φ_{CODIS}) under the database with 10 billion entries ($M = 10^{10}$) was around 2.95×10^{-5}. It could be concluded that if there are 100,000 new criminal cases, there might be around 3 falsehoods. In contrast, the 11 loci selected by our algorithm had a lower DMP, i.e. around 1.48×10^{-5} (approximately 1 falsehood out of 100,000), as indicated by the left arrow in the upper part of Figure 4-1. By increasing the number of loci involved in DNA profiles, it could be observed that DMP declined exponentially as its negative common logarithm increased in a linear way. The selected 13 loci could provide a DMP of around 4.93×10^{-8}, which was much lower than CODIS 13 STRs, providing 4 falsehoods out of 80 million searches. When no less than 14 STRs were involved in DNA profiles for criminal database searching, DMPs dropped below a critical value (1.25×10^{-8}, 1 falsehood out of 80 million) when there were 80 million searches, e.g. around 3.43×10^{-9} for 14 loci (0.27 falsehood out of 80 million), meaning that there would be no falsehood even if 80 million new criminal cases occurred and needed the database searching.

Apart from criminal suspect searching, forensic database searching may be also necessary for the familial search for the parent-child relationship. The parent-child searching may be conducted to search for individuals who have at least one allele matched at each locus with the given profile. If the allele match randomly happened at each locus, we called it a random half-match. We should avoid a random half-match since they might cause a false inclusion of a parent or a child. We defined the probability of at least one allele match at a single locus as the random allele matching probability (RAMP). Provided that an allele A_i was given at a single locus A and its allele frequency was p_i, the probability that a random individual shared A_i was $p_{2i} + 2p_i(1 - p_i)$, which was nothing but the sum of frequencies of a homozygous genotype and a heterozygous genotype including the allele A_i. Then, denoting RAMP as ψ , the RAMP was calculated as:

$$\psi = \sum i = 1kp_i[p_{2i} + 2p_i(1 - p_i)] \sum i = 1kp_{2i}(2 - p_i) \quad (4-8)$$

where k was the number of alleles at the locus A . With the RAMP ψ_i of the i-th locus, the combined random allele matching probability (CRAMP), denoted as Ψ , for a set of m loci was the product of ψ of all loci in the set, given by Equation (4-9).

$$\Psi = \prod i = m\psi_{\mathrm{i}} \quad (4-9)$$

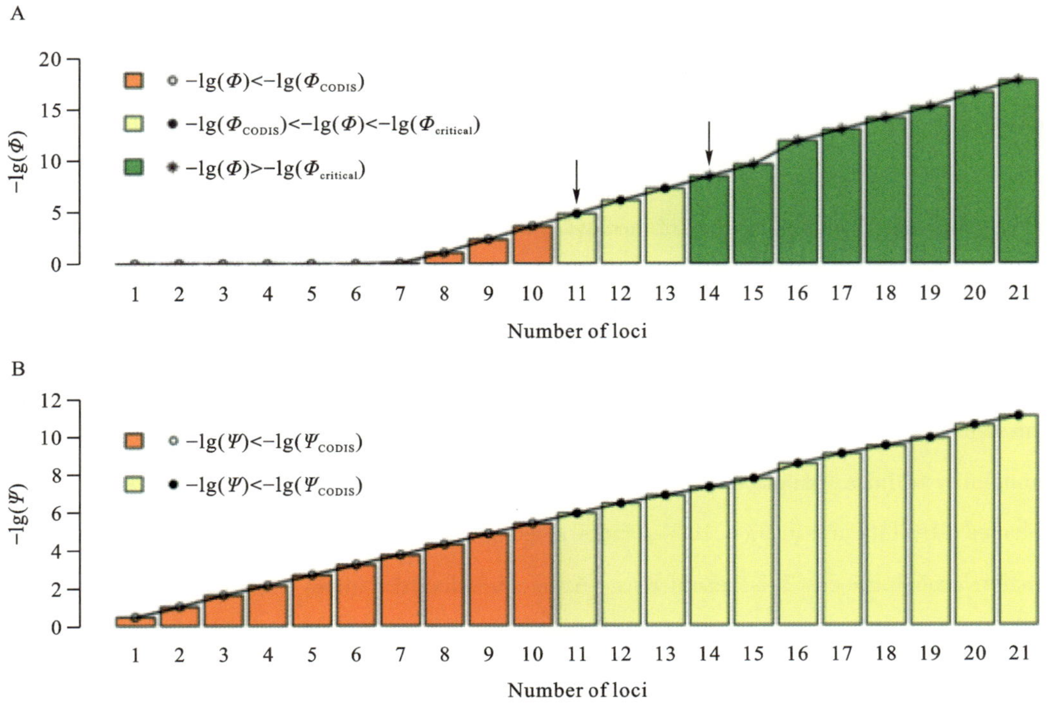

Figure 4-1 Box-whisker plot for common logarithms of FDPs on 10,000 simulated individuals with CODIS loci and selected loci

A. Φcritical $= 1/(8 \times 10^7) = 1.25 \times 10^{-8}$, $\Phi_{\mathrm{CODIS}} = 2.95 \times 10^{-5}$, Φ for the selected 11 STRs (indicated by the left arrow) $= 1.48 \times 10^{-5}$, Φ for the selected 13 STRs $= 4.93 \times 10^{-8}$, Φ for the selected

14 STRs (indicated by the right arrow) = 3.43×10^{-9}.

B. $\Psi_{CODIS} = 2.55 \times 10^{-6}$, Ψ for the selected 11 STRs (indicated by the arrow) = 1.33×10^{-6}, Ψ for the selected 13 STRs = 1.47×10^{-7}.

Calculated using the two equations above, CODIS 13 STRs were observed to have a CRAMP of around 2.55×10^{-6} and the selected 11 loci had a smaller one, around 1.33×10^{-6}. It could be concluded that the selected 11 loci reduced the risk of a random half-match when doing the familial searching. Moreover, the CRAMP could be decreased to one seventeenth (1.47×10^{-7}) of CRAMP of CODIS STRs if the number of involved loci was increased to 13. In certain, many more loci provided a much smaller CRAMP. Therefore, the selected STRs by our algorithm were able to provide a more reliable searching basis to reduce the risk of random half matches that might cause false determinations of parent-child relationships.

In addition to applications in identity testing, we also examined our algorithm by inspecting the selected STRs against paternity testing experiments. For each set of selected loci and CODIS loci, we simulated 10,000 true trio families where the father was the biological father and 10,000 false trio families where the father was a random man. The normalized probability distributions of the combined paternity index (CPI) were constructed and are given in Figure 4 – 2. It was observed that CPIs of true trios (Figure 4 – 2A) using selected loci were larger than those using CODIS STRs on average, indicating that the selected loci were able to provide higher confidence of paternity and hence were more reliable in use. From the normalized distributions, the probability of CPI below 1 (logarithm below 0), i. e. the probability of false exclusions, was 1.18×10^{-7} for CODIS 13 STRs, 1.80×10^{-7} for the selected 11 STRs and 7.53×10^{-8} for the selected 12 STRs. Many more loci provided much smaller probabilities of false exclusions. Although selected 11 loci were unable to provide an equivalent power of avoiding false exclusions, selected 12 or more STRs were able to provide a lower probability of false exclusions than CODIS STRs. For false trios, the distributions of the selected loci were more distant from zero than CODIS STRs. The probability of CPI above 1 (logarithm above 0), i. e. probability of false inclusions, of selected 11 loci (0.0105) was smaller than that of CODIS STRs (0.0197). Therefore, it was reasonable to conclude that the STR loci selected by our algorithm were statistically better than CODIS 13 STRs in the application of paternity testing, providing higher evidence of inclusions and exclusions.

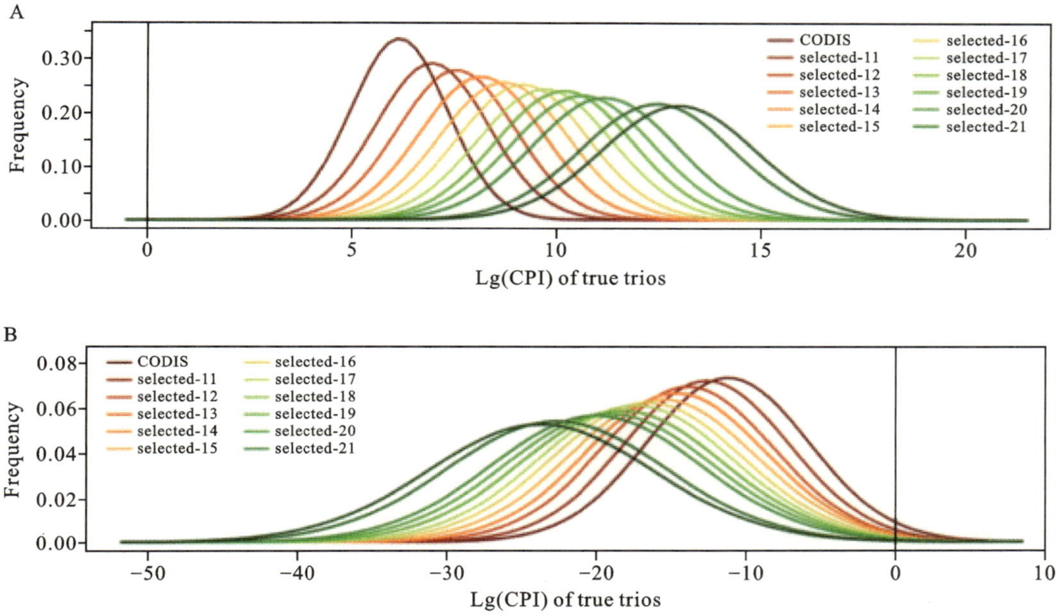

Figure 4 – 2　Negative common logarithm (– lg) of DMP (upper) under a database with 10 billion entries and CRAMP (lower) for each set of selected STRs, up to 21 loci

In the upper part, $\Phi_{critical} = 1/(8 \times 107) = 1.25 \times 10^{-8}$, $\Phi_{CODIS} = 2.95 \times 10^{-5}$, $\Phi = 1.48 \times 10^{-5}$ for the selected 11 STRs (left arrow), $\Phi = 4.93 \times 10^{-8}$ for the selected 13 STRs, $\Phi = 3.43 \times 10^{-9}$ for the selected 14 STRs (right arrow). In the lower part, $\Psi_{CODIS} = 2.55 \times 10^{-6}$ and $\Psi = 1.33 \times 10^{-6}$ for the selected 11 STRs (indicated by arrow), $\Psi = 1.47 \times 10^{-7}$ for the selected 13 STRs.

4.4　Effective microsatellite markers

In this study, we proposed a greedy algorithm to search for more effective forensic STR markers with the next-generation sequencing data. The algorithm was designed to select a certain number of STR loci with an optimized combined power of discrimination (CPD). These loci should have acceptable values for their forensic parameters and provide sufficiently small frequency of DNA profiles (FDP) to ensure that each individual would have a statistically unique DNA profile worldwide, which in turn could uniquely identify an individual in the statistical sense. Additionally, each selected locus should be under Hardy-Weinberg equilibrium and genotypic linkage equilibrium.

By applying the algorithm to 320 Chinese individuals from 1000 Genomes Project, more than 10 loci were efficiently selected. As expected, all the selected loci were highly polymorphic and had high combined power of discrimination and provided a sufficient discriminative power to guarantee the statistical uniqueness of DNA profiles even under a world population of 10 billion. From the allele frequencies, we also simulated 10,000 individuals for each set of loci to make comparisons in practical identity testing between our selected loci and CODIS loci. The results showed that even with two fewer loci than the CODIS, our selected STRs were still able to provide smaller frequencies of DNA profiles, which implied that the selected loci were more reliable and powerful. Moreover, the database matching probability (DMP) using the selected loci was lower than the CODIS loci under the database with 10 billion entries; that is, there was less chance that a falsehood, where an irrelevant random individual in the database was falsely recognized as the suspect, could occur even when 80 million new crimes happened and needed the database searching. It turned out that our proposed algorithm was applicable to search for STR loci that were unlikely to give a false positive judgment on suspects with a huge number of database searches. In the case of the familial searching for parent-child relationships, our selected STR loci also reduced the risk of false determinations of parent-child relationships caused by random allele matches. For paternity testing, we also undertook separate experiments by simulating 10,000 true trio and false trio families respectively for selected loci and the CODIS loci. As a result, the selected loci by our algorithm provided higher CPIs in true trio families and lower CPIs in false trio families, on average. Furthermore, the selected loci had lower probabilities of false exclusions and inclusions than CODIS STRs which implied that the selected loci could provide higher confidence in determining paternity. Consequently, it was statistically evidenced that our selection algorithm was able to efficiently find better STRs for use in forensic applications like identity and paternity testing.

The algorithm was proposed under the assumption that individuals in the dataset were biologically unrelated, thus there was no concern about situations where parents and siblings should be dealt with. It might be a question here that most of the selected loci repeated with motifs of two base pairs. One of the reasons we considered was the sequencing depth or coverage of the sample. Since the average coverage of the 320 sample was only 1.17 to 4.51, each base position could be covered by only 1 to 5 reads on average. Therefore, some STRs, especially those with long repeat motifs, might be weakly observed and identified as an STR locus because of a lack of enough reads as supportive information. Another possible reason was the small sample size. A small sample caused some alleles of STRs to be unable to be observed and thus those loci would be less polymorphic and have inferior forensic parameters and hence low priority to be selected. With a large enough sample, however, more alleles might be found and additional evidence could be given to more potential loci in the population, which would enlarge the selection pool benefit our algorithm and make the results more reliable. Considering that 320 individuals and sequencing depths were insufficient, therefore, a more precise analysis with more individuals and deeper sequencing data is necessary to make new STR markers selected more accurately and reliably for forensic applications.

Published by the Combined DNA Index System (CODIS) program of the Federal Bureau of Investigation (FBI) in 1997, the 13 core short tandem repeat (STR) loci are widely adopted as genetic markers in forensic applications, e. g., identity testing and paternity testing. However, these loci may be biased and suffer from reduced sensitivities toward specific population groups. In addition, the rapid growth of entries in forensic databases raises the chance of random hits, which can cause false recognitions of criminal suspects. A solution to these problems is to introduce more effective STR markers. The availability of whole genome sequencing enables us to identify more reliable STR markers for forensic applications computationally. In this paper, we proposed an algorithm to identify STR markers with high discriminative abilities from the next-generation sequencing data. Our algorithm could select a customized set of loci for a given population with prespecified discriminative thresholds. We have applied the method to 320 Chinese individuals from the 1000 Genomes Project and obtained various numbers of loci, which were able to statistically identify an individual worldwide and had higher combined powers of discrimination and combined probabilities of exclusion than the existing CODIS 13 loci. For identity testing, the mean frequency of DNA profile (FDP) with the selected 11 STRs was smaller than that with CODIS 13 STRs by student's t-test. With more loci, much smaller FDPs were obtained. The database matching probabilities for selected loci were also lower than that for CODIS 13 STRs in a database with

10 billion entries. Moreover, the selected loci were able to provide a considerably low chance of random profile matches so that statistically no false positives could occur. The selected loci also reduced the risk of random allele matches when doing the familial search, with lower random allele matching probabilities. In addition, the selected STRs were statistically better than CODIS STRs for paternity testing in our simulated data, with lower probabilities of false inclusions and exclusions.

(LI Shuaicheng, ZHAO Zicheng and LI Shengbin)

References

[1] BUDOWLE B, VAN DAAL A. Forensically relevant SNP classes. Biotechniques, 2008, 44(5): 603-608.

[2] LIU H, HU Y. Hardy-Weinberg equilibrium in genetic epidemiology. Journal of Central South University(Medical Science), 2010, 35(1): 90-93.

Chapter 5
Preliminary DNA Identification for the Tsunami Victims

5.1 Introduction

Brought by an Indian Ocean earthquake, the notorious 2004 Southeast Asia Tsunami killed nearly 5,400 people in south Thailand. The victims include a large number of foreign tourists from Europe, Asia and other regions of the world, in addition to Thai nationals. China sent two international rescue teams, four medical teams and one DNA forensic group to the tsunami-hit countries. As part of an international relief effort, we participated in a scientific and humane endeavor to reveal the identity of these victims based on current forensic methods with important modifications.

The Chinese scientists arrived in Phuket, Thailand on December 31, 2004, and immediately joined the multi-national task force to collect samples from the remains of victims. Due to the scale of the disaster, the climate and the process of initiating an adequate rescue effort, by the time when large-scale sample collection was initiated, the remains of most tsunami victims had been seriously decomposed, not only making the sample collection process very difficult but also posing questions about the success of DNA identification. After in-depth literature studies and discussions with experts in this field, on January 1, 2005, we made a critical proposal that the samples collected for forensic tests should include thick bones in addition to teeth, although the latter are the preferred specimens by standard forensic and anthropological studies for DNA-based identification. We have three basic arguments. First, the decomposing process in a humid and high-temperature environment may be significantly accelerated, especially when plentiful ocean-borne microbial species are stirred up by tsunami waves from oceanic sediments. Second, teeth should be among the first body parts being exposed to the microbe-rich seawater and the situation should be worsened when the floating bodies, often facedown, are soaked for days. Third, DNA-rich bone marrows are covered by the skin, muscle tissues and calcified compact bones so that it takes a much longer time for microbes to penetrate through. Upon the acceptance of our proposal by the task force, 507 tooth samples and 1,062 bone (a portion of femur) samples were collected on-site by certified forensic dentists and forensic anthropologists, respectively, and were received by our laboratory in Beijing, from January 15 to June 11, 2005.

In this chapter, we introduce our experience in DNA identification and results from a preliminary analysis of two types of data from nuclear and mitochondrial markers which were acquired from two different specimens, teeth and bones. These results and analyses are believed to be highly beneficial for forensic scientists who may handle samples from specific environmental conditions, not limited to tsunami victims.

5.2 Methodology

5.2.1 Sample collection and processing

Bone and tooth specimens were collected by certified forensic scientists and shipped on dry ice to our forensic laboratory. After data entry, each sample was decontaminated and processed according to standard forensic DNA extraction protocols. Tooth marrow tissues were collected and DNA was extracted with commercial kits (DNA IQTM System, Promega Corp., Madison, US; QIAamp DNA Micro Kit, Qiagen, Inc., Hilden, Germany).

The bone specimen of approximately 2g was cut into 5mm × 5mm × 5mm pieces and washed in 50mL Falcon tubes with Terg-A-Zyme (an enzyme-active powdered detergent made by Alconox, Inc., New York, US) just enough to cover the samples. The mixture was sonicated for 30min, rinsed thoroughly with distilled water, and dried at 56℃ in an incubator for more than 2h. The dried bone pieces were ground in a SPEX CertiPrep 6750 freezer mill (SPEX CertiPrep, Inc., Metuchen, US). DNA samples extracted from the fine bone powders were concentrated with Microcon YM-100 concentrators (Millipore Corp., Billerica, US)[1].

5.2.2 DNA amplification and genotyping

For STR analysis, the AmpFLSTR ® Identifiler ® PCR amplification kit (Applied Biosystems, Foster City, US) was used for PCR amplification and the results were analyzed with the 3730XL DNA Analyzer (Applied Biosystems) and the Genemapper software. For mtDNA amplification, two pairs of primers specific to the human mtDNA in the hyper-variable regions were used (HV1 primers: 1F/CTCACGGGAGCTCTCCATGC and 1R/GGCGGTATGCACTTTTAACAG; HV2 primers: 2F/CCACCATTAGCACCCAAAGC and 2R/TCCCTTGACCACCATCCTC). The mitochondiral data were analyzed with the DNAStar package.

DNA was amplified in a total volume of 25μL, containing 4.5μL template DNA, 2.5μL primers (1pmol/μL), 2.5μL dNTP (2.5mmol/L), 2μL Mg^{2+} (25mmol/L), 2.5μL 10 × LA Buffer, 1μL Taq polymerase (5U/μL), and 10μL ddH_2O. The PCR cycles were set as: denaturation at 95℃ for 2min, amplification at 95℃/60℃/72℃ for 30s respectively in a total of 35 cycles, and final extension at 72℃ for 10min. The PCR products were purified with a Millipore 96-well purification plate. Mitochondrial samples were sequenced on the 3730XL DNA Analyzer with Dye Terminator kits (GE Healthcare, US).

5.3 Interpretation of data

5.3.1 Genotyping of the HV1 and HV2 loci with mitochondrial DNA from tooth specimens

Since most of the specimens from teeth had failed in STR typing due to low abundance and degradation of the nuclear DNA, we used these samples for mitochondrial DNA (mtDNA) sequence analysis. We have succeeded in obtaining results from 258 tooth samples (258/507, success rate 51%) in both HV1 and HV2 sequences. A comparison to the Anderson sequences and results are summarized in Table 5-1 and Table 5-2.

Table 5-1 Statistics of 258 tooth samples from HV1 and HV2

Statistics of 258 tooth samples from HV1							
Locus*	S#(Ts/Tv)	No.	Insertion	No.	Deletion	No.	Frequency
16004	C-T	10					1.13%
16019	C-T	16					1.81%
16021	C-T	4					0.45%

continued

Statistics of 258 tooth samples from HV1							
Locus*	S#(Ts/Tv)	No.	Insertion	No.	Deletion	No.	Frequency
16026	C－T	23					2.60%
16030	C－T	2					0.23%
16032	T－A	3					0.34%
16032	T－G	2					0.23%
16042	G－A	1					0.11%
16051	A－G	6					0.68%
16053	C－T	2			C	2	0.23%
16067	C－T	1					0.11%
16069	C－T	21					2.38%
16070	A－G	1					0.11%
16085	C－G	3					0.34%
16085	C－A	1					0.11%
16086	T－C	4					0.45%
16092	T－C	7					0.79%
16093	T－C	7					0.79%
16095	C－T	1					0.11%
16095	C－G	2					0.23%
16104	C－T	1					0.11%
15104	C－A	1					0.11%
16303	G－A	25					0.11%
16304	T－C	24					2.72%
16305	A－T	1					0.11%
16309	A－G	6					0.68%
16311	T－C	28					3.17%
16319	G－A	3					0.34%
16319	G－C	1					0.11%
16320	C－T	1					0.11%
16324	T－C	2					0.23%
16325	T－C	4					0.45%
16326	A－C	1					0.11%
16327	C－T	4					0.45%

continued

Statistics of 258 tooth samples from HV1							
Locus*	S#(Ts/Tv)	No.	Insertion	No.	Deletion	No.	Frequency
16335	A－G	3					0.34%
16342	T－C	1					0.11%
16343	A－G	1					0.11%
16344	G－C	1					0.11%
16351	A－G	1			A	1	0.11%
16353	A－C	2					0.11%
16354	C－T	2					0.23%
16355	C－T	1					0.11%
16356	T－C	8					0.91%
16360	C－T	1					0.11%
16361	G－C	2					0.23%
16362	T－C	29					3.28%
16373	G－A	5					0.57%
16381	T－C	2					0.23%
16384	G－A	3					0.34%
16390	G－A	6					0.68%
16391	G－A	4					0.45%
总数		871		9		3	100%(883)
Statistics of 258 tooth samples from HV2							
Locus*	**S#(Ts/Tv)**	**No.**	**Insertion**	**No.**	**Deletion**	**No.**	**Frequency**
73	A－G	118					
93	A－G	2					0.17%
94	G－A	2					0.17%
120	C－T	1					0.33%
134	C－T	3			C	3	0.25%
140	C－T	1					0.25%
143	G－A	3					0.25%
146	T－C	20					1.67%
150	C－T	27					2.26%
151	C－T	2					0.17%
207	G－A	16					1.34%

continued

Statistics of 258 tooth samples from HV2							
Locus*	S#(Ts/Tv)	No.	Insertion	No.	Deletion	No.	Frequency
210	A - G	1					0.08%
214	A - G	4					0.34%
215	A - G	7					0.58%
215	A - C	1					0.08%
217	T - C	4					0.34%
222	C - T	1					0.08%
225	G - A	5					0.42%
226	T - C	2					0.17%
227	A - G	2					0.17%
228	G - A	11					0.92%
234	A - G	2					0.17%
239	T - C	4					0.34%
242	C - T	2					0.17%
249	A - G	3			A	19	1.59%
250	T - C	3					0.25%
253	C - T	1					0.08%
253	C - G	2					0.08%
257	A - G	1					0.08%
259	A - G	1					0.08%
262	C - T	1					0.08%
263	A - G	249					20.80%
264	C - T	1					8.00%
282	T - C	2					8.00%
285	C - T	2					0.17%
290	A - G	4			AA	2	0.17%
291	A - T	1					0.08%
295	C - T	22					0.08%
297	A - G	1					0.00%

continued

Statistics of 258 tooth samples from HV2							
Locus*	S#(Ts/Tv)	No.	Insertion	No.	Deletion	No.	Frequency
209	A – C	4	C	101			8.40%
209	C – T	21	CC	24			2.00%
210	T – C	4					0.30%
310	C – G	1	C	21			1.75%
310	T – C	3	TC	6			0.50%
315	C – G	2	CCC	200			16.79%
315	C – A	1					0.08%
316	G – C	1					0.08%
317	C – T	2					0.08%
317	C – G	1					0.08%
319	T – C	6					0.50%
323	G – A	1					0.08%
345	C – T	1					0.08%
356	C – G	1	C	2			0.17%
362	C – A	22					1.84%
366	G – A	11					0.92%
376	A – C	1					0.08%
379	A – C	2					0.17%
380	G – C	3					0.25%
385	A – G	1					0.08%
389	G – A	1					1.01%
402	A – T	1			A	1	0.17%
404	C – T	2					0.17%
408	T – G	3					0.25%
411	C – G	4					0.33%
463	G – C	3	C	1			0.08%
总数				356		25	100.00% (1197)

Note: * Locus lists the base location in the human mitochondrial DNA (D-loop region).

Table 5 – 2　Alleles and their frequencies in 15 autosomal STR Loci

Locus	Allele	Frequency	Allele	Frequency	Allele	Frequency	Allele	Frequency	Allele	Frequency	Allele	Frequency
CSF1PO	7	0.2635%	8	0.3953%	9	2.5692%	10	25.2964%	11	30.3689%	12	34.8485%
	13	5.4677%	14	0.7246%	15	0.0659%						
FGA	16	0.3157%	17	0.3157%	18	1.5152%	19	6.6919%	20	6.2500%	20.2	0.2525%
	21	14.8990%	21.2	1.8308%	22	20.5177%	22.2	1.1995%	23	16.4773%	23.2	1.0101%
	24	12.5000%	24.2	0.9470%	25	9.1540%	25.2	0.6313%	26	3.7247%	26.2	0.1894%
	27	1.1364%	28	0.4419%								
TH01	4	0.1238%	6	12.0050%	7	25.8045%	8	8.4777%	8.3	0.1238%	9	37.0050%
	9.3	10.3342%	10	6.0644%	11	0.0619%						
TPOX	6	0.1845%	8	56.3961%	9	10.6396%	10	3.1365%	11	27.9213%	12	1.5990%
	13	0.1230%										
vWA	13	0.1230%	14	21.4637%	15	4.3665%	16	15.1292%	17	27.4293%	18	19.8032%
	19	9.4711%	20	2.0295%	21	0.1230%	22	0.0615%				
D3S1358	12	0.2466%	13	0.3083%	14	5.9186%	15	28.7916%	16	33.4772%	17	23.2429%
	18	7.3366%	19	0.5549%	20	0.1233%						
D5S818	7	1.6049%	8	0.0617%	9	5.5556%	10	22.5926%	11	26.6667%	12	24.5062%
	13	17.6543%	14	1.2346%	15	0.1235%						
D7S820	7	1.3871%	8	19.5509%	9	8.3884%	10	15.9181%	11	34.2140%	12	17.3052%
	13	2.9062%	14	0.3303%								
D8S1179	8	0.4305%	9	0.1845%	10	13.6531%	11	8.0566%	12	11.9311%	13	18.5732%
	14	18.6347%	15	19.5572%	16	7.5031%	17	1.2915%	18	0.1845%		
D13S317	6	0.0634%	7	0.1901%	8	28.7072%	9	12.4842%	10	9.8859%	11	23.0672%
D16S539	8	0.9963%	9	18.8045%	10	10.3362%	11	31.9427%	12	25.1557%	13	11.0834%
	14	1.5567%	15	0.0623%	16	0.0623%						
D18S51	7	0.0650%	9	0.2601%	10	0.4551%	11	1.1704%	12	5.9818%	13	14.3043%
	13.2	0.2601%	14	18.4655%	14.2	0.4551%	15	22.9519%	16	15.6047%	17	7.9974%
	18	4.4863%	19	2.8609%	20	0.9103%	21	1.6905%	22	1.3004%	23	0.3901%
	24	0.2601%	25	0.1300%								
D21S11	27	0.4969%	28	8.0745%	28.2	0.1863%	29	24.6584%	29.2	0.3106%	30	24.9068%
	30.2	3.2298%	31	6.7702%	31.2	8.0124%	32	2.4224%	32.2	14.1615%	33	0.1863%
	33.2	5.7764%	34.2	0.6832%	35.2	0.1242%						
D2S1338	16	1.4916%	17	12.9053%	18	10.0519%	19	18.6770%	20	11.2840%	21	3.9559%
	22	5.8366%	23	16.6667%	24	12.4514%	25	5.9014%	26	0.7782%		

continued

Locus	Allele	Frequency	Allele	Frequency	Allele	Frequency	Allele	Frequency	Allele	Frequency	Allele	Frequency
	9	1.0481%	11	0.0617%	11.2	0.2466%	12	5.2404%	12.2	0.4932%	13	25.4624%
D19S433	13.2	4.5623%	14	26.2639%	14.2	8.7546%	15	8.8163%	15.2	14.3033%	16	1.7879%
	16.2	2.5277%	17	0.0617%	17.2	0.2466%	18.2	0.1233%				

In the HV1 region, we detected 147 loci from base 16004 to 16391 in a total of 883 variants, including 871 SNPs and 12 Indels (Insertions and Deletions). There are 8 loci with frequencies exceeding 3% (16126, 16129, 16183, 16189, 16223, 16294, 16311 and 16362). In the HV2 region, we found 85 loci from bases 46 to 463 with a total of 1,197 variants. Among them, we have 816 SNPs and 381 Indels. There are 4 high-frequency loci in this region (73, 263, 309 and 315). We notice the uneven distributions of the variants between the two regions among the loci in their distribution, allelic frequencies and variation types (base substitutions and Indels).

5.3.2 Genotyping of nuclear STR loci with nuclear DNA from bone specimens

After encountering difficulty in extracting high-quality and adequate DNA from tooth specimens, we tried three different methods to extract DNA from bone specimens. The IQTM system from Promega and the QIAamp Micro kit from Qiagen did not give rise to consistent results but the organic method coupled with an ultrafiltration step with the Microcon YM-100 concentrator[1] showed a promising STR profiling. For genotyping, we used a commercial kit from Applied BioSystems, the Identifiler, with 16 STR loci that include 13 CODIS (the FBI Laboratory's Combined DNA Index System) loci, one AMEL locus (amelogenin genes that are found on both the X and Y chromosomes; ref. 2), and two others (D2S1338 and D19S433). We succeeded in obtaining qualified STR profiles from 834 samples (Table 5 –3, Table 5 –4) and three examples are shown in Figure 5 –1. At the TPOX locus (Figure 5 –1, A and B), the allele 8 has an extremely high frequency and so do the 8 and 8/11 genotypes. TPOX shows the lowest discrimination power (DP), with the DP value of only 56.7%. The D3S1358 locus (Figure 5 –1, C and D) has a more balanced allele frequency with a DP value of 74.35% but is lower than the FGA locus (Figure 5 –1, E and F), which has a DP value of 84.97%. We also compared our data from the 13 CODIS loci to the references at the STRBase (www.cstl.nist.gov/div831/strbase) (Table 5 –5).

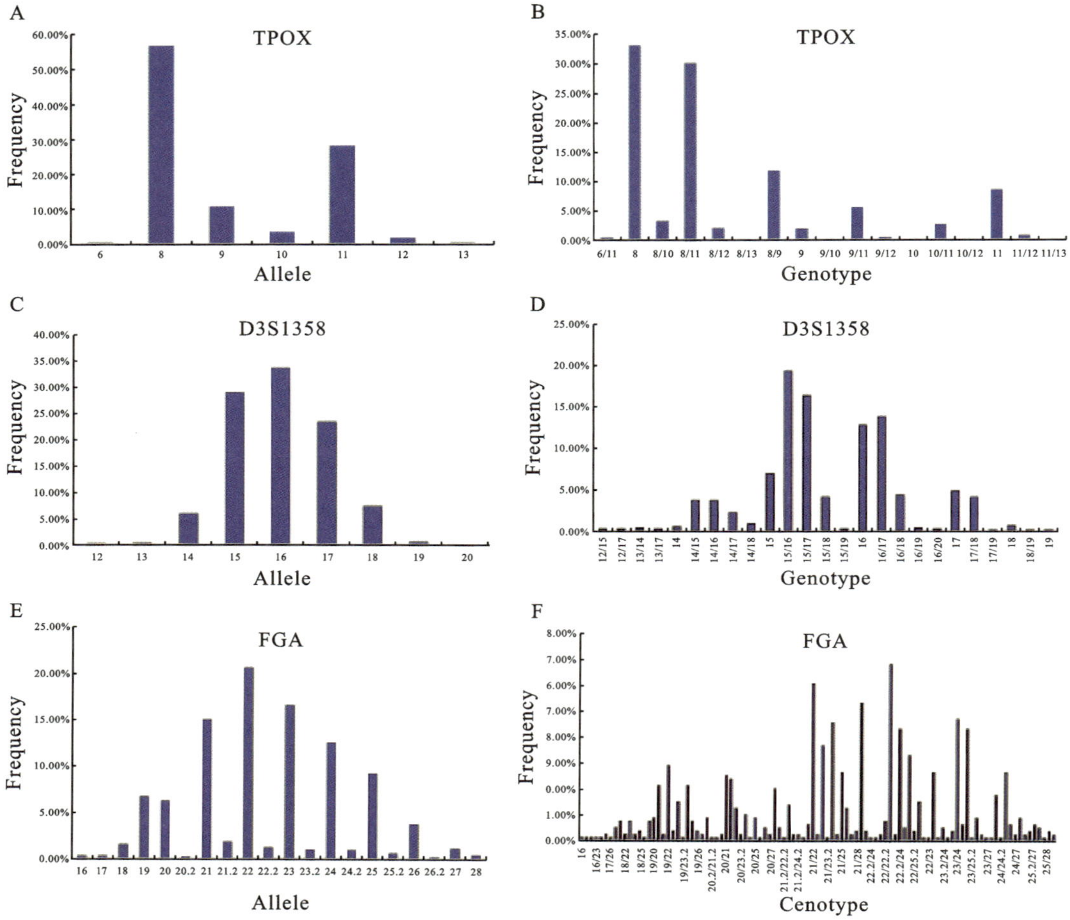

Fig 5 – 1　Allele and genotype frequencies from three representative loci

Table 5 – 3　Genotypes and their frequencies in 15 autosomal STR loci

Locus	Geno-type	Frequency	Geno-type	Frequency	Geno-type	Frequency	Geno-type	Frequency	Geno-type	Frequency
CSF1PO	7/10	0.1318%	7/12	0.2635%	7/13	0.1318%	8/11	0.3953%	8/12	0.2635%
	8/13	0.1318%	9/10	1.0540%	9/11	2.2398%	9/12	1.5810%	9/13	0.2635%
	10	8.8274%	10/11	13.5705%	10/12	15.8103%	10/13	2.2398%	10/14	0.1318%
	11	10.6719%	11/12	20.4216%	11/13	2.6350%	11/14	0.1318%	12	13.3070%
	12/13	3.8208%	12/14	0.7905%	12/15	0.1318%	13	0.6588%	13/14	0.3953%
FGA	16	0.1263%	16/19	0.1263%	16/22	0.1263%	16/23	0.1263%	17	0.1263%
	17/21	0.2525%	17/26	0.1263%	18/20	0.5051%	18/21	0.7576%	18/22	0.2525%
	18/23	0.7576%	18/24	0.2525%	18/25	0.3788%	18/28	0.1263%	19	0.7576%

continued

Locus	Genotype	Frequency	Genotype	Frequency	Genotype	Frequency	Genotype	Frequency	Genotype	Frequency
	19/20	0.8838%	19/21	2.1465%	19/21.2	0.2525%	19/22	2.9040%	19/22.2	0.3788%
	19/23	1.5152%	19/23.2	0.1263%	19/24	2.1465%	19/25	0.7576%	19/26	0.3788%
	19/27	0.2525%	20	0.8838%	20.2/21.2	0.1263%	20.2/22	0.1263%	20.2/23	0.2525%
	20/21	2.5253%	20/22	2.3990%	20/23	1.2626%	20/23.2	0.2525%	20/24	1.0101%
	20/24.2	0.1263%	20/25	0.8838%	20/25.2	0.1263%	20/26	0.5051%	20/27	0.2525%
	21	2.0202%	21.2/22	0.5051%	21.2/22.2	0.1263%	21.2/23	1.3889%	21.2/24	0.2525%
	21.2/24.2	0.2525%	21.2/25	0.1263%	21/21.2	0.6313%	21/22	6.0606%	21/22.2	0.2525%
	21/23	3.6616%	21/23.2	0.1263%	21/24	4.5455%	21/24.2	0.2525%	21/25	2.6515%
FGA	21/26	1.2626%	21/27	0.2525%	21/28	0.3788%	22	5.3030%	22.2/23	0.3788%
	22.2/24	0.1263%	22.2/25	0.1263%	22.2/26	0.2525%	22/22.2	0.7576%	22/23	6.8182%
	22/23.2	0.2525%	22/24	4.2929%	22/24.2	0.5051%	22/25	3.2828%	22/25.2	0.3788%
	22/26	1.5152%	22/26.2	0.1263%	22/28	0.1263%	23	2.6515%	23.2	0.1263%
	23.2/24	0.5051%	23.2/25	0.1263%	23/23.2	0.3788%	23/24	4.6717%	23/24.2	0.6313%
	23/25	4.2929%	23/25.2	0.1263%	23/26	0.8838%	23/26.2	0.2525%	23/27	0.1263%
	23/28	0.1263%	24	1.7677%	24/24.2	0.1263%	24/25	2.6515%	24/26	0.6313%
	24/27	0.2525%	25	0.8838%	25.2/26	0.2525%	25.2/27	0.3788%	25/26	0.6313%
	25/27	0.5051%	25/28	0.1263%	26	0.3788%	26/27	0.2525%		

continued

Locus	Genotype	Frequency	Genotype	Frequency	Genotype	Frequency	Genotype	Frequency	Genotype	Frequency
TH01	4/7	0.2475%	6	1.7327%	6/10	1.4851%	6/7	5.5693%	6/8	1.8564%
	6/9	9.0347%	6/9.3	2.5990%	7	6.5594%	7/10	3.3416%	7/8	4.4554%
	7/9	19.8020%	7/9.3	5.0743%	8	0.7426%	8.3/9	0.1238%	8.3/9.3	0.1238%
	8/10	1.2376%	8/9	5.8168%	8/9.3	2.1040%	9	13.8614%	9.3	1.8564%
	9.3/10	0.4950%	9/10	4.8267%	9/11	0.1238%	9/9.3	6.5594%	10	0.3713%
TPOX	6/11	0.3690%	8	32.9643%	8/10	3.1980%	8/11	29.8893%	8/12	1.9680%
	8/13	0.1230%	8/9	11.6851%	9	1.8450%	9/10	0.1230%	9/11	5.4121%
	9/12	0.3690%	10	0.1230%	10/11	2.5830%	10/12	0.1230%	11	8.3641%
	11/12	0.7380%	11/13	0.1230%						
vWA	13/19	0.2460%	14	4.1820%	14/15	1.9680%	14/16	6.5191%	14/17	12.4231%
	14/18	9.1021%	14/19	3.3210%	14/20	1.2300%	15	0.1230%	15/16	1.4760%
	15/17	2.9520%	15/18	0.7380%	15/19	1.2300%	15/20	0.1230%	16	1.8450%
	16/17	7.2571%	16/18	7.6261%	16/19	2.8290%	16/20	0.8610%	17	7.3801%
	17/18	9.7171%	17/19	6.5191%	17/20	0.8610%	17/21	0.2460%	17/22	0.1230%
	18	4.4280%	18/19	2.8290%	18/20	0.7380%	19	0.8610%	19/20	0.2460%
D3S1358	12/15	0.2466%	12/17	0.2466%	13/14	0.3699%	13/17	0.2466%	14	0.4932%
	14/15	3.6991%	14/16	3.6991%	14/17	2.2195%	14/18	0.8631%	15	6.9051%
	15/16	19.2355%	15/17	16.2762%	15/18	4.0691%	15/19	0.2466%	16	12.7004%
	16/17	13.6868%	16/18	4.3157%	16/19	0.3699%	16/20	0.2466%	17	4.8089%
	17/18	4.0691%	17/19	0.1233%	18	0.6165%	18/19	0.1233%	19	0.1233%
D5S818	7/10	0.9877%	7/11	1.1111%	7/12	0.8642%	7/13	0.2469%	8/10	0.1235%
	9	0.6173%	9/10	2.8395%	9/11	1.8519%	9/12	2.8395%	9/13	2.3457%
	10	5.6790%	10/11	9.6296%	10/12	10.8642%	10/13	8.6420%	10/14	0.7407%
	11	9.3827%	11/12	11.9753%	11/13	9.0123%	11/14	0.9877%	12	6.9136%
	12/13	8.1481%	12/14	0.2469%	12/15	0.2469%	13	3.3333%	13/14	0.2469%
	14	0.1235%								
D7S820	7/10	0.7926%	7/11	1.0568%	7/12	0.3963%	7/8	0.2642%	7/9	0.2642%
	8	4.6235%	8/10	6.4729%	8/11	12.2853%	8/12	6.6050%	8/13	1.0568%
	8/14	0.1321%	8/9	3.0383%	9	1.0568%	9/10	3.6988%	9/11	4.8877%
	9/12	1.8494%	9/13	0.7926%	9/14	0.1321%	10	2.7741%	10/11	10.1717%

continued

Locus	Genotype	Frequency	Genotype	Frequency	Genotype	Frequency	Genotype	Frequency	Genotype	Frequency
D7S820	10/12	4.2272%	10/13	0.6605%	10/14	0.2642%	11	12.6816%	11/12	12.8137%
	11/13	1.7173%	11/14	0.1321%	12	3.6988%	12/13	1.3210%	13	0.1321%
	8/12	0.4920%	8/14	0.1230%	8/15	0.2460%	9/13	0.2460%	9/14	0.1230%
	10	1.1070%	10/11	2.2140%	10/12	3.1980%	10/13	5.1661%	10/14	4.9200%
	10/15	6.1501%	10/16	2.8290%	10/17	0.6150%	11	0.9840%	11/12	1.4760%
	11/13	2.2140%	11/14	3.3210%	11/15	3.4440%	11/16	1.4760%	12	1.4760%
D8S1179	12/13	5.5351%	12/14	4.0590%	12/15	4.4280%	12/16	1.5990%	12/17	0.1230%
	13	5.4121%	13/14	5.5351%	13/15	5.1661%	13/16	2.0910%	13/17	0.3690%
	14	3.6900%	14/15	7.3801%	14/16	3.3210%	14/17	0.8610%	14/18	0.2460%
	15	4.9200%	15/16	1.9680%	15/17	0.3690%	15/18	0.1230%	16	0.7380%
	16/17	0.2460%								
	6/8	0.1267%	7/11	0.2535%	7/9	0.1267%	8	9.2522%	8/10	4.4360%
	8/11	14.3219%	8/12	9.7592%	8/13	2.4081%	8/14	1.0139%	8/9	6.8441%
	9	1.5209%	9/10	3.8023%	9/11	5.4499%	9/12	4.3093%	9/13	1.1407%
D13S317	9/14	0.2535%	10	1.5209%	10/11	3.8023%	10/12	3.1686%	10/13	1.1407%
	10/14	0.3802%	11	4.9430%	11/12	9.1255%	11/13	3.0418%	11/14	0.2535%
	12	3.6755%	12/13	2.2814%	12/14	0.6337%	13	0.5070%	13/14	0.3802%
	14	0.1267%								
	8/11	0.7472%	8/12	0.4981%	8/9	0.7472%	9	5.9776%	9/10	2.8643%
	9/11	12.3288%	9/12	6.7248%	9/13	2.8643%	9/14	0.1245%	10	1.1208%
D16S539	10/11	6.8493%	10/12	5.4795%	10/13	2.7397%	10/14	0.4981%	11	9.3400%
	11/12	15.6912%	11/13	8.4682%	11/14	1.1208%	12	7.4720%	12/13	5.6040%
	12/14	1.1208%	12/15	0.1245%	12/16	0.1245%	13	1.1208%	13/14	0.2491%
	7/16	0.1300%	9/10	0.2601%	9/12	0.1300%	9/13	0.1300%	10/11	0.1300%
	10/13	0.2601%	10/14	0.1300%	10/15	0.1300%	11	0.3901%	11/13	0.2601%
	11/14	0.6502%	11/15	0.1300%	11/16	0.3901%	12	0.6502%	12/13	2.4707%
	12/14	1.6905%	12/15	2.6008%	12/16	1.5605%	12/17	0.7802%	12/18	0.5202%
D18S51	12/19	0.5202%	12/23	0.3901%	13	2.0806%	13.2	0.1300%	13.2/14	0.1300%
	13.2/15	0.1300%	13/14	4.6814%	13/15	6.5020%	13/16	4.2913%	13/17	2.7308%
	13/18	1.1704%	13/19	0.7802%	13/20	0.2601%	13/21	0.6502%	13/23	0.1300%

continued

Locus	Genotype	Frequency	Genotype	Frequency	Genotype	Frequency	Genotype	Frequency	Genotype	Frequency
D18S51	13/25	0.1300%	14	3.6411%	14.2	0.1300%	14.2/15	0.2601%	14.2/16	0.1300%
	14.2/17	0.1300%	14/14.2	0.1300%	14/15	8.3225%	14/16	5.8518%	14/17	1.6905%
	14/18	1.8205%	14/19	1.6905%	14/20	0.7802%	14/21	0.7802%	14/22	0.9103%
	14/23	0.1300%	14/24	0.2601%	15	7.1521%	15/16	6.6320%	15/17	2.9909%
	15/18	2.0806%	15/19	0.7802%	15/20	0.2601%	15/21	0.6502%	15/22	0.1300%
	16	2.9909%	16/17	2.4707%	16/18	1.5605%	16/19	0.7802%	16/20	0.1300%
	16/21	0.3901%	16/22	0.6502%	16/24	0.2601%	17	1.4304%	17/18	0.7802%
	17/19	0.6502%	17/21	0.2601%	17/22	0.6502%	18	0.2601%	18/19	0.1300%
	18/21	0.1300%	18/23	0.1300%	18/25	0.1300%	19/21	0.3901%	20	0.1300%
	20/21	0.1300%	22	0.1300%						
D21S11	27/28	0.2484%	27/29	0.2484%	27/31.2	0.2484%	27/32.2	0.1242%	27/34.2	0.1242%
	28	0.9938%	28.2/30	0.1242%	28.2/31.2	0.2484%	28/29	4.5963%	28/30	2.7329%
	28/30.2	0.7453%	28/31	1.1180%	28/31.2	1.1180%	28/32	0.3727%	28/32.2	2.4845%
	28/33.2	0.7453%	29	7.2050%	29.2/30	0.4969%	29/29.2	0.1242%	29/30	12.1739%
	29/30.2	1.4907%	29/31	2.6087%	29/31.2	3.8509%	29/32	0.9938%	29/32.2	5.9627%
	29/33.2	2.2360%	29/34.2	0.3727%	29/35.2	0.2484%	30	6.8323%	30.2/31	0.4969%
	30.2/31.2	0.3727%	30.2/32	0.2484%	30.2/32.2	0.4969%	30.2/33.2	0.8696%	30/30.2	1.7391%
	30/31	3.7267%	30/31.2	2.9814%	30/32	0.9938%	30/32.2	7.5776%	30/33.2	3.2298%
	30/34.2	0.3727%	31	0.6211%	31.2	1.1180%	31.2/32	0.4969%	31.2/32.2	2.4845%
	31.2/33.2	0.6211%	31.2/34.2	0.1242%	31/31.2	1.2422%	31/32	0.2484%	31/32.2	1.6149%

continued

Locus	Genotype	Frequency	Genotype	Frequency	Genotype	Frequency	Genotype	Frequency	Genotype	Frequency
D21S11	31/33	0.1242%	31/33.2	1.1180%	32.2	2.3602%	32.2/33	0.2484%	32.2/33.2	1.4907%
	32.2/34.2	0.3727%	32/32.2	0.7453%	32/33.2	0.7453%	33.2	0.2484%		
D2S1338	16	0.1297%	16/17	0.3891%	16/18	0.1297%	16/19	0.5188%	16/20	0.2594%
	16/22	0.2594%	16/23	0.6485%	16/24	0.2594%	16/25	0.2594%	17	2.4643%
	17/18	1.5564%	17/19	5.4475%	17/20	2.3346%	17/21	0.7782%	17/22	1.2970%
	17/23	3.7613%	17/24	3.3722%	17/25	1.5564%	17/26	0.3891%	18	2.4643%
	18/19	4.2802%	18/20	2.0752%	18/21	0.2594%	18/22	1.0376%	18/23	2.8534%
	18/24	2.3346%	18/25	0.6485%	19	4.1505%	19/20	4.1505%	19/21	1.2970%
	19/22	1.6861%	19/23	6.0960%	19/24	3.6316%	19/25	1.9455%	20	2.3346%
	20/21	0.6485%	20/22	1.0376%	20/23	3.1128%	20/24	2.3346%	20/25	1.5564%
	20/26	0.3891%	21	0.5188%	21/22	0.3891%	21/23	1.9455%	21/24	0.9079%
	21/25	0.6485%	22	1.1673%	22/23	1.6861%	22/24	1.2970%	22/25	0.5188%
	22/26	0.1297%	23	3.2425%	23/24	4.2802%	23/25	2.2049%	23/26	0.2594%
	24	2.2049%	24/25	1.8158%	24/26	0.2594%	25	0.2594%	25/26	0.1297%
D19S433	9/13	0.2466%	9/14	0.6165%	9/14.2	0.3699%	9/15.2	0.6165%	9/16	0.2466%
	11.2/14	0.4932%	11/14.2	0.1233%	12	0.3699%	12.2/14	0.3699%	12.2/14.2	0.1233%
	12.2/15	0.2466%	12.2/15.2	0.2466%	12/13	3.0826%	12/13.2	0.2466%	12/14	2.9593%
	12/14.2	0.8631%	12/15	0.6165%	12/15.2	1.4797%	12/16	0.2466%	12/16.2	0.2466%
	13	5.6720%	13.2	0.2466%	13.2/14	2.5894%	13.2/14.2	0.4932%	13.2/15	0.4932%
	13.2/15.2	1.1097%	13.2/16	0.1233%	13.2/16.2	0.2466%	13/13.2	3.3292%	13/14	14.7965%
	13/14.2	5.1788%	13/15	4.0691%	13/15.2	6.4118%	13/16	0.9864%	13/16.2	0.9864%
	13/17.2	0.2466%	13/18.2	0.2466%	14	6.0419%	14.2	0.9864%	14.2/15	1.2330%

continued

Locus	Genotype	Frequency	Genotype	Frequency	Genotype	Frequency	Genotype	Frequency	Genotype	Frequency
D19S433	14.2/15.2	2.3428%	14.2/16.2	0.9864%	14/14.2	3.8224%	14/15	4.0691%	14/15.2	8.3847%
	14/16	1.1097%	14/16.2	1.2330%	15	1.7263%	15.2	2.3428%	15.2/16.2	0.6165%
	15.2/17	0.1233%	15/15.2	2.5894%	15/16	0.2466%	15/16.2	0.3699%	15/17.2	0.2466%
	16	0.2466%	16.2	0.1233%	16/16.2	0.1233%				

Table 5-4 Statistics of 15 identifiler loci common index

Locus	Allele No.	Genotype No.	Polymorphism information content	Match probability	Power of discrimination	EPP
CSF1PO	9	25	66.53%	33.47%	66.53%	49.56%
FGA	20	99	84.97%	15.02%	84.97%	75.73%
TH01	9	25	74.88%	25.12%	74.88%	57.23%
TPOX	7	17	56.70%	8.39%	56.70%	36.15%
vWA	10	30	81.18%	18.82%	81.18%	63.42%
D3S1358	9	25	74.35%	25.65%	74.35%	53.31%
D5S818	9	26	73.95%	26.05%	73.95%	59.44%
D7S820	8	30	75.03%	24.97%	75.03%	60.00%
D8S1179	11	41	81.67%	18.33%	81.67%	70.60%
D13S317	9	31	78.45%	21.55%	78.45%	63.01%
D16S539	9	25	74.97%	25.03%	74.97%	58.79%
D18S51	20	82	80.88%	19.12%	80.88%	72.37%
D21S11	15	59	80.62%	19.38%	80.62%	69.04%
D2S1338	11	60	81.06%	18.94%	81.06%	75.49%
D19S433	16	58	82.24%	17.76%	82.24%	67.33%

Table 5-5 Comparison of allele numbers from 13 CODIS loci between the Indian Ocean tsunami victims and the STR base reported population

Locus	Detected allele	Reported allele	Detected/Reported
CSF1PO	9	12	75.0%
FGA	20	67	29.9%
TH01	9	20	45.0%
TPOX	7	10	70.0%
vWA	10	26	38.5%
D3S1358	9	20	45.0%
D5S818	9	10	90.0%
D7S820	8	22	36.4%
D8S1179	11	13	84.6%
D13S317	9	14	64.3%
D16S539	9	10	90.0%
D18S51	20	42	47.6%
D21S11	15	72	20.8%

5.4 Discussion

5.4.1 Nuclear DNA is degraded in tooth specimens but mtDNA from them recoverable

We had quite a struggle in extracting enough DNA for nuclear markers from tooth specimens initially due to the variable amount of tooth samples (decomposed bodies often have missing teeth to different extents). Despite various controls, careful planning for the experiments and DNA enrichment procedures, the amount of DNA purified from an entire tooth or pooled from multiple extraction procedures was not enough to give rise to satisfactory results for all nuclear loci; some of the samples did not show any evidence of remaining DNA. When some of the specimens did give positive results, the quality was often poor and unusable. Having worked at the sites of specimen collection, we observed that the victim bodies stored in the local morgue were not maintained in low temperatures and most of them had been washed in badly contaminated seawater for days before sample retrieval. It was reported by numerous investigators that DNA degrades rather quickly when exposed to high temperatures[3]; salt and bacterial contaminations are also inhibitory factors for appropriate DNA preparation and amplification[4-5]. Furthermore, the amount of recoverable DNA is also critical since low DNA concentration often causes false positive results. Finally, the procedure to collect teeth, though done by forensic professionals, is different from anthropologists' procedures in which the teeth are often collected with the skull. When teeth are removed, the cavity is exposed to air and also becomes accessible to microbes. As a result, we encountered tremendous difficulty in recovering DNA in an adequate amount (often lower than 3pg in total pooled extracts) to perform our experiments that insist information as complete as possible.

Since these specimens are very precious and important for the victims' families to identify their beloved ones lost in the tragedy, we attempted to rescue mtDNA in case of request. We chose to genotype loci in the non-coding region of mitochondrial sequences, the displacement loop (D-loop, sometimes referred to as the control region) that is approximately 1,100bp in length. The forensic value of mtDNA relies on the sequence variability of the D-loop between individuals, and the maternally inherited nature of mitochondria makes it suitable for matching blood relatives of maternal inheritance. In addition to skin, blood, semen, saliva and the usual body remains for forensic DNA identification, mtDNA has also been extracted from teeth and used for such purposes[6-7]. Because the tooth specimens of the tsunami victims were badly degraded and could not be used to obtain satisfactory nuclear STR profiling, we decided to sequence mtDNA from the tooth specimens to salvage as much information as we could. The complete sequences from the multiple hypervariable regions often enable investigators to identify remains of war casualties and individuals involved in mass disasters or criminal cases[8]. We indeed achieved a 51% success rate in recovering mtDNA information being ready to serve any relatives who step up for DNA matching in searching for missing family members in the disaster.

5.4.2 Bones are better specimens for typing nuclear marks but an enrichment step is of essence

Realizing that a similar situation may happen in preparing DNA from the bones, we designed a series of experiments to work out a standard protocol for tsunami victims. We first investigated commercial kits from companies whose DNA purification kits are widely used in forensics. The IQTM system from Promega and the QIAamp Micro kit from Qiagen are two examples of DNA extraction which are successfully used to extract DNA from blood stains, buccal swabs, hair follicles, sperms, teeth and bones. We also tested in parallel several classical methods. Among them, a classical organic method used to prepare DNA from calcified tissues[4], coupled with of sample concentration step with the Microcon YM-100 concentrator, an ultrafiltration unit, gave us the most satisfactory result. Among those complicated reasons, the most decisive factors are the relative purity of the resulting DNA preparations and the higher yield of the procedure. The yields of this protocol are often ten times higher than the commercial kits when starting with the same amount of raw bone samples. Another important notion from our experience is that the bone specimen is not limited by size, and can be readily ground into a fine powder for DNA extraction, yielding a higher concentration of DNA with minimal degradation. Relatively pure and high concentration of the DNA samples gave us consistent results for the nuclear STR typing.

5.4.3 The Indian Ocean tsunami victims are an ethnically diverse group based on STR profiles

The Indian Ocean tsunami victims are an admixture of foreign tourists and residents, including not only Thai nationals, but also other Asians, Europeans and Americans. As we anticipated, the results show a great diversity among the typed loci from the victims when compared to any of the reference population-based data. Comparing the values of the observed heterozygosity (H_o) and expected heterozygosity (H_e) to those of US. Caucasian, African American, Hispanic, Chamorro or Filipino populations, we found that the tsunami victims generally have lower H_o and H_e than those of the US. Caucasian and African American populations (Table 5 -6, Table 5 -7).

Table 5 -6 Comparison of allele frequencies from 15 STR loci between the Indian Ocean tsunami victims and other reference populations

Locus	Allele	Indian Ocean tsunami victim(N=834)	US Caucasian (N=302)	African American (N=258)
CSF1PO	7	0.003	–	0.053
	8	0.004	0.005	0.060
	9	0.026	0.012	0.037
	9.3	–	–	0.257
	10	0.253	0.217	–
	11	0.304	0.301	0.249
	12	0.348	0.361	0.298
	13	0.055	0.096	0.037
	14	0.007	0.008	0.010
	15	0.001	–	–
	H_o	0.665	0.725	0.759
	H_e	0.667	0.724	0.776

continued

Locus	Allele	Indian Ocean tsunami victim (N = 834)	US Caucasian (N = 302)	African American (N = 258)
FGA	16	0.003	–	–
	16.2	–	–	0.022
	17	0.003	–	–
	18	0.015	0.026	0.002
	18.2	–	–	0.012
	19	0.067	0.053	0.062
	19.2	–	–	0.004
	20	0.063	0.127	0.056
	20.2	0.003	–	–
	21	0.149	0.185	0.116
	21.2	0.018	0.005	–
	22	0.205	0.219	0.196
	22.2	0.012	0.012	0.004
	22.3	–	–	0.002
	23	0.165	0.134	0.171
	23.2	0.010	0.003	0.002
	24	0.125	0.136	0.122
	24.2	0.009	0.002	–
	25	0.092	0.071	0.124
	25.2	0.006	–	–
	26	0.037	0.023	0.081
	26.2	0.002	–	–
	27	0.011	0.003	0.023
	28	0.004	–	0.012
	29	–	–	0.004
	30	–	–	0.002
	30.2	–	–	0.002
	31.2	–	–	0.002
	H_o	0.850	0.887	0.884
	H_e	0.861	0.857	0.876

continued

Locus	Allele	Indian Ocean tsunami victim ($N=834$)	US Caucasian ($N=302$)	African American ($N=258$)
TH01	4	0.001	–	–
	5	–	0.002	0.004
	6	0.120	0.232	0.124
	7	0.258	0.190	0.421
	8	0.085	0.184	0.194
	8.3	0.001	–	–
	9	0.370	0.114	0.151
	9.3	0.103	0.368	0.105
	10	0.061	0.008	0.006
	11	0.001	0.002	–
	H_o	0.749	0.719	0.760
	H_e	0.727	0.756	0.738
TPOX	5	–	0.002	–
	6	0.002	0.002	0.101
	7	–	–	0.017
	8	0.564	0.535	0.372
	9	0.106	0.119	0.178
	10	0.031	0.056	0.089
	11	0.279	0.243	0.219
	12	0.016	0.041	0.021
	13	0.001	0.002	0.002
	H_o	0.567	0.656	0.764
	H_e	0.532	0.637	0.764
vWA	12	–	–	0.002
	13	0.001	0.002	0.008
	14	0.215	0.094	0.078
	15	0.044	0.111	0.186
	16	0.151	0.200	0.248
	17	0.274	0.281	0.242
	18	0.198	0.200	0.155
	19	0.095	0.104	0.062

continued

Locus	Allele	Indian Ocean tsunami victim ($N = 834$)	US Caucasian ($N = 302$)	African American ($N = 258$)
vWA	20	0.020	0.005	0.016
	21	0.001	0.002	0.004
	22	0.001	–	–
	H_o	0.812	0.841	0.802
	H_e	0.777	0.810	0.813
D3S1358	11	–	0.002	–
	12	0.002	–	–
	13	0.003	–	0.002
	14	0.059	0.103	0.089
	15	0.288	0.262	0.302
	15.2	–	–	0.002
	16	0.335	0.253	0.335
	17	0.232	0.215	0.205
	18	0.073	0.152	0.060
	19	0.006	0.012	0.004
	20	0.001	0.002	–
	H_o	0.744	0.765	0.764
	H_e	0.698	0.789	0.744
D5S818	7	0.016	0.002	–
	8	0.001	0.003	0.048
	9	0.056	0.050	0.039
	10	0.226	0.051	0.070
	11	0.267	0.361	0.233
	12	0.245	0.384	0.353
	13	0.177	0.141	0.238
	14	0.012	0.007	0.016
	15	0.001	0.002	0.004
	H_o	0.740	0.709	0.733
	H_e	0.740	0.698	0.757

continued

Locus	Allele	Indian Ocean tsunami victim ($N = 834$)	US Caucasian ($N = 302$)	African American ($N = 258$)
D7S820	6	–	–	0.002
	7	0.014	0.018	0.016
	8	0.196	0.151	0.236
	8.1	–	0.002	–
	9	0.084	0.177	0.109
	9.3	–	–	0.002
	10	0.159	0.243	0.331
	11	0.342	0.207	0.203
	12	0.173	0.166	0.087
	13	0.029	0.035	0.014
	14	0.003	0.002	–
	H_o	0.750	0.818	0.764
	H_e	0.750	0.816	0.775
D8S1179	8	0.004	0.012	0.002
	9	0.002	0.003	0.006
	10	0.137	0.101	0.029
	11	0.081	0.083	0.045
	12	0.119	0.185	0.141
	13	0.186	0.305	0.217
	14	0.186	0.166	0.300
	15	0.196	0.114	0.184
	16	0.075	0.031	0.070
	17	0.013	–	0.004
	18	0.002	–	0.002
	H_o	0.817	0.778	0.764
	H_e	0.829	0.816	0.803
D13S317	6	0.001	–	–
	7	0.002	–	–
	8	0.287	0.113	0.033
	9	0.125	0.075	0.033
	10	0.099	0.051	0.023

continued

Locus	Allele	Indian Ocean tsunami victim ($N=834$)	US Caucasian ($N=302$)	African American ($N=258$)
D13S317	11	0.231	0.339	0.306
	12	0.183	0.248	0.424
	13	0.057	0.124	0.145
	14	0.016	0.048	0.035
	15	–	0.002	–
	H_o	0.785	0.745	0.690
	H_e	0.774	0.786	0.702
D16S539	8	0.010	0.018	0.039
	9	0.188	0.113	0.196
	10	0.103	0.056	0.116
	11	0.319	0.321	0.318
	12	0.252	0.326	0.196
	13	0.111	0.146	0.118
	14	0.016	0.020	0.017
	15	0.001	–	–
	16	0.001	–	–
	H_o	0.750	0.735	0.783
	H_e	0.742	0.754	0.795
D18S51	7	0.001	–	–
	9	0.003	–	0.004
	10	0.005	0.008	0.006
	11	0.012	0.017	0.002
	12	0.060	0.127	0.078
	13	0.143	0.132	0.053
	13.2	0.003	–	0.006
	14	0.185	0.137	0.072
	14.2	0.005	0.002	–
	15	0.230	0.159	0.161
	15.2	–	–	0.002
	16	0.156	0.139	0.158
	17	0.080	0.126	0.152

continued

Locus	Allele	Indian Ocean tsunami victim($N=834$)	US Caucasian ($N=302$)	African American ($N=258$)
D18S51	18	0.045	0.076	0.123
	19	0.029	0.038	0.099
	20	0.009	0.022	0.064
	21	0.017	0.008	0.010
	21.2	–	–	0.002
	22	0.013	0.008	0.006
	23	0.004	–	0.002
	24	0.003	–	0.002
	25	0.001	–	–
	H_o	0.809	0.881	0.860
	H_e	0.839	0.880	0.885
D21S11	25.2	–	0.002	–
	26	–	–	0.002
	27	0.005	0.026	0.078
	28	0.081	0.159	0.258
	28.2	0.002	–	–
	29	0.247	0.195	0.198
	29.2	0.003	0.003	–
	30	0.249	0.278	0.174
	30.2	0.032	0.028	0.010
	31	0.068	0.083	0.081
	31.2	0.080	0.099	0.047
	32	0.024	0.007	0.008
	32.2	0.142	0.084	0.058
	33	0.002	0.002	0.006
	33.1	–	–	0.002
	33.2	0.058	0.026	0.035
	34	–	–	0.006
	34.2	0.007	0.005	–
	35	–	0.002	0.023
	35.2	0.001	–	–

continued

Locus	Allele	Indian Ocean tsunami victim($N=834$)	US Caucasian ($N=302$)	African American ($N=258$)
D21S11	36	–	–	0.010
	37	–	–	0.002
	38	–	–	0.002
	39	–	–	0.002
	H_o	0.806	0.841	0.830
	H_e	0.815	0.835	0.845
D2S1338	15	–	0.002	–
	16	0.015	0.033	0.058
	17	0.129	0.182	0.099
	18	0.101	0.079	0.039
	19	0.187	0.114	0.148
	20	0.113	0.146	0.103
	21	0.040	0.041	0.144
	22	0.058	0.038	0.130
	23	0.167	0.118	0.111
	24	0.125	0.123	0.080
	25	0.059	0.093	0.072
	26	0.008	0.030	0.012
	27	–	0.002	0.004
	H_o	0.811	0.871	0.903
	H_e	0.860	0.885	0.893
D19S433	9	0.010	–	–
	10	–	0.002	0.010
	11	0.001	0.005	0.062
	11.2	0.002	–	–
	12	0.052	0.081	0.114
	12.2	0.005	0.002	0.035
	13	0.255	0.253	0.246
	13.2	0.046	0.007	0.052
	14	0.263	0.369	0.223
	14.2	0.088	0.018	0.079

continued

Locus	Allele	Indian Ocean tsunami victim ($N=834$)	US Caucasian ($N=302$)	African American ($N=258$)
D19S433	15	0.088	0.152	0.078
	15.2	0.143	0.035	0.060
	16	0.018	0.050	0.004
	16.2	0.025	0.015	0.027
	17	0.001	0.008	–
	17.2	0.002	0.002	0.006
	18.2	0.001	0.002	0.004
	H_o	0.822	0.755	0.876
	H_e	0.803	0.767	0.854

Table 5–7 Comparison of allele frequencies from 2 STR loci between the Indian Ocean tsunami victims and other 5 reference populations

Locus	Allele	Indian Ocean tsunami victim ($N=834$)	African American ($N=167$)	US Caucasian ($N=152$)	Hispanic ($N=142$)	Chamorro ($N=72$)	Filipino ($N=71$)
D2S1338	16	0.0149	0.0449	0.0296	0.0176	0.0278	0.0282
	17	0.1291	0.1018	0.1941	0.2218	0.1042	0.0775
	18	0.1005	0.0659	0.0526	0.0423	0.0833	0.0563
	19	0.1868	0.1377	0.1447	0.2601	0.1875	0.2183
	20	0.1128	0.0630	0.1546	0.1409	0.1111	0.0775
	21	0.0396	0.1527	0.1974	0.0106	0.0139	0.0423
	22	0.0584	0.1377	0.0296	0.0704	0.0972	0.0634
	23	0.1667	0.9880	0.1349	0.1232	0.1736	0.1338
	24	0.1245	0.0928	0.1217	0.0669	0.1319	0.2606
	25	0.0590	0.0838	0.0954	0.0387	0.0556	0.0352
	26	0.0078	0.0210	0.0230	0.0070	0.0069	0.0070
	27	–	–	–	–	0.0069	–
D19S433	9	0.0105	–	–	0.0035	–	–
	10	–	0.0150	–	–	–	–
	11	0.0006	0.0689	–	0.0035	–	–
	11.2	0.0025	–	–	–	–	–

continued

Locus	Allele	Indian Ocean tsunami victim ($N=834$)	African American ($N=167$)	US Caucasian ($N=152$)	Hispanic ($N=142$)	Chamorro ($N=72$)	Filipino ($N=71$)
D19S433	12	0.0524	0.1138	0.1086	0.0563	0.0347	0.0282
	12.2	0.0049	0.0808	0.0066	0.0211	0.0139	–
	13	0.2546	0.2964	0.2828	0.1620	0.3542	0.2887
	13.2	0.0456	0.0509	0.0263	0.1092	0.0417	0.0423
	14	0.2626	0.1976	0.3355	0.3204	0.2292	0.1549
	14.2	0.0875	0.0539	0.0033	0.0458	0.0972	0.0493
	15	0.0881	0.0389	0.1349	0.1197	0.0903	0.1056
	15.2	0.1430	0.0389	0.0263	0.0810	0.0972	0.2465
	16	0.0179	0.0210	0.0428	0.0423	–	0.0141
	16.2	0.0253	0.0180	0.0263	0.0352	0.0139	0.0634
	17	0.0006	–	–	–	–	–
	17.2	0.0024	0.0030	0.0033	–	0.0278	0.0070
	18.2	0.0012	0.0030	0.0033	–	–	–

As the final note to this report, we are happy to announce the completion of the project after handing all our data to the Thai Tsunami Victims Identification Center (TTVI center), since we are only responsible for the postmortem DNA profiling and the victim identification process. We have learnt recently that over 200 relatives of the tsunami victims have already found the bodies of their family members who are indeed identified by the DNA method, including both Thai nationals and foreign tourists from several nations.

5.5 Summary

The 2004 Southeast Asia Tsunami killed nearly 5,400 people in south Thailand, including foreign tourists and residents. To recover DNA evidence as much as possible from the seriously decomposed bodies, we explored procedures of sample preparation from both bone and tooth samples as well as both mitochondrial and nuclear markers. Despite having failed to recover enough DNA for nuclear marker typing, we succeeded in obtaining fully informative results for mitochondrial markers (HV1 and HV2) from 258 tooth samples with a success rate of 51% (258/507). Using an organic DNA extraction method coupled with an ultrafiltration step, we obtained 16 STR (including 13 CODIS loci, one sex discrimination locus and two Identifiler loci) profiles for 834 samples with a success rate of 79% (834/1,062). In addition, by comparing the allelic frequencies between the typed samples as a group and other index populations, we conclude that the Thai tsunami victims are a combined group of several populations. Our results provide valuable evidence and protocols for future forensic practice. As the final note to this report, we are happy to announce the completion of the project after handing all our data to the Thai Tsunami Victims Identification Center (TTVI center), since we are only responsible for the postmortem DNA profiling and the victim identification process. We have learnt recently that over 200 relatives of the tsunami victims have already found the bodies of their family members who are indeed identified by the DNA method, including both Thai nationals and foreign tourists from several nations.

(LI Jing, DENG Yajun and LI Shengbin)

References

[1] BULTER J M. Forensic DNA typing: biology, technology, and genetics of STR markers [M]. 2nd ed. Amsterdam: Elsevier Academic Press, 2005.

[2] IWASE M, SATTA Y, HIRAI Y, et al. The amelogenin loci span an ancient pseudoautosomal boundary in diverse mammalian species[J]. Proc Natl Acad Sci, 2003, 100(9):5258-5263.

[3] IWAMURA, EDNA S M, et al. Human identification and analysis of DNA in bones[J]. Rev Hosp Clin Fac Med Sao Paulo, 2004, 59(6): 383-388.

[4] ALONSO A, ANDELINOVIĆ S, MARTÍN P, et al. DNA typing from skeletal remains: evaluation of multiplex and megaplex STR systems on DNA isolated from bone and teeth samples[J]. Croat Med J, 2001, 42(3):260-266.

[5] BURGI S B. First European-American intensive course in PCR based clinical and forensic testing[M]. Croatia: Laboratory manual, 1997.

[6] PRIMORAC D, ANDELINOVIC S, DEFINIS-GOJANOVIC M, et al. Identification of war victims from mass graves in Croatia, Bosnia, and Herzegovina by use of standard forensic methods and DNA typing[J]. J Forensic Sci, 1996, 41(5):891-894.

[7] BUTLER J M, DECKER AE, VALLONE PM, et al. Allele frequencies for 15 autosomal

STR loci on U. S. Caucasian, African American, and Hispanic populations[J]. Forensic Sci, 2003, 48(4):908 -911.

[8] BUDOWLE B, PATRICK J, PERO D, et al. Population data on the STR loci D2S1338 and D19S433[J]. Forensic Sci. Commu., 2001, 3(3):1 -4.

Chapter 6
Evaluation of SNP for Identifying and Rectifying Paternity Cases

6.1 Introduction

Parentage testing plays a critical role in searching for missing persons[1], identifying disaster victims[2], solving inheritance disputes[3] and immigration casework[4]. Presently, analysis of short tandem repeat (STR) markers through capillary electrophoresis (CE) is routinely used for parentage testing because of its high discrimination power[5].

Nevertheless, there are situations where the results based on the CE-STR method are ambiguous, mainly manifested by opposite conclusions drawn from different STR kits or by insufficient combined paternity index (CPI) values accompanied by separate genetic incompatibilities. Ambiguous STR results are particularly common in cases where only one putative parent is available (also known as deficiency cases) or the alleged parent is a close relative to the real parent because it is difficult to distinguish the germline mutation from a real mismatch in the genetic inconsistency[6]. Using more STR loci could increase the confidence and thus alleviate the situation; however, current CE methods have limitations in multiplex capability due to the maximal resolution fixed by the number of channels for six fluorescent dyes only. Moreover, STRs display mutation rates as high as $10^{-3}-10^{-4}$ per generation, so it is possible to observe more genetically incompatible loci in true parent-child pairs when adding STRs.

In addition, compared with the ambiguous STR results among close relatives, a random but perfect false match (RPFM) between unrelated individuals may also result in an error. In other words, an unrelated person shares at least one allele with the child at all STR loci by chance and thus could be misjudged as the biological parent. RPFM may occur when searching for missing persons in a large population, such as finding the parents of rescued trafficked children in a large database[1].

Single nucleotide polymorphisms (SNPs) are complementary markers to STRs, with their feature of 10^4-10^5 times higher genetic stability and greater abundance in the human genome than STRs. It has been reported that the discriminatory power of 50 – 60 SNPs with a minor allele frequency (MAF) larger than 0.3 is comparable to 15 STRs[7]. Consequently, the SNPforID 52-plex SNP panel is often used to solve the question of ambiguous paternity based on STRs. However, an ambiguous paternity based on STRs may result from mutational events or presences of null alleles in true parenthood and may also result from false matches between close relatives or even non-relatives. When we face an ambiguous result, how to determine the reason from scratch and then rectify the conclusion efficiently remains unclear.

In this study, we first estimated the prevalence of ambiguous paternity in cases involving close relatives as well as the probability of random false matches between non-relatives with STRs. We then evaluated the performance of a custom panel with 4,830 individual identification SNPs (IISNP) in the above situations. Last, we reported three real cases with undetermined STR results and rectified them by dissecting them with our IISNP panel.

6.2 Methodology

6.2.1 Sample collection

This study was approved by the Institutional Review Board Administration at Xi'an Jiaotong University (No. 2018 – 408). We collected three batches of samples: ① 55 samples from eight families for a close relative matching experiment, ② 64 samples in 33 randomly-false matched pairs, and ③ 6 samples in three cases with ambiguous STR results. For each participant, informed written consent was obtained, then a blood sample was spotted on the anti-bacterial nucleic acid collection card.

6.2.2 STR genotyping

Blood genome DNA was extracted using the TIANamp Micro DNA kit according to the manufacturer's protocol. Extracted DNA was quantified with Qubit ® dsDNA HS Assay Kits on Qubit ® Fluorometer 3.0 (Life Technologies, United States).

For close relative samples, 1ng genome DNA was amplified using the HUMAN DNA Typing-YanHuang kit on the thermal cycler (GeneAmp polymerase chain reaction 9700). Then, STR genotyping of the PCR products was performed on the ABI 3500 genetic analyzer and analyzed with GeneMapper ID-X software. HUMAN DNA Typing-YanHuang kit contains 24 autosomal STR loci (D22S1045, SE33, D2S441, D6S0143, D1S1656, D10S1248, CSF1PO, D12S391, D13S317, D16S539, D18S51, D19S433, D21S11, D2S1338, D3S1358, D5S818, D7S820, D8S1179, FGA, Penta D, Penta E, TH01, TPOX, vWA).

For a randomly matched study, existing STR data of 3,955 unrelated individuals from our DNA center were collected after approval. STRtyper-21G kit contains 20 autosomal STR loci (D6S1043, D1S1656, CSF1PO, D12S391, D13S317, D16S539, D18S51, D19S433, D21S11, D2S1338, D3S1358, D5S818, D7S820, D8S1179, FGA, Penta D, Penta E, TH01, TPOX, vWA). We note that all STR kits in this study are commonly used commercial products, which are often used for parentage testing alone or in combination.

6.2.3 Probability of RPFM in duos

According to the research, consider a locus r having n alleles A_1, A_2, ..., A_n with corresponding allele frequency p_1, p_2, ..., p_n. The probability of excluding a random person from parentage at locus r is given by $Q_r(\theta)$, where θ is the coancestry coefficient. $\theta = 0$ implies the population is in Hardy-Weinberg equilibrium (HWE).

$$Q_r(\theta) = \frac{(1-\theta)}{(1+\theta)(1+2\theta)}\left\{\sum_{i=1}^{n} p_i[\theta+(1-\theta)p_i](1-p_i)[\theta+(1-\theta)(1-p_i)] + \sum_{i=1}^{n-1}\sum_{j=i+1}^{n} 2p_ip_j(1-\theta)(1-p_i-p_j)[\theta+(1-\theta)(1-p_i-p_j)]\right\} \tag{6-1}$$

Supposing R unlinked autosomal loci were used, the probability that two unrelated persons sharing at least one allele at all loci by chance could be taken as $\mathrm{RPFM}_R(\theta)$.

$$\mathrm{RPFM}_R(\theta) = \prod_{r=1}^{R}[1-Q_r(\theta)] \tag{6-2}$$

For the high mutation rate of STR, if inconsistency on a single locus was allowed, the matching probability between two unrelated persons could be $\mathrm{RPFM'}_R(\theta)$.

$$\mathrm{RPFM'}_R(\theta) = \prod_{r=1}^{R}[1-Q_r(\theta)] + \sum_{s=1}^{R} Q_s(\theta)\prod_{\substack{r=1\\ r\neq s}}^{R}[1-Q_r(\theta)] \tag{6-3}$$

6.2.4 Parentage assignment

The paternity index (PI) was calculated as the ratio of likelihood values of two hypotheses (H0: Test man is the biological father of the child; H1: Test man is unrelated) based on the local allele frequency. The CPI is a product of PI in *R* unlinked loci. According to the Chinese national technical specification for parentage testing (Parentage Testing, 2016), inclusion of the parenthood is noted when the CPI is greater than 10^4, and exclusion is noted when the CPI is less than 10^{-4}. Genetic inconsistencies at three or more STR loci are also required before exclusion.

6.2.5 Genotyping with SNP panel

Based on the panel CHP5457 previously developed in our laboratory, an optimized version CHP4830 consisting of 4,830 autosomal IISNPs was constructed and employed in this study. All SNPs in this panel met the following requirements:

(1) Distance from protein-coding genic region greater than 100kb;

(2) Under HWE ($P > 0.05$) in Chinese Han;

(3) Any two SNPs located on the same chromosome were in linkage equilibrium ($r^2 < 0.05$).

In the Chinese Han population, 98% of SNPs in CHP4830 have a validated MAF value greater than 0.30.

The CHP4830 panel was used to validate all ambiguous cases according to the following approach. First, genome DNA was extracted using TIANamp Micro DNA Kit (TIANGEN, China) according to the manufacturer's protocol. One hundred nanograms of DNA was fragmented to 200 – 500bp by the endonuclease. When going through the end blunt, an "A" tail and adaptor were ligated to DNA fragments, and then DNA libraries were prepared. After that, target SNP regions were captured with probes and sequenced on the BGISEQ-500 platform with a PE50 strategy.

The raw sequencing reads were filtered out if they met one of these criteria:

(1) N-content more than 1%;

(2) Reads overlapping >10bp with the adapter sequence;

(3) Fraction of Q20 base less than 90%;

(4) Duplicates derived from amplification.

The obtained clean reads were aligned to the human genome hg19 using the Burrows-Wheeler Aligner Aln algorithm (v0.7.12). Finally, the Genome Analysis Toolkit Unified

Genotyper was utilized to perform SNP calling for loci with coverage >30-fold.

6.3 Interpretation of data

6.3.1 False inclusion between close relatives

To investigate the incidence of ambiguous or false inclusion in relatives, a total of 75 duos of one child and one of the first-degree relatives (parent, offspring and full sibling) from the true parents were recruited. All samples were genotyped with HumDNA Typing-YanHuang (FGI, Shenzhen, China). For each pair, the Mendelian incompatibilities were counted, and the CPI was calculated. Our results showed that 2 of 29 grandparent-grandchild pairs showed one mismatch, and 1 of 20 uncle-niece pairs showed two mismatches. For 26 full sibling pairs, 1 pair matched in all loci; 3 pairs showed only one mismatch, and 7 pairs showed 2 mismatches. In total, 8.0% (6 of 75) close relative pairs showed no more than one mismatch (Table 6 – 1), in which the close relative would be false inclusive as parents. If taking pairs with two or fewer mismatches as ambiguous results, the incidence of ambiguous paternity between close relatives is 18.67% (14 of 75).

Table 6 – 1 Mendelian incompatibilities in pair-wised close relatives using STRs

Relative	No. of total pairs	No. of pairs with *N* incompatible STR loci			
		0 – locus	1 – locus	2 – loci	3 – loci
Full sibling	26	1	3	7	6
Grandparent	29	0	2	0	2
Uncle/Aunt	20	0	0	1	0
Parent-offspring	43	39	4	0	0

To evaluate the performance of SNPs in cases involvingclose relatives, we genotyped the samples with CHP4830. We calculated the mismatch ratio and the ratio of the number of mismatched loci to the total number of detected SNPs, and found the mismatch ratio of 1.78% – 3.84% for full siblings was significantly lower than 4.07% – 6.95% for grandparents and 5.36% – 6.84% for uncle/aunt relationship, all of which were lower than 10.93% – 13.49% for non-relatives (Figure 6 – 1).

To better understand the lower mismatch ratio, we calculated the theoretical possibility of not sharing an allele in a full sibling pair. If either father or mother or both are homozygous at one locus, full siblings certainly share alleles. As shown in Table 6 – 2, assuming under HWE and taking bi-allele SNP locus as an example, the possibility that both parents are heterozygous is $4a^2b^2$. When both parents have heterozygous SNPs, the probability that a full sibling pair does not share an allele at this locus is 1/8. Thus, for a SNP to be tested, the possibility of not sharing an allele in a full sibling pair is $1/2a^2b^2(4a^2b^2 \times 1/8)$. Taking all SNPs together, the theoretical value of the mismatch ratio between full sibling pairs is also $1/2a^2b^2$ because these loci are unlinked. As nearly all SNPs in CHP4830 have a validated MAF range of 0.3 to 0.5, the mismatch ratio between the full sibling pair is between 2.21% and 3.13% theoretically (Table 6 - 2).

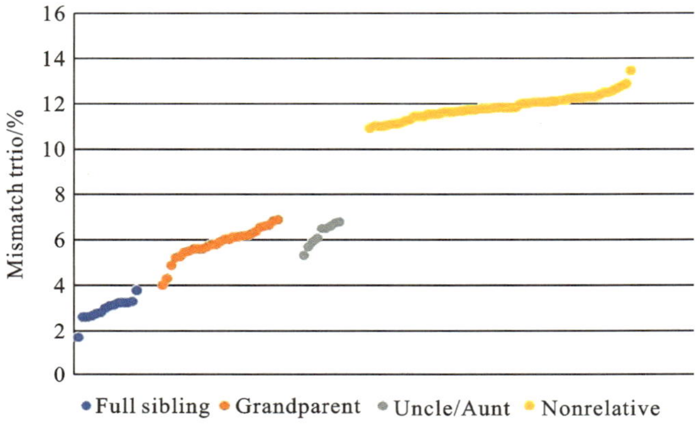

Figure 6 - 1 Mismatch ratio for relative and non-relative pairs based on SNP data

Mismatch ratio means the fraction of genetically incompatible SNPs in total detected loci. Tested relative types including full sibling (n = 14), grandparent-grandchild (n = 27), uncle/aunt-niece/nephew (n = 9), and non-relative (n = 60).

Table 6 - 2 Theoretical possibility of not sharing allele in full sibling pair using bi-allele SNPs

Allele frequency		F (AB)&& M(AB)	C1(AA) && C2(BB)	C1(BB) && C2(AA)	Possibility of not sharing allele in full sibling pair
a	b (MAF)	$4a^2b^2$	$1/16 \times 4a^2b^2$	$1/16 \times 4a^2b^2$	$1/2a^2b^2$
0.5	0.5	-	-	-	3.13%
0.6	0.4	-	-	-	2.88%
0.7	0.3	-	-	-	2.21%

Note: a and b stand for the frequency of alleles A and B respectively.

6.3.2 Random match among non-relatives

To assess the probability of random matches in unrelated individuals, data of 20 autosomal

STRs with STRtyper-21G (HEALTH Gene Technologies, China) from 3,955 individuals were collected after approval. Ignoring non-DNA information, such as age, gender and district, the STR data of each person were paired with all the others. After excluding the registered relatives, 7,818,969 comparisons were obtained. For each pair, the number of Mendelian incompatibilities was counted.

Eventually, there were 33 perfectly matched pairs, in which two unrelated participants shared an allele at all loci totally by chance, and the observed probability of RPFM was 4.22×10^{-6}. Note that two samples matched twice with non-relatives. Subsequently, we used CHP4830 to genotype these random matched samples, and then calculated the mismatch ratio in each pair. The result showed that the fraction of mismatch loci to total SNPs was between 10.04% and 13.29%, which was equivalent to the ratio of 10.93% – 13.49% in unrelated pairs in Figure 6 – 1. It suggests that these 33 pairs are indeed random false matches among non-relatives.

When using kit STRtyper-21G, the theoretical RPFM value is 3.64×10^{-6} under HWE ($\theta = 0$) and 1.08×10^{-5} in the substructure population ($\theta = 0.02$), which is consistent with our observed value 4.22×10^{-6} (Table 6 – 3). Considering the high mutation rate of STR, if single locus inconsistency was allowed, 499 additional random match pairs could be found, and the observed RPFM value would increase to 6.80×10^{-5} (Table 6 – 3).

Table 6 – 3 Probability of random Mendelian matching in non-relative duos with 20 STRs in STRtyper-21G kit under HWE and population substructure

Random matching degree	Theoretical value		Observed value
	$\theta = 0$	$\theta = 0.02$	
No mismatch	3.64E – 06	1.08E – 05	4.22E – 06
One mismatch allowed	7.09E – 05	1.86E – 04	6.80E – 05

6.3.3 Case rectifying

For ambiguous cases with insufficient CPI accompanied by separate genetic incompatibilities, most can be correctly determined by combining different STR kits. However, here we collected three real cases in which paternity could easily be misjudged based on STRs. By analyzing with CHP4830, powerful statistical evidence favoring one of the alternative hypotheses can be given for each case (Table 6 – 4).

Table 6 -4 Data summary of three ambiguous cases in duos

Case no.	STR				SNP (CHP4830)		
	Mismatches/ total loci	CPI	Paternity	Kit	Mismatches/ total loci	CPI	Paternity
I	0/19	1.65E+05	Y	EX20	297/4,350	5.87E-1420	N
	3/17	3.42E-06	N	HumDNA			
II	2/20	1.28E-04	A	21G	273/4,807	4.43E-1163	N
	0/22	6.62E+06	Y	23sp			
III	2/17	1.52E-03	A	HumDNA	48/4,150	2.38E+309	Y

Note: (1) Y means inclusion paternity, N means excluded, A means ambiguous.
(2) All 48 mismatches were located on chromosome 13.
(3) CPI computed after excluding all SNPs on chromosome 13.

In Case Ⅰ, opposite conclusions were drawn by two different commercial STR kits. For kit 1 (EX20, AGCU), the child and the alleged father shared alleles in all 19 loci, with a CPI of 1.65E+05. However, for kit 2 (HumDNA Typing, FGI), three genetic incompatibilities (D18S1364, D11S2368, and D13S3253) were observed, and the CPI was 3.42E-06. By using CHP4830, 297 genetically inconsistent loci were found in 4,350 SNPs. With a conservative mutation rate of 10^{-6} for SNPs, the CPI was 5.87E-1420; thus, the alleged father was excluded as being the true one (Table 6-4).

In Case Ⅱ, for kit 1 (STRtyper-21G, HEALTH Gene Technologies), two genetic inconsistencies (PentaE, TPOX) between the child and alleged mother were found in 20 autosomal STRs, and the CPI was 1.28E-04; thus, no clear conclusion could be drawn. For kit 2 (Microreader 23sp ID System), no incompatibility loci were found in a total of 22 STRs, with a CPI value 6.62E+06 larger than 10,000. For SNP data, 273 genetically inconsistent loci were found in 4,807 SNPs, the CPI was 4.43E-1163, and the alleged parent was excluded (Table 6-4).

In Case Ⅲ, two genetic inconsistencies (D13S317 and D13S325) were found with a CPI 1.52E-03 by kit HumDNA Typing (FGI). As the child was homozygous at both loci, we inferred that the incompatible loci may result from allele dropout. Of 4,150 detected SNPs, 48 genetic inconsistencies were found between the child and the alleged parent. We noticed that all 48 inconsistent SNPs were located on chromosome 13 q-arm (coordinate of chr13q on hg19: 17,900,000 - 115,169,878), and the genotypes of the child on these SNPs were all homozygous; thus, we concluded that these mismatches may result from a partial chromosome deletion in the child. After removing all SNPs on chromosome 13, no genetic inconsistencies were found, and the CPI was 2.38E +309, so the paternity should be included (Table 6 – 4).

6.4 Evaluation of SNP for identifying and rectifying

In undetermined cases based on STRs, the most highly considered possibility is that the putative parent is a close relative to the real parent, especially in parentage testing for immigration purposes. When considering a close relative as a putative parent, the probability of ambiguous or false paternity was as high as 18.67%. As they are more likely to share an allele, the incidence of false inclusion between full siblings is higher than among grandparents and uncles/aunts. With the GlobalFilerTM system, Ochiai predicted that the probability of matches with only 1 mismatch in 21 STRs for full siblings was 23.5%. Lee simulated families with 15 STRs in silico; the false inclusion rate was 19.0% when considering a sibling as the parent. These data suggested that the current STR systems are insufficient to distinguish a close relative from the true parent in deficiency cases, and supplementary investigations need to be performed.

50 to 60 SNPs are considered to be comparable to 15 STRs in discriminatory power. Thus, many laboratories use approximately 50 SNPs as supplementary markers to solve ambiguous STR results. It was reported that older and younger siblings occasionally pretend to be parents and children to expedite immigration. According to the observed and theoretical mismatch ratio in close relatives, extending results beyond the commonly used about 50 SNPs should be interpreted with caution, because there is still a considerable probability of false inclusion when a possible relative is involved in parentage testing.

Using the CHP4830 panel can greatly facilitate the distinction between a close relative and the true parent. But considering cost and efficiency, we further explored how many SNPs are sufficient to distinguish close relatives from true parents by simulation experiments. A greater proportion of alleles are shared between two full siblings than other pairs of relatives. Using genotyping data from full sibling pair with a low mismatch ratio (1.78%), we took 100 random samples of 50, 100, 150, 200, 300, 400, 500, 600, 800, or 1,000 SNPs and counted the number of mismatch loci. No mismatches were found when sampling up to 200 SNPs. When sampling 300 – 600 SNPs, a minimum of 1 – 3 mismatches were found. When continuing to extend the simulation, 6 – 24 mismatches were found when sampling up to 800

SNPs, and 8 – 27 mismatches were found when sampling up to 1,000 SNPs (Figure 6 – 2). When using STRs, it is recommended that more than three loci are required before exclusion. Therefore, we recommend that when lacking genetic background information or involving possible relatives, at least 800 – 1,000 unlinked SNPs distributed on all autosomes with a MAF larger than 0.3 should be used to address vague parental issues in deficiency cases.

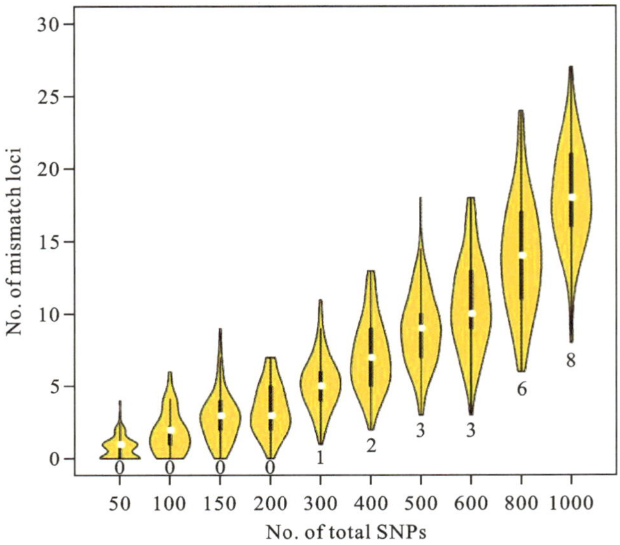

Figure 6 – 2 Mismatch loci number under different total detected SNPs in simulation between full sibling pair

Compared with ambiguous paternity in close relatives, random false matches between non-relatives were relatively rare in routine casework. Thus, little attention was paid to the RPFM matter previously. Our observed RPFM ratio was 6.80×10^{-5} when one mismatch is allowed, which is comparable to the predicted match probability of 8.59×10^{-5} between non-relatives by using 21 STRs in the GlobalFilerTM system.

Human trafficking remains a serious global social problem in modern society and is an important issue that needs to be solved. According to the statistics from the International Organization for Migration (IOM), approximately one in three victims is a child (trafficking of children). So taking anti-trafficking as an example, when searching 100 returned children in a database of one million persons, there will be around 6,800 random matches in 108 searching times. To distinguish the true match from thousands of random matches, laborious work such as investigating the information of gender and age and collecting information on more family members is required. It is reasonable to infer that, if more individuals are included in the database or there are more complex pedigrees subject to endogamous relations, the outcome might be more difficult with the currently used STR kits. Repeating the above simulations for the RPFM pair, when 100 SNPs were detected, 4 – 17 mismatches could be found. To effectively distinguish random matches between non-relatives, at least 100 supplementary SNPs are recommended to combine with the STR kit. Moreover, haplotypes of STR or SNP on the Y chromosome could also improve discrimination power between non-relative male pairs.

In forensic casework, apart from occasional reported chimerism-induced false exclusions of paternity, using more STR loci to increase the confidence is the most commonly used strategy when facing an ambiguous STR result. However, three cases rectified with SNP panel in this study should arouse vigilance. First, more STRs may give opposite or even misjudged conclusions. In addition, abnormal chromosome structure also produced confusing STR results. A genome-wide high-density SNP panel could provide key supplementary markers to traditional STRs because they can give clearer conclusions in these situations.

Parentage testing is routinely performed by genotyping short tandem repeat (STR) through capillary electrophoresis in the present. However, ambiguous or even misjudged paternity based on STRs happens from time to time in cases where only one putative parent is available. We analyzed STR data of 7,818,969 unrelated pairs and 75 close-relative pairs and found that although the probability of a random false match between non-relatives was 4.22×10^{-6}, the incidence of false or ambiguous paternity results between children and first-degree relatives of their true parent was as high as 18.67%. These results highlight the risk of false inclusion of a relative or even non-relative in parentage testing with STRs. We then validated all ambiguous STR results by targeted sequencing with a custom panel containing 4,830 individual identification single nucleotide polymorphisms (IISNP), and found that the ratio of mismatch loci to total SNPs was 1.78 – 6.95% in close relatives compared with 10.93 – 13.49% in unrelated pairs. Last, we reported three real cases with undetermined paternity by STRs and rectified them by dissecting with our IISNP panel. These results suggested that a high-density IISNP panel can be used to identify and rectify misjudged cases effectively.

(CHANG Liao, LI Shengbin and ZHAO Wenjuan)

References

[1] YU K, FUNG W K. Evaluation of parentage testing accuracy of child traficking cases: combining the exclusion probability and likelihood ratio approaches [J]. Forensic Sci.

Int. Genet, 2018, 34:81 –87.

[2] WRIGHT K, MUNDORF A, CHASELING J ,et al. Identifying child victims of the South-East Asia Tsunami in Thailand [J]. Disaster Prev. Manag, 2018,27:447 –455.

[3] PATIDAR M, AGRAWAL S, PARVEEN F, et al. Molecular insights of saliva in solving paternity dispute [J]. Forensic Dental Sci. ,2015,7:76 –79.

[4] WENK R E, SHAO A. Pretense of parentage by siblings in immigration: polesky's paradox reconsidered [J]. Transfusion,2014,54:456 –460.

[5] BUTLER J M, BUEL E, CRIVELLENTE F, et al. Forensic DNA typing by capillary electrophoresis using the ABI Prism 310 and 3100 genetic analyzers for STR analysis[J]. Electrophoresis, 2004,25:1397 –1412.

[6] LINDNER L, VON WURMB-SCHWARK N, MEIER P, et al. Usefulness of SNPs as supplementary markers in a paternity case with 3 genetic incompatibilities at autosomal and Y chromosomal loci [J]. Trans. Med. Hemother,2014,41:117 –121.

[7] BORSTING C, MORLING N. Mutations and/or close relatives? Six casework examples where 49 autosomal SNPs were used as supplementary markers [J]. Forensic Sci. Int. Genet, 2008, 5:236 –241.

Chapter 7

Towards 3D Face Recognition in the Real Using Fine-Grained Matching of 3D Keypoint Descriptors

7.1 3D face recognition under unconstrained conditions

Compared with other biometric recognition technologies such as iris recognition, fingerprint recognition, gait recognition, etc., facial recognition has unique advantages such as naturalness, convenience, and a user-friendly interface, and has therefore received widespread attention from academia and industry. However, automatic face recognition under unconstrained conditions without users' cooperation is currently a far more unsolved problem and a very challenging task. Concerning these diffculties and along with the rapid development of 3D imaging systems, shape-based (3D) face recognition has been recently investigated as an alternative or complementary solution to traditional appearance-based (2D) face recognition. This research trend has been largely promoted by the release of benchmark databases like the Face Recognition Grand Challenge (FRGC v2.0), and a large number of 3D face recognition approaches have emerged in the past decade[1-2]. However, the majority of these approaches are evaluated on face scans assumed to be captured with users' cooperation under constrained conditions. In such a case, only frontal face scans with moderate expression variations are considered. Although high accuracies have been achieved, very sophisticated registration algorithms are usually indispensable. More recently, 3D face recognition in real biometric applications using scans captured in less controlled or unconstrained conditions has received increasing interest. In this scenario, 3D face recognition methods are expected to automatically and simultaneously deal with expression changes, occlusions, as well as pose variations. The literature does propose a few methods dealing with specificchallenges of 3D face recognition in less controlled conditions. For example, in Passaliset al. [3], facial symmetry is used to handle large pose variations for 3D face recognition in the real world; in Alyüz et al. [4], a masked projection based on subspace analysis techniques is proposed for 3D face recognition under occlusions; in Drira et al. [5], a curve-based shape analysis framework is presented for 3D face recognition under expression changes, occlusions and pose variations. However, all these methods require very sophisticated registration algorithms for automatic pose normalization or occlusion detection and restoration.

Fortunately, the well-known 2D SIFT matching framework and its 3D extensions offer promising solutions to the above difficulties. The primary work of 3D SIFT-like matching framework performed on point cloud data is proposed in Mian et al. [6], where 3D keypoints are first automatically determined on face scans by analyzing the differences between the principal axes of each local region. Then, a tensor representation-based pose-invariant local shape descriptor is extracted at each key point. Finally, 2D SIFT matching under global graph constraint is used for keypoint matching. However, the tensor-based descriptor simply encodes the information of point coordinates and lacks person dependent-distinctiveness, thus limiting its performance in 3D face recognition. In Huang et al. [7], facial range images are first represented by a group of extended local binary pattern (eLBP) maps, and the 2D SIFT matching framework is then performed on these images for keypoint detection, local feature extraction and matching. Although this approach proves very discriminative and is registration-free for nearly frontal face scans, it cannot deal with large pose variations without manually labeled facial landmarks. Considering the above limitations, it's necessary to extend the 2D SIFT matching framework to 3D mesh data. Since containing topological information, mesh data are more convenient for local operations (e.g. estimation of differential operators) than point cloud data, and thus have a larger possibility to express more informative shape information, which directly leads to more discriminative local shape descriptors. Moreover, compared with 2.5D range images, pose-invariant local shape descriptors can be naturally constructed on full 3D free-form mesh data, and mesh-based 3D face recognition methods hence have the potential to simultaneously deal with expression changes, occlusions, as well as large pose variations.

7.2　3D face recognition based on fine-grained matching of 3D keypoint descriptors

Motivated by the main challenging issues and inspired by the 2D/3D SIFT[8-9], Daisy[10], SRC[11], and Multi-task SRC[12] methodologies, we propose a mesh-based registration-free 3D face recognition approach that can uniformly and robustly deal with expression changes, occlusions, and pose variations. As shown in Figure 7 – 1, our approach includes three basic modules: i. e. 3D keypoint detection, 3D keypoint description, and 3D keypoint matching. Their details are presented as follows.

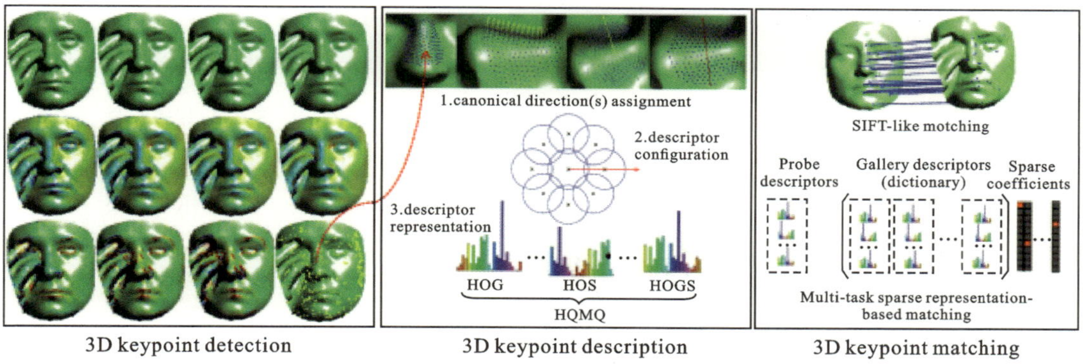

Figure 7 – 1　Overview of the proposed method

3D keypoint detection: from top to bottom, the original face scan and three smoothed face scans, their corresponding minimum principal curvature, differences of Gaussian maps, and the detected 3D keypoints. The same procedures are also carried out for maximum principal curvature. 3D keypoint description: canonical direction assignment, quasi-daisy descriptor configuration, and descriptor representation by multi-order surface differential quantities. 3D keypoint matching: SIFT-like coarse-grained matching (top) and multi-task sparse representation-based fine-grained matching (bot-tom).

Our 3D keypoint detection algorithm starts by performing a sequence of Gaussian filters on a face scan, and continues by computing some scalar functions (e. g. curvatures) on the sequence of smoothed scans. The differences of Gaussian (DOG) operators are further computed in terms of these scalar functions and finally the local extrema of the DOG across scales are defined as key points. To locate more meaningful 3D keypoints, we propose using the two principal cur-vatures as the scalar functions.

For 3D keypoint description, to generate a descriptor with strong discriminative power, we propose building the weighted histograms of multiple order surface differential quantities, including the histograms of the surface gradient (1st order), the surface shape index (2nd order), the gradient of shape index (3rd order), as well as their early fusion (multi-order). Our experimental results show that different orders of differential quantities have strong complementarity in descriptiveness, and their feature-level fusion can provide a comprehensive description of the 3D keypoint, thus ensuring very strong discriminative power.

For key point matching, instead of using the conventional SIFT matcher, which simply counts the pairs of corresponding key points, we propose a more precise matcher based on multi-task sparse representation. The proposed matcher first finds the sparsest representation of each probe descriptor from the complete dictionary set of all the descriptors associated with all the key points of the gallery scans. Then, the average reconstruction errors of sparse representation for the descriptor set, associated with all the key points of the probe scan, are computed as the similarity measurements between the probe scan and all the gallery scans. Finally, the gallery subject corresponding to the minimal error labels the identity of the probe.

7.2.1 3D keypoint detection

Our 3D keypoint detection method includes the following two procedures, namely scale-space construction and scale-space extrema. The details are introduced as follows.

1. Scale-space construction

Keypoint detection starts by performing a sequence of Gaussian filters σ_S with different scales G_{σ_S} over a face mesh S. For a generic point $\boldsymbol{p} \in S$, the Gaussian filter modifies the geometry structure of S by updating the coordinates of $\boldsymbol{p}$ as follows:

$$\boldsymbol{p}_S = \frac{\sum_{q \in N(p,1)} w_S(\boldsymbol{p},\boldsymbol{q}) \cdot q}{\sum_{q \in N(p,1)} w_S(\boldsymbol{p},\boldsymbol{q})} \tag{7-1}$$

where $\boldsymbol{p}_S$ represents the updated point at scale σ_S, $N(\boldsymbol{p},1)$ represents the point set of the one-ring neighbor of $\boldsymbol{p}$,

$$w_S(\boldsymbol{p},\boldsymbol{q}) = G_{\sigma_S}(d_e(\boldsymbol{p},\boldsymbol{q})) = \exp\left(\frac{-\|\boldsymbol{p}-\boldsymbol{q}\|^2}{2\,\sigma_S^{\,2}}\right) \tag{7-2}$$

2. Scale-space extrema

Once the scale-space is constructed, a scalar function f, used for measuring the saliency of a key point, is computed for each point at each scale. In theory, this function could be any scalar function $f(\boldsymbol{p}): S \to R$ defined on a face mesh. However, 3D face scans are discrete approximations of facial surfaces and surface curvatures, and the fundamental differential geometry quantities for the description of local shapes, naturally come into sight. In order to detect more meaningful 3D keypoints located around areas with high local curvatures, we propose to use both of the two principal curvatures as the scalar functions. According to Goldfeather and Interrante[13], the principal curvatures are computed by fitting a cubic-order surface patch and its normal vectors $[fx(x,y), fy(x,y), -1]$ using both the 3D coordinates and the normal vectors of the associated local neighbor points (two-ring):

$$f(x,y) = \frac{A}{2}x^2 + Bxy + \frac{C}{2}y^2 + Dx^3 + Ex^2y + Fxy^2 + Gy^3 \quad (7-3)$$

The maximum principal curvatures $C_{\mathrm{M}}(\boldsymbol{p})$ and the minimum principal curvatures $C_{\mathrm{m}}(\boldsymbol{p})$ at a given point $\boldsymbol{p}$ are computed as the eigenvalues of the *Weingarten* matrix. With the choice of two principal curvatures, the differences of Gaussian operators (approximations of the Laplacian operators) are then defined as follows:

$$\rho(C_{\mathrm{M}}, \boldsymbol{p}_S) = C_{\mathrm{M}}(\boldsymbol{p}_S) - C_{\mathrm{M}}(\boldsymbol{p}_{S-1}) \quad (7-4)$$

$$\rho(C_{\mathrm{m}}, \boldsymbol{p}_S) = C_{\mathrm{m}}(\boldsymbol{p}_S) - C_{\mathrm{m}}(\boldsymbol{p}_{S-1}) \quad (7-5)$$

3D keypoints are detected by finding the extrema of $\rho(C_{\mathrm{M}}, \boldsymbol{p}_S)$ and $\rho(C_{\mathrm{m}}, \boldsymbol{p}_S)$ across scales using a one-ring neighborhood of each point, respectively.

As shown in Figure 7-2, for both principal curvatures (C_{M} and C_{m}) in the faces with different expressions, poses and occlusions, the key points are mainly located in the eye, nose and mouth (or occluded mouth) regions, and sparsely distributed over other regions like the forehead, cheekbone and chin. In general, the principal curvature-based detectors tend to extract key points located around areas characterized by high local curvatures. We can see that the key points detected by C_{M} and C_{m} distribute at many complementary positions, such as the lip, nasal regions and eyes. Our main idea is that joint use of two principal curvatures increases the probability of locating more meaningful facial points with different shape structures, such as the *elliptic* points $[C_{\mathrm{M}}(\boldsymbol{p}) \cdot C_{\mathrm{m}}(\boldsymbol{p}) > 0]$, *hyperbolic* points $[C_M(\boldsymbol{p}) - C_m(\boldsymbol{p}) < 0]$ as well as *parabolic* points $[C_M(\boldsymbol{p}) - C_m(\boldsymbol{p}) = 0]$. Moreover, the key points sparsely distribute over the entire facial local regions (rigid or non-rigid, frontal or rotated, occluded or non-occluded), which provides the possibility of dealing with the expression, pose and occlusion problems at a unified framework.

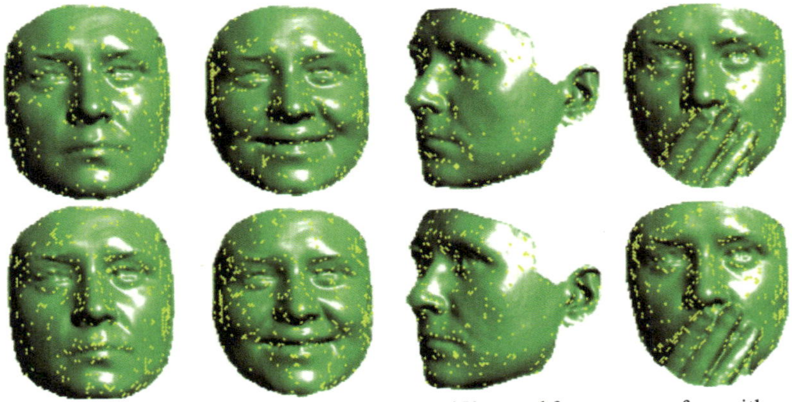

Figure 7 – 2　The detected 3D keypoints by C_M (top) and C_m (bottom)

7.2.2　3D keypoint description

Globally, the distribution and repeatability of 3D keypoints are crucial as introduced in the previous sections; while, locally, the discriminative power of each 3D keypoint representation (i. e. key point descriptor) is also crucial for the following face matching and recognition. Based on this consideration, we propose three keypoint descriptors, namely the Histogram of Gradient (HOG), the Histogram of Shape Index (HOS), and the Histogram of Gradient of Shape Index (HOGS). Intuitively, HOG describes the point-level bending pattern of the local shape around a key point; HOS indicates the distribution of different shape categories; and HOGS depicts the changing pattern of different shape categories. These three descriptors comprise different orders of surface differential quantities, and thus have strong complementarity in descriptiveness. We further build a more comprehensive key point descriptor, namely the Histogram of Multiple Surface Differential Quantities (HOMQ) by combining HOG, HOS, and HOGS at the feature level. The details are introduced as follows.

1. Canonical direction assignment

The local descriptors for key point $\boldsymbol{p} \in S$ are computed within a geodesic disc of radius R:

$$\mathcal{N}(\boldsymbol{p}) = \{\boldsymbol{q} \mid d_g(\boldsymbol{p},\boldsymbol{q}) < R\} \tag{7-6}$$

where $d_g(\boldsymbol{p},\boldsymbol{q})$ denotes the geodesic distance between $\boldsymbol{p}$ and $\boldsymbol{q}$.

To achieve rotation invariance, a canonical direction is necessary for each key point, which can be robustly assigned based on a translation and rotation invariant local coordinate system as in Skellya and Sclaroffb[14]. First, all points $\boldsymbol{q} \in N(\boldsymbol{p})$ and their normal vectors

$\boldsymbol{n}(\boldsymbol{p})$ are transformed to the following temporary local coordinate system:

$$C = \{t(\boldsymbol{p}'), t(\boldsymbol{p}') \times \boldsymbol{n}(\boldsymbol{p}'), \boldsymbol{n}(\boldsymbol{p}')\} \tag{7-7}$$

where $\boldsymbol{p}'$ (transformed point of $\boldsymbol{p}$) is the origin, it is unit normal $\boldsymbol{n}$ ($\boldsymbol{p}'$) is the z-axis, and $t(\boldsymbol{p}')$ is the x-axis, which is a randomly selected initial unit vector in the tangent plane $T(\boldsymbol{p}')$ of surface S at $\boldsymbol{p}'$. Then, the transformed points $\boldsymbol{q}'$ and their normal vectors $\boldsymbol{n}(\boldsymbol{q}')$ are projected to the tangent plane $T(\boldsymbol{p}')$. Their gradients $\theta(\boldsymbol{q}')$ and corresponding magnitudes $mag(\boldsymbol{q}')$ are computed as:

$$\theta(\boldsymbol{q}') = \arctan[\boldsymbol{n}_y(\boldsymbol{q}')/\boldsymbol{n}_x(\boldsymbol{q}')] \tag{7-8}$$

$$\mathrm{mag}(\boldsymbol{q}') = \sqrt{\boldsymbol{n}_y^2(\boldsymbol{q}') + \boldsymbol{n}_x^2(\boldsymbol{q}')} \tag{7-9}$$

where $\boldsymbol{n}_x(\boldsymbol{q}') = \boldsymbol{t}(\boldsymbol{p}') \cdot \boldsymbol{n}(\boldsymbol{q}')$, $\boldsymbol{n}_y(\boldsymbol{q}') = \boldsymbol{t}(\boldsymbol{p}') \times \boldsymbol{n}(\boldsymbol{p}') \cdot \boldsymbol{n}(\boldsymbol{q}')$. Here, $\boldsymbol{n}(\cdot)$ is simply computed by averaging the triangles' normals within the one-ring neighborhood of the associated point. Finally, a Gaussian weighted gradient histogram of 360 bins (1 bin per degree) is constructed on the tangent plane $T(\boldsymbol{p}')$ of the temporary local coordinate system. The Gaussian [see (7-2)] weights are represented as:

$$w(\boldsymbol{p}',\boldsymbol{q}') = \mathrm{mag}(\boldsymbol{q}') \cdot G_\sigma[d_g(\boldsymbol{p}',\boldsymbol{q}')] \tag{7-10}$$

where the standard deviation σ is set to half of the radius R. Similar to the SIFT descriptor[8], the canonical direction $d(\boldsymbol{p}')$ of $\boldsymbol{p}'$ is assigned by the peak of the weighted gradient histogram. Noting that more than one canonical direction may be assigned to a key point, for simplicity, we assume that only one canonical direction can be assigned to each key point in the subsequent. Once $d(\boldsymbol{p}')$ is assigned, all the neighbor points are transformed to a new local coordinate system:

$$C' = \{d(\boldsymbol{p}'), d(\boldsymbol{p}') \times \boldsymbol{n}(\boldsymbol{p}'), \boldsymbol{n}(\boldsymbol{p}')\} \tag{7-11}$$

for the following processes. Figure 7-3 shows the procedure of canonical direction assignment

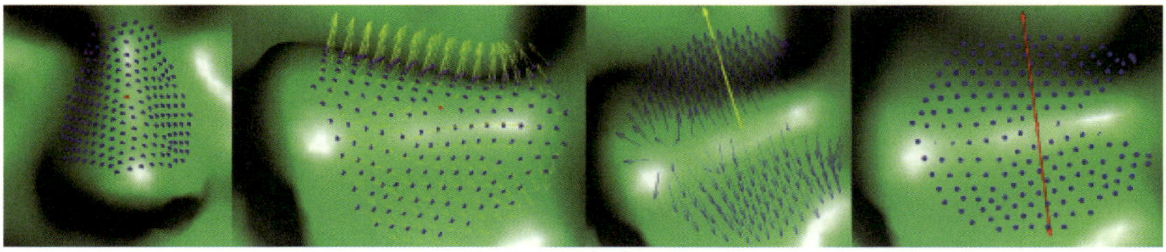

Figure 7-3 Process of the canonical direction assignment

2. Descriptor configuration

Descriptor configuration is performed on the tangent plane $T_{p'}$ of the new local coordinate system C'. Inspired by the 2D daisy descriptor[10], 9 overlapping circular regions with a radius of r_2 are assigned centering at the keypoint $\boldsymbol{p}'$ and its 8 neighboring points, respectively (see Figure 7-4). This kind of quasi-daisy radial flower pattern of overlapping circles simulates the functioning of human complex cells in the visual cortex[15]. Therefore, it tends to be robust to small transformations, e.g. spatial shifting, non-rigid deformations. The 8 neighboring points are localized by perform-ing uniform sampling over a circle centered at p' with a radius of r_1, starting from the canonical direction $\mathrm{d}(\boldsymbol{p}')$.

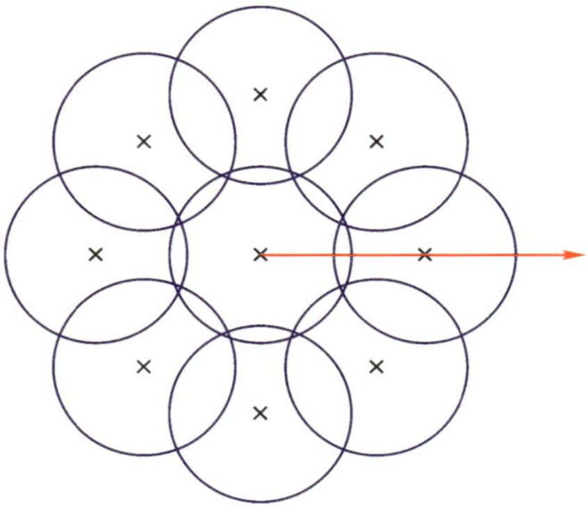

Figure 7-4 The quasi-daisy spatial configuration

3. Descriptor representation

In each circular region $c_i (i = 1, 2, \cdots, 9)$, we construct the local weighted histograms of different surface differential quantities, including the values of surface gradient, shape index, as well as the gradient of shape index. The shape index $\mathrm{SI}(\boldsymbol{p})$ at point p can be computed based on its two principal curvatures as follows,

$$\mathrm{SI}(\boldsymbol{p}) = \frac{1}{2} - \frac{1}{\pi}\arctan\frac{C_{\mathrm{M}}(\boldsymbol{p}) + C_{\mathrm{m}}(\boldsymbol{p})}{C_{\mathrm{M}}(\boldsymbol{p}) - C_{\mathrm{m}}(\boldsymbol{p})} \tag{7-12}$$

According to Meyer et al.[16], the gradient of the shape index function $\nabla\mathrm{SI}(p)$ can be computed by solving the following optimization problem:

$$\arg\min_{\nabla\mathrm{SI}(\boldsymbol{p})} \sum_{\boldsymbol{q}\in N(\boldsymbol{p},1)} \left| \nabla\mathrm{SI}(p)^{\mathrm{T}}\mathrm{proj}(\overrightarrow{\boldsymbol{pq}}) - \frac{SI(\boldsymbol{p}) - SI(\boldsymbol{q})}{\|\boldsymbol{p} - \boldsymbol{q}\|} \right| \tag{7-13}$$

where $\mathrm{proj}(\overrightarrow{\boldsymbol{pq}})$ represents a vector computed by projecting the unit vector $\overrightarrow{\boldsymbol{pq}}$ to the tangent plane T_p. Their corresponding histograms are referred to as the histogram of gradient (hog_i), histogram of shape index (hos_i) and histogram of gradient of shape index ($hogs_i$), respectively. For hog_i and $hogs_i$, the histograms of gradient angles with 8 bins representing 8 main orientations ranging from 0° to 360° are computed and weighted by their corresponding gradient magnitudes. For hos_i, the shape index values ranging from 0 to 1 are also equally quantized to 8 bins, and weighted by a Gaussian kernel G_σ, where the standard deviation is set as the Euclidian distance between the current point and the center point of the circle region. The final histograms at keypoint p are constructed by concatenating hog_i, hos_i and $hogs_i$ in a clockwise direction, represented as:

$$HOG = (hog_1, hog_2, \cdots, hog_9) \tag{7-14}$$

$$HOS = (hos_1, hos_2, \cdots, hos_9) \tag{7-15}$$

$$HOGS = (hogs_1, hogs_2, \cdots, hogs_9) \tag{7-16}$$

The above sub-histograms (e. g. hog_i) and histograms (e. g. HOG) are all normalized to unit vectors to eliminate the infiuence of non-uniform mesh sampling. This generates three 3D keypoint descriptors with the same dimension of 72. As mentioned above, these three local descriptors contain strong complementarity information in descriptiveness. Finally, we build a more comprehensive and discriminative keypoint descriptor HOMQ, which is obtained by feature-level fusion of the above three descriptors, and thus has a dimension of 216.

7.2.3 3D keypoint matching

3D keypoint matching includes two main procedures: the construction of a gallery dictionary and the computation of sparse reconstruction errors. They are introduced as follows.

1. Gallery dictionary construction

Given a gallery set of N subjects, each subject has a single 3D face scan. Assume that n_i 3D keypoints are detected for i-th subject. Let the corresponding n_i 3D keypoint descriptors be the following sub-dictionary:

$$\boldsymbol{D}_i = [d_{i,1}, d_{i,2}, \cdots, d_{i,n_i}] \in \boldsymbol{R}^{m \times n_i} \tag{7-17}$$

where m represents the descriptor dimension. In our case, $m = 72$ for HOG, HOS, and HOGS; $m = 216$ for HOMQ. Then, the dictionary for all the N subjects of the gallery can be built by simply concatenating all the sub-dictionaries as:

$$\boldsymbol{D} = [\boldsymbol{D}_1, \boldsymbol{D}_2, \cdots, \boldsymbol{D}_N] \in \boldsymbol{R}^{m \times K} \tag{7-18}$$

where $K = n_1 + n_2 + \cdots + n_N$ represents the total number of key point descriptors in the gallery. In practice, since hundreds of key points can be detected for each 3D face scan, K is very large, making $\boldsymbol{D}$ an over-complete dictionary containing informative local shape atoms of all the N subjects.

2. Multi-task sparse representation

Given a probe face scan with n 3D keypoint descriptors

$$\boldsymbol{Y} = (y_1, y_2, \cdots, y_n) \tag{7-19}$$

Then multi-task sparse representation of $\boldsymbol{Y}$ by $\boldsymbol{D}$ can be formulated as:

$$\hat{X} = \arg\min_{X} \sum_{i=1}^{n} \|x_i\|_0 \text{ , s. t. } Y = DX \tag{7-20}$$

where $X = R^{K\times n}$ ficient matrix, and $\|x_i\|_0$ denotes the l_0 norm of a vector, defined as the number of non-zero elements of the vector. As the probe descriptors are independent from each other, we can equivalently solve the following nl_0-minimization problems:

$$\hat{x}_i = \arg\min_{x_i} \|y_i - D x_i\|_2 \text{ , s. t. } \|x_i\|_0 \leq L \text{ , } i = 1,2,\cdots,n \tag{7-21}$$

where L is the sparsity parameter, which controls the sparsity of the solution. To solve (7 - 21), we make use of the Orthogonal Matching Pursuit (OMP) algorithm proposed by Pati et al.[17]. Inspired by Wright et al.[11], we introduce the following multi-task SRC to determine the identity of the probe face scan,

$$\text{identity}(Y) = \arg\min_{j} \frac{1}{n} \sum_{i=1}^{n} \|y_i - D\,\delta_j(\hat{x})_i\|_2^2 \tag{7-22}$$

where $\delta_j(\cdot)$ is a characteristic function which selects only the coefficients associated with the j-th subject. As mentioned above, equation (7 - 22) computes the normalized (average) accumulative sparse reconstruction error for all the key points of a given probe face scan.

Intuitively, if a probe face scan and a gallery face scan belong to the same identity, they should share a large set of similar key points whose local geometric characteristics are also similar to each other. Thus, for any descriptor of the probe face, there is a high probability of selecting the descriptors of the gallery face. So, the accumulative sparse reconstruction error will still be very small. In this case, the probe face can be probably recognized. The matching results of this kind of multi-task sparse representation-based matcher based on the feature-level fused 3D keypoint descriptor HOMQ are illustrated in Figure 7 - 5.

Figure 7 - 5 Illustration of the matching results of 3D keypoint descriptor (HOMQ)

7.3 Performance evaluation

7.3.1 Database

We mainly evaluate the effectiveness of the proposed 3D face recognition approach on the Bosphorus database[10]. It consists of 4,666 3D face scans of 105 subjects made up of 61 men and 44 women. For each subject, there are around 34 expressions, 13 poses, and 4 occlusions. According to different variations, we divide the entire database into three subsets:

(1) Expressions. This subset contains 6 basic expressions (Anger, Disgust, Fear, Happiness, Sadness, and Surprise) along with Neutral; 28 facial Action Units (AUs): 20 Lower AUs(LAU),5 Upper AUs(UAU), 3 Combined AUs (CAU).

(2) Poses. This subset includes 7 Yaw Rotations (YR): +10°, +20°, +30°, ±45°, ±90°; 4 Pitch Rotations (PR): strong upwards/downwards, slight upwards / downwards; 2 Cross Rotations (CR): +45° yaw and approximately ±20 pitch.

(3) Occlusions. This subset comprises occlusions of eyes by hand (E-Hand), mouth by hand (M-Hand), eyes by glasses (E-Glasse), and facial regions by hair (F-Hair), e.g. longhair for females and facial hair like beards and moustaches for males. Moreover, a subset of 18 unlabeled frontal expression scans without any occlusions is included. Figure 7-6 shows some sampled 3D face scans of the Bosphorus database.

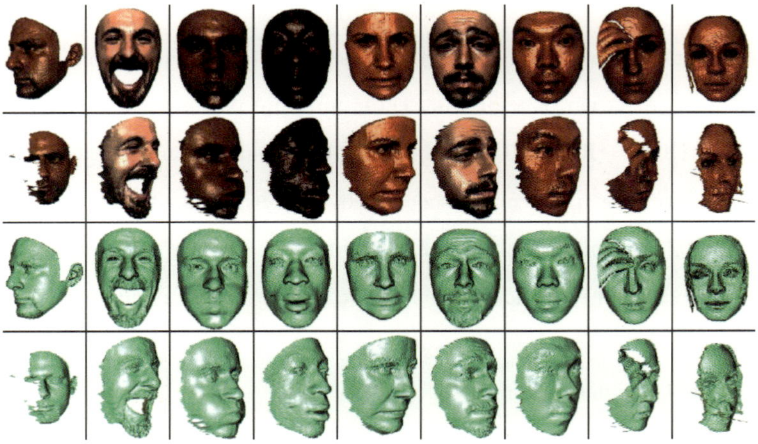

Figure 7-6 3D face samples of the Bosphorus database

The 3D face scans are acquired using a structure-light based 3D scanning system. The sensor resolution in x, y, and z (depth) dimensions are 0.3mm, 0.3mm, and 0.4mm respectively. After preprocessing by the providers, facial regions without clutter are cropped from the raw data, and each face scan approximately contains 35,000 points. In our experiments, all the face scans are first downsampled and then triangulated by simply connecting the neighboring vertices. For performance evaluation, the first neutral scan of each subject is used to construct the gallery, and the remaining scans or their subsets are used as probes.

7.3.2 Parameters

In our experiments, we empirically choose the parameters of each module as follows. For 3D keypoint detection, 3 scales are used, and the scale parameters σ_s are set as 1.83mm, 2.50mm, and 4.80mm, respectively. For 3D keypoint description, we set the radius R of the geodesic disc to 22.5mm. The parameters for descriptor configuration r_1 and r_2 are set to 15mm and 10mm, respectively. For 3D keypoint matching, the SIFT matching ratio μ for CGM is set at 0.70 for the HOG descriptor, and at 0.75 for the other descriptors. Moreover, the sparsity parameter L for FGM is set to 1. That is to say, we seek the sparsest representation of a probe descriptor among all the corresponding gallery descriptors. To see the effectiveness of the proposed matcher, we compared it with traditional SIFT-like matcher. According to their properties, we call them as the fine-grained matcher (FGM) and coarse-grained matcher (CGM), respectively.

7.3.3 Performance over the Bosphorus database

Table 7 – 1 reports rank-one recognition rates of the proposed approach on the entire Bosphorus database and its various subsets, containing the performance comparison of the proposed descriptors (HOG, HOS, HOGS, and HOMQ) and matchers (CGM and FGM). All the results are achieved by performing score-level fusion of C_M and C_m based 3D keypoint detectors. For CGM, the sum of their matched numbers is used for the similarity measurement, whereas for FGM the sum of their normalized reconstruction errors is adopted. We can interpret these results from the following three aspects:

1. Discriminability of descriptors

In terms of the discriminative power of descriptors, HOMQ generally performs better than the others over two matchers and across all face variations (subsets). This indicates that HOMQ, which fuses three different kinds of surface differential quantities, can provide a comprehensive description of local shape, and thus has the strongest discriminative power.

Moreover, HOS performs much better than HOG and HOGS over the CGM matcher and across all face variations, especially for the pose subset (e. g. YR 45°). However, this superiority becomes unconspicuous over the FGM matcher, and the difference is compensated by the advantage of FGM. We can therefore conclude that HOS has stronger discriminative power than HOG and HOGS, while HOG and HOGS are comparable to each other.

2. Effectiveness of matchers

Concerning the effectiveness of matchers, FGM clearly outperforms CGM over all descriptors and across all subsets. This advantage is very significant for the HOG and HOGS descriptors, and, in both cases, more than 10% improvements are achieved over the entire Bosphorus database. Meanwhile, this superiority becomes more significant over subsets with large pose variations. For example, there are more than 40% improvements on the YR 45° subset for HOG and the CR subset for HOGS. Moreover, the performance improvements for HOS and HOMQ descriptors are particularly significant on some very difficult subsets. For example, there are more than 10% improvements on the Anger, Disgust, Happy, YR 45° and CR subsets for HOS; and on the Disgust and YR 90° subsets for HOMQ. All these results prove that the SRC-based finegrained matcher (FGM) is more efficient than the SIFT-like coarse-grained matcher (CGM). It indicates that the finer the similarity measurement, the stronger the matcher. It is worth noting that FGM is not sensitive to descriptors. For example, HOG, HOS, and HOGS achieve very similar results on many subsets although they have different discriminative powers as pointed out above.

3. Robustness to variations

Regarding the robustness of our approach to different variations, we consider the combination of the HOMQ descriptor and the FGM matcher. On the expression subset, our approach achieves very competitive rank-one recognition rates, and even 100% on the Neutral, Sad, UAU, and CAU subsets. On the pose subset, most of the accuracies are more than 97%, and even 100% on the YR 10°and YR 20° subsets. The most challenging subset is YR 90°, where only half of the face scan (left or right profile) is available. In this case, our framework can still correctly recognize about half of the face scans (47.14%). On the occlusion subset, our approach can correctly classify all the probes, except for three which are heavily occluded by hair. All these results consistently demonstrate that the proposed approach is very robust for 3D face recognition under expression changes, occlusions, and pose variations.

Table 7-1 Performance in terms of Rank-1 recognition rates on the subsets of expressions, poses, occlusions, unlabeled and the entire Bosphorus database

Items	HOG/%		HOS/%		HOGS/%		HOMQ/%	
	CGM	FGM	CGM	FGM	CGM	FGM	CGM	FGM
Neutral (105 scans) vs. expressions (2,797 scans)								
Neutral (194)	99.48	100.0	100.0	100.0	100.0	100.0	100.0	100.0
Anger (71)	69.01	91.55	87.32	98.59	76.06	94.37	88.73	97.18
Disgust (69)	50.72	84.06	56.52	78.26	60.87	88.41	76.81	86.96
Fear (70)	71.43	92.86	88.57	92.86	84.29	94.29	92.86	98.57
Happiness (106)	79.25	91.51	85.85	96.23	75.47	98.11	95.28	98.11
Sadness (66)	80.30	95.45	90.91	96.97	86.36	96.97	95.45	100.0
Surprise (71)	81.69	100.0	97.18	100.0	84.51	97.18	98.59	98.59
LAU (1,549)	88.96	96.97	95.09	98.13	90.70	98.52	97.22	98.84
UAU (432)	94.21	99.07	98.15	100.0	95.14	99.54	99.07	100.0
CAU (169)	92.90	100.0	97.04	99.41	95.86	100.0	98.82	100.0
All (2,797)	88.09	96.96	94.32	97.96	90.24	98.32	96.89	98.82
Neutral (105 scans) vs. poses (1,365 scans)								
YR10 (105)	98.10	100.0	100.0	100.0	96.19	100.0	100.0	100.0
YR20 (105)	90.48	99.05	96.19	99.05	87.62	98.10	99.05	100.0
YR30 (105)	84.76	98.10	92.38	100.0	75.24	96.19	98.10	99.05
YR45 (210)	49.52	89.05	80.48	91.90	49.05	84.76	90.95	97.62
YR90 (210)	07.62	16.67	17.62	25.24	02.86	10.00	33.33	47.14
YR (735)	55.37	72.65	69.25	76.19	51.84	71.43	77.96	84.08
PR (419)	94.27	99.28	96.90	98.57	84.73	99.28	98.81	99.52
CR (211)	60.66	90.05	79.62	94.79	48.34	89.10	94.31	99.05
All (1,365)	68.13	83.52	79.34	85.93	61.39	81.47	86.89	91.14
Neutral (105 scans) vs. occlusions (381 scans)								
E-Hand (105)	96.19	100.0	100.0	100.0	96.19	100.0	100.0	100.0
M-Hand (105)	90.48	100.0	97.14	98.10	93.33	99.05	99.05	100.0
E-Glasses (104)	95.19	100.0	97.12	97.12	97.12	97.12	100.0	100.0
F-Hair (67)	86.57	94.03	94.03	91.04	86.57	82.09	97.01	95.52
All (381)	92.65	98.95	97.38	97.90	93.96	96.59	99.21	99.21
Neutral (105 scan) vs. unlabeled scan (18 scans)								
All (18)	88.89	100.0	100.0	100.0	94.44	100.0	100.0	100.0

continued

Items	HOG/%		HOS/%		HOGS/%		HOMQ/%	
	CGM	FGM	CGM	FGM	CGM	FGM	CGM	FGM
Neutral (105 scans) vs. all meshes except yaw 90 (4,351 scans)								
All (4,351)	86.12	96.81	93.61	97.70	85.75	97.15	97.04	98.94
Neutral (105 scans) vs. all scans (4,561 scans)								
All (4,561)	82.50	93.12	90.11	94.37	81.93	93.14	94.10	96.56

7.3.4 Comparison

Table 7 – 2 shows the performance comparison between our approach (HOMQ + FGM) and the state-of-the-art ones on the Bosphorus database and its various subsets. For a fair comparison, the same experimental protocol of Table 7 – 1 is used. It is worth noting that the probe subsets differ slightly according to the method. For the expression subset, 3,186 frontal scans are used in Smeets et al. [9]. For the occlusion subset, 360 scans rather than all the 381 occluded probe scans are used in Colombo et al. [18].

From Table 7 – 2, we can see that our proposed method significantly outperforms all the other methods, especially on the subsets of occlusions and pose variations, and achieves the best rank-one recognition rates on the entire database and these defined subsets. It should be noted that the registration-based methods Alyüzetal. [19], Colombo et al. [18], and Drira et al. [5] deal with the occlusion problem with the help of additional face data and subspace learning techniques such as PCA (Principal Component Analysis). In contrast, the registration-free methods in Smeets et al. [9], Berretti et al. [20] and this chapter, which are based on the SIFT-like framework, can simultaneously handle facial expression changes, occlusions, and pose variations.

To sum up, from Table 7 – 2, we can conclude that, as a result of capturing more meaningful key points, extracting more discriminative descriptors, and building more efficient matcher, the method we propose has proved more effective and robust than the highly related counterpart, i. e. Smeets et al. [9], Berretti et al. [20] although they derive from the same framework. Moreover, our result on the YR 90° subset indicates that this scenario is still a very challenging issue in 3D face recognition.

Table 7 - 2 Comparison of rank-one recognition rates on the subsets of expressions, poses, occlusions and the entire Bosphorus database

literature	Expressions /%	Poses /%	YR /%	YR90° /%	PR /%	CR /%	Occlusions /%	E-Hand /%	M-Hand /%	E-Glasses /%	F-Hair /%	All scans /%
Alyüz et al. (2008)	—	—	—	—	—	—	—	93.6	93.6	93.6	89.6	—
Alyüz et al. (2010)	94.2	—	—	—	—	—	—	—	—	—	—	—
Colombo et al. (2011)	—	—	—	—	—	—	—	87.6	91.1	84.7	90.4	—
Ocegueda et al. (2011)	96.2	—	—	—	—	—	—	—	—	—	—	—
Drira et al. (2013)	—	—	—	—	—	—	—	87.0	97.4	94.2	81.0	—
Smeets et al. (2013)	95.7	84.2	—	24.3	—	—	—	—	—	—	—	93.7
Berretti et al. (2013)	95.7	88.6	81.6	45.7	96.3	93.4	91.3	—	—	—	—	93.4
This book	98.8	91.8	81.6	47.4	96.5	99.2	100	100	100	100	95.5	96.6

7.4 Conclusion

We present a novel mesh version of the SIFT-like algorithm for registration-free 3D face recognition under expression changes, occlusions, and pose variations. We propose a principal curvature-based 3D keypoint detection algorithm, which can repeatedly identify complementary locations on a face scan where local curvatures are high. Moreover, a robust 3D local coordinate system is built at each keypoint allowing extraction of rotation and translation invariant 3D keypoint descriptors. Three local descriptors, corresponding to three different surface differential quantities, and their feature-level fusion, are proposed and compared. These single-quantity based descriptors contain strong complementarity information, enabling their fusion to provide a comprehensive and discriminative description of local shape. We also propose a multi-task SRC based fine-grained 3D keypoint matching algorithm and compare it with the SIFT-like coarse-grained matching scheme. Our algorithm is tested on the Bosphorus database and achieves identification rates of 96.56% (entire database), 98.82% (expression subset), 99.21% (occlusion subset), and 91.14% (pose subset), respectively. Comprehensive experimental results show that the proposed method outperforms all the existing state-of-the-art methods, and achieved the best Rank-one recognition rate on the Bosphrous database.

(LI Huibin)

References

[1] BOWYER, K W, CHANG, K, FLYNN, P. A survey of approaches and challenges in 3d and multi-modal 3d + 2d face recognition [J]. Computer Vision and Image Understanding, 2006,101: 1 – 15.

[2] SMEETS, D, CLAES P, HERMANS J, et al. A comparative study of 3d face recognition under expression variations[J]. IEEE Transactions on Systems, Man, and Cybernetics, Part C: Applications and Reviews, 2012,42(5): 710 – 727.

[3] PASSALIS G, PERAKIS P, THEOHARIS T, et al. Using facial symmetry to handle pose variations in real-world 3d face recognition[J]. IEEE Transactions on Pattern Analysis and Machine Intelligence, 2011,33(10): 1938 – 1951.

[4] ALYÜZ N, GOKBERK B, AKARUN L. 3d face recognition under occlusion using masked projection[J]. IEEE Transactions on Information Forensics and Security, 2013,8(5): 789 – 802.

[5] DRIRA H, BENAMOR B, SRIVASTAVA A, et al. 3d face recognition under expressions, occlusions, and pose variations[J]. IEEE Transactions on Pattern Analysis and Machine Intelligence, 2013,35(9): 2270 – 2283.

[6] MIAN A S, BENNAMOUN M, OWENS R A. Keypoint detection and local feature matching for textured 3d face recognition[J]. International Journal of Computer Vision, 2008, 79(1): 1 – 12.

[7] HUANG D, ARDABILIAN M, WANG Y, et al. 3d face recognition using elbp-based facial description and local feature hybrid matching [J]. IEEE Transactions on

Information Forensics and Security, 2012,7(5): 1551 -1565.

[8] LOWE D G. Distinctive image features from scale-invariant keypoints[J]. International Journal of Computer Vision, 2004, 60(2): 91 -110.

[9] SMEETS D, KEUSTERMANS J, VANDERMEULEN D, et al. Meshsift: local surface features for 3d face recognition under expression variations and partial data[J]. Computer Vision and Image Understanding, 2013, 117(2): 158 -169.

[10] TOLA E, LEPETIT V, FUA P. Daisy: an efficient dense descriptor applied to wide-baseline stereo[J]. IEEE Transactions on Pattern Analysis and Machine Intelligence, 2010, 32(5): 815 -830.

[11] WRIGHT J, YANG A Y, GANESH A, et al. Robust face recognition via sparse representation[J]. IEEE Transactions on Pattern Analysis and Machine Intelligence, 2009,31(2): 210 -227.

[12] LIAO S, JAIN A, LI S. Partial face recognition: alignment free approach[J]. IEEE Transactions on Pattern Analysis and Machine Intelligence, 2013,35(5): 1193 -1205.

[13] GOLDFEATHER J, INTERRANTE V. A novel cubic-order algorithm for approximating principal direction vectors[J]. ACM Transactions Graphics, 2004, 23(1): 45 -63.

[14] SKELLYA L J, SCLAROFFB S. Improved feature descriptors for 3d surface matching [J]. Proceedings of of SPIE Two-and Three Dimensional Methods for Inspection and Metrology, 2007, 6762: 1 -12.

[15] HUBEL D H, WIESEL T N. Receptive fields, binocular interaction and functional architecture in the cats visual cortex[J]. The Journal of Physiology, 1962, 160: 106 -154.

[16] MEYER T, ERIKSSON M, MAGGIO R. Gradient estimation from irregularly spaced data sets[J]. Mathematical Geology, 2001, 33: 693 -717.

[17] PATI Y C, REZAIIFAR R, KRISHNAPRASAD P S. Orthogonal matching pursuit: recursive function approximation with applications to wavelet decomposition[J]. Signals, Systems and Computers, 2002: 40 -44.

[18] BERRETTI S, WERGHI N, DEL BIMBO A, et al. Matching 3d face scans using interest points and local histogram descriptors[J]. Computers and Graphics, 2013, 37 (5): 509 -525.

[19] ALYÜZ N, GÖKBERK B, AKARUN L. A 3d face recognition system for expression and occlusion invariance[J]. 2nd IEEE International Conference on Biometrics: Theory,

Applications and Systems (BTAS): 1 - 7.

[20] COLOMBO A, CUSANO C, SCHETTINI R. Three-dimensional occlusion detection and restoration of partially occluded faces[J]. Journal of Mathematical Imaging and Vision, 2011, 40(1): 105 - 119.

Chapter 8
Cross-dataset Palmprint Recognition

8.1 Overview of cross-dataset palmprint recognition

Compared with traditional physical authentication methods, such as passwords, keys, etc. , biometrics-based authentication methods have good user experience, high accuracy, high security and wide coverage. Biometrics has been an important means of authentication in the information age[1]. As one of the biometric technologies proposed mainly by Chinese researchers, palmprint recognition has become a popular topic, attracting the attention of multiple research institutes around the world. Palmprint recognition has the advantages of non-contact, good user experience and low risk of privacy exposure[2]. Currently, deep learning-based palmprint recognition methods have achieved good results on many databases[3]. However they have some shortcomings in addressing the issue of cross-dataset palmprint recognition[4]. Firstly, most deep learning-based palmprint recognition algorithms require independent and identically distributed data. The palmprint images in the training and test sets need to be captured from the same environment and equipment, which limits the convenience[5]. Deep learning-based palmprint recognition typically trains a model based on a training set and then evaluates it on a test set. When a model trained on one palmprint dataset is used directly on another dataset, the performance may deteriorate rapidly due to the domain shifts. In practice, the images used for training and testing may come from different devices, which is cross-dataset palmprint recognition. At this point, the traditional recognition model needs to be re-trained to adapt to the test samples, which will cost time and resources. Figure 8 – 1 compares traditional palmprint recognition with cross-dataset palmprint recognition. While traditional palmprint recognition samples the training and test sets from the same dataset, cross-dataset palmprint recognition allows the images in the training and test sets to come from different datasets. Secondly, deep learning methods require a large amount of labeled data to train the model to ensure high accuracy. But labeling enough training data takes a lot of time and effort. For example, Matkowski et al. [6] collected a database of web-based palmprint images from the Internet for forensic applications. The images in this database were downloaded from the web, and it took a lot of time and resources to manually label the images.

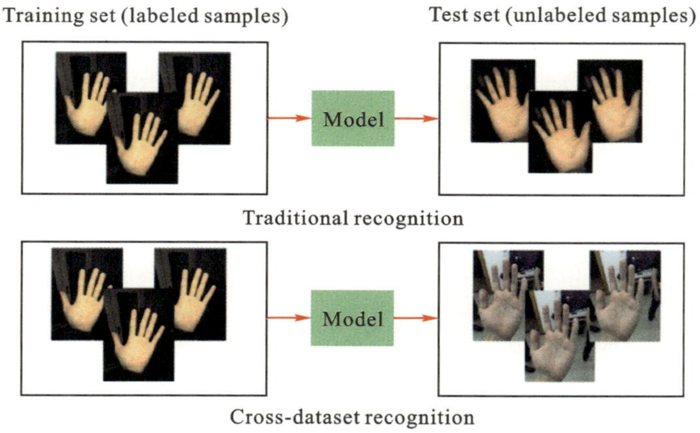

Figure 8 – 1　Traditional palmprint recognition vs. cross-dataset palmprint recognition

8.2　Joint pixel and feature transferring for cross-data palmprint recognition

For traditional palmprint recognition, the goal is to match test sets collected from different devices or environments with the training set to find the correct class for them. However, due to the large domain shifts between the training and test sets, the model trained on the training set cannot be well used for feature extraction in the test set. An effective approach to this problem is transfer learning or domain adaptation algorithms[7]. It is able to transfer the knowledge learned in the training set to another different but related test set. Joint Pixel and Feature Transferring (JPFT) method simultaneously employs transfer learning at both pixel and feature levels to reduce the discrepancy between the training and test sets and achieve accurate cross-data palmprint recognition[8]. A schematic of the JPFT method is shown in Figure 8 – 2.

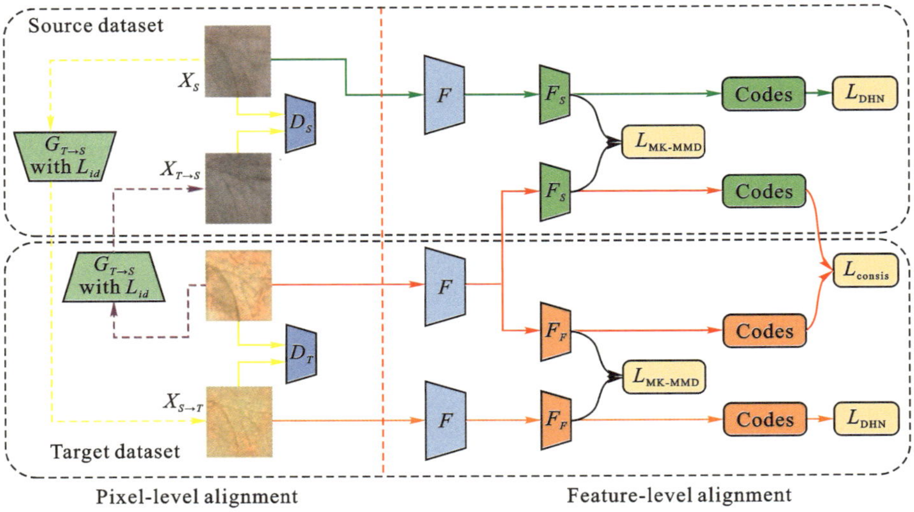

Figure 8 – 2 Schematic of the JPFT method

JPFT definesthe datasets collected from different devices or environments as a source dataset and a target dataset respectively. It is aimed at extracting adaptive features in the source and target datasets in order to match them correctly. For pixel-level transferring, JPFT employs a generative adversarial network to generate fake palmprint images similar to the target dataset in style. There are two advantages: ① The generated fake images can be used as a bridge to establish a connection between the source and target datasets and reduce the discrepancy between them; ② More labeled data can be obtained at the same time, which can be used to improve the training efficiency and generalization ability. However, it also brings two requirements: ① In order to practically reduce the discrepancy, the generated fake images should be as similar as possible to the target dataset; ② In order to obtain labeled palmprint data, the generated fake images should maintain their category information in the source dataset. For the source images coming from the same category, the generated fake images should still belong to the same category. The former is realized by a CycleGAN-based network, and the latter by a category loss L_{id} .

For feature-level transferring, the target image X_T is combined with the source image X_S and the fake image $X_{S\to T}$ to form two sets of image pairs. They are fed into the feature extractor to extract the features. In particular, in order to improve the accuracy the feature extractor is divided into two parts: a common part F for extracting low-level palmprint features, and specific parts, F_S and F_F , one for extracting high-level palmprint features. F_S is used to extract the features of source and target images, and F_F is used to extract the features of fake and target images. Since the source dataset and the fake dataset have labels, they can be applied to train the model using a supervised loss. In order to reduce the distributional shifts between the source dataset and the target dataset as well as between the fake dataset and the target dataset, a loss based on Multiple-Kernel Maximum Mean Discrepancy (MK-MMD) is introduced, denoted as L_{MK-MMD}. In addition, the same target image needs to be input into two feature extractors F_S and F_F, so that two features can be extracted. Theoretically, the two features should be as similar to each other as possible. Therefore, a consistency loss is introduced to bound the difference between them, denoted as L_{consis}. Finally, adaptive palmprint features can be extracted across the source and target datasets for cross-dataset palmprint recognition.

8.2.1 Deep hashing network-based palmprint feature extractor

Deep Hashing Network (DHN)[9] is used as the feature extractor to convert palmprint images to binary codes. With a suitable optimization strategy, the model is trained to make the features of the same category as similar as possible to each other, while the features of different categories are as dissimilar as possible to each other. DHN is able to dramatically improve the efficiency of feature matching while reducing the storage space. The schematic diagram of DHN is shown in Figure 8 – 3.

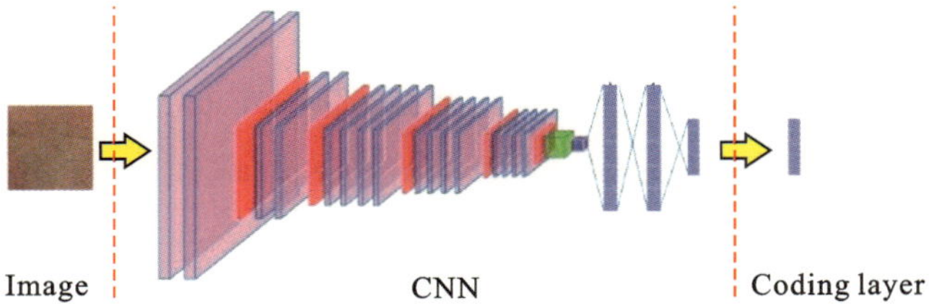

Figure 8 – 3 Schematic diagram of DHN

The palmprint images are first fed into a convolutional neural network to obtain features where the activation function of the output layer is set to *tanh* to limit the values of the features to between −1 and 1. The features are then further fed into the coding layer and converted into binary codes.

$$f(x) = \begin{cases} 1 & x \geqslant 0 \\ -1 & x < 0 \end{cases} \tag{8-1}$$

In order to make the extracted features discriminative, DHN optimizes the network using a two-part loss function, *i.e.*, hashing loss and quantization loss. Inspired by[10], hashing loss is based on the contrast loss[11]. Assuming that images i and j are a set of image pairs, the features extracted by DHN are represented as U_i and U_j. Then the hashing loss between them can be expressed as:

$$L_h(U_i, U_j, S_{ij}) = \frac{1}{2} S_{ij} D(U_i, U_j) + \frac{1}{2}(1 - S_{ij}) \max[m - D(U_i, U_j), 0] \quad (8-2)$$

where S_{ij} represents the relationship of i and j. When they come from the same category forming positive pairs, $S_{ij} = 1$, otherwise $S_{ij} = 0$. $D(U_i, U_j)$ represents the distance between U_i and U_j. m is a threshold and set to 180. Assuming that there are N images, the hashing loss between them can be expressed as:

$$L_h = \sum_{i=1}^{N-1} \sum_{j=i+1}^{N} L_h(U_i, U_j, S_{ij}) \quad (8-3)$$

Quantization error occurs when the feature vector is converted to binary codes, and this part is added as quantization loss to the loss function, denoted as:

$$L_Q(U_i) = \sum_{i=1}^{N} \frac{1}{2} \| |U_i| - 1 \|_2 \quad (8-4)$$

where $|\cdot|$ is an absolute expression and $\| \cdot \|_2$ is L_2 -norm of the vector.

The hashing loss and quantization loss are combined using weights as the overall loss function of DHN, denoted as:

$$L_{\mathrm{DHN}} = L_{\mathrm{h}} + \alpha L_{\mathrm{Q}} \quad (8-5)$$

where α is a hyperparameter and set to 0.5.

8.2.2 Adaptive feature extraction based on pixel-level transferring

In JPFT, the pixel-level transferring is based on CycleGAN[12]. It is able to transfer the styles between the source domain and the target domain to each other and does not require paired data which is highly flexible. For two different image sets $\{x_i^S \in S\}$ and $\{x_j^T \in T\}$ in different domains X and Y, CycleGAN maps a sample from the source (target) domain to the target (source) domain and produces a sample that is indistinguishable from those in the target (source) domain[13]. There are two mapping functions, $G_{S \to T}: S \to T$ and $G_{T \to S}: T \to S$, and two adversarial discriminators, D_S and D_T. Similar to generative adversarial networks, the goal of the generator is to generate an image similar to another domain to confuse the discriminator into not being able to distinguish which domain the input comes from. The goal of the discriminator is to try to accurately determine the domain label of the input image. The generator and discriminator are trained alternately. In the early stage, the performance of the generator is poor and the difference between the generated image and the target domain is still large, so the discriminator can easily make the judgment. As the training progresses, the generator is able to produce high-quality fake images to fool the discriminator, proving that the generator has been successfully trained. CycleGAN also introduces a cyclic loss, which requires that when an image in one domain is transformed to another domain and then re-converted back to the original domain, the resulting image should be as similar as possible to the original image. The overall CycleGAN loss function is expressed as:

$$L(G_{S\to T}, G_{T\to S}, D_S, D_T) = L_{\text{GAN}}(D_T, G_{S\to T}, S, T) + L_{\text{GAN}}(D_S, G_{T\to S}, T, S) + \lambda L_{\text{cyc}}(G_{S\to T}, G_{T\to S}) \tag{8-6}$$

$$L_{\text{GAN}}(D_T, G_{S\to T}, S, T) = E[\log D_T(x_T)] + E\{\log[1 - D_T(G_{S\to T}(x_S))]\} \tag{8-7}$$

$$L_{\text{GAN}}(D_S, G_{T\to S}, T, S) = E[\log D_S(x_S)] + E\{\log[1 - D_S(G_{T\to S}(x_T))]\} \tag{8-8}$$

$$L_{\text{cyc}}(G_{S\to T}, G_{T\to S}) = E\{\| G_{T\to S}[G_{S\to T}(x_S)] - x_S \|_1\} + E\{\| G_{S\to T}[G_{T\to S}(x_T)] - x_T \|_1\} \tag{8-9}$$

where L_{GAN} represents adversarial loss, L_{cyc} represents cycle consistency loss, and λ is set to 10.

Based on CycleGAN, fake palmprint images similar in style to the target dataset can be generated. But the fake images should also maintain identities which is important for palmprint recognition, so identity loss is taken into account. Therefore, identity loss can be achieved by constraining the distances of features. During training, both the source and fake images are inputted into DHN which is pre-trained on the source dataset. Then the Euclidean distance between them is calculated as the identity loss:

$$L_{id} = \sqrt{(U_{S_i} - U_{F_i})(U_{S_i} - U_{F_i})^{\text{T}}} \tag{8-10}$$

where U_{S_i} and U_{F_i} are the features of i-th source image and its fake image, respectively.

The optimizing objective on pixel-level transferring can be obtained by:

$$L_p = L(G_{S\to T}, G_{T\to S}, D_S, D_T) + L_{id} \tag{8-11}$$

8.2.3 Adaptive feature extraction based on feature-level transferring

Although pixel-level transferring can effectively reduce the shifts between the source and target domains, it is difficult to train and prone to pattern collapse. A very large number of iterations are required to produce a high-quality image. Therefore, the feature-level transferring needs to be further introduced. Through pixel-level transferring, we can obtain fake palmprint images that are similar in style to the target domain, composing a fake domain. The fake images are also labeled, which can be used as expanded data to help improve generalization capabilities. The core of palmprint recognition is to extract discriminative features with significant intra- and inter-class differences. A feature extractor based on DHN is applied to extract the features of images in the source, target and fake domains respectively. Since the first few layers of deep neural networks generally extract generalized basic features, such as edges, while later layers extract advanced features, the feature extractor is divided into two parts, i. e., F_S and F_F. Features extracted by DHN cannot yet be directly used for cross-dataset matching due to domain shifts between the target and source and fake domains. A domain adaptive algorithm is required to achieve feature-level transferring.

Firstly, the features of the target domain are combined with the features of the source and fake domains into feature pairs, respectively. Feature-level transferring is aimed at making the feature distributions within the two feature pairs as identical as possible. Therefore, the difference in their distribution is reduced by constraining the Multiple Kernel variant of Maximum Mean Discrepancy (MK-MMD) between features. For source domain $\{x_i^S \in S\}$ and target domain $\{x_j^T \in T\}$, the MK-MMD between is:

$$L_{\text{MK-MMD}} = \frac{1}{n^2}\sum_{i=1}^{n}\sum_{i'=1}^{n} k(x_i^S, x_{i'}^S) - \frac{2}{mn}\sum_{i=1}^{n}\sum_{j=1}^{m} k(x_i^S, x_j^T) + \frac{1}{m^2}\sum_{j=1}^{m}\sum_{j'=1}^{m} k(x_j^T, x_{j'}^T) \tag{8-12}$$

where k is defined as the convex combination of c PSD kernels $\{k_u\}$,

$$K \triangleq \{k = \sum_{u=1}^{c}\beta_u k_u : \sum_{u=1}^{c}\beta_u = 1, \beta_u \geqslant 0, \forall u\} \tag{8-13}$$

In feature-level transferring, two feature pairs are generated, and the MK-MMD loss between them needs to be constrained separately. The MK-MMD loss between the target and source domains is denoted as $L_{\text{MK-MMD}}^{TS}$ and the MK-MMD loss between the target and fake domains is denoted as $L_{\text{MK-MMD}}^{TF}$.

In addition, JPFT constructs two feature extractors for the source and fake domains, F_S and F_F. Both of them are applied to extract two feature codes of a target image. For the same image in the target domain, the features extracted by F_S and F_F should be as identical as possible. So a consistency loss L_{consis} is introduced to constrain the difference between them, denoted as:

$$L_{\text{consis}} = |c_{T_i}^S - c_{T_i}^F| \tag{8-14}$$

where $c_{T_i}^S$ is the feature of a target image using F_S and $c_{T_i}^F$ is the feature of the same target image using F_F.

Therefore, the optimization objective of JPFT is:

$$L = L_{\text{DHN}}^S + L_{\text{DHN}}^F + L_p + L_{\text{MK-MMD}}^{TS} + L_{\text{MK-MMD}}^{TF} + \beta L_{\text{consis}} \tag{8-15}$$

where L_{DHN}^S and L_{DHN}^F are the DHN losses in source and target domains, and β is a trade-off parameter.

8.3 Experiments and results analysis

8.3.1 Database

8.3.1.1 XJTU-UP (Xi'an Jiaotong University Unconstrained Palmprint) database

In order to relax the requirements during palmprint image acquisition, the XJTU-UP database[13] was collected in an unconstrained manner. Five kinds of mobile phones, i. e., iPhone 6S, HUAWEI Mate8, LG G4, Samsung Galaxy Note5 and MI8, are adopted. The volunteers held the mobile phones and chose the hand angles and image backgrounds according to their own wishes. At the same time, volunteers were asked to change the backgrounds and poses of hands as much as possible in order to increase the variety of images captured. Two kinds of illumination were adopted, one was indoor natural light, and the other was the flash light of smart phones. For simplicity, according to the acquisition devices and illuminations, ten datasets are denoted as IN (iPhone 6s under Natural illumination), IF (iPhone 6s under Flash illumination), HN (HUAWEI Mate8 under Natural illumination), HF (HUAWEI Mate8 under Flash illumination), LN (LG G4 under Natural illumination), LF (LG G4 under Flash illumination), SN (Samsung Galaxy Note5 under Natural illumination), SF (Samsung Galaxy Note5 under Flash illumination), MN (MI8 under Natural illumination), and MF (MI8 under Flash illumination). Some typical samples are shown in Figure 8 -4.

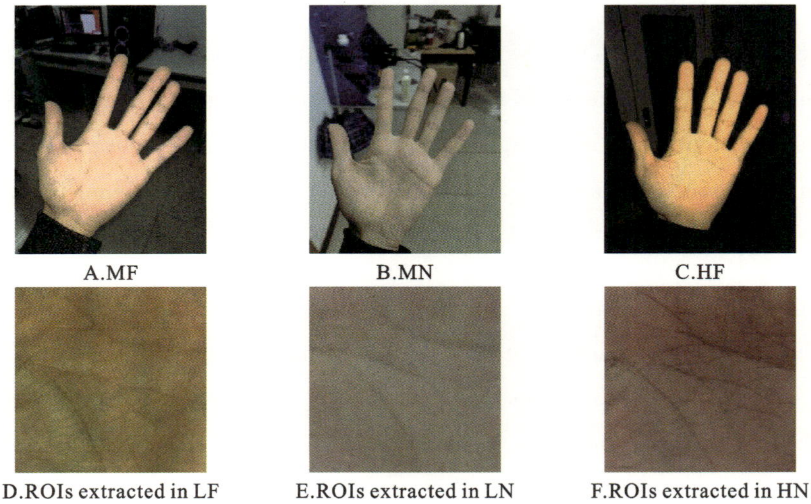

Figure 8 -4　Samples of XJTU-UP database

8.3.1.2 PolyU (The Hongkong Polytechnic University) multispectral palmprint database

PolyU multispectral palmprint database is one of the most popular palmprint databases in academia[15]. It is a constrained database acquired under four spectrums, i. e. , blue, green, red and near-infrared (NIR). 24,000 palmprint images of 250 volunteers are captured. According to different illuminations, every independent spectrum can be seen as an independent dataset, i. e. , NIR, Red, Blue and Green. In each dataset, there are 6,000 images acquired from 500 classes. Some examples are shown in Figure 8 – 5.

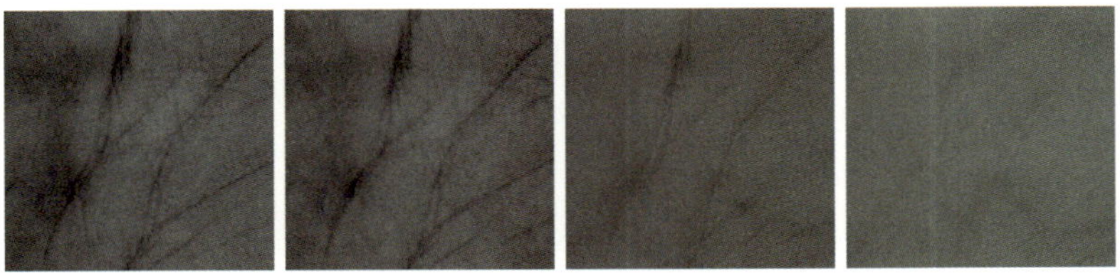

Figure 8 – 5 Some typical region of interest samples of PolyU multispectral palmprint database

8.3.2 Implementation details

In experiments, a dataset is selected as the source dataset and another different dataset is selected as the target dataset. Each image in the source dataset can generate a fake image similar to other datasets, so a labeled fake dataset with the same number can be obtained. For palmprint identification, every palmprint image in the target dataset is matched with all of the images in the source or fake dataset to find the most similar one. If they are from the same individual, the matching is successful and the identification accuracy can be calculated. For palmprint verification, the hashing codes of target dataset are obtained by the trained feature extractors in the source or fake dataset. After getting their Hamming distance, EERs can be calculated. Note that the labels of target dataset are not used in the training process and are only used to evaluate the models.

8.3.3 Performance on XJTU-UP database

XJTU-UP database contains 10 sub-datasets collected from different environments and devices. SF and IN datasets are selected as the source datasets and the rest of the datasets are used as the target datasets for experiments, respectively. The experimental results are shown in Tables 8 – 1 and 8 – 2. "Source only" is used as the baseline, which means that the target codes are obtained by the model trained on source dataset without domain adaptation. In addition, the results give the magnitude of the improvement in performance of JPFT compared to the baseline.

Table 8 – 1 Accuracy (%) of identification on the XJTU-UP database

Source	Target	Source only	JPFT	Improvements
SF	LF	95.30	99.00	↑3.70
SF	LN	73.15	82.65	↑9.50
SF	SN	78.87	98.20	↑19.33
SF	IF	90.10	94.85	↑4.75
SF	IN	60.85	70.80	↑9.95
SF	HF	86.80	95.75	↑8.95
SF	HN	58.35	86.45	↑28.10
SF	MF	94.50	96.45	↑1.95
SF	MN	72.25	82.10	↑9.85
IN	LF	80.90	91.45	↑10.55
IN	LN	90.35	95.20	↑4.85
IN	SF	79.20	85.05	↑5.85
IN	SN	90.05	95.00	↑4.95
IN	IF	94.20	98.10	↑3.90
IN	HF	67.75	88.80	↑21.05
IN	HN	90.15	95.20	↑5.05
IN	MF	88.45	92.05	↑3.60
IN	MN	91.30	95.25	↑3.95

Table 8 – 2 EER (%) of verification on the XJTU-UP database

Source	Target	Source only	JPFT	Improvements
SF	LF	0.74	0.16	↓0.58
SF	LN	5.27	2.61	↓2.66
SF	SN	3.42	0.52	↓2.90
SF	IF	0.95	0.30	↓0.65
SF	IN	4.91	1.96	↓2.95
SF	HF	2.49	1.08	↓1.41
SF	HN	6.78	2.09	↓4.69
SF	MF	1.04	0.28	↓0.76
SF	MN	4.36	1.85	↓2.51

continued

Source	Target	Source only	JPFT	Improvements
IN	LF	2.28	0.20	↓2.08
IN	LN	2.00	0.85	↓1.15
IN	SF	2.24	0.45	↓1.79
IN	SN	1.58	0.50	↓1.08
IN	IF	1.12	0.33	↓0.79
IN	HF	4.19	1.74	↓2.45
IN	HN	1.73	0.92	↓0.81
IN	MF	1.76	1.14	↓0.62
IN	MN	1.20	0.082	↓1.12

From the results, due to the various acquisition conditions, the accuracy of different datasets varies greatly. The highest accuracy is 99.00%, where SF is selected as source dataset and LF is selected as target dataset. The accuracy of cross-dataset identification is improved up to 28.10%. The EER is reduced by up to 4.69%, when SF is used as source dataset and HN is used as target dataset. And the EER of cross-dataset verification is as low as 0.082%, when IN and MN are used as source and target datasets, respectively.

8.3.4 Performance on PolyU multispectral palmprint database

PolyU multispectral palmprint database contains four sub-datasets. Blue or Red is selected as the source dataset and the remaining datasets as the target dataset respectively. The experimental results are shown in Tables 8-3 and 8-4. Similarly, the results of baseline, JPFT and the improvement of performance are given. For the multispectral palmprint database, the images are collected in constrained environments, so the accuracies are relatively high. When Blue is used as the source dataset and Red is used as the target dataset, the accuracy reaches 100%. When Red and NIR are used as source and target datasets, the improvement is the highest, and the accuracy is improved by 6.45%. At the same time, the EER is 0%. When Blue and NIR are selected as source and target datasets, the EER is reduced by up to 2.26%. When NIR is selected as the target dataset, the performance is the worst. This is because NIR is acquired in the near-infrared and contains fewer texture features compared to images in other spectra. Although some vein features can be captured, they are limited due to low light.

Table 8 – 3 Accuracy (%) of identification on PolyU multispectral palmprint database

Source	Target	Source only	JPFT	Improvements
Blue	Green	99.42	99.85	↑0.43
Blue	Red	99.80	100.00	↑0.20
Blue	NIR	92.57	96.43	↑3.86
Red	Blue	99.33	99.50	↑0.17
Red	Green	99.27	99.53	↑0.26
Red	NIR	90.52	96.97	↑6.45

Table 8 – 4 EER (%) of verification on PolyU multispectral palmprint database

Source	Target	Source only	JPFT	Improvements
Blue	Green	0.17	0.055	↓0.115
Blue	Red	0.00	0.00	↓0.00
Blue	NIR	4.03	1.77	↓2.26
Red	Blue	0.26	0.073	↓0.187
Red	Green	0.30	0.034	↓0.266
Red	NIR	0.44	0.25	↓0.19

8.4 Conclusion

JPFT first converts the images in the source dataset to fake palmprint images with a similar style to the target dataset on the pixel-level transferring, thus reducing the difference with the target dataset. A consistency loss category loss is also introduced to keep the category before and after the transferring of the image. In this way, labeled fake palmprint images can be obtained to help learn the model and improve the generalization ability. On feature-level transferring, the target dataset is formed into image pairs with the source and fake datasets, respectively. After extracting the features using a DHN-based feature extractor, the MK-MMD loss is introduced to reduce the discrepancy between the image pairs. A consistency loss is also introduced to constrain the distance between the features of the same target image extracted by different feature extractors, which is used as auxiliary information to help train the model.

Finally, adaptive features are extracted from the source, fake and target datasets through pixel-level and feature-level transferring to achieve across-dataset palmprint recognition.

(ZHONG Dexing)

References

[1] JAIN A K, DEB D, ENGELSMA J J. Biometrics: trust, but verify[J]. IEEE Transactions on Biometrics, Behavior, and Identity Science, 2022, 4 (3): 303 – 323.

[2] ZHONG D, DU X, ZHONG K. Decade progress of palmprint recognition: a brief survey [J]. Neurocomputing, 2019, 328: 16 – 28.

[3] SHAO H, ZHONG D. Towards open-set touchless palmprint recognition via weight-based Meta metric learning[J]. Pattern Recognition, 2022, 121: 1 – 12.

[4] ZOU Y, LIU C, SHAO H, et al. Unsupervised palmprint image quality assessment via pseudo-label generation and ranking guidance[J]. IEEE Transactions on Instrumentation and Measurement, 2023, 72: 1 – 14.

[5] SU L, FEI L, ZHAO S, et al. Learning modality-invariant binary descriptor for crossing palmprint to palm-vein recognition[J]. Pattern Recognition Letters, 2023, 172: 1 – 7.

[6] MATKOWSKI W M, CHAI T, KONG A W K. Palmprint recognition in uncontrolled and uncooperative environment [J]. IEEE Transactions on Information Forensics and Security, 2020, 15: 1601 – 1615.

[7] PAN S, YANG Q. A survey on transfer learning[J]. IEEE Transactions on Knowledge and Data Engineering, 2010, 22 (10): 1345 – 1359.

[8] SHAO H, ZHONG D. Towards cross-dataset palmprint recognition via joint pixel and feature alignment[J]. IEEE Transactions on Image Processing, 2021, 30: 3764 – 3777.

[9] LIU H, WANG R, SHAN S, et al. Deep supervised hashing for fast image retrieval[J]. International Journal of Computer Vision, 2019, 127 (9): 1217 – 1234.

[10] ZHONG D, SHAO H, DU X. A hand-based multi-biometrics via deep hashing network and biometric graph matching [J]. IEEE Transactions on Information Forensics and Security, 2019, 14 (12): 3140 – 3150.

[11] CHOPRA S, HADSELL R, LECUN Y. Learning a similarity metric discriminatively, with application to face verification [C] // 2005 IEEE Computer Society Conference on Computer Vision and Pattern Recognition (CVPR). San Diego, CA, USA, 2005: 539 – 546.

[12] ZHU J, PARK T, ISOLA P, et al. Unpaired image-to-image translation using cycle-consistent adversarial networks[C] // 16th IEEE International Conference on Computer Vision (ICCV). Venice, ITALY, 2017: 2242 – 2251.

[13] SHAO H, ZHONG D, DU X. Deep distillation hashing for unconstrained palmprint recognition[J]. IEEE Transactions on Instrumentation and Measurement, 2021, 70: 1-13.

[14] ZHANG D, GUO Z, LU G, et al. An online system of multispectral palmprint verification [J]. IEEE Transactions on Instrumentation and Measurement, 2010, 59 (2): 480-490.

Chapter 9
Biometric Identification of Animals and Microorganisms

9.1 The role of animal and microbial DNA research in intelligent identification

Against the backdrop of the rapid development of bioinformatics and artificial intelligence (AI), DNA-based intelligent identification technology is gradually becoming an important tool in fields such as life sciences, environmental monitoring and protection, conservation of endangered species, public health, and food safety. DNA sequences, with their high specificity and stability, have become highly promising biometric markers. They can be used not only for individual identification but also for tracking microbial community dynamics, tracing disease origins, monitoring ecological environments, and responding to public health emergencies. The combination of animal and microbial DNA research with advanced multi-omics sequencing technologies and machine learning algorithms provides a solid data foundation and technical support for intelligent identification. It is expected to drive profound changes in the fields of biosecurity, medical diagnosis, and the protection of animals and plants.

Traditional methods of species identification rely on morphological characteristics, which are often limited when dealing with species that have similar appearances or individuals at juvenile stages, and can easily confuse traits formed by convergent evolution. In contrast, DNA barcoding technology, which identifies species through specific gene sequences (such as mitochondrial or nuclear genes), has significantly improved the accuracy of classification. Moreover, the emergence of environmental DNA (eDNA) technology enables scientists to detect and identify DNA fragments of specific organisms from water, soil, or air samples, achieving non-invasive and real-time ecological monitoring. For example, in conservation biology, eDNA technology is used to detect the range of activities of endangered species, thereby optimizing conservation strategies. In forensic science and wildlife protection, DNA analysis has been widely used to trace illegal hunting and species smuggling. By comparing unknown samples with established DNA databases, the sources of individuals can be accurately located.

The research and application of microbial DNA in intelligent identification cover multiple aspects, including medical diagnosis, food safety, environmental monitoring, and public health. Microbiomics has revealed the unique microbial community characteristics between different environments and host individuals. For example, the composition of microorganisms on human skin, in the gut, and in the mouth can serve as a new type of biometric marker for individual identification. In recent years, microbial DNA analysis technology based on machine learning has significantly improved the accuracy of individual identification. The composition pattern of the human microbiome is highly individual-specific in the short term and can be used for crime scene analysis. By comparing skin or gut microbial DNA, potential suspects can be identified. In the field of food safety, microbial DNA detection technology is used to identify pathogens or sources of contamination in food. For example, pathogen tracing technology based on 16S rRNA sequencing can quickly locate the microbial sources in contaminated food and prevent the expansion of food safety incidents. Moreover, the identification of microorganisms, especially viruses, can promptly detect emerging viral variants and provide early warnings for public health prevention and control.

With the deep integration of bioinformatics and artificial intelligence technologies, the DNA-based intelligent identification system is continuously improving. For example, deep learning models can automatically classify and recognize patterns in massive amounts of DNA sequence data, significantly enhancing the detection accuracy and efficiency of pathogen identification, environmental monitoring, and precision medicine. In addition, the development of synthetic biology has made DNA storage technology possible. By encoding biological information into DNA molecules, it provides a new idea for future information storage and identity verification. This technological integration heralds a broader development prospect for the field of intelligent identification.

(XIONG Zijun)

9.2 Individual identification of crested ibis

9.2.1 Historical decline and recovery of the crested ibis population

The crested ibis (Nipponia nippon) is listed as an endangered bird species in the International Union for Conservation of Nature (IUCN) Red List. Its conservation story, especially the use of genomic technology for individual identification and protection of the crested ibis, reflects the efforts and achievements of animal DNA identification in protecting animals.

The historical distribution of the crested ibis once covered Northeast Asia, including China, Russia, South Korea, and Japan. Studies have shown that the crested ibis was still relatively common before the 1860s, but its population declined sharply at the end of the 19th century and the beginning of the 20th century due to overhunting and habitat loss. By 1981, it was believed to be extinct in the wild.

At the end of 1981, an important international survey discovered seven crested ibises in Yang County, Shaanxi Province, China, including two breeding pairs (one with three chicks). This discovery marked the rediscovery of the last known wild population of the species and reversed its fate of extinction. These seven wild birds became the core population foundation for subsequent crested ibis conservation efforts.

Statistics from 2023 show that the global population of crested ibises has increased from seven individuals in 1981 to 11,000 in 2023. The recovery of the crested ibis population not only provides an example for biodiversity conservation but also offers valuable experience for the protection of other endangered species.

Figure 9 – 1 shows the population dynamics of the crested ibis.

9.2.2 Whole-genome assembly and population genetics analysis of the crested ibis

9.2.2.1 Genome assembly of the crested ibis

To obtain a high-quality genome assembly, the study employed PacBio HiFi long-read

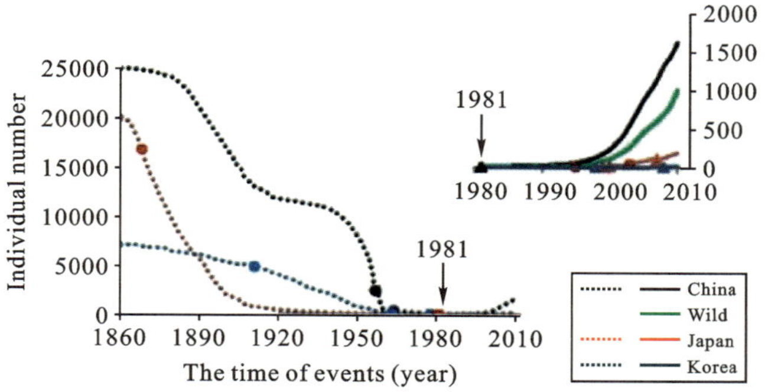

Figure 9 – 1 Population dynamics of the crested ibis

The data are based on historical records and scientific literature. The curve (dashed line) indicates the timing of the population bottleneck, with the bottleneck milestones represented by solid diamonds. The figure zooms in on the curve from 1980 to 2010. Colored solid triangles represent recorded historical events. The vertical downward arrow indicates the discovery of two surviving breeding pairs in 1981.

sequencing in combination with Hi-C spatial conformation capture technology to generate a chromosome-level genome.

First, a 15kb DNA SMRTbell library was constructed using a standard protocol and sequenced on the PacBio Sequel II platform using Circular Consensus Sequencing (CCS) to obtain high-accuracy long-read sequences (HiFi reads). Subsequently, the HiFi reads were assembled de novo using Hifiasm under default parameters to generate an initial set of contigs.

To further improve the assembly quality and achieve a chromosome-level genome, a high-throughput chromatin conformation capture (Hi-C) library was constructed. Specifically, cross-linked chromatin was digested with the restriction enzyme *Mbo* Ⅰ, and the resulting fragments were sequenced on the Illumina NovaSeq 6000 platform to obtain high-resolution 3D genome data. The Hi-C raw data were processed using the Juicer pipeline, initially aligned to the preliminary contig sequences. Subsequently, 3D-DNA software was used for chromosome anchoring to position the contigs within the chromosomal framework, and the assembly quality was visually inspected using Juicebox. To optimize the construction of chromosomes, the order and orientation of contigs were manually adjusted to ensure accuracy of the chromosomal structure, ultimately yielding a high-quality chromosome-level genome assembly.

9.2.2.2 Repetitive sequence annotation

To comprehensively identify repetitive sequences in the genome, we utilized a suite of advanced bioinformatics tools. First, Tandem Repeats Finder was employed to predict tandem repeats (TR) in the genome. For transposable elements (TE), we used RepeatProteinMask to search for potential TE elements in protein databases and combined this with RepeatModeler2 to build a de novo repeat sequence library, ensuring efficient identification of species-specific repeat sequence types. Subsequently, RepeatMasker was used in conjunction with the de novo repeat sequence library and the Repbase database to classify and annotate TEs, obtaining a comprehensive dataset of transposable elements.

9.2.2.3 Protein-coding gene annotation

The annotation of protein-coding genes in the genome employed an integrative strategy, combining transcriptome data, homologous gene information, and de novo prediction to ensure the accuracy and completeness of gene annotation. RNA-seq data from multiple tissues and different developmental stages were collected to enhance the detection rate of lowly expressed genes. De novo transcriptome assembly was performed using Trinity, and transcriptome data aligned to the genome were assembled using HISAT2 + StringTie. Low-quality transcripts and potential contaminant sequences were filtered out to improve the precision of gene model construction. Augustus was used in combination with high-quality transcript data and masked genomic data to train species-specific gene models. Protein sequences of emu, chicken, mallard, monk parakeet, golden eagle, zebra finch, egret, and double-crested cormorant were downloaded from public databases (supplementary data 9). The longest transcript of each gene was selected and aligned to the genome using BLAST+ (tblastn) with an e-value cutoff of $< 1e^{-5}$ to ensure high-quality alignment results. GeneWise was employed to parse the alignment results and accurately predict gene structures, including exon-intron boundaries, splice sites, and coding sequences. All assembled transcripts were aligned to the genome using BLAT, and those with a matching degree $> 90\%$ and coverage $> 90\%$ were retained, excluding low-confidence alignments. PASA was used to further process the alignment results, filtering overlapping sequences and connecting spliced alignment data to optimize gene structures. EvidenceModeler was employed to integrate de novo prediction, homologous alignment, and transcriptome alignment results, generating a final high-confidence gene annotation set.

9.2.2.4 Resequencing data analysis

To efficiently and accurately analyze the resequencing data of the crested ibis genome, we adopted a rigorous workflow covering key steps such as data preprocessing, variant detection, linkage disequilibrium analysis, and population history inference.

1. Data preprocessing and alignment

Single-insert fragment (500bp) resequencing data were generated on the Illumina platform. FastQC was used to assess the quality of raw reads, and Trimmomatic was employed to remove adapter sequences and low-quality bases. High-quality reads were aligned to the crested ibis reference genome using the Burrows-Wheeler Aligner (BWA-MEM). Samtools was used to sort the alignment results, remove duplicate sequences generated by PCR amplification (rmdup), and filter low-quality alignments (unmapped reads, average quality <10, or average mapping quality <20). Only uniquely mapped reads were retained to minimize false-positive variant detection.

2. Single-nucleotide polymorphism (SNP) detection

SNP variant detection was performed using GATK HaplotypeCaller, and the initial variant set was generated using GenotypeGVCFs. SNP filtering criteria were set as follows: quality score (QUAL) $\geqslant 20$; sequencing depth (DP) $>8\times$ and $<40\times$; flanking sequence copy number $\leqslant 2$; at least 3 uniquely mapped reads; SNP distance $\geqslant 5$bp (to avoid linkage errors); additional variant filtering was performed using Bcftools (v1.12) to ensure a high-quality SNP dataset.

3. Linkage disequilibrium (LD) analysis

Plink (v1.9) was used to calculate linkage disequilibrium (LD) for SNP loci. Calculation parameters were set as follows: maximum distance in window (maxdistance) = 300kb; D' value calculation (dprime); minimum genotype frequency (minGeno) = 0.6; minimum minor allele frequency (minMAF) = 0.1; Hardy-Weinberg equilibrium threshold (hwcutoff) = 0.001. Considering the impact of sample size on LD patterns, five crested ibises were randomly selected for three replicate experiments to enhance statistical robustness.

4. Population history inference

The Pairwise Sequentially Markovian Coalescent (PSMC) was used to analyze the historical effective population size of the crested ibis. Autosome regions (scaffolds $\geqslant 50$kb) were selected as the subject of analysis, and a total of 478,758 heterozygous sites were identified. The PSMC run parameters were set as follows:

– N30 (number of iterations of the coupled Markov chain);

- t15 (time span parameter);
- r5 (mutation rate adjustment parameter);
- p'4 +25 * 2 +4 +6' (time segment division).

The simulation variance was estimated through 100 bootstrapping replicates. The neutral mutation rate was calculated using the whole-genome nucleotide divergence (10.31%) and divergence time (38.98×10^6 years) between the crested ibis and the Little Egret.

$$\mu = \frac{0.1031 \times 3}{2 \times 38.98 \times 10^6} = 3.968 \times 10^{-9}$$

Among them, the average generation time of the crested ibis was set at 3 years.

5. Recent population dynamics inference

The recent population history was assessed using ∂a∂i (demographic analysis using ∂a∂i), based on 9 individuals of the crested ibis (8 resequenced individuals + 1 de novo assembled individual). High-quality coverage regions (with at least 6 out of 9 individuals having >2 × read coverage) were selected to minimize bias caused by low coverage. A published method was used to identify 1,420,399 SNPs and construct the input dataset. The Little Egret reference genome was used as an outgroup for inferring ancestral alleles. Four possible population evolution models were evaluated, and the model with the highest maximum log-likelihood value was selected as the best-fitting model. The ancestral population size (Na) was calculated based on the estimated θvalues and mutation rates, and a timescale conversion was performed.

9.2.2.5 Purifying selection analysis

The number of SNP alleles in each 500kb window was calculated:

$$Hp = \frac{2\sum nMAJ \sum nMIN}{(\sum nMAJ + \sum nMIN)^2}$$

The selection signals were evaluated using the standardized Hp values.

$$Z_{\mathrm{Hp}} = \frac{Hp - \mu Hp}{\sigma_{\mathrm{Hp}}}$$

Set the threshold for significant selection:

$$Z_{\mathrm{Hp}} = -2.326(q\text{在正态分布中} < 0.01)$$

Regions with low Z_{Hp} values may represent areas under selection, and these were further analyzed in conjunction with gene function annotations.

9.2.2.6 Genome-wide STR analysis

1. STR identification

Tandem Repeats Finder (TRF, v4.09) was used to identify short tandem repeats (STRs) across the genome, with the following parameters set:

Match = 2

Mismatch = 7

Delta = 7

PM = 80

PI = 10

Minscore = 30

MaxPeriod = 6

2. STR validation

DNA was extracted using the E. Z. N. A.™ Blood DNA Kit (Omega Bio-Tek Inc., USA). DNA quantification was performed with the TIANamp Genomic DNA Kit.

(1) PCR amplification: PCR amplification was carried out in MicroAmp® reaction tubes (Applied Biosystems, USA) using the GeneAmp® PCR System 9700 (with a 96-well silver or silver-plated module).

(2) Fragment separation: STR fragment analysis was conducted on the ABI 3730 DNA Analyzer (48-capillary array system).

(3) Genotyping: Genotyping was performed using GeneMapper v3.5.

In summary, this study employed a high-quality data processing workflow, integrating in-depth variant detection, linkage disequilibrium analysis, population history inference, purifying selection analysis, and genome-wide STR studies, to provide robust data support for the genome evolution, population diversity, and conservation genetics of the crested ibis.

9.2.3 Individual identification and breeding conservation of the crested ibis

Significant progress has been made in the conservation and breeding management of the crested ibis through genome-wide short tandem repeat (STR) analysis, particularly in reducing inbreeding and enhancing genetic diversity.

The conservation of endangered species requires precise genetic tracking of individuals to minimize inbreeding risks. However, traditional genetic markers are limited in number and cannot meet the demands of large-scale individual identification. Genome-based approaches, such as STR-assisted breeding, provide high-resolution genetic tools for wild population management, transforming conservation practices from small-scale captive breeding to more scientifically based genetic management.

This study provided reliable data support for marker-assisted breeding of the crested ibis through genome-wide STR analysis. Initially, approximately 166,000 STR loci (including insertions, deletions, or mismatched sequences) were identified in the crested ibis genome and tested in nine individuals (18 haplotypes). The results showed that the minor STR alleles differed from the major alleles by an average of 4 base pairs (bp), with 18% of the allelic differences exceeding 5bp. This analysis revealed the polymorphism of STR loci, laying the foundation for subsequent screening.

Further research focused on 4bp STRs, identifying 300 heterozygous loci in 105 crested ibis individuals and screening out 23 high-information-content STR markers (22 autosomal and 1 W-chromosome marker). The 31bp insertion on the W chromosome was successfully used for sex identification, improving the accuracy of distinguishing males (ZZ) from females (ZW). This sex marker resolved the issue of sex determination based on morphology.

The STR marker combinations selected by the DNA Identification Platform (DIP) demonstrated strong individual identification capabilities, with a combined identification power of 0.628 and an exclusion probability of 0.994, achieving an accuracy of 99.997% in parentage analysis. In the pedigree analysis of four generations, the high precision of the platform provided a reliable tool for reconstructing kinship relationships, supporting individual identification and optimizing breeding pairings to reduce inbreeding risks.

From a genomic perspective, the most advanced method for individual identification of the crested ibis remains the DIP platform based on STRs. With its high-precision capabilities for individual identification, parentage analysis, and pedigree reconstruction, the platform has become the standard method for conservation management. Although SNPs and whole-genome sequencing show potential for future applications, STRs remain the most practical technology at present. The Yang County Nature Reserve has enhanced the management efficiency of wild individuals by combining GPS tracking with genetic testing. This integrated strategy provides strong support for the recovery and long-term survival of the crested ibis population.

Figure 9-2 shows the genome-wide STR analysis of four subspecies of the crested ibis.

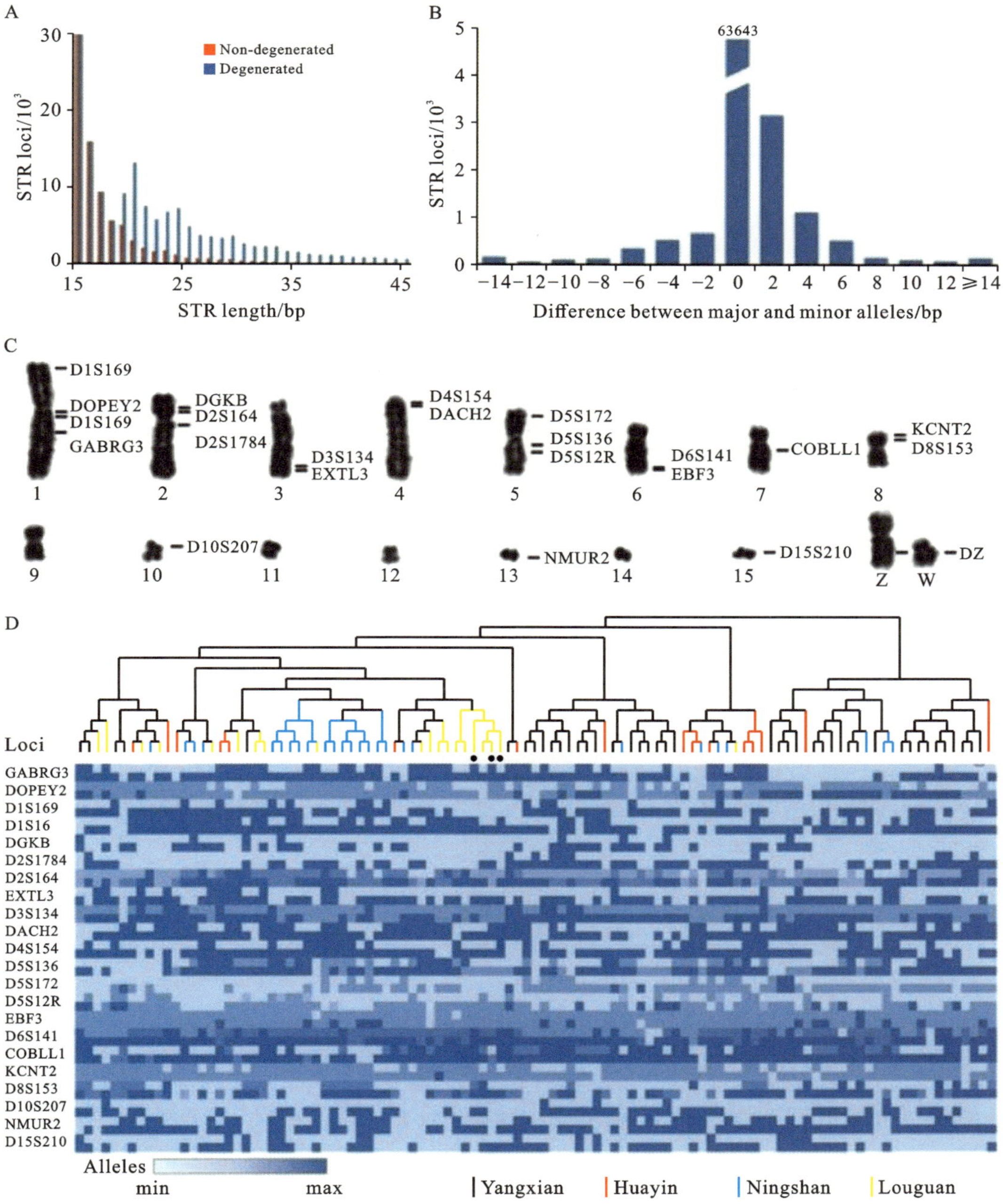

Figure 9 – 2 Genome-wide STR analysis of four crested ibis subpopulations

(A) Distribution of STRs (in units of 2bp, 3bp, 4bp, 5bp, and 6bp) as part of the total repeat length. Non-degenerate STRs do not contain insertions, deletions, or mismatches. (B) Approximate random distribution of allelic size differences between major and minor alleles (n = 9). The size difference is calculated by subtracting the length of the minor allele from the length of the major allele. (C) Chromosomal genetic markers genotyped in this study for the crested ibis. Twenty-two representative STRs and one sex chromosome (W) are indicated as derived markers. (D) Individual identification based on 22 STR loci. Colored horizontal bars represent the number of repeat units (from minimum to maximum). Neighbor-joining trees within subpopulations were constructed using 105 alleles (Yang county, $n = 42$; Ningshan, $n = 27$; Huayin, $n = 16$; Louguan, $n = 20$). Solid circles indicate three individuals from the same family.

(LI Shengbin　LI Bo　CHENG Cheng)

9.3　Goat genome research

As one of the most popular farm mammals, goats (Capra hircus, NCBI: txid9925) were domesticated around 10,000 years ago[1]. Following the initial domestication of crops in the Fertile Crescent, and with the spread of culture across Europe, Africa, and Asia, animal domestication spread rapidly as an integral part of the Neolithic Revolution. Once farming developed in the Middle East and Asia around 7000 B. C., human settlements became permanent, and domesticated animals ensured a better supply of food and clothing. The situation changed dramatically around 200 years ago with the emergence of the breed concept. More recently, selection pressure has increased again through the use of artificial insemination, resulting in a few industrial breeds with high trait performance, low effective population size, and profound phenotypic changes, such as in the case of trait-driven breeding for dairy, cashmere, and meat [2].

9.3.1　Background

There are 800 million goats and 560 breeds (accounting for 12% of the total number of mammal breeds). They are one of the most adaptable livestock on all continents, supplying milk, meat, and fiber for human consumption while thriving on meager fodder and in harsh environments. Although genome-wide studies of goat quantitative trait loci (QTL) and genome sequences have advanced the field, it still lags behind those of other domestic animals, such as cattle, pigs, dogs, and chickens.

This experimental design involves the resequencing (at about 29 × sequencing depth and 99% genome coverage) of 15 domestic goats representing three breeds and four wild goats from two distinct species. The high-quality sequence data allow us to identify genes related to artificial selection in the history of goat domestication.

9.3.2 Methodology

9.3.2.1 Sample collection and sequencing

We sequenced DNA samples from 19 goats: 4 from wild female goats (2 Markhor and 2 Sindh ibex) and 15 from domestic male goats (5 Saanen collected in 2008, 5 Liaoning cashmere goats collected in 2006, and 5 Leizhou goats collected in 2007). To validate sequence variation at the population level, researchers genotyped sequencing polymerase chain reaction (PCR) amplicons in 7 domestic breeds, including 99 Saanen, 85 Liaoning cashmere, 23 Leizhou, 16 Dera Din Panah, 30 Guanzhong, 26 Inner Mongolian cashmere, and 24 Hainan goats. The samples from Markhor and Sindh ibex were collected from skin biopsies in Quetta, Pakistan. Blood samples from the domestic goats were collected in China. DNA sequences were obtained using paired-end sequencing (2×150bp) technology on the Illumina HiSeq X10 platform. The institutional review board of the Xi'an Jiaotong University Health Science Center approved the study protocol (project identification code 2011 – 054).

9.3.2.2 Calling and validation of SNPs, Indels, and CNVs

First, SNPs were called at the population scale using ANGSD, with parameters referring to a previous publication. We filtered out loci with a minimum depth of <8 in all individuals and called a heterozygous SNP in one individual only when both alleles were supported by at least four reads. We validated the SNP calling rate (97.43%) using an NGS-based target region genotyping method by Genesky Biotechnologies (Shanghai, China). Second, Dindel v1.01 was used to call short indels (1-5bp) in each individual. We called an indel only when the non-ref allele was covered by at least two reads on each strand. Third, the Control-FREEC software was used to detect CNVs based on pairwise comparisons. With a 1kb window, we compared the coverage depth between the window and the average depth and identified CNV regions that differed from the reference. We merged overlapping CNV regions among different samples.

9.3.2.3 Population structure analysis

Researchers performed principal component analysis (PCA) with all population-scale autosomal SNPs using the Eigensoft package. The phylogenetic tree was constructed based on all autosomal SNPs, with evolutionary distances measured by p-distance using PHYLIP.

9.3.2.4 Selection analysis

To identify selective sweeps in the domestic lines, we used Hp and Fst to extract outliers.

With the same 100kb window, Fst was calculated between 15 domestic and 4 wild goats. We then transformed Hp into Z_{Hp} and Fst into Z_{Fst}. For TAG analysis, we measured pairwise Fst and tested one domestic breed against a pool of the other two breeds. Windows passing the threshold of $Z_{Fst} = 4$ were selected, and the top 1% XP-EHH scores were extracted as candidate selective sweep regions. Genes residing in these extracted regions were indicated as candidate-selected genes.

9.3.2.5 QTL mapping

Researchers downloaded known sheep and cow QTL data from Animal QTLdb and qualified the data by filtering out terms with "trait association" or with $P > 0.05$. We aligned the genome sequences of sheep and goat using LASTZ and mapped the QTLs to goat chromosomes based on the axt file produced by LASTZ.

9.3.3 Interpretation of data

9.3.3.1 Sequence variation identified in five goat groups

This study generated 1346 Gb (28.8 ×) of raw data for domestic goats and 379 Gb (28.6 ×) for wild goats through sequencing. Based on the reference goat genome (GenBank accession: GCA_00317765.1), a total of 23,924,294 SNPs, 1,899,827 Indels, and 2,317 CNVs were identified.

9.3.3.2 Single-nucleotide polymorphisms

First, the SNPs were partitioned into intergenic (76.20%), intronic (23.06%), and protein-coding (0.74%) SNPs, and subsequently, the ratio of nonsynonymous to synonymous substitutions (NS/S) was calculated as 0.95 on average. However, the NS/S ratio shows variable distributions when correlated with minor allele frequency (MAF) in the low SNP rate region or the SNP desert. Second, we identified millions of SNPs within and between the wild and domestic goat groups. Although the number of wild goat-specific SNPs is smaller than that of the domestic group (5,598,396 vs. 12,434,312, with 6,061,698 shared), this result may reflect biased sampling (15 vs. 4) rather than true genetic heterogeneity in the groups. Third, among the SNPs unique to each domestic breed, the dairy breed appears to have slightly more unique SNPs, indicating the recent introduction of genetic heterogeneity, as opposed to the cashmere breed, which appears to have more in total when breed-shared SNPs are considered. At low MAFs, there is a higher proportion of breed-specific SNPs than the total, but there is a transition at MAF 20%, where the breed-specific SNP proportion becomes obviously less than the total. In addition, the meat breed has more ancient SNPs with higher MAFs than the other two breeds, whereas the cashmere breed is relatively young or less selected, as it has more low-frequency SNPs. Fourth, we compared heterozygous SNPs across all chromosomes and found that the meat breed has significantly lower heterozygosity ($P = 0.0022$) than the two other breeds, suggesting that there may be strong or long-term selection during its breeding.

9.3.3.3 Insertions/deletions

Researchers categorized 1,899,827 Indels, of whichabout 0.13% (2,420) were found in protein-coding sequences, with an average of 499 pseudogenes per individual sample. In addition, based on our Indel data, AADAC (arylacetamide deacetylase) appears to be selected in the dairy breeds, encoding an enzyme responsible for the hydrolysis of drugs. The MYT1L (myelin transcription factor 1-like) marker, associated with syndromic intellectual disability and early-onset obesity, has shown a meat-specific high-frequency Indel frameshift polymorphism.

9.3.4 Copy number variation

In the 1kb window, there are 2,028 CNVs (246 genes, spanning a 32.0Mb genomic region) in domestic goats and 1,616 CNVs (144 genes, spanning a 19.2Mb genomic region) in wild goats. Wild goats and the meat breeds have relatively higher numbers of CNVs than their domestic counterparts and two other domestic breeds (Supplementary Table S6). Meat goats have more breed-specific CNVs compared to dairy and cashmere breeds (38 vs. 33 and 22); 11 CNVs were shared by all three breeds.

Interestingly, consistent with a previous study, we observed high-frequency domestication-specific CNVs in the region including ASIP (agouti signaling protein) and AHCY (adenosylhomocysteinase) genes, which are related to skin pigmentation and coat color in sheep. Goats with white hair (Saanen and Liaoning cashmere goats) have many more copies of ASIP and AHCY than those goats with colored hair (Leizhou and wild goats). This result was also confirmed in our larger population sampling with white and black coat populations ($n = 54$). Thus, the ASIP-AHCY region is a domestication locus in goats and may be selected for coat color.

9.3.5 Population structures of domestic and wild goats

We used principal component analysis (PCA) and phylogeny reconstruction to evaluate the population structure of the domestic breeds. First, based on our genome-wide SNP data, we found that Sindh ibex is genetically closer to the domestic breeds compared to Markhor, which is consistent with previous reports. Second, our PCA result suggests that the domestic breeds and the wild breeds are both distant and distinct (Figure 9 – 3), where, as the neighbor-joining tree shows, the two Chinese domestic breeds are closer to each other, and the Saanen breed is closer to the wild goats than the other two domestic breeds. Third, all results collectively suggest that domestication traits for dairy production may have occurred ahead of cashmere and meat in goat domestication.

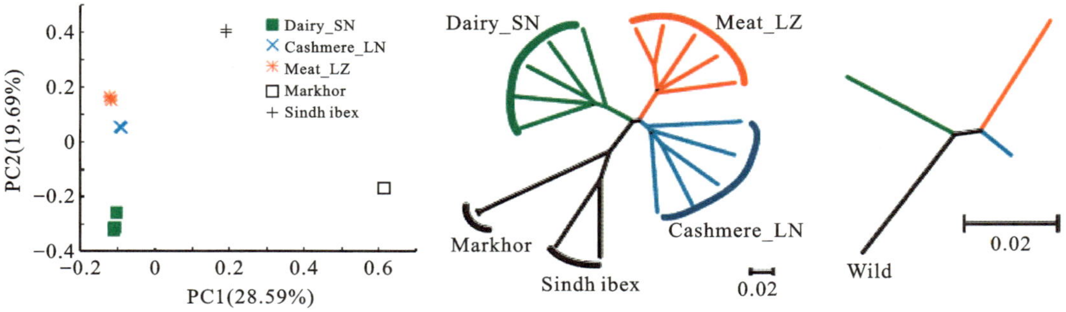

Figure 9 – 3 Phylogeny and population structure of goats

(A) PCA based on all identified autosomal SNPs. (B) Neighbor-joining tree based on autosomal SNPs. SN: Saanen dairy goats, LN: Liaoning cashmere goats, and LZ: Leizhou goats. Markhor and Sindh ibex are wild goat ancestors.

9.3.3.6 Domestication-associated genes

To detect the sequence signature of selective sweeps over large genomic regions, we first calculated the pooled heterozygosity (Hp) using autosomal SNPs from all individuals of the domestic breeds in a 100kb sliding window. We also calculated the fixation index (Fst), which indicates population differentiation between domestic and wild populations, in a 100-kb sliding window based on autosomal SNPs. We then transformed Hp and Fst intoZ_{Hp} and Z_{Fst}, respectively, and the protocol defined 67 DAGs in a collective genomic length of 3.2Mb (Figure 9 – 4). The 67 DAGs overlap with SAGs in one, two, or three goat breeds. Our GO enrichment analysis indicates that the significant categories are negative regulation of gene expression, protein import into the nucleus, and docking.

This set of DAGs may contribute to behavioral, immune, and morphological differences between domestic and wild goats. First, genes that directly influence the nervous system and behavior include*ADRA2A* (which regulates neurotransmitter release) and *FXR2* (which is required for behavioral circadian rhythms)[5]. Second, *TNFSF13* (tumor necrosis factor (ligand) superfamily, member 13) and *STIM1* (stromal interaction molecule 1) are located in regions associated with cattle body weight gain and regulation of B-cell development and T cell-mediated immune regulation during chronic infection, respectively[6]. Third, the morphological differences involve genes such as *NR6A1* (nuclear receptor subfamily 6 group A member 1), which affects the number of vertebrae, one of the most characteristic morphological changes in domestic pigs, and STAT6 (signal transducer and activator of transcription 6), which is associated with body weight as well as carcass and growth efficiency traits[7]. These findings, based on the analysis of sequence variations, support the idea that frequent artificial selection during domestication leads to preferred behaviors, such as docility, improved immunity against infectious diseases, and higher trait-associated qualities, such as meat and milk production.

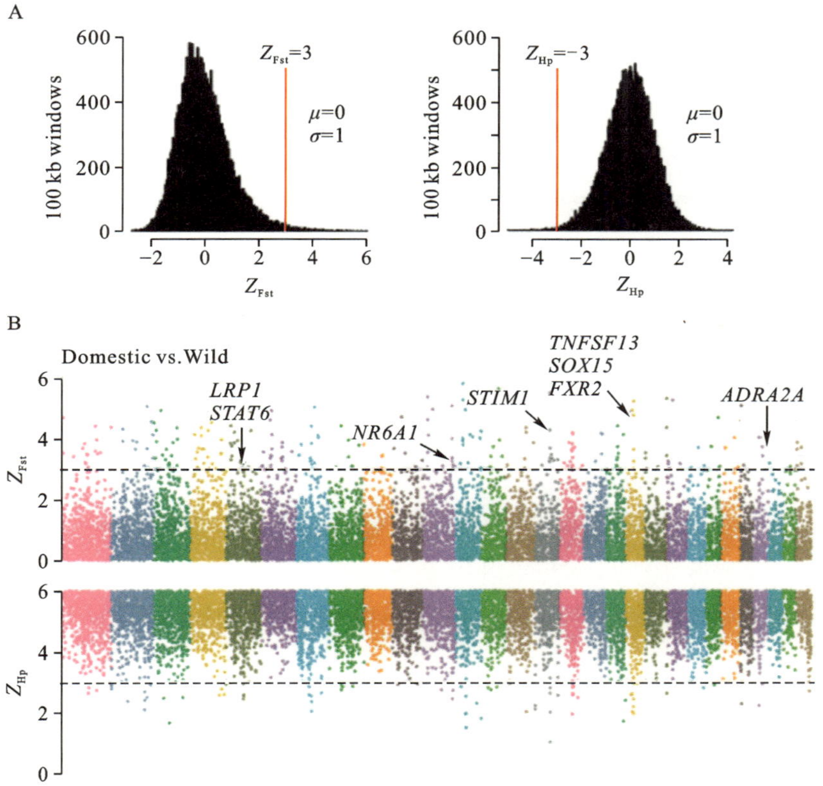

Figure 9 –4 Candidate regions for DAGs

(A) Distribution of *Z*-transformed pooled heterozygosity (Z_{Hp}) in 15 domestic goats, and Z-transformed fixation index (Z_{Fst}) between wild and domestic goats for autosomes 1 to 29. Red vertical lines indicate thresholds. (B) Positive end of Z_{Fst} distribution ($Z_{Fst} > 3$) and negative end of Z_{Hp} distribution ($Z_{Hp} < -3$) used for extracting outliers. Dashed lines indicate cutoff values.

9.3.3.7 Trait-associated genes of domestic breeds

To uncover genetic variants involved in local adaptation and selection in the three breeds, we performed Fst and cross-population extended haplotype homozygosity analyses in a 100kb window on SNPs from one breed against a pool of the other two breeds. First, consistent with the sequencing data from 19 individuals, the GDF5 (growth differentiation factor 5) T217C (amino acid change: R73G) locus is dominant with the C allele in meat breeds (Leizhou and Hainan), while the T allele is dominant in dairy, cashmere, and wild goats. Since R is conserved among all other known mammal sequences except for goats, we suggest that the T allele is ancestral, whereas the C allele is selected. Additionally, we reviewed the breeding history of Leizhou goats and found that their body size is smaller than that of Saanen and Liaoning cashmere goats. GDF5 is a member of the TGF-beta superfamily, which is involved in height and multiple skeletal structures (Figure 9 – 5).[8].

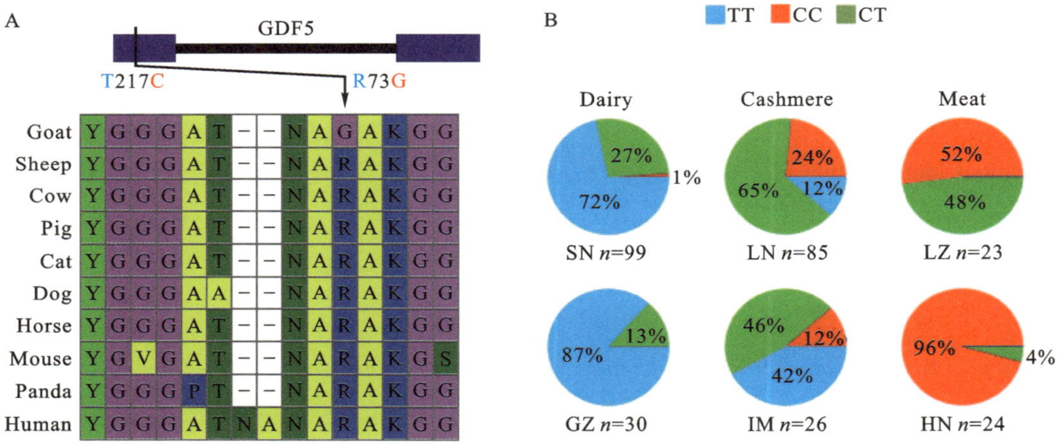

Figure 9 – 5 Opposite selection for sites in GDF5 of dairy and meat breeds

(A) Nonsynonymous SNP T217C (R73G) located in the first exon of*GDF5*. Amino acids at this position are highly conserved in other mammals. (B) Frequency diverges in different economically relevant traits. SN: Saanen goat, LN: Liaoning cashmere goat, LZ: Leizhou goat, GZ: Guanzhong goat, IM: Inner Mongolian cashmere goat, HN: Hainan goat, MA: Markhor, SI: Sindh ibex.

In summary, the domestication of wild goats and subsequent trait-driven intensive hybridization, inbreeding, and selective breeding have resulted in significant phenotypic uniformity and the development of specialized breeds, establishing the foundation for high-quality dairy, cashmere wool, and meat production. Genome resequencing provides a powerful approach to directly identify trait-associated sequence variations linked to the molecular mechanisms underlying domestication.

(ZHANG Bao LI Shengbin)

9.4 Bat individual identification

Bats are collectively referred to as Chiroptera within the mammalian order. Chiroptera is the second-largest group of mammals after rodents, and bats are the only mammals capable of sustained flight. Bats carry a variety of viruses, including coronaviruses, Ebola virus, Nipah virus, and rabies virus, among other highly pathogenic pathogens. These viruses typically do not cause severe diseases in bats, mainly due to their unique and efficient immune regulation mechanisms. However, with the expansion of human activities and the destruction of the ecological environment, the chances of human contact with bats have increased, and the risk of virus spillover has also risen. These viruses can potentially infect humans through intermediate hosts (such as civets and pangolins) or direct contact with bat excrement and saliva, leading to serious public health events. Therefore, accurately identifying individual bats and monitoring their population structure and migratory behavior have become important issues in ecology, conservation biology, and public health prevention and control.

Traditional physical marking methods (such as PIT tags) often require capturing, marking, and releasing bats, which is not only time-consuming and labor-intensive but may also cause certain physiological and behavioral disturbances to individual bats. In contrast, DNA-based individual identification technology, with its high sensitivity, accuracy, and non-invasiveness, is increasingly becoming an important tool for bat individual monitoring. Using genomic techniques, we can extract DNA from environmental samples such as bat feces, hair, and saliva to quickly obtain individual genotype data, thereby precisely analyzing population structure, sex ratio, kinship, and migratory routes. This not only helps reveal the ecological characteristics of bats but also provides valuable information for assessing the risk of cross-species pathogen transmission.

9.4.1 Genomic methods for bat individual identification

9.4.1.1 Sampling techniques

DNA sampling is the first step in bat individual identification. Common sampling techniques mainly include non-invasive and minimally invasive sampling.

1. Non-invasive sampling

Non-invasive sampling methods do not require capturing bats but instead directly collect biological materials from their habitats, such as feces, hair, or saliva. This method has the following advantages in practical applications:

(1) Reduced interference: The sampling process does not directly interfere with bats, avoiding stress responses that may be caused by capturing and anesthesia.

(2) Wide applicability: Suitable for nocturnal or difficult-to-capture bat populations, such as the roosts or resting places of vampire bats.

(3) Large data volume: A large number of samples can be collected in a short time, providing sufficient material for large-scale genomic analysis.

2. Minimally invasive sampling

Minimally invasive sampling usually involves briefly capturing bats and using methods such as wing membrane puncture or oral swab to collect tissue or cell samples. Although this method can obtain high-quality and relatively complete DNA, it also has the following disadvantages:

(!) Complex operation: Requires professionals to perform sampling with strict operational requirements.

(2) Potential harm: May cause certain physiological disturbances or injuries to individuals and must be implemented under ethical approval and animal protection.

For vampire bats, due to their nocturnal nature and unique physiological structure, non-invasive sampling is often more favored. Utilizing biological materials left in the environment can ensure the convenience of sample collection while effectively avoiding impacts on bat behavior and health.

9.4.1.2 Selection of genetic markers

In bat individual identification using genomics, the key lies in selecting efficient and stable genetic markers, mainly including single nucleotide polymorphisms (SNPs) and short tandem repeats (STRs).

(1) Single nucleotide polymorphisms (SNPs): Variations at single nucleotide sites in the genome, characterized by high information content, high resolution, and low error rates. With the development of high-throughput sequencing technology, SNPs have become the preferred markers for individual identification. In bat research, hundreds of informative SNPs have been selected through DArTseq data to construct an efficient individual identification system, which can quickly distinguish subtle differences between individuals and is suitable for large-scale

sample screening, providing reliable data support for population dynamic monitoring.

(2) Short tandem repeats (STRs): Due to their high variability and polymorphism, STRs were widely used for animal individual identification and kinship analysis in the past. However, they are susceptible to allele dropout and amplification bias, and have gradually been replaced by SNPs in large-scale studies in recent years. STRs can still be used as supplementary markers when analyzing kinship and genetic diversity.

9.4.1.3 Genotyping and data analysis

Genotyping and subsequent data analysis are the core links in achieving bat DNA individual identification. The application of modern high-throughput sequencing platforms (such as next-generation sequencing technology NGS) and SNP chips (such as MassARRAY system) has made it possible to rapidly genotype large-scale samples. The entire process usually includes the following steps:

1. DNA Extraction and amplification

Using improved extraction protocols to efficiently recover DNA from non-invasive or minimally invasive samples, and amplifying target fragments through PCR to ensure sufficient template for subsequent sequencing.

2. Genotyping

Using high-throughput sequencing or SNP chip technology to genotype samples. Modern technologies can complete the genotyping of thousands of samples within a few hours, while ensuring the high accuracy and repeatability of the data. For example, in a study on vampire bats, the MassARRAY system achieved an average amplification rate of 0.90 and controlled the allele dropout rate at a very low level.

3. Data processing and analysis

Using customized bioinformatics software (such as ScatMatch, CERVUS, etc.) to organize, quality control, and cluster analyze the obtained genotype data. By setting a standard of $\leqslant 1$ allele mismatch, it is possible to accurately distinguish subtle genetic differences between individuals, thereby constructing population structure, kinship, and migration patterns. During the data analysis process, algorithms also need to be optimized to address issues such as DNA degradation and contamination to ensure the reliability of the analysis results.

9.4.2 Case analysis of vampire bat individual identification and ecological adaptation

The common vampire bat (*Desmodus rotundus*) is the only mammal that primarily feeds on blood, and its ecological adaptability and individual identification research have unique significance. The vampire bat is an important subject for studying bat population dynamics and virus transmission mechanisms.

9.4.2.1 Ecological characteristics and sampling challenges of vampire bats

Vampire bats primarily feed on blood, which poses severe challenges to their energy metabolism, immune defense, and kidney function due to the extremely limited nutritional content of blood. To adapt to this special diet, vampire bats have evolved a series of adaptive characteristics, such as enhanced flight capabilities, specialized cranial structures, and oral tissues. These physiological adaptations not only affect their ecological behavior but also pose additional requirements for DNA sampling and individual identification.

1. Nocturnal activity

Vampire bats are mostly active at night, making traditional capture methods difficult to implement. Non-invasive sampling is particularly important. Collecting feces, saliva, and other environmental samples from roosts or resting places can obtain high-quality DNA samples without interfering with the bats' normal behavior.

2. Ecological niche diversity

Vampire bats often gather in fixed roosts but also exhibit frequent migration and mixing among individuals. High-precision DNA individual identification technology helps to analyze the complex social structure, sex ratio, and migration patterns within the population, providing a scientific basis for formulating precise conservation measures.

9.4.2.2 Practice of vampire bat DNA individual identification technology

For individual identification of vampire bats, researchers typically use high-resolution SNP panels and NGS sequencing platforms, combined with the MassARRAY system to genotype collected samples. Specifically, the research process includes the following points:

(1) Collect non-invasive samples, such as feces and saliva, and obtain stable templates through optimized DNA extraction and amplification methods.

(2) Utilize high-throughput SNP chips and next-generation sequencing platforms for large-scale genotyping, selecting markers with high information content and low error rates.

(3) Employ specialized software tools (such as ScatMatch, CERVUS, etc.) to conduct rigorous quality control and cluster analysis of the data, accurately identifying subtle genetic differences between individuals by setting a low allele mismatch threshold.

This method not only performs well in identifying individual vampire bats but also reveals the overall population structure and dynamic changes. For example, in a study on vampire bat populations, genotype data identified multiple unique individuals and detailed their sex ratio, kinship, and migration routes, thereby providing a scientific basis for predicting the risk of cross-species virus transmission and formulating prevention and control strategies.

9.4.2.3 Synergistic research of gut metagenomics and individual identification

In addition to conventional genomic DNA analysis, the gut metagenomic research of vampire bats also provides new ideas for individual identification. Vampire bats, which have long relied on blood as their primary food source, have developed functional adaptations closely related to their specialized diet through the co-evolution of their gut microbiota over an extended period. Studies have found that their gut microbiota exhibit significant characteristics in the following aspects.

(1) Nutrient metabolism: Given the extremely low levels of carbohydrates and vitamins in blood, genes related to low-nutrient metabolism (such as the RelA/SpoT family and guanosine pentaphosphate) are significantly enriched in the gut microbiota of vampire bats, providing additional assurance for the bats' energy acquisition.

(2) Lipid and carbohydrate absorption: Principal component analysis shows that the gut microbiota of vampire bats exhibit significant differences from other bats in lipid and carbohydrate metabolism. The enhanced expression of genes related to glycerol kinase in some microbial communities indicates unique adaptations in lipid storage and energy regulation.

(3) Immune defense mechanisms: The potential pathogens in blood pose a significant threat to vampire bats. The presence of protective bacteria in the gut microbiota (such as strains capable of producing anti-pathogenic compounds) helps to fend off the invasion of exogenous pathogens.

(4) Nitrogen and urea metabolism: Toxic substances such as ammonia and urea generated during blood metabolism are effectively broken down and excreted with the participation of specific enzymes (such as the urease gene *ureA*) in the gut microbiota, maintaining metabolic balance within the body.

Moreover, due to differences in dietary habits, habitat environments, and immune status, the gut microbiota structure also exhibits individual specificity. Analysis of gut metagenomic data can assist in identifying individual identities and provide supplementary information for health status assessment. The integration of multi-level, multi-omics data offers new ideas and technical support for constructing a more comprehensive and precise bat individual identification system.

Overall, the application of genomic technologies in bat DNA individual identification provides a powerful tool for in-depth analysis of bat population structure, ecological behavior, and adaptive mechanisms. Particularly for special groups such as vampire bats, research on their evolutionary adaptation, virus carriage, and immune regulation not only expands our understanding of animal evolutionary mechanisms but also provides important basis for public health risk assessment and the formulation of ecological conservation strategies. With continuous technological advancements and the expansion of research fields, we have reason to believe that DNA-based bat individual identification methods will play an increasingly important role in global ecological monitoring, wildlife conservation, and cross-species pathogen prevention and control in the future, contributing to the construction of a harmonious coexistence between humans and nature.

(XIONG Zijun　ZHU Deqin　LI Shengbin)

9.5 Microbial genomic research

In the broad field of biological intelligent recognition, microbial genomic research is an important cornerstone for understanding the diversity and adaptability of life. Microbes, especially bacteria, as one of the earliest forms of life on Earth, have always been the focus of scientists due to the complexity and adaptability of their genomes. Microbial genomic research not only reveals the evolutionary history of microbes but also provides a key molecular basis for biological intelligent recognition.

Structural variations in bacterial genomes are important drivers of evolution. Bacteria adapt to environmental changes through structural variations such as genome rearrangement, inversion, duplication, translocation, and insertion, most of which are reversible processes that can generate heterogeneity. The development of genome sequencing and bioinformatics technologies helps to gain a deeper understanding of microbial genomics.

9.5.1 Structural variations

Bacterial genomes were once thought to be relatively static, but high-throughput sequencing shows that they have high plasticity. Bacteria can quickly adapt to environmental fluctuations through genome rearrangement. Structural variations mainly include three categories: inversion, duplication, and insertion.

1. Inversion

There are two types of inversions in bacteria: site-specific recombination and large chromosomal inversion. Site-specific recombination is a targeted, preprogrammed, and reversible inversion of a genomic fragment. These fragments are usually between 100 and 1,000 base pairs in size. This process is driven by recombinases, which can recognize two palindromic flanking sequences, commonly referred to as inverted repeat sequences, which are generally 10 to 30 base pairs in length and may contain mismatched bases. Recombinases can act on a single site or multiple sites, and this type of site-specific recombination is widely present in different bacterial phyla. Most characterized inversion-regulated regions or promoter sequences can form ON/OFF switches. For example, phase-variable Bacteroides capsular proteins can regulate immune responses and prevent phage predation. Large chromosomal inversions occur in regions exceeding 10,000 base pairs.

2. Duplication

Genomic duplication occurs when a genomic region is copied. This phenomenon is widespread in life and plays an important role in the genomes of organisms. The repetition of gene copies is commonly referred to as copy number variation (CNV). From an evolutionary perspective, duplication can lead to various outcomes: if high levels of protein production are advantageous to the organism, the gene will be retained; however, if multiple gene copies are harmful, pseudogenization or gene loss may occur. Adaptive amplification can cause antibiotic resistance, niche adaptation, and changes in host-microbe interactions. Although the exact mechanisms driving this phenomenon in vivo are not yet clear, it is speculated that it may be driven by homologous recombination following an initial replication event. Slipped-strand mispairing can occur in regions of repeated DNA sequences, leading to the amplification or deletion of repeated DNA sequences. These repeated elements can affect the expression of downstream genes by altering regulatory elements, causing frameshift mutations, or generating alternative start sites.

3. Insertion

Insertion refers to the addition of a DNA sequence to a region of the genome that did not previously exist. In bacteria, there are several types of insertion events, including the uptake of DNA from outside the cell through natural competence, or the replication and movement of genetic elements within the genome to other locations. Insertion can be completed through homologous or nonhomologous recombination, with genetic factors being the main driving force. Common insertion elements include insertion sequences (also known as transposons), integrons, phages, etc.

An analysis of 1,437 microbiome samples showed that structural variations (SV) in bacteria are closely related to the composition of host bile acids. Although these studies have revealed the prevalence and potential importance of SV, they still receive far less attention than single nucleotide polymorphisms (SNP). To fully utilize these resources, further development of methods for identifying SV in bacterial isolates and metagenomic sequencing samples is needed. Given the rich diversity of bacterial SV, including inversions, duplications, and insertions, researchers who apply improved tools to study these events will gain a better understanding of how SV promotes bacterial phenotypic variability and adaptability.

9.5.2 Microbial genetic characteristics

Classic biochemical classification methods include dozens of tests (such as Gram staining and specific growth characteristic media), which can be used to roughly identify known major pathogens (although some pathogens are uncultivable). These biochemical tests are time-consuming and have limited classification accuracy. In contrast, microbial classification based on protein recognition characteristics using antibodies or synthetic high-affinity ligands is more efficient but requires a large number of targets. Some protein technologies have issues with false positives or false negatives (such as home pregnancy test kits).

Microbial identification through the characteristics of genomic DNA/RNA can be used for pathogen recognition and specific diagnosis, such as in medical diagnosis, biosafety, and forensic microbiology. The target analysis can be the taxonomic identification of the entire organism, a single functional mechanism (such as a toxin gene), or an indicative nucleic acid region of the organism. The specific experimental scheme depends on the sample to be tested, but it can easily identify microorganisms at the family, genus, and species levels, and can also detect multiple microorganisms with similar toxicity or antibiotic resistance genes.

Most analyses revolve around different detection chemicals and instrument platforms. Nucleic acid detection includes the separation, amplification of characteristic target regions, and detection of the amplified products. By focusing on genomic differences or highly conserved genomic regions, genomic characteristics can be used to detect and characterize known organisms or discover new species. Compared with biochemical typing and protein markers, microbial identification technologies based on genomic markers have the advantages of precision, high sensitivity, and speed.

Genomic characteristics can be divided into organism characteristics, mechanism characteristics, and method characteristics.

1. Organism characteristics

Identification of genes related to functional characteristics, such as virulence, antibiotic resistance, or host range.

2. Mechanism characteristics

Identification of whether a specific microorganism has virulence, antibiotic resistance, or is infectious to humans.

3. Method characteristics

Including the detection of foreign gene insertions in genetic engineering operations, and the selection of detection methods for different purposes.

Taking SARS-CoV-2 as an example, its genome is composed of single-stranded positive-sense RNA, containing about 30,000 nucleotides and multiple protein-coding genes. Its genome organization is similar to other coronaviruses, and the main gene products play an important role in the virus entering host cells and surviving.

9.5.3 Microbial gene identification

In the field of biosafety, high-resolution genomic characteristics are crucial for the precise identification of isolates or strains. The human genome is approximately 3Gb, while the wheat genome is about 16Gb. In sequencing databases, the number of viral genomes far exceeds that of bacterial genomes, and the number of bacterial genomes is greater than that of fungal genomes. RNA viruses are typically smaller, for example, the foot-and-mouth disease virus is about 8kb, the SARS coronavirus is about 30kb, and the variola virus, a larger DNA virus, has a genome of about 200kb. Among high-threat pathogens, the genome of Yersinia pestis is about 4Mb, Bacillus anthracis is about 5Mb, and the size range of fungal genomes is roughly between 10Mb and 700Mb.

Biological detection signals must be conserved and reliable sequences that can detect all variations of the target organism to reduce false-negative results. The characteristics should specifically exist in the target organism, rather than being widely present in non-target organisms, thereby reducing false alarms. Biological detection signals can be used at different taxonomic resolutions, with typical taxonomic levels including genus, species, or strain. In recent years, the distinction between detection characteristics and forensic characteristics has become increasingly blurred. Forensic characteristics are usually considered to be at the strain level or below (such as sub-strains or specific isolates). With the development of whole-genome sequencing and commercial microarray technologies, more than 1 million characteristics can be designed on each chip, and it is expected that high-resolution genomic characteristic technologies will become more popular in the next few years.

Based on metagenomic data, microbial genetic characteristics and genetic features can be used to identify any organism containing complete DNA or RNA. The goal of biosafety is to identify bacteria, viruses, and fungi that may threaten the lives of humans, animals, or plants to avoid causing destruction to the economy or social order. Microbial gene identification employs two methods: identifying conserved sequences between targets and identifying unique sequences of the target.

1. Identifying conserved sequences between targets

Finding conserved regions in all target genomes through alignment and non-alignment methods, but a trade-off between time and quality is required.

2. Identifying unique sequences of the target

Finding unique sequence regions of the target organism by searching large sequence databases. Sequential search requires a trade-off between execution time and search sensitivity. Heuristic methods are the most commonly used because they can quickly search large databases, such as the NCBI NT (non-redundant nucleotide) database. The most popular one is BLAST, which can quickly retrieve information in large databases by dividing the search space into multiple parallel processes. Another heuristic method is to calculate the hidden Markov model of the sequence of interest, such as in the HMMER program.

9.5.4 Application of pan-genome analysis

The pan-genome refers to the capture of the entire gene composition of a species, including the core genome and the dispensable genome. The core genome consists of genes shared by all strains, while the dispensable genome contains genes shared by some but not all strains (referred to as "accessory genes") and genes unique to a particular strain (referred to as "unique genes") (Figure 9 - 6). The pan-genome is defined based on genes rather than DNA sequences. In some bacterial species, unique genes account for 20% to 40% of the pan-genome. These genetic differences help analyze pathogenicity, drug resistance, and other phenotypes related to human health. Therefore, analyzing the dispensable genome and the core genome can help explain the above phenotypes.

In humans, an obvious advantage of pan-genome analysis is that scientists can discover variations missing in a single reference genome and link these variations to phenotypes, which may include beneficial and harmful characteristics.

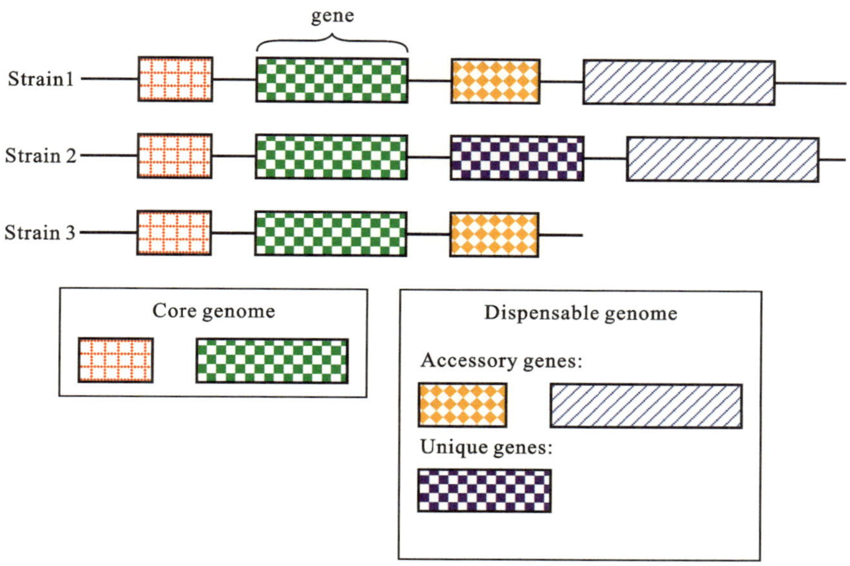

Figure 9 – 6 Bacterial and other prokaryotic genomes are primarily composed of genes, with very few intergenic sequences

Genomic analysis of 17 E. coli isolates revealed that the genome size of the isolates was 5020 ± 446 genes (mean ± standard deviation). Compared with previous pan-genome studies, the pan-genome study of E. coli found that new unique genes are continuously being discovered in newly sequenced genomes. E. coli has an open pan-genome, indicating that the species is still evolving through gene acquisition and diversification. The E. coli pan-genome contains over 13, 000 genes, which has significant implications for the diversity and pathogenicity of E. coli, as well as its colonization and pathogenic capabilities in human hosts.

In this study, the genomic content of 17 E. coli isolates was analyzed, including eight new isolates representing three previously unsequenced pathogens and the true commensal E. coli HS. Through comparative genomics, the study identified new genomic features and potential novel pathogenic mechanisms. Approximately half of the genomic content of any E. coli isolate represents the "core conserved" genome. The open pan-genome of the E. coli species suggests that continued sequencing should be able to identify about 300 new genes in each genome. The complete sequence of the commensal E. coli HS revealed a significant genomic mosaic between pathogens and commensals, as features previously thought to be associated with or restricted to pathogens were identified in the commensal genome. This has important implications for the evolution of pathogenic E. coli, as members of the commensal microbial community can serve as a genetic reservoir, and interactions between "precursor" pathogenic species and commensals may lead to the development of fully pathogenic isolates through horizontal gene transfer. The E. coli HS genome represents a new reference sequence for pathogen comparisons, and its data will serve as the basis for future functional studies.

Figure 9 – 7 illustrates the calculation of the conserved core genes, unique genes, and pan-genome of Escherichia coli.

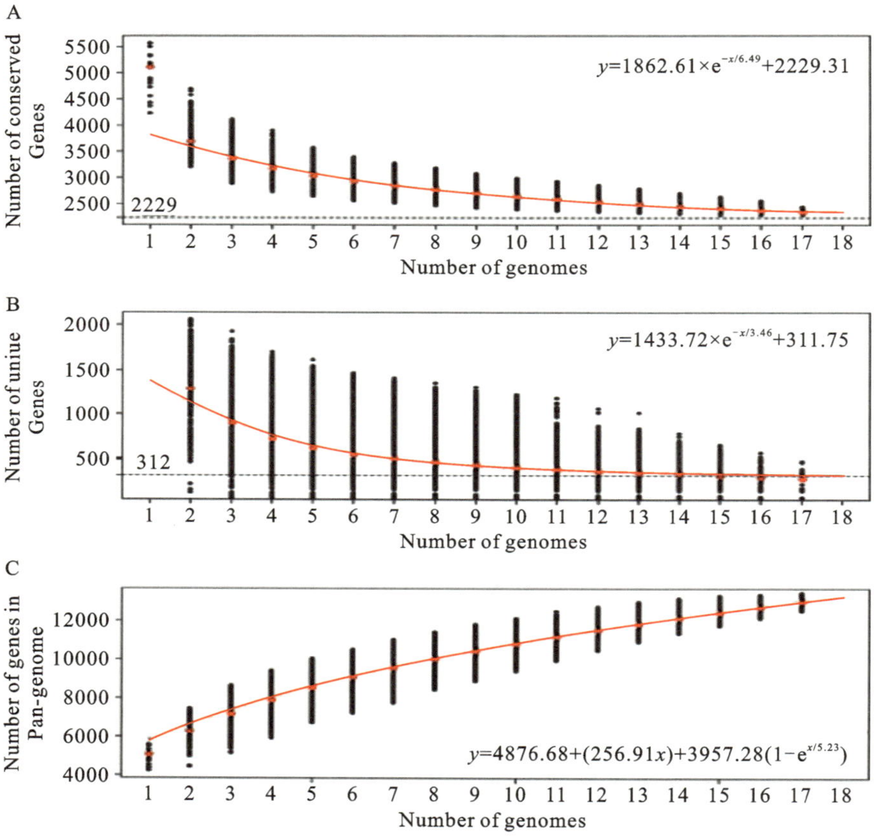

Figure 9 – 7 Calculation of the conserved core genes, unique, and pan-genome of E. coli

(A) Each point represents the number of conserved genes in the genome. The red line shows an exponential decay model based on the median of conserved genes when comparing an increasing number of genomes. (B) The number of unique genes in the genome decreases as the number of genomes increases. The red line shows an exponential decay model based on the median of unique genes when comparing an increasing number of genomes. (C) The pan-genome of the E. coli species. The extrapolated curve continues to increase, indicating that E. coli has an open pan-genome.

(LI Shengbin, LI Jing, ZHAO Wenjuan)

References

[1] ZEDER M A, HESSE B. The initial domestication of goats (*Capra hircus*) in the Zagros Mountains 10,000 years ago[J]. Science, 2000,287(5461):2254 – 2257.

[2] DECKER J E, MCKAY S D, ROLF M M, et al. Worldwide patterns of ancestry, divergence, and admixture in domesticated cattle[J]. PLoS Genet, 2014, 10(3): e1004254.

[3] DE ROCKER N, VERGULT S, KOOLEN D, et al. Refinement of the critical 2p25. 3 deletion region: the role of MYT1L in intellectual disability and obesity[J]. Genet Med., 2015,17(6):460 – 466.

[4] NORRIS B J, WHAN V A. A gene duplication affecting expression of the ovine ASIP gene is responsible for white and black sheep[J]. Genome Res., 2008,18(8):1282 – 1293.

[5] ZHANG J, FANG Z, JUD C, et al. Fragile X-related proteins regulate mammalian circadian behavioral rhythms[J]. Am J Hum Genet., 2008,83(1):43 – 52.

[6] DILLON S R, GROSS J A, ANSELL S M, et al. An APRIL to remember: novel TNF ligands as therapeutic targets[J]. Nat Rev Drug Discov., 2006,5(3):235 – 246.

[7] RINCON G, FARBER E A, FARBER C R, et al. Polymorphisms in the STAT6 gene and their association with carcass traits in feedlot cattle[J]. Anim Genet., 2009,40(6): 878 – 882.

[8] SETTLE S H JR, ROUNTREE R B, SINHA A, et al. Multiple joint and skeletal patterning defects caused by single and double mutations in the mouse Gdf6 and Gdf5 genes[J]. Dev Biol., 2003,254(1):116 – 130.

Chapter 10
Paper-based Biosensors

10.1 Biosensors

10.1.1 Overview of biosensors

In general, biosensors can identify specific targets based on biological mechanisms (such as antigen-antibody reactions and enzymatic reactions), and perform the conversion in accordance with certain principles (such as electrical effects and optical effects) to generate corresponding usable output signals (such as electrical signals and optical signals)[1]. Biomarkers are important detection targets of biosensors, involving metabolic molecules (such as glucose and lactic acid), proteins (such as antigens and antibodies), nucleic acids, cells, viruses, and others, and the relevant information can be used as an important basis for disease diagnosis, health monitoring, and other tasks[2].

In biomedical fields, traditional methods for detecting biomarkers and other targets often rely on professionals to perform complex procedures, and may require large equipment and specific laboratory environments. In contrast, biosensors can improve the level of detection automation and simplify the operation processes by organically combining recognition elements, transduction elements, and others. By carefully designing the forms and functions of biosensors and applying microscale and nanoscale manufacturing technology, the level of such detection tools in terms of integration, miniaturization, portability and other aspects can be further enhanced, so as to reduce the demand for large-scale equipment in related biomedical detection processes and expand the application scenarios of detection. In recent years, the innovative developments of biosensors have benefited from the multidisciplinary cutting-edge research, and are expected to provide key technical support for the high-throughput and high-quality collection and analysis of biomedical information.

10.1.2 Basic detection methods of biosensors

Biomedical detection can utilize biosensors to obtain target information and perform quantitative analyses. Regarding a series of important detection targets in biomedical fields, basic detection methods of biosensors are introduced here.

1. Detection of metabolic molecules

Metabolic processes involve glucose, uric acid, lactic acid, and others, and the concentration changes of these biomolecules are important bases for the analysis of physiological state. There are various methods for the detection of metabolic molecules, among which the electrochemical enzymatic sensing mode is widely used. Taking the electrochemical enzymatic sensing mode based on redox reaction as an example, in a typical preparation process of these sensors, the enzymes that catalyze the redox reaction related to metabolic molecules are immobilized to the electrodes[3]. In the detection processes, the enzymes on the electrode are able to recognize the target metabolic molecules and catalyze the redox reaction; in turn, the sensor can generate electric current or other signals related to the concentration of the target biomolecules through a certain conversion mode.

2. Detection of proteins

In order to achieve the detection of specific proteins, biosensors can be constructed based on the principle of antigen-antibody immune recognition. During the construction of such sensors, antibodies or antigens with immune recognition functions are usually immobilized on the surface of the sensing structures. During the detection processes, the target proteins specifically bind to the antibodies or antigens on the surface of the sensing structures, and then output signals are generated through conversion mechanisms. These sensors can adopt specific signal conversion mechanisms according to the detection requirements, such as changes in electrochemical impedance characteristics[4] and shifts in mechanical resonance frequencies[5].

3. Detection of nucleic acids

The analysis of nucleic acid information can be generally divided into the sequencing mode and the targeting mode: the sequencing mode analyzes all or part of the nucleic acid base sequence, and the targeting mode may quantitatively detect specific nucleic acid fragments. In the sequencing mode, nanopore sensors may be used to measure the change of electrical signal caused by the passage of nucleic acid molecules, so as to resolve the base sequences[6]. In the targeting mode, the surface of the biosensing structures usually has specific recognition sequences that are complementary to the target nucleic acid fragments, so that the sensors can selectively capture the target nucleic acids through the complementary base pairing and trigger the signal conversion[7].

4. Detection of cells

Biosensors can detect cells by identifying cell-related molecular markers. These molecular markers can be present on the surface or inside of cells, or released by cells into their external environments. On the basis of specifically identifying these molecular markers and obtaining relevant information such as their concentration, biosensors can support the analysis of the type, state, and other aspects of cells[8].

5. Detection of viruses

To perform virus detection, biosensing structures can identify specific proteins, nucleic acids, and other molecules associated with the target viruses. On the basis of specific molecular recognition, principles related to electrochemistry and optics[11] may be used to convert the amounts of viruses into output signals.

10.2 Paper-based biosensors

10.2.1 Overview of paper-based biosensors

Biomedical detection practices in such fields as public health and biosecurity often exhibit characteristics including wide scope and large scale, which poses multifaceted requirements for biosensors. To adapt to such application scenarios, biosensors not only need to meet specific performance indicators such as sensitivity and accuracy, but also should be easy to operate. To promote the popularization of the detection technology, the control of relevant costs also deserves attention.

To meet the practical needs of biomedical detection, researchers have been continuously promoting the innovative development of various types of biosensors. Among them, the research on paper-based biosensors has shown a rapid development trend. As a traditional information carrier, paper offers such advantages as abundant raw material sources and environmental friendliness. The hydrophilic porous structures inside it can provide conditions for the adsorption and transfer of molecules related to biomedical detection. By combining microfluidic technology with biosensing mechanisms, researchers have developed the technological system of paper-based microfluidic biosensing based on the traditional application of paper substrate materials.

By constructing functional structures such as channels and valves, microfluidic technology can realize microscale fluid manipulation, and promote the development of detection technology in biomedical fields. Traditional microfluidic biosensors usually rely on external pumps to drive fluids. In contrast, paper-based microfluidic biosensors rely on the capillary action of paper substrate materials to achieve fluid driving, without the need for external pumping systems, which can reduce equipment complexity and operation difficulty and help control the cost of biosensors. By applying biological recognition mechanisms such as antigen-antibodybinding and nucleic acid hybridization, specific paper-based detection interfaces can be constructed. Moreover, paper substrate materials can be compatible with various sensing mechanisms. By deeply integrating microfluidic technology and biosensing principles, and leveraging the characteristics of paper substrate materials, the detection capabilities of paper-based biosensors can be enhanced, their ease of use can be improved, and related costs can be controlled, thus providing support for meeting the diverse needs of biomedical detection practices.

10.2.2 Manufacturing methods of paper-based biosensors

Microfluidic structures can realize such functions as transferring and mixing in paper-based biosensors. In the construction processes of paper-based microfluidic structures, the customization of hydrophilic and hydrophobic regions is a key step. For this purpose, the following two groups of methods have been widely used in the research of paper-based microfluidic biosensors.

1. Direct structuring of paper substrate materials

This type of method can directly structure paper substrate materials through specific means, thereby forming boundaries and constructing hydrophilic regions within paper-based devices. Taking laser cutting technology as an example, the principle is to use a laser beam to ablate and remove the paper substrate material to form a device containing microfluidic functional units (Figure 10 - 1).

2. Selective introduction of hydrophobic materials

This type of method can selectively introduce hydrophobic materials to paper substrate materials, thereby forming hydrophobic barriers and defining the hydrophilic regions within paper-based sensors. Taking wax printing technology as an example, its primary process is to deposit a specific wax pattern on the surface of the paper base, and heat the wax pattern to melt and penetrate into the inside of the paper, thus forming a hydrophobic region.

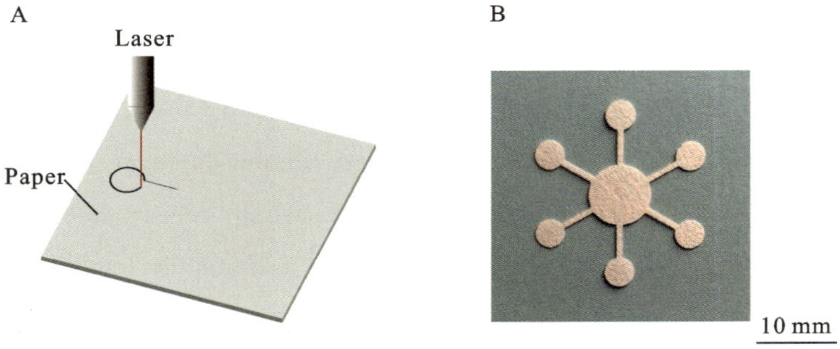

Figure 10 – 1　Fabrication of paper-based microfluidic devices with laser cutting

(A) A schematic diagram of laser cutting. (B) A paper-based microfluidic device fabricated with laser.

In the manufacturing process of paper-based biosensors, the immobilization of functional molecules (such as antigens, antibodies, and enzymes) is an important part. Physical adsorption methods are relatively simple to operate, but these methods may have such issues as easy desorption of reagents and poor stability. Chemical bonding methods can immobilize functional molecules on the surface of paper substrate materials based on functional groups through covalent bonding and other interactions. Generally speaking, these methods can improve the stability of paper-based sensors, but usually need to complete more complex surface chemical modification steps.

For paper-based microfluidic biosensors involving electrical effects, the fabrication of paper-based electrodes is a key step in achieving effective electrical signal conduction. In view of the insulating properties of paper substrate materials, the strategy of selectively depositing conductive materials may be used to prepare functional electrodes. For example, using pre-designed hollow templates, conductive pastes (such as carbon paste and silver paste) can be filled to specific areas of paper substrate materials in such manners as scraping, and the paper-based electrodes can be formed after heating and curing. In addition, inks containing conductive nanomaterials (such as gold nanoparticles, carbon nanotubes, and graphene) can be loaded to inkjet printing equipment, and the nozzle can be controlled to deposit the inks on the surface of paper substrate materials. Then the paper-based electrode can be formed through drying or other processes.

10.2.3　Application modes of paper-based biosensors

To expand the application of paper-based biosensors in biomedical fields, researchers have carried out various forms of exploration and innovation based on the advantages of paper substrate materials such as pump-free liquid driving. The mobile phone-supported mode and the on-body monitoring mode of paper-based biosensors in biomedical detection applications are introduced here.

1. Mobile phone-supported mode

The prevalence of mobile phones has provided convenient ways of information transmission for such fields as telemedicine and health management. Based on the technical system of data acquisition, transmission, and analysis of mobile phones, a series of progress has been made in the research of paper-based biosensors. For example, the visualization results of colorimetric reactions in paper-based microfluidic chips can be obtained by using image acquisition modules in mobile phones[14]. These detection results can be transmitted to medical data centers for professional analysis or quantitatively analyzed by applications on mobile phones in a localized manner.

2. On-body monitoring mode

On-body health monitoring technology based on wearable sensors provides a key support for obtaining physiological data in real time. Paper substrate materials can be used in the development of wearable sensors owing to their characteristics including flexibility and biocompatibility. For example, by folding paper substrate materials, paper-based microfluidic electrochemical sensors with three-dimensional structural characteristics can be constructed[15]. After attaching such sensors to the surface of the skin, it is possible to monitor specific molecular concentrations in sweat.

10.3 Facilitating the manufacturing and operation of paper-based biosensors

10.3.1 Manufacturing methods of three-dimensional paper-based channels

Compared with two-dimensional fluidic channels, three-dimensional fluidic channels in paper-based microfluidic biosensors can perform more complex fluidic manipulation and improve the integration of detection-related functions[12]. Researchers have proposed a manufacturing method of three-dimensional paper-based channels based on double-sided wax printing[16], which is conducive to enhancing the convenience level of the manufacturing processes of paper-based microfluidic devices. The key to this method lies in regulating the penetration behavior of the wax patterns in paper substrate materials, thereby achieving the construction of multi-layer channels within a single paper sheet.

The manufacturing process conditions investigated in this study mainly included the gray values of wax patterns and the heating times. The experimental results showed that the wax point distribution with specific densities could be obtained by setting the gray value of the wax patterns. Under the same heating condition, the region with high wax point densities showed a higher wax longitudinal penetration rate than the region with low wax point densities. With a specific heating temperature, the depth of wax pattern penetration into the interior of the paper could be controlled by changing the heating time. The wax-permeated areas of the paper could act as hydrophobic barriers, and the wax-free area could act as hydrophilic channels. Therefore, multiple layers of fluidic channels could be constructed in a single sheet of paper. For instance, by printing patterns with specific wax dot density distribution on both sides of the paper and regulating the depth and spatial distribution of wax penetration under heating conditions, it is possible to superimpose open fluidic channels and enclosed fluidic channels, thereby forming three-dimensional fluidic channel structures.

This study conducted quality evaluation experiments on the hydrophobic wax barriers. The relevant results indicated that when the aforementioned manufacturing method of paper-based channel was used, reliable wax barriers could be obtained under appropriate process conditions, preventing the liquid within the paper-based hydrophilic areas from leaking. By properly setting the wax patterns and heating conditions, the size of the paper-based channels could be adjusted, thereby controlling the fluid transfer behavior. The manufacturing method proposed in this study could be combined with the manufacturing method of three-dimensional channels based on paper stacking, thereby constructing three-dimensional channel network structures with higher complexity. During this process, by manufacturing multi-layer channels within individual paper sheets, the number of paper alignment times could be reduced.

10.3.2 Paper-based magnetic timing valves

In order to simplify the operation process of paper-based sensors in multi-step assays, researchers have proposed paper-based magnetic timing valves[17]. The basic idea of such design is to combine the capillary effect of the paper-based fluidic channels with circuit control, and trigger electromagnets to open and close the paper-based valves by measuring the change of resistance in the paper-based timing channels. These paper-based valves could reduce the manual steps for timing and fluid manipulation required in traditional detection processes to some extent.

According to the manufacturing method proposed in this study, paper-based microfluidic structures could be constructed with wax printing technology and laser cutting technology. By adding ferromagnetic materials, the paper-based cantilever structures could be endowed with magnetic response function. In addition, salt solution was deposited in a specific area of a paper-based timing channel, and after drying treatment, a salt resistor was formed. When the fluid reached this area along the timing channel, the salt resistor was moistened, and the resistance value changed accordingly. Consequently, the preset circuit converted this resistance value change into a signal, which activated an electromagnet under the paper-based cantilever structure. The magnetic force generated by the electromagnet drove the deformation of the paper-based cantilever structure. By changing the geometric parameters of the timing channel, the waiting time before triggering the electromagnet could be adjusted, thereby achieving the timed control of the opening and closing state of the magnetized cantilever valve.

Based on the aforementioned working mechanism, normally open valves and normally closed valves could be constructed by properly designing the magnetic control deformation mode of the paper-based cantilever structures. The cantilever structure of a normally open valve was usually outside the primary plane of the paper-based device, and the hydrophilic area in the cantilever structure was not connected with the fluidic channels in the device, thus blocking the fluid. The normally open valve was switched to the closed state due to the magnetic force after the timing was over. At the moment, the cantilever structure was located within the primary device plane, thus allowing the fluidic channel to be connected and allowing the fluid to pass through. In contrast, the cantilever structure of a normally closed valve was usually within the primary plane of the paper-based device, so that the paper-based fluidic channels were connected to maintain fluid delivery. The normally closed valve switched to the disconnected state due to the magnetic force after the timing was over. At the moment, the paper-based channels were no longer connected, and the liquid delivery stopped. When constructing paper-based microfluidic devices, normally open valves could be used to achieve delayed fluid delivery, and normally closed valves could be used to deliver a specific volume of fluid.

10.4 Detection functions of paper-based biosensors

10.4.1 Basic detection modes of paper-based biosensors

Paper substrate materials can provide the basis for the application of various biosensing methods, owing to their characteristics such as porosity and hydrophilicity[18]. For specific detection targets and application scenarios, appropriate biosensing methods can be selected, and paper-based microfluidic chips and other devices can be designed and manufactured specifically. The commonly used colorimetric methods and electrochemical methods are taken as examples here to introduce basic detection modes of paper-based biosensors.

Colorimetric detection modes of paper-based microfluidic biosensors can achieve analysis by utilizing the specific reaction between the target substance and the detection reagents. These methods may involve the following main steps: the capillary effect of the paper-based microfluidic devices can be utilized to direct the sample to be tested to the preset reaction area; within the reaction area, the pre-loaded recognition substance and chromogenic substrate, through a synergistic effect, can generate visual signals in the specific reaction triggered by the target substance. The analysis of the target substance concentration can be achieved through various methods, such as comparing the color intensity with standard colorimetric cards or measuring the color signal intensity based on digital image analysis technology.

Electrochemical detection modes of paper-based microfluidic biosensors are usually based on the specific interaction between the target and the recognition element, and quantitative analysis of the biological target is achieved by measuring changes in current, voltage, and others. Taking protein detection as an example, detection methods based on the principles of electrochemical sensing can generally be divided into label-based and label-free types (Figure 10 – 2). In typical label-based electrochemical sensing, on the basis of specific recognition and binding of target molecules, labels with electrochemical activity are introduced. These labels can generate such quantifiable signals as electric current through redox reactions and other processes. In typical label-free electrochemical sensing, specific recognition and binding of target molecules can induce electrochemical properties or signal changes without the need for additional labels to be introduced. By such means as equivalent circuit models, these electrochemically related changes can be analyzed, and the quantitative relationship between the concentration of target substance and the electrochemical response can be established. In order to achieve accurate detection, it is usually necessary to perform surface functionalization on the corresponding paper-based electrodes, such as immobilizing capture molecules on the surface of the paper-based electrodes, and using blocking molecules to reduce non-specific adsorption. Three-electrode systems consisting of a working electrode, a counter electrode, and a reference electrode are often used to construct paper-based electrochemical sensors (Figure 10 – 3). In order to adapt to different detection requirements, the materials, sizes, layouts, and other aspects of the electrodes may be adjusted.

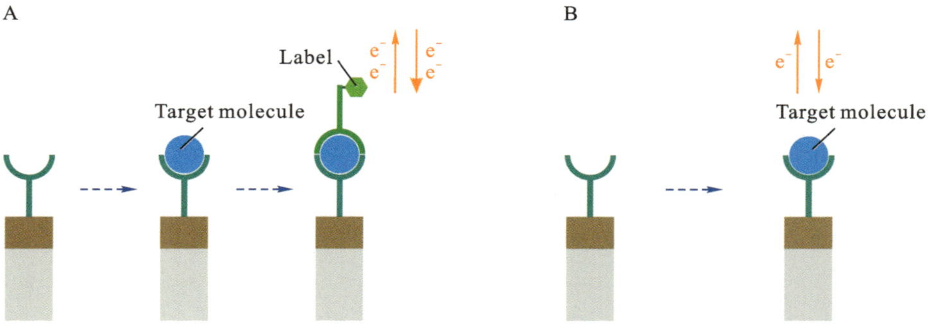

Figure 10 – 2 Paper-based electrochemical sensing

(A) Paper-based electrochemical sensing with labels. (B) Paper-based electrochemical sensing without labels.

Figure 10 – 3 Electrodes in paper-based electrochemical sensors

10.4.2 Nanomaterial-enhanced paper-based biosensors

In the studies of paper-based biosensors, the introduction of nanomaterials has become an important strategy to improve the detection functions of these sensors. For example, in biomolecular detection, nanomaterials can provide a high specific surface area to increase the binding sites of biomolecules, providing the basis for highly sensitive detection of these sensors. In addition, nanomaterials can support specific sensing mechanisms and improve the quality of sensing signals through such effects as surface plasmon resonance. To incorporate nanomaterials into paper-based biosensors, the related preparation strategies can be roughly classified into *ex situ* preparation methods and *in situ* preparation methods.

The *ex situ* preparation methods involve the addition of nanomaterials prepared in advance under specific conditions to paper substrate materials. Such methods usually require two main stages. The first stage is to prepare nanomaterials with specific properties, such as metal nanoparticles and carbon-based nanomaterials, by means of chemical synthesis and mechanical exfoliation. The second stage involves material immobilization techniques such as solution drop coating, immersion deposition, and inkjet printing to introduce the nanomaterials to the paper substrates. In these processes, the loading capacity of the nanomaterials can be controlled by adjusting the concentration of the dispersion solution, the number of deposition and other technological parameters. In the use of *ex situ* preparation methods, the interface binding strength between the nanomaterials and the paper substrate materials deserves attention. If the binding strength is insufficient, the nanomaterials may detach during the subsequent use of the sensors, which would affect the detection performance.

The *in situ* preparation methods are based on paper substrate materials to prepare nanomaterials. The composition, morphology, and other characteristics of paper substrate materials present specific conditions for the *in situ* preparation of nanomaterials. For example, paper substrate materials could provide a source for the preparation of carbon-based nanomaterials, and the functional groups on the surface of paper substrate materials may have an impact on the anchoring, growth, and other processes of nanomaterials. To improve the outcomes of *in situ* preparation, certain pretreatment of paper substrate materials may be necessary. Compared with *ex situ* preparation methods, *in situ* preparation methods may enhance the binding stability between nanomaterials and paper substrate materials.

10.5 Paper-based biosensors for molecular biomarker detection

10.5.1 Paper-based electrochemical enzymatic sensors

In order to achieve high-performance detection of glucose as a metabolic marker, researchers constructed a paper-based electrochemical sensor enhanced with zinc oxide nanowires[19]. According to the strategy provided by this study, zinc oxide nanowires can be grown on the surface of paper-based carbon paste electrodes by a hydrothermal synthesis method, so as to take such advantages as high specific surface areas of these nanomaterials to improve the detection performance.

These paper-based sensors had a layered structural design: the upper layer contained a reaction region, a counter electrode, and a reference electrode, and the lower layer was a paper-based working electrode with zinc oxide nanowire. This layered design avoided potential damage to the hydrophobic barrier by the hydrothermal synthesis process. The study compared paper-based sensors with and without zinc oxide nanowires through electrochemical measurement experiments. Overall, the electrodes with zinc oxide nanowires were able to produce a significant current response at a low voltage potential. In cyclic voltammetry tests, redox current peaks could be observed.

The effects of incubation time, the amount of glucose oxidase, and other parameters on the detection performance were investigated, and the effects of working electrode size and nanowire growth time on the detection performance were analyzed. The experimental results showed that increasing the electrode radius could broaden the linear response range to a certain extent, and extending the nanowire growth time may contribute to the improvement of detection sensitivity. Based on these results, certain combinations of design parameters of these sensor could be selected to meet the needs of clinical detection, taking into account both sensitivity and dynamic range. The calibration experiment results showed that these paper-based microfluidic biosensors had favorable detection performance, and their detection range could cover the clinically relevant glucose molecule concentrations.

10.5.2 Paper-based electrochemical immunosensors

In order to explore the highly sensitive and convenient detection technology of proteins as disease marker, researchers constructeda type of origami paper-based electrochemical impedance spectroscopy biosensor enhanced with zinc oxide nanowires[20]. By integrating the manufacturing technology of paper-based microfluidic sensor, the modification method of nanomaterials, and the principle of electrochemical biosensing, this study has provided a strategy for the development of high-performance and convenient technology for biomedical detection.

These sensors had a foldable double-layer structure: the outer layer contained a reaction area, a counter electrode, and a reference electrode, while the inner layer was a paper-based working electrode with zinc oxide nanowires. To achieve specific detection, molecules capable of capturing specific disease markers were immobilized to the surface of the zinc oxide nanowire-enhanced electrodes, and then blocking reagents were used to treat the surface of these electrodes to reduce non-specific molecular adsorption. Based on this foldable design, multiple sensors could be combined to achieve parallel detection. During the detection operation, the reaction area and the working electrode were brought into close contact by folding, at which point the working electrode, the counter electrode, and the reference electrode together formed an electrochemical reaction cell. After the sample solution was added to the reaction area, the target molecules in it could specifically bind to the molecules already immobilized on the surface of the working electrode. This binding could cause changes in the properties of the working electrode surface, and these changes were detected and analyzed through electrochemical impedance spectroscopy. The detection operation steps of the paper-based biosensors included: adding the sample solution to the working electrode in the unfolded state and waiting for a certain period of time to allow molecular binding; washing and drying the excess liquid to avoid non-specific molecular adsorption; removing the protective layer in the paper-based sensor, folding the sensor, and using the adhesive layer to fix the structure; adding the electron mediator solution and performing electrochemical impedance spectroscopy measurement.

This study used equivalent circuit models to analyze the correlation between the electrochemical impedance spectroscopy measurement results and the concentration of target molecules, thereby obtaining interface electrical characteristic parameters that could reflect the concentration of target molecules. For biological samples, multiple molecular binding time gradients were utilized in the experiment. By comparing the detection reading responses at different binding times, the binding time that could obtain higher-quality detection results was determined. In the calibration experiment based on serum samples, these paper-based microfluidic biosensors demonstrated favorable detection performance.

10.6 Chapter summary

Biosensors can detect a variety of biomarkers, and have shown broad application prospects in biomedical fields such as disease diagnosis and health monitoring. Among them, paper-based microfluidic biosensors rely on the capillary action of paper substrate materials to drive fluids, without the need for external pumps, which can reduce the requirements for operation and equipment. Researchers have explored the manufacturing methods of paper-based fluidic channels, the microfluidic functions of paper-based structures, and other aspects to enhance the convenience of constructing and operating paper-based microfluidic biosensors. Moreover, by introducing nanomaterials and other means, researchers have improved the detection performance of these sensors. These research results are expected to provide support for the innovative development of biomedical detection technologies.

(LI Xiao)

References

[1] JUSTINO C I L, CARDOSO S L, DE LIMA J L F C, et al. Recent developments in recognition elements for chemical sensors andbiosensors[J]. TrAC Trends in Analytical Chemistry, 2015, 68: 2-17.

[2] LUO X, DAVIS JJ. Electrical biosensors and the label free detection of protein disease

biomarkers[J]. Chem Soc Rev, 2013, 42(13): 5944 – 5962.

[3] GAO W, EMAMINEJAD S, NYEIN H YY, et al. Fully integrated wearable sensor arrays for multiplexed in situ perspiration analysis[J]. Nature, 2016, 529(7587): 509 – 514.

[4] ALEMAN J, WANG Y, ZHANG Y S, et al. Microfluidic integration ofregeneratable electrochemical affinity-based biosensors for continual monitoring of organ-on-a-chip devices[J]. Nature Protocols, 2021, 16(5): 2564 – 2593.

[5] ARLETT J L, MYERS E B, ROUKES M L. Comparative advantages of mechanicalbiosensors[J]. Nature Nanotechnology, 2011, 6(4): 203 – 215.

[6] DOREY A, HOWORKA S. Nanopore DNA sequencing technologies and their applications towards single-molecule proteomics[J]. Nature Chemistry, 2024, 16(3): 314 – 334.

[7] DU Y, DONG S. Nucleic acid biosensors: recent advances and perspectives [J]. Analytical Chemistry, 2017, 89(1): 189 – 215.

[8] ZHANG Y S, SHU X, RADISIC M, et al. Multisensor-integrated organs-on-chips platform for automated and continual in situ monitoring of organoid behaviors[J]. Proceedings of the National Academy of Sciences, 2017, 114(12): E2293 – E2302.

[9] YOUSEFI H, WANG Y, ZHANG Y S, et al. Detection of SARS-CoV-2viral particles using direct, reagent-free electrochemical sensing[J]. J Am Chem Soc, 2021, 143(4): 1722 – 1727.

[10] ALAFEEF M, WANG Y, ZHANG YS, et al. Rapid, ultrasensitive, and quantitative deteetion of SARS-CoV-2 using antisense oligonucleotides directed electrochemicalbiosensor chip[J]. ACS Nano, 2020.

[11] MILLER B S, WANG Y, ZHANG Y S, et al. Spin-enhanced nanodiamond biosensing for ultrasensitive diagnostics[J]. Nature, 2020, 587(7835): 588 – 593.

[12] MARTINEZ A W, PHILLIPS S T, WHITESIDES G M, et al. Diagnostics for the developing world: microfluidic paper-based analytical devices [J]. Analytical Chemistry, 2010, 82(1): 3 – 10.

[13] NOVIANA E, ZANG L, LIU X, et al. Microfluidic paper-based analytical devices: from design to applications[J]. Chemical Reviews, 2021, 121(19): 11835 – 11885.

[14] FRONCZEK C F, LIU X, MARTINEZ A W, et al. Paper microfluidic extraction and direct smartphone-based identification of pathogenic nucleic acids from field and clinicalsamples[J]. RSC Advances, 2014, 4(22): 11103 – 11110.

[15] CAO Q, LIU X, MARTINEZ A W, et al. Three-dimensional paper-based microfluidic electrochemical integrated devices (3D-PMED) for wearable electrochemical

glucosedetection[J]. RSC Advances, 2019, 9(10): 5674-5681.

[16] LI X, LIU X. Fabrication of three-dimensional microfluidic channels in a single layer of cellulosepaper[J]. Microfluidics and Nanofluidics, 2014, 16(5): 819-827.

[17] LI X, ZWANENBURG P, LIU X. Magnetic timing valves for fluid control in paper-basedmicrofluidics[J]. Lab Chip, 2013, 13(13): 2609-2614.

[18] GONG MM, SINTON D. Turning the page: advancing paper-based microfluidics for broad diagnostic application[J]. Chemical Reviews, 2017, 117(12): 8447-8480.

[19] LI X, ZHAO C, LIU X. A paper-based microfluidic biosensor integrating zinc oxide nanowires for electrochemical glucosedetection[J]. Microsystems & Nanoengineering, 2015, 1(1).

[20] LI X, LIU X. A Microfluidic Paper - based origami nanobiosensor for label-free, ultrasensitive immunoassays[J]. Adv Healthc Mater, 2016, 5(11): 1326-1335.

Chapter 11
Multi-modal Biometric Identification

Multi-modal biometric identification system is a hot topic in the field of information technology today, involving the application and development of biometric identification technology in multiple modalities. With the continuous advancement of technology and the development of biometric recognition, multimodal biometric identification has become an important research direction in the field of forensic evidence. This chapter aims to systematically introduce the basic principles, technical methods and application scenarios of multimodal biometric identification, and help readers fully understand the latest developments in this field.

11.1 Overview

Multi-modal biometric recognition is a technology that utilizes multiple biometric features for individual identification. With the continuous development and popularization of biometric recognition technology, multi-modal biometric recognition has become one of the hot topics in the current biometric recognition field. This chapter aims to systematically introduce the basic principles, key technologies, and application prospects of multi-modal biometric recognition technology, providing a comprehensive reference for relevant researchers and practitioners. Firstly, it will start with the concept and classification of multi-modal biometric features, introducing the basic concepts and principles of multi-modal biometric recognition technology. Secondly, it will focus on the fusion technology, algorithms, and system design of multi-modal biometric features. Finally, this chapter will look ahead and see the development and trends of multi-modal biometric recognition technology. It is hoped that this chapter can serve as a reference tool for researchers and practitioners in this field, promoting the further development and application of multi-modal biometric recognition technology.

Multi-modal biometric features refer to the unique characteristics of an organism, which can be used to identify and differentiate individuals. These features can include external appearance, behavioral characteristics, physiological features and more. Based on their nature and forms of expression, multi-modal biometric features can beclassified into different categories. For example, external appearance features can be categorized into color, shape, texture, etc. ; physiological features can be categorized into genotype, phenotype, metabolic features, etc. These classifications can help scientists better understand and study the characteristics of organisms, providing an important theoretical basis and practical guidance for research in the fields of biology, ecology and evolution.

Multi-modal biometric recognition technology is a method that utilizes multiple biometric information for individual identification. Its basic concept involves collecting and analyzing an individual's biometric information, such as fingerprints, irises and voiceprints, and then integrating and comparing this information to achieve accurate identification and verification of the individual. The principles of this technology mainly include three key steps: biometric information collection, feature extraction and pattern matching. Firstly, the biometric information of the individual is collected and recorded using biometric collection devices; then, feature extraction algorithms process and extract the representative feature vectors from the collected biometric information; finally, pattern matching algorithms compare the extracted feature vectors with the features in the database to achieve accurate identification and verification of the individual. Multi-modal biometric recognition technology has wide application prospects in the fields of security and finance, as it can improve the accuracy and security of individual identification, holding significant social and economic value. The following are the main institutions engaged in relevant research at home and abroad (Table 11-1, Table 11-2).

Table 11 – 1 Main institutions engaged in relevant research abroad

No.	Institute	Research	Results	Application
1	The Broad Institute of MIT and Harvard	High throughput DNA sequencing, complex phylogenetic analysis and genome mapping models	Multiple advanced genomic analysis tools such as GATK (Genome Analysis Toolkit)	On a global scale, the institution's tools are widely used in genetic research, disease diagnosis, and personalized healthcare. The market share is relatively high in related fields
2	European Bioinformatics Institute (EMBL-EBI)	Storage, analysis and interpretation of high-throughput sequencing data, including phylogenetic and multibiometric data	Developed multiple databases and tools for bioinformatics analysis	Widely used in both academic and medical fields, but more focused on research purposes, market share is difficult to quantify
3	MorPho	Facial recognition, fingerprint identification	Developed multiple multimodal biometric recognition systems such as facial recognition and fingerprint recognition	Has a significant influence on the European market
4	Amazon	Developed a palmswiping payment system based on palm vein recognition	Amazon One Palmar Vein Recognition System	Deployed mobile payment systems in Amazon's own unmanned supermarkets and whole-food supermarkets

Table 11 – 2 Main institutions engaged in relevant research in China

No.	Institute	Research	Results	Application
1	BGI	Extensive genomic research, including phylogenetic analysis	Multiple personal genetic testing products and services have been released	Applied to medical research and forensic science
2	Institute of Computing Technology, Chinese Academy of Science	High throughput sequencing data analysis and the application of deep learning in bioinformatics	Multi-biometric fusion comparison network and research on bioinformatics algorithms and models	Collaborate with various biomedical institutions

continued

No.	Institute	Research	Results	Application
3	Yitu Technology	High precision facial recognition model	The accuracy of facial recognition under one millionth false alarm is close to 99%	Jointly launching "facial recognition payment" with China UnionPay to establish financial level payment security standards
4	Shangtang Technology	Deep learning facial recognition algorithm	Release of SensePassPro facial recognition all-in-one machine	Application in large-scale traffic scenarios
5	Xi'an Jiaotong University	Studied palm vein recognition methods suitable for open set and cross device recognition, extracted domain invariant palm vein features	Proposed a cross dataset palmprint recognition method that combines pixel level and feature level alignment	Developed various palm vein recognition modules and panel devices

11.2 Intelligent pedigree comparison technology for complex kinship relationships

In the field of kinship identification, although the first-generation DNA sequencing technology has achieved tremendous success, its application in forensic science is still limited due to the restriction on the number of selected loci. High-throughput sequencing can provide information on the entire genome, especially in the inference of complex kinship relationships, and its cost is rapidly decreasing. However, its application is still limited by the current incomplete theories and algorithms.

The challenges in bioinformatics and artificial intelligence include the search for genetic marker features, cross-generational pedigree comparison, kinship determination, and the fusion analysis of artificial intelligence based on multi-biological feature group data.

11.2.1 Theory and algorithm for genetic marker search

Short Tandem Repeat (STR) or microsatellite markers exhibit high polymorphism and wide distribution within the human genome and among different individuals. Therefore, they have been widely used in DNA typing applications and population genetics research. These applications include individual identity verification, paternity confirmation and probabilistic population prediction. Since 1997, the 13 core STR loci released by the Combined DNA Index System (CODIS) of the Federal Bureau of Investigation (FBI) have dominated individual identity authentication and population genetics research for nearly twenty years.

Forensic databases based on CODIS core STRs are being established globally. However, with the rapid expansion of the database, the risk of random matches (i. e., accidental matches between unrelated individuals) is increasing. This may lead to the misidentification of individuals in the database as criminals when new crimes occur. In addition, the effectiveness of the CODIS 13 STRs varies among different subpopulations. For example, in China, only 9 CODIS STRs are widely used because the remaining four loci have lower discriminatory power in the Chinese population. It is necessary to find solutions to these issues, such as increasing the number of loci and/or introducing more effective STR markers, or using second-generation sequencing data to enhance the effectiveness of forensic typing.

We have previously proposed a novel locus selection algorithm that considers common limitations of forensic STR markers (such as heterozygosity, random match probability, discriminatory power, and exclusion probability) and employs two statistical equilibrium tests (Hardy-Weinberg equilibrium and linkage equilibrium). This selection algorithm aims to use next-generation sequencing (NGS) data to find a new set of STR markers to improve the accuracy of identity verification and paternity testing.

In a recent study, we applied this method to 320 Chinese individuals from the Thousand Genomes Project. The results show that the selected loci have high combined discriminatory power in identity testing and high combined exclusion probability in paternity testing. They also provide smaller DNA profile frequencies than the CODIS 13 loci. More importantly, the selected loci offer a relatively low probability of random profile matching, which means that in a database of 100 billion entries. There would statistically be no erroneous matches in 80 million searches. Additionally, the selected loci reduce the risk of random allele matching in family searches. In our simulations, the selected STRs have lower false positive and false negative probabilities in paternity testing compared to CODIS STRs.

Although second-generation sequencing can provide information on the entire genome and its cost is rapidly decreasing, it still faces challenges in forensic applications. Firstly, due to an average of 1 – 2 recombinations of each chromosome inherited from parents to offspring, most loci are inevitably linked when more than 4 – 10 loci are selected. Secondly, the accuracy of second-generation sequencing for STR loci is lower compared to the accuracy for single nucleotide variants (SNVs), making it susceptible to sequencing errors. Although the polymorphism of SNP loci is lower, their sequencing accuracy is higher. These issues render the theoretical calculations of kinship relationships based on first-generation data no longer applicable in the context of second-generation data.

Current theoretical calculations of kinship relationships have not fully considered factors such as the mutation rate of DNA loci and genetic recombination. Furthermore, there is a need to improve existing computational methods to better differentiate between identity by descent (IBD) and identity by state (IBS), as well as to more accurately reconstruct complex kinship relationships. In future research, we will continue to explore these issues and attempt to find solutions to fully utilize the advantages of second-generation sequencing to improve the accuracy of identity verification and paternity testing.

High-throughput sequencing leads to missing and erroneous data, and there are significant differences in the frequency distribution of genetic markers among different regions and populations. Linkage disequilibrium is a challenge in the search for genetic markers. By constructing a graph theory where nodes represent loci and edges represent the association between genes, the optimal combination of loci can be found using graph theory methods in combinatorial optimization.

11.2.2 Theory and algorithm for calculating parentage at high-density genetic loci

Due to linkage disequilibrium, the increased density of loci makes the currently common methods for parentage calculation no longer applicable. Based on the Ising model, existing databases and algorithms are utilized to obtain haplotype data, and extract information on allelic loci and associated allelic loci. Using this information and simulated data, the genetic loci are treated as individual points, with the allelic state as the spin state of these points, establishing a theoretical model. The model's parameters are inferred through entropy optimization of the Ising model. Subsequently, parentage calculation and algorithms tailored to each dataset are established based on the model and parameters. Finally, by integrating identity by descent (IBD) fragment length and distribution information, the precision of parentage determination is improved, leading to the development of the theory and algorithm for calculating parentage at high-density genetic loci.

11.2.3 Theory, algorithm and model for complex kinship comparison

Currently, common methods for kinship calculation are based on comparison with the assumption of complete randomness. However, this assumption may not provide accurate results for complex kinship relationships such as intergenerational, non-lineal relatives and consanguineous marriages, leading to erroneous conclusions. To address this issue, a method for judging complex kinship relationships based on graph theory and artificial intelligence models is proposed[1]. Initially, directed acyclic graphs from graph theory are used to characterize and analyze complex kinship relationships. Subsequently, a deep learning model is designed and trained to automatically identify and distinguish complex kinship relationships that are prone to confusion. Additionally, the model integrates algorithms for handling complex samples (e.g., mixed samples, missing data, multiple individuals), establishing a comprehensive and accurate intelligent identification algorithm for complex kinship relationships.

11.3 Intelligent recognition of facial and hand features

11.3.1 Mechanism of portrait aging and simulation of portrait age

In recent years, breakthroughs have been made in 2D and 3D facial recognition technology based on deep learning. However, cross-age facial recognition remains a major challenge in the field of facial recognition[2-3]. Current research on cross-age facial recognition can be mainly divided into two categories: one focuses on studying the aging patterns of faces, synthesizing aged faces using aging models from different periods, and conducting facial recognition and matching based on the synthesized aged faces; the other explores age invariance in faces, emphasizing individual features less affected by age to improve the similarity and accuracy of cross-age facial recognition. With the continuous advancement of deep learning and neural network methods, researchers have also applied deep learning methods to facial aging research. Currently, the most prominent and widely used method in image synthesis is the GAN aging synthesis mechanism, which incorporates age conditions into the generator and discriminator. For example, Jean-Luc Dugelay's team at EURECOM's Digital Security Department in France first proposed using the generation model to generate synthetic images within specified age categories.

By constructing a dataset of facial growth changes for different age groups (0 – 60 years) in the Chinese population, and conducting research on visual synthesis technologies such as deep diffusion models and generative adversarial learning on this dataset, high-realistic portraits that match the target age can be generated for a given facial image. This also simulates personalized facial aging trajectories, improving the accuracy of facial aging simulation results, and supporting the model training for stable feature recognition of portrait phenotypes, as well as intelligent comparison of stable feature recognition across time and space (see Figure 11 – 1).

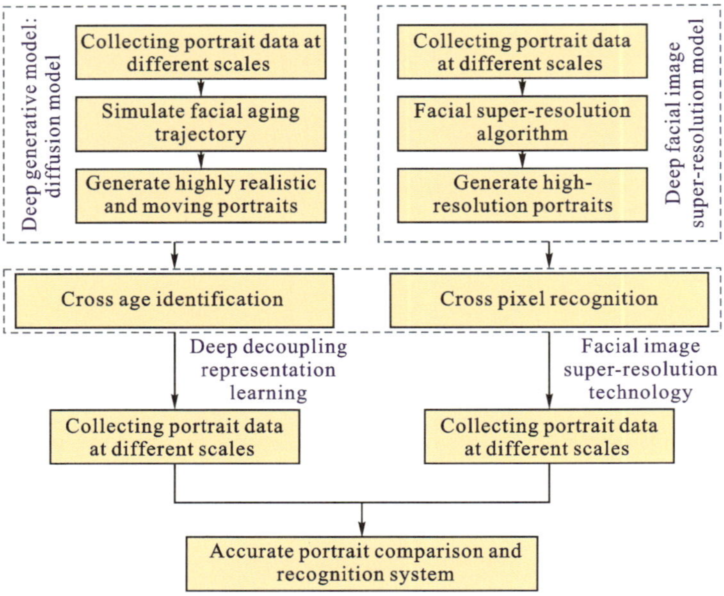

Figure 11 – 1 Cross-temporal human portrait stable feature recognition and intelligent comparison technology

11.3.2 Cross-age stable feature representation learning based on deep decoupled representation learning

By learning the latent low-dimensional representation of faces, an adaptive and robust facial distribution representation can be established. This involves decoupling the features of facial identity and age through methods such as domain adaptation, multi-task learning, deep metric learning, meta-learning, adversarial training, aligning facial data from different age groups in the feature space, and learning age-invariant facial feature representations to improve the accuracy of large-scale cross-temporal facial recognition models.

11.3.3 Cross-pixel stable feature representation learning based on super-resolution of facial images

Real-world portrait image super-resolution methods based on generative adversarial networks, facial priors, adversarial learning, multi-task learning and multi-scale residual channel attention mechanisms can be used to develop cross-pixel stable feature representation learning techniques. This includes driving facial super-resolution technology for cross-pixel facial recognition tasks and facial super-resolution technology that preserves facial identity information, thereby improving the accuracy of large-scale cross-domain facial recognition models.

11.3.4 Cross-age fingerprint feature generation technology

As age increases, fingerprint features undergo certain changes[4] (Figure 11 - 2), and it is very difficult to collect fingerprint images from all age groups. Based on limited and incomplete spatiotemporal fingerprint data, a deep generative adversarial network model can be constructed first to extract common features from fingerprint images of different age groups through deep convolutional generative networks and to learn to generate fingerprint features and images for different age groups by discriminating the age-related changes in fingerprint features using adversarial networks. Then, a diffusion probability generation model is constructed to generate fingerprint data for the target age by setting age as a prior condition. Finally, a cross-age fingerprint feature database is established to overcome the "aging" challenge in fingerprint intelligence.

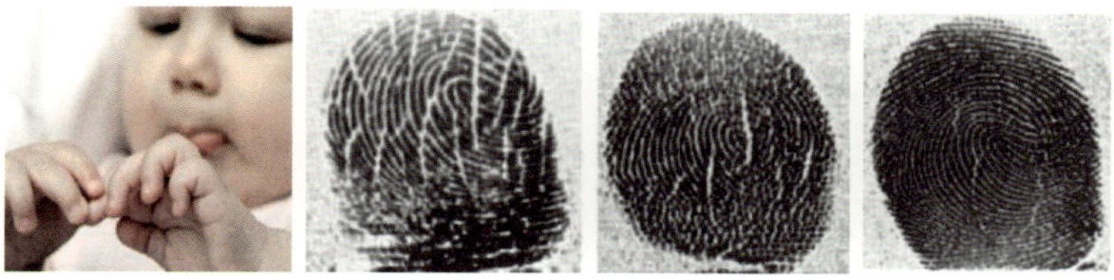

Figure 11 - 2　Fingerprint images of children's fingers and different age groups (6 months, 12 months, 18 months)

11.3.5 Stable texture feature extraction and discriminative comparison

As the fingers grow and develop, fingerprint features undergo certain changes such as ridge elongation and deformation, but their intrinsic texture shape and detailed features remain unchanged. By studying age invariance and adaptive fingerprint feature extraction and matching methods, a multi-scale deep convolutional neural network model is constructed to extract the texture, minutiae, and topological structure features of fingerprints. The features are then decomposed into age-independent and identity-related features to extract age-independent and identity-related fingerprint features. Finally, based on a Transformer graph matching deep network, intelligent comparison and recognition of fingerprints for different age groups and large populations are achieved.

11.4 Multi-biometric data fusion comparison technology

Given the fusion characteristics and interdisciplinary nature of precise identification and early warning of biometric fusion technology, current research mainly focuses on financial transaction authentication. For example, the Industrial and Commercial Bank of China has launched the "ECOS Intelligent Banking Information System", which has created an enterprise-level biometric recognition platform, realizing the combination of biometric recognition and traditional authentication, as well as multimodal biometric recognition services. The International Standard for Multimodal Fusion of Biometric Recognition indicating that China's independent technology is in the forefront of the world, and it also plays a leading role in the development of the entire biometric recognition industry.

In the field of criminal investigation, with the establishment of databases for DNA, facial, fingerprint and voiceprint, biometric recognition has become a new key to solving crimes. However, relying solely on single-modal biometric recognition cannot meet security requirements in terms of accuracy and is highly dependent on data quality. In practical law enforcement cases, most biometric data is of low quality. Therefore, in combating trafficking crimes, it is necessary to integrate multi-modal biometric fusion recognition algorithms, establish molecular information files related to other biometric features based on high-throughput genetic marker information, define algebraic systems and efficient algorithms and achieve rapid retrieval and intelligent early warning of multidimensional spatiotemporal data.

Multi-modal biometric fusion algorithm is the core of multi-biometric fusion technology, involving data fusion, feature extraction, matching algorithms, and other aspects, requiring comprehensive consideration of the characteristics and differences of various biometric features, as well as the processing and analysis of the fused data[5]. The design of a multi-modal biometric fusion system involves the application of the aforementioned technologies and algorithms to practical systems, including the selection of hardware devices, the design of data acquisition and processing workflows, system integration and performance optimization, requiring comprehensive consideration of system stability, security and practicality.

11.4.1 Palmprint and palm vein multimodal fusion technology

1. The security protection of palm print and palm vein recognition systems

Security protection for palmprint and palm vein recognition systems in response to sensor spoofing attacks on palmprint and palm vein recognition systems includes paper printing attacks and video replay attacks which are low-cost and present features identical to real palmprints. Once intruders obtain a user's palmprint information, it poses a great threat to the security of palmprint recognition systems. However, traditional sensor spoofing attack detection designs rarely consider the characteristics of the palm. Extracting clues of palmprint spoofing can reproduce real live images and extract spoofing clues. Firstly, the depth map containing palm depth information is used as pixel-level labels, and a deep estimation model is trained to find the differences between real palms and spoofing attacks. Then, the output of the deep estimation model is used as a supervisory signal to reconstruct the real palm and separate spoofing clues from spoofing attacks[6].

2. Develop a technical roadmap for designing secure and accurate cross-age hand biometric generation and recognition, achieving multimodal fusion of fingerprints, palm prints, and palm veins

Figure 11 – 3 shows the process of designing a secure and accurate cross-age hand

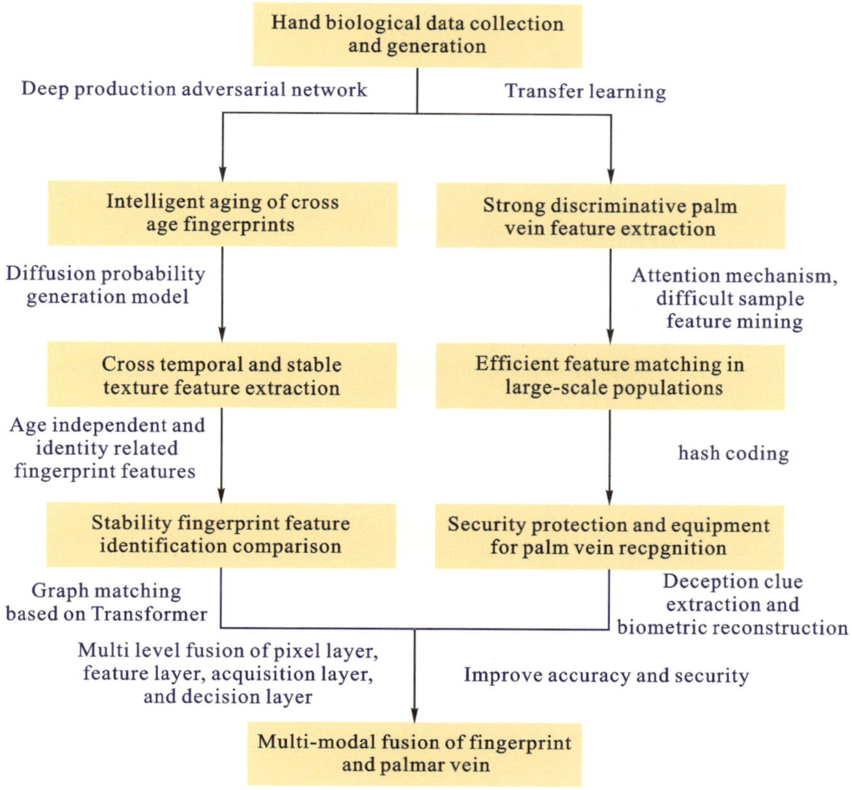

Figure 11 – 3 Secure and accurate cross-age hand biometric generation and recognition technology

biometric generation and recognition technology route to achieve palmprint and palm vein multimodal fusion. In real-life child abduction scenarios, the retained biometric features of the abducted individuals may be incomplete or inaccurate. In such cases, palmprint and palm vein multimodal fusion technology can be used to achieve more accurate identity verification by fusing at the pixel level, feature level, score level, and decision level.

11.4.2 Support for fusion matching technology of multiple biometric features such as DNA and portrait

In response to the issue of the correlation between stable individual phenotype characteristics across time and space and the intrinsic DNA features, there have been some studies on iris color, height and facial features (Figure 11 – 4). Research on DNA portrait technology and multi-biometric feature matching methods specifically includes identifying the temporal stability relationship between DNA features and stable phenotype characteristics through DNA portrait technology. By using deep learning to explore multidimensional connection models based on the relationship between DNA features and stable phenotype characteristics at different age stages, a spatiotemporalstable DNA portrait is constructed. Then, through time series analysis in the spatiotemporal dimension, the synchronous change logic is identified, further selecting DNA features and stable phenotype characteristics that

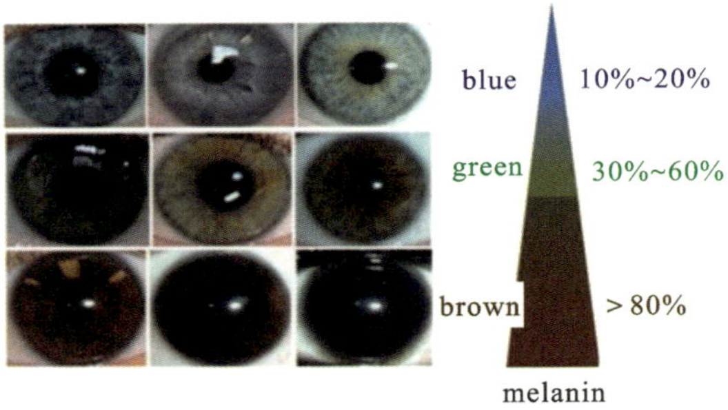

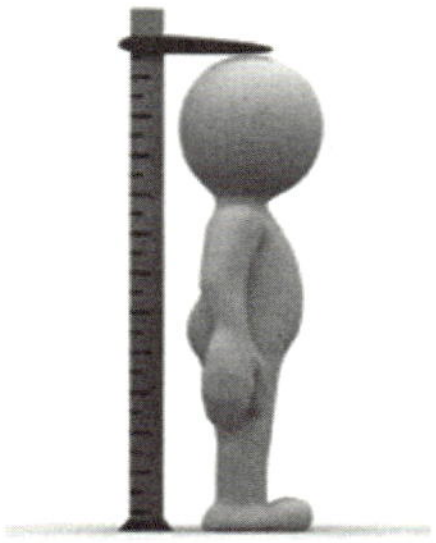

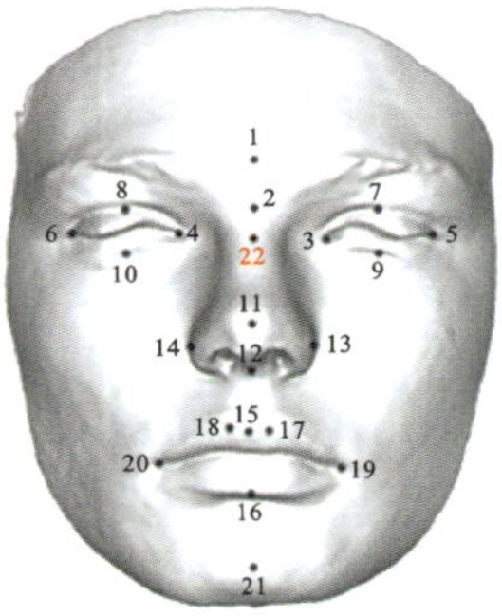

Figure 11 – 4 Study on the association between DNA information and phenotype

change synchronously to construct a spatiotemporal evolutionary DNA portrait. Finally, the spatiotemporal evolutionary law of DNA portraits is summarized, the ontological evolution mechanism of DNA portraits is constructed, and validation is conducted.

Mapp and align biometric features based on DNA portraits. Firstly, by improving the ontology mapping and alignment technology through the addition of an axiomatic reasoning system, a rapid matching method for single biometric features and partial biometric features is constructed. Then, by establishing an improved ontology fusion technology based on the commutative semigroup, a rapid matching method for multiple combinations of multi-biometric features is constructed. Finally, an adaptive ontology mediation mechanism is established based on the matching results to effectively improve the efficiency of multi-biometric feature matching, achieving matching in databases of up to 10 million entries (Figure 11 -5).

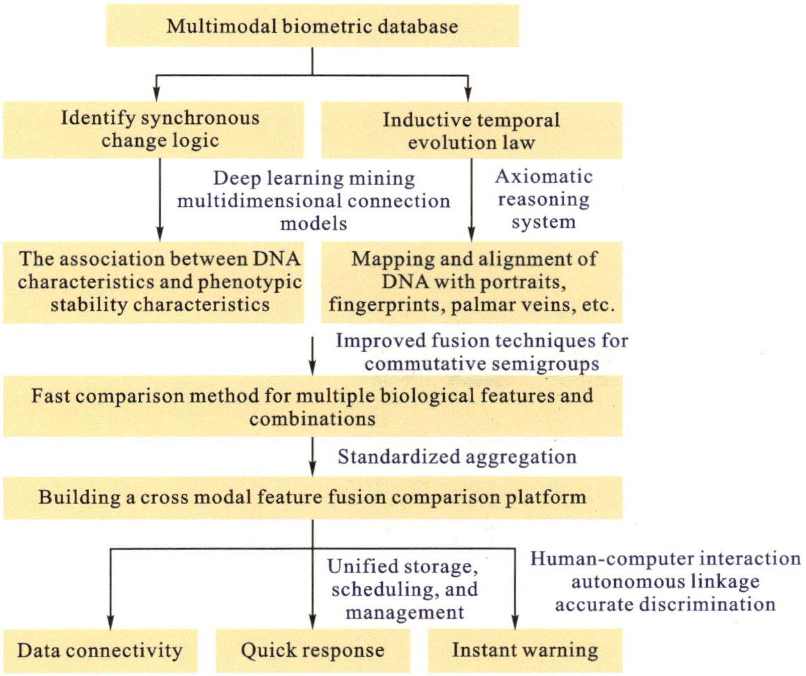

Figure 11 -5 Fusion matching system supporting multiple biometric features such as DNA and portrait

Build a cross-modal feature fusion matching platform through the integration of knowledge graphs and cross-modal knowledge fusion, reasoning, and analysis technologies. On this platform, human-machine intelligent interaction, autonomous linkage and precise discrimination are achieved based on natural language processing and semantic understanding technologies.

The efficiency of multi-modal biometric recognition devices is greatly influenced by the fusion methods employed. As the quality and quantity of information in the feature space are both high, feature-level fusion is more effective than other levels of fusion. Therefore, feature-level fusion technology is the most stable. Feature space fusion is achieved through one of three processes: "serial or parallel combination," "feature extraction algorithms or dimensionality reduction methods," or "binary feature fusion"[7] (Figure 11 –6).

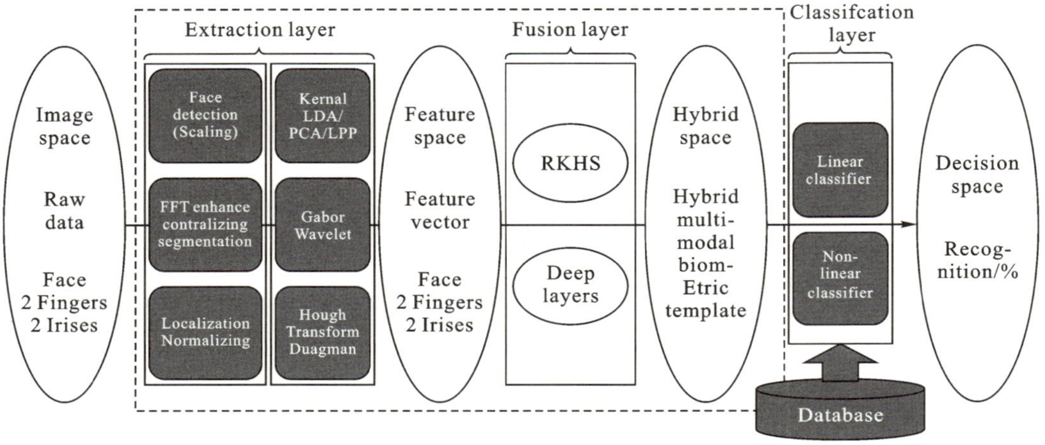

Figure 11 –6 Diagram of a hybrid multi-modal biometric recognition system

The system includes three main modules: feature extraction, feature fusion, and classification.

11.4.3 Development direction and trend of multi-modal biometric precision recognition technology

Multi-modal biometric precision recognition technology is a comprehensive application that combines various biometric recognition technologies. With the continuous development of artificial intelligence and big data technology, multi-modal biometric precision recognition technology will have a broader development space. Its development direction and trend mainly manifest in the following aspects. First, with the application of artificial intelligence and big data technology, multi-modal biometric precision recognition technology will become more intelligent and precise, capable of continuously improving recognition accuracy and speed through learning and analysis. Second, as biometric recognition technology continues to innovate and breakthrough, multi-modal biometric precision recognition technology will continuously integrate more biometric recognition technologies, such as fingerprint recognition, iris recognition and voice recognition, thereby improving recognition accuracy and reliability. Additionally, multi-modal biometric precision recognition technology will become more personalized, able to customize recognition solutions according to user needs. It will be more widely applied in areas such as security, finance and healthcare, bringing more convenience and security to social life and industrial development. In summary, the development direction and trend of multi-modal biometric precision recognition technology are intelligent, precise and diversified.

11.5 Forensic applications of multi-modal biometric precision recognition technology

China's vast territory and abundant resources provide an ample social security barrier for national development. However, the long duration, wide scope, and multi-border characteristics of human trafficking crimes pose new challenges in terms of economy and technology for anti-trafficking governance. Although biometric recognition has matured and been applied in forensic science, single biometric features often exhibit incompleteness and inaccuracy due to natural variations, level of collection technology, and economic constraints. There is also a lack of in-depth research on the static correlation and dynamic synchronous changes between various biometric features. The fusion comparison of multi-biometric data can effectively enhance the performance of multimodal biometric recognition systems such as DNA and facial features, achieving rapid response and 24h continuous cross-regional alert for large-scale data, especially suitable for remote areas with diverse and multi-level practical needs in cases of trafficking of women and children (Figure 11 – 7).

To meet the multi-purpose demand for precise recognition and early warning of human trafficking crimes through the fusion of biometric features, a system solution of "image feature-molecular sequence" can be developed, establishing top-level design guidelines for social security, overall technical specifications and design solutions. Intelligent marking and kinship relationship assurance of high-throughput genetic information from various biological samples can ensure accuracy. Addressing the topological changes in feature points caused by "aging" can improve the success rate of matching low-age retained samples in facial, fingerprint and palm vein recognition, as well as enhance the recognition speed of checkpoint devices. By establishing a rationalized fusion system of "image feature-molecular sequence," breakthroughs can be made in intelligent multi-biometric efficient recognition technology. Constructing an integrated platform for precise recognition and early warning of human trafficking crimes, it reduces the comprehensive cost of anti-trafficking work, enhances the comprehensive efficiency of anti-trafficking work, effectively deters such criminal behavior, and forms a multi-disciplinary cross-fusion team for the design and development of multi-system biometric fusion, effectively serving the Belt and Road Initiative and social security needs (Figure 11 -8).

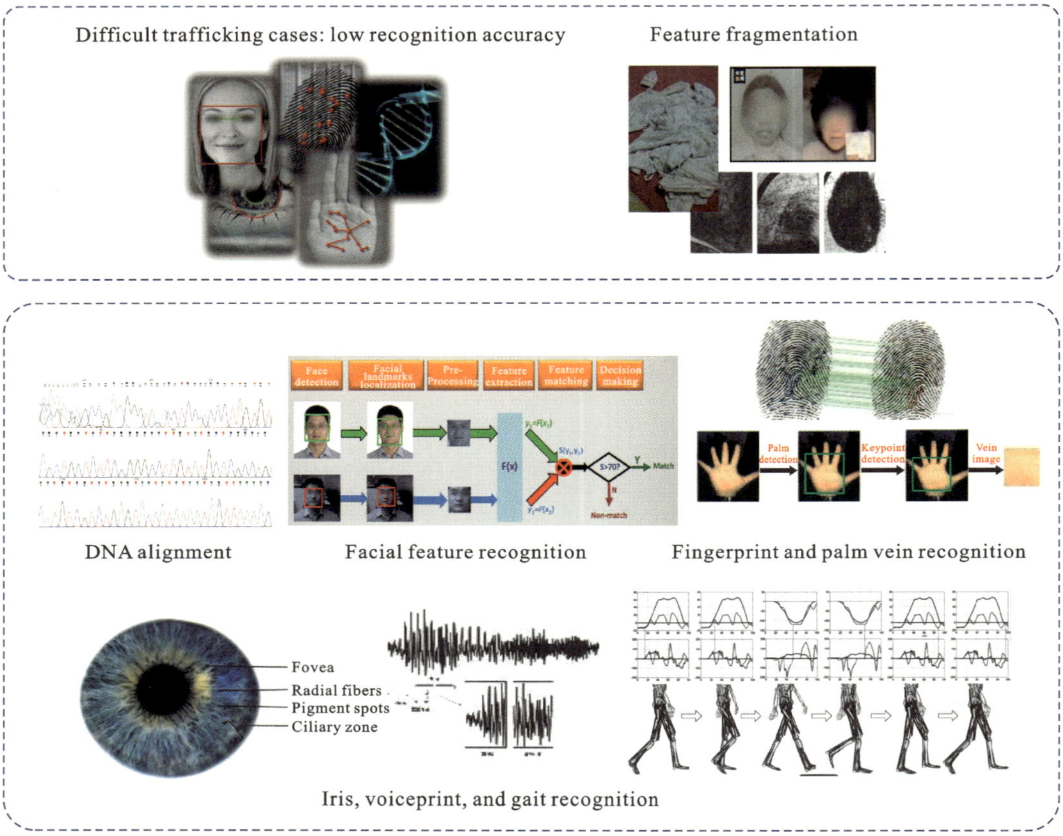

Figure 11 -7 Various biometric recognition technologies provide strong support for combating human trafficking crimes

National Biological Security Evidence Base, Xi'an Jiaotong University, People's Public Security University of China, City University of Hong Kong, Yantai University, and the National Genomics Researches Institute of the Chinese Academy of Sciences (National Bioinformation Center), along with other higher education institutions, have long been committed to researches related to multi-biometric recognition, leading multiple national or provincial-level projects. Preliminary research has been completed in 16 public security agencies at the city level and above with practical experience, jointly developing the application model of "facial image + DNA" recognition technology. They not only have high-throughput sequencers, palm vein collection devices, facial recognition devices, but also a solid foundation for application demonstrations, thus making leading applications and demonstrations for the precise recognition and early warning technology of human trafficking crimes in China (Figure 11 -9).

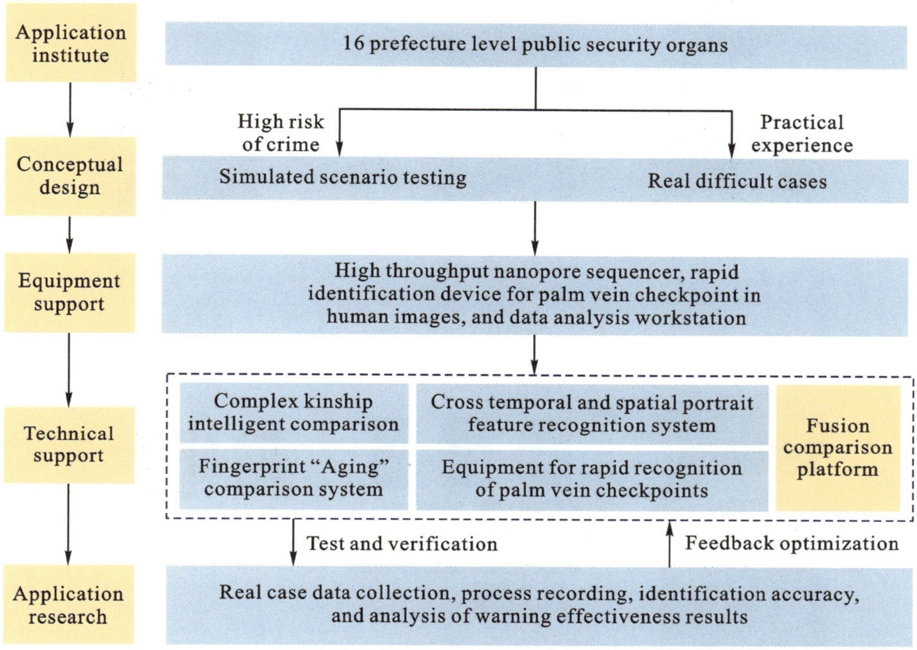

Figure 11 -8 A demonstration research scheme design for the integration of multi-biometric data to address the issues of fragmented and unsystematic application research in long-term biometric recognition technology

Three multi-biometric recognition databases have been established and operated: ① Genetic Diversity Database of the Indigenous Groups in the Tibetan-Yi Corridor: Supported by the Basic Work Special Project of the Ministry of Science and Technology, the database was developed to record genetic diversity of indigenous groups in the Tibetan-Yi Corridor, the largest population migration and differentiation pattern database in China, with 76T of data, including genomic data from 248 TYC groups and 16 outgroup groups. ② Chinese DNA Genetic Resource Database: Supported by a major project of the Ministry of Education, the database records DNA polymorphism data of 53 ethnic groups, supporting the completion of the international cooperation Human Genome Project China 1% Task. ③ Multi-modal Biometric Database: Xi'an Jiaotong University has established a comprehensive biometric database, including fingerprint, facial, voice, and palmprint data. Over 20,000 palmprint images have been collected, and stable feature key points have been annotated.

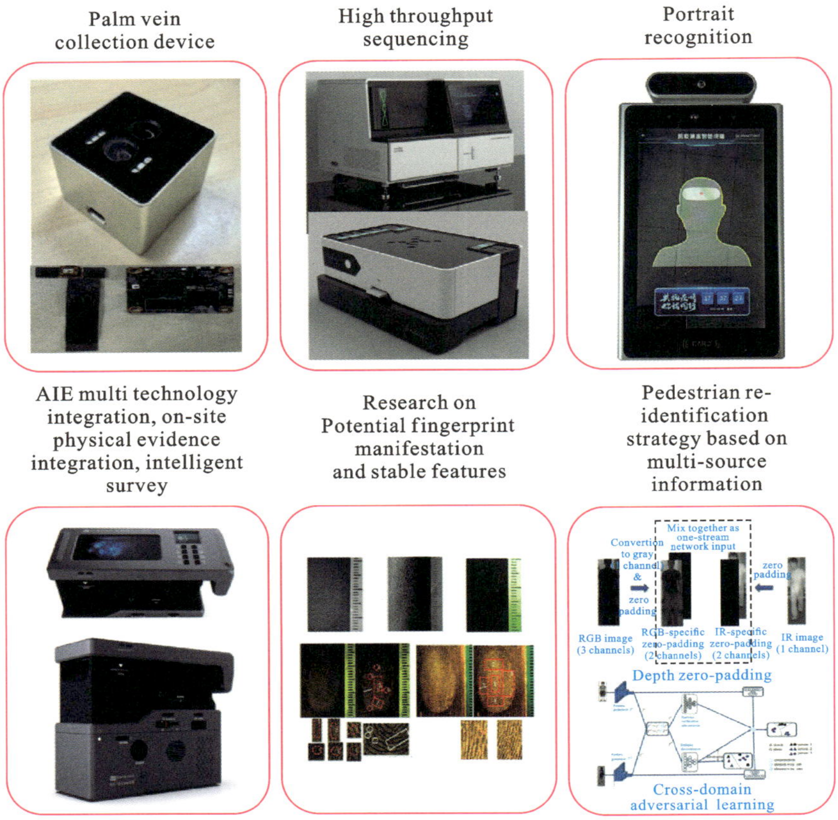

Figure 11 – 9　Existing multi-biometric collection and analysis devices.

(LI Jing, LI Shengbin and CHENG Cheng)

References

[1] QIN X, LIU D, GUI B, WANG D. New metric learning model using statistical inference for kinship verification [J]. Applied Soft Computing, 2020, 95: 106569.

[2] LI H, HUANG D, MORVAN J M, WANG Y, et al. Towards 3D face recognition in the real: a registration-free approach using fine-grained matching of 3D keypoint descriptors [J]. International Journal of Computer Vision, 2014, 113(2): 128 – 142.

[3] LI H B, SUN J, CHEN L. Location-sensitive sparse representation of deep normal patterns for expression-robust 3D face recognition [C]. IEEE International Joint Conference on Biometrics (IJCB), 2007,10:234 – 242.

[4] JAIN A K, ARORA S S, CAO K, BEST-ROWDEN L, et al. Fingerprint recognition of

young children [J]. IEEE Transactions on Information Forensics and Security, 2017, 12: 1501 - 1514.

[5] HAMMAD M, LIU Y, WANG K. Multimodal biometric authentication systems using convolution neural network based on different level fusion of ECG and fingerprint [J]. IEEE Access, 2019, 7: 26527 - 26542.

[6] SHAO H, ZHONG D. Towards cross-dataset palmprint recognition via joint pixel and feature alignment [J]. IEEE Transactions on Image Processing, 2021, 30: 3764 - 3777.

[7] SAFAVIPOUR M H, DOOSTARI M A, SADJEDI H. Deep hybrid multimodal biometric recognition system based on features-level deep fusion of five biometric traits [J]. Computational Intelligence and Neuroscience, 2023, 2023: 6443786.

索引

Index